国家“十二五”规划重点图书

中国地质调查局
青藏高原1∶25万区域地质调查成果系列

中华人民共和国
区域地质调查报告

比例尺 1∶250 000

嘉黎县幅

H46C002003

项目名称： 1∶25万嘉黎县幅(H46C002003)、边坝县幅(H46C002004)、丁青县幅(H46C001004)、比如县幅(H46C001003)区域地质调查

项目编号： 200313000022

项目负责： 向树元

技术负责： 田立富

报告编写： 向树元 泽仁扎西 田立富 朱耀生
马新民 路玉林

编写单位： 西藏自治区地质调查院

单位负责： 苑举斌(院长)
杜光伟(总工程师)

中国地质大学出版社
ZHONGGUO DIZHI DAXUE CHUBANSHE

内 容 提 要

1∶25万嘉黎县幅区域地质调查报告系统全面真实地反映了在地层、岩浆岩、变质岩、构造、矿产资源和环境等方面的调查成果和重要进展。报告确定了嘉黎-易贡藏布断裂带的空间展布、断层结构和活动规律；对嘉黎断裂带南侧娘蒲乡至错高乡一带的原蒙拉组地层进行了解体；对分布于波密县倾多—普拿一带的石炭—二叠纪地层中的火山岩进行了岩石地球化学研究，认为诺错组、来姑组火山岩形成于活动陆缘岛弧环境；在从蒙拉组解体后的四套地层中发现变质侵入体10多个，侵位时代属于早泥盆世、早二叠世和早侏罗世；查明了不同构造层次中的构造变形样式，认为中新元古代念青唐古拉岩群以深层次构造组合类型无根褶皱、柔皱和韧性剪切变形为主要特征，前奥陶纪地层以斜歪，局部褶叠层。千枚理级韧性剪切带发育为特色，石炭纪至二叠纪地层中的构造样式较为简单，褶皱开阔，轴面直立。中晚侏罗世和早白垩世地层构造样式较为复杂，褶皱以紧闭、倒转或倾斜为主；对石炭—二叠系、侏罗—白垩系进行了岩石地层、生物地层及年代地层、层序地层等多重地层划分与对比，建立了测区地层格架；分别在来姑组、洛巴堆组、拉贡塘组、多尼组及边坝组中发现了大量古生物化石；根据岩性和接触关系对测区内岩浆岩体进行了解体和年龄测定，共圈出中酸性侵入体115个。新测年龄数据30多个，其中在嘉黎县南侧发现的早二叠世、早侏罗世和晚侏罗世岩体年龄在嘉黎县一带属首次获得；对嘉黎-易贡藏布断裂带两侧花岗岩中磷灰石裂变径迹测量成果显示嘉黎断裂带南盘上新世有较强烈的抬升作用。

图书在版编目(CIP)数据

中华人民共和国区域地质调查报告·嘉黎县幅(H46C002003)：比例尺1∶250 000/向树元，泽仁扎西，田立富等著.—武汉：中国地质大学出版社，2014.12

ISBN 978-7-5625-3436-5

Ⅰ.①中…

Ⅱ.①向…②泽…③田…

Ⅲ.①区域地质调查-调查报告-中国 ②区域地质调查-调查报告-嘉黎县

Ⅳ.①P562

中国版本图书馆CIP数据核字(2014)第136954号

中华人民共和国区域地质调查报告
嘉黎县幅(H46C002003)　比例尺1∶250 000　　向树元　泽仁扎西　田立富　等著

责任编辑：马新兵　　责任校对：周旭

出版发行：中国地质大学出版社(武汉市洪山区鲁磨路388号)　　邮政编码：430074
电　话：(027)67883511　　传　真：67883580　　E-mail：cbb @ cug.edu.cn
经　销：全国新华书店　　http://www.cugp.cug.edu.cn

开本：880毫米×1 230毫米 1/16　　字数：472千字　印张：14.5　图版：6　附件：1
版次：2014年12月第1版　　印次：2014年12月第1次印刷
印刷：武汉市籍缘印刷厂　　印数：1—1 500册

ISBN 978-7-5625-3436-5　　定价：468.00元

前　言

青藏高原包括西藏自治区、青海省及新疆维吾尔自治区南部、甘肃省南部、四川省西部和云南省西北部，面积达 260 万 km^2，是我国藏民族聚居地区，平均海拔 4 500m 以上，被誉为“地球第三极”。青藏高原是全球最年轻的高原，记录着地球演化最新历史，是研究岩石圈形成演化过程和动力学的理想区域，是“打开地球动力学大门的金钥匙”。

青藏高原蕴藏着丰富的矿产资源，是我国重要的战略资源后备基地。青藏高原是地球表面的一道天然屏障，影响着中国乃至全球的气候变化。青藏高原也是我国主要大江大河和一些重要国际河流的发源地，孕育着中华民族的繁生和发展。开展青藏高原地质调查与研究，对于推动地球科学研究、保障我国资源战略储备、促进边疆经济发展、维护民族团结、巩固国防建设具有非常重要的现实意义和深远的历史意义。

中华人民共和国 1∶25 万嘉黎县幅（H46C002003）、边坝县幅（H46C002004）、比如县幅（H46C001003）、丁青县幅（H46C001004）区域地质调查项目（项目编号 200313000022），是第二轮国土资源大调查青藏高原南部空白区基础地质调查与研究的任务之一，中国地质调查局于 2003 年 3 月 26 日以中地调函[2003]77 号下达地质调查工作内容任务书（编号：基[2003]002－20）。该项目工作性质为基础地质调查，由成都地质矿产研究所实施，西藏地调院负责，具体由地调一分院和二分院分片组织和实施完成。

项目工作起止年限为 2003 年 1 月—2005 年 12 月。任务书要求 2003 年 12 月提交项目设计书，2005 年 7 月提交野外验收，2005 年 12 月提交最终成果。项目总经费 700 万元。

测区位于青藏高原东南部，地理位置上处于西藏自治区东北部，地处青藏高原东南部雅鲁藏布江和怒江流域的高山峡谷区。地理座标为：东经 93°00′—96°00′，北纬 30°00′—32°00′。面积 63 586 km^2。其中西部三分之二面积为 B3 类实测区，面积 42 366km^2；东部三分之一面积为编图区，面积 21 220km^2。按任务书要求和编图区地质情况选择 3 634 km^2 为重点区修测内容。

任务书下达的总体目标任务是：按照《1∶25 万区域地质调查技术要求（暂行）》和《青藏高原艰险地区 1∶25 万区域地质调查要求（暂行）》及其他相关的规范、指南，参照造山带填图的新方法，应用遥感等新技术手段，以区域构造调查与研究为先导，合理划分测区的构造单元，对测区不同地质单元、复合造山带不同的构造-地层单位采用不同的填图方法进行全面的区域地质调查。

总填图面积为 46 000km^2。本着图幅带专题的原则，进行（蛇绿岩）带的构造组成、演化及岩浆作用等重大地质问题专题研究，为探讨青藏高原构造演化及区域地质找矿提供新的基础地质资料；开展生态环境地质调查，编制相关图件和矿产图。

根据项目任务书，本项目由西藏自治区地调院组织并承担。项目本着人员精良、专业互补、设备先进的原则来组织安排和部署该项目三年的全部工作任务。

为充分实现生产、科研和教学三结合，充分发挥院校与生产单位各自的优势和特点，根据本项目的工作任务和地质特色采取联合组队，紧密合作。为确保项目工作高起点、高标准、高质量的要求，技术队伍由双方单位派出，本着优化组合、专业互补、敬业性强、队伍精干的原则组成了一支学科齐全、结构合理的调研队伍。并聘请多位专家作为项目顾问，对项目的新理论及技术方法应用进行指导，对项目的有效实施给予咨询。

本项目 2003 年启动，2003 年 12 月完成项目初步设计并报送中国地质调查局，通过 2003 年 5 月一9 月份的野外踏勘和试填图，于 11 月底完成了设计书的编写及设计图的修编，12 月份通过了由中国地质调查局组织的项目设计审查，并获得 88.5 分成绩。根据设计审查意见，于 2004 年 2 月完成设计书的修改并报送中国地质调查局区调处和中国地质调查局西南项目办公室进行认定。以1∶10万TM图像为基础进行了全面的TM图像解译，编制了1∶25万TM图像解译图，在野外对解译的TM图像进行了实地验证。在野外工作的基础上，室内结合野外资料对TM图像进行了进一步的遥感解译工作。2003年6月至9月、2004年3月至9月及2005年6月至7月进行了野外地质调查。

通过两个分队三年的野外工作，对图区的地质体进行了全面的实测剖面研究和路线地质调查。根据项目要求进行了系列样品分析测试，测试项目绝大部分超额完成设计数量，同时根据任务需要和测区具体情况，对原设计方案进行了适当调整，增加了部分测试项目，删减了少部分测试项目和数量。总体工作量达到并相当大部分超额完成设计要求。

2005年7月17日—19日，中国地质调查局区调处、成都地矿所、西南项目办、西藏地勘局、西藏地调院等单位组织了以刘鸿飞为组长的原始资料验收组。验收组认为，项目组在近三年的时间里，在特别艰苦的自然环境和特别艰难的外界条件下完成了野外调研任务，整体控制程度较好，所取得的各项原始资料和实物工作量均达到至或部分超过项目任务书和设计书的要求，各种资料比较丰富，翔实可靠，并在地层划分、构造混杂岩和蛇绿岩、新构造运动与地貌演变、变质侵入体等方面取得了许多新认识和新进展。经野外验收专家组审查，项目的野外工作量已达到设计的要求，各类测试成果基本到位，一致同意通过项目的野外验收，全面转入室内报告编写阶段。验收评分91分，为优秀级。

2005年1月至2006年2月进行报告编写工作。根据1∶25万区域地质调查技术要求，联测图幅按分幅分别编写报告。为确保报告质量，加强目标管理和责任到人，项目组成立了分幅报告领导成员，嘉黎县幅分幅项目负责由向树元担任，技术负责由田立富担任。报告编写分工如下：第一章、第五章由向树元执笔，第二章由田立富、向树元执笔，第三章由朱耀生、路玉林执笔，第四章由泽仁扎西执笔，第六章由向树元、田立富、朱耀生、泽仁扎西执笔，结束语由向树元、田立富、朱耀生、泽仁扎西执笔。

2006年4月21—26日，中国地质调查局成都地质调查中心在四川成都组织了以潘桂棠研究员为组长的评审专家组对西藏嘉黎县(H46C002003)1∶25万区调成果进行了会议评审。评审专家认为项目成果报告内容丰富，资料翔实，立论有据，文图并茂。系统全面真实地反映了区调地质成果，在地层、岩浆岩、变质岩、构造、矿产资源和环境等方面取得重要进展，按中国地质调查局成果报告质量等级评分标准，嘉黎县幅获92.3分，为优秀级。

为了充分发挥青藏高原1∶25万区域地质调查成果的作用，全面向社会提供使用，中国地质调查局组织开展了青藏高原1∶25万地质图的公开出版工作，由中国地质调查局成都地质调查中心与项目完成单位共同组织实施。出版编辑工作得到了国家测绘局孔金辉、翟义青及陈克强、王保良等一批专家的指导和帮助，在此表示诚挚的谢意。

鉴于本次区调成果出版工作时间紧、参加单位较多、项目组织协调任务重以及工作经验和水平所限，成果出版中可能存在不足与疏漏之处，敬请读者批评指正。

"青藏高原1∶25万区调成果总结"项目组

2010年9月

目　录

第一章 绪 言

第一节 目的与任务

嘉黎县幅(H46C002003)、边坝县幅(H46C002004)、丁青县幅(H46C001004)、比如县幅(H46C001003)1∶25万区域地质调查是中国地质调查局于2003年3月26日以中地调函[2003]77号文向西藏自治区地质调查院下达的国土资源大调查基础地质调查项目。

任务书编号:基[2003]002-20

项目名称:1∶25万嘉黎县幅(H46C002003)、边坝县幅(H46C002004)、丁青县幅(H46C001004)、比如县幅(H46C001003)区域地质调查

项目编码:200313000022

所属实施项目:青藏高原南部空白区基础地质调查与研究

实施单位:成都地质矿产研究所

工作性质:基础地质调查

工作起止年限:2003年1月—2005年12月

工作单位:西藏自治区地质调查院

目标任务:充分收集和研究区内及邻区已有的基础地质调查资料和成果,按照《1∶25万区域地质调查技术要求(暂行)》和《青藏高原艰险地区1∶25万区域地质调查要求(暂行)》及其他相关的规范、指南,参照造山带填图的新方法,应用遥感等新技术手段,以区域构造调查与研究为先导,合理划分测区的构造单元,对测区不同地质单元、复合造山带不同的构造-地层单位采用不同的填图方法进行全面的区域地质调查。通过对沉积建造、变质变形、岩浆作用的综合分析、构造样式及构造系列配置、复合造山带性质研究、各造山带物质组成等调查,建立测区构造模式,反演区域地质演化史。

完成B3类实测区填图面积为15 975km^2。本着图幅带专题的原则,进行(蛇绿岩)带的构造组成、演化及岩浆作用等重大地质问题专题研究,为探讨青藏高原构造演化及区域地质找矿提供新的基础地质资料;开展生态环境地质调查,编制相关图件和矿产图。

本项目的最终成果除提交印刷地质图件、报告、说明书及专题报告外,还提交以ARC/INFO图层格式数字化的数据光盘及图幅与图层描述数据、报告文字数据各一套,遥感解译数字影像图及数据光盘。2005年7月野外验收,2005年12月提交最终成果。

经西藏自治区地质调查院协调,一分院承担丁青县幅(H46C001004)、比如县幅(H46C001003)两个图幅;二分院承担嘉黎县幅(H46C002003)、边坝县幅(H46C002004)两个图幅。本报告为二分院承担的嘉黎县幅报告。

第二节　自然地理及交通概况

1∶25万嘉黎县幅位于青藏高原腹地与高山峡谷区的过渡地带，行政区划分属那曲地区嘉黎县、比如县，昌都地区边坝县，林芝地区工布江达县、林芝县和波密县管辖(图1－1)。地理坐标：东经93°00′—94°30′，北纬30°00′—31°00′。总面积为15 975km²，全部为实测区。

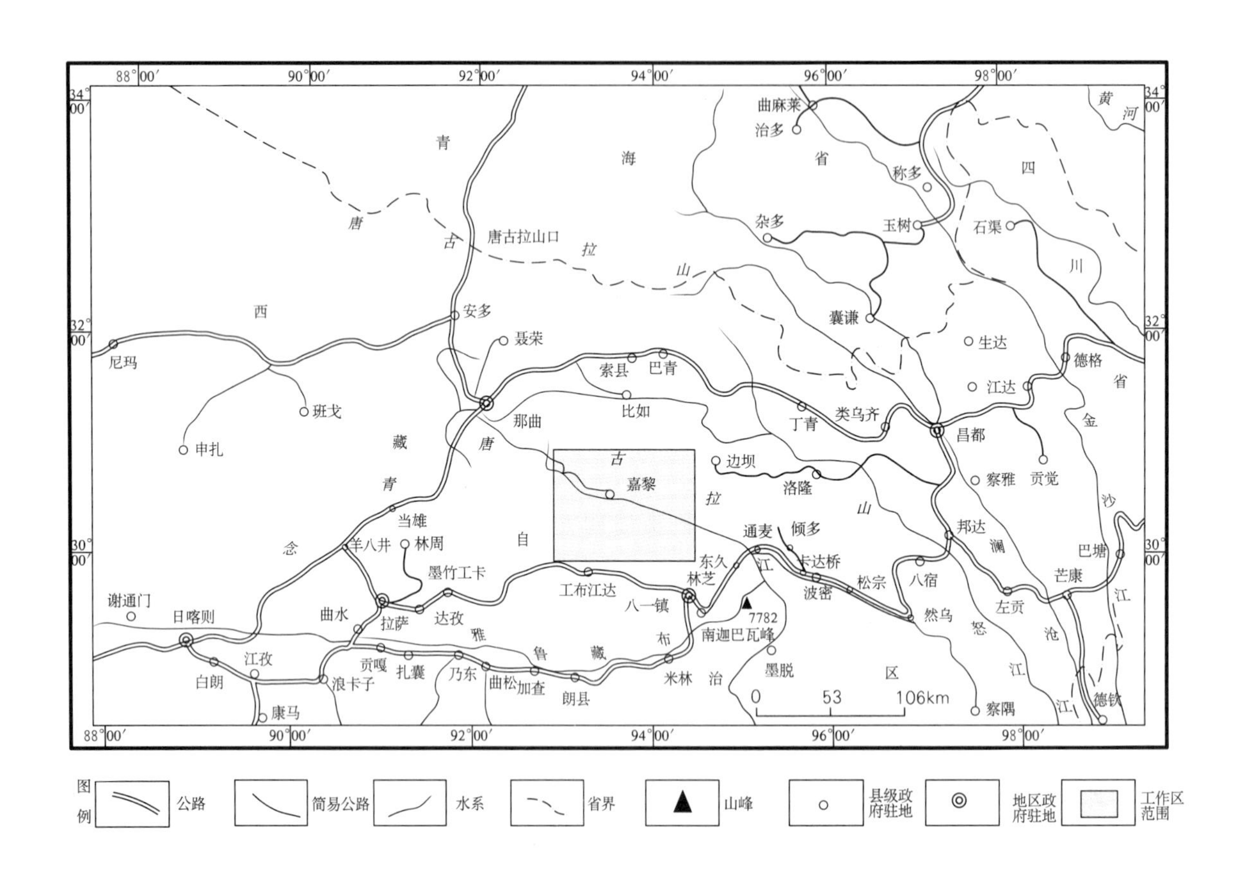

图1－1　测区交通位置图

测区交通不便，北部仅有那曲-嘉黎公路可至测区，南部川藏公路从测区边缘通过(图1－1)。北部嘉黎县城向北至嘉黎区、向东至忠义乡有简易公路，老嘉黎县城—忠义乡每年只有12月中旬到翌年1月底通公路。川藏公路向北至浪达、朱拉等地都有季节性简易公路，仅错高有较好公路可常年通行，由于受气候及频繁的地质灾害影响，野外工作期间许多路段根本无法通行。如甲贡乡一带，要迂回至昌都或比如才能进入，不仅耽误工期，而且增加了许多费用。交通工具除有公路的县、乡可利用汽车外，主要交通工具仍为马和牦牛。

测区位于念青唐古拉山东段，北西部为切割相对较小的高原丘陵地貌，南东部为切割巨大的藏东高原高山峡谷地貌，总体地貌景观以高原高山峡谷地貌为主。主体为念青唐古拉山脉。山岭海拔一般在5 500～6 000m，局部地区达6 000～7 000m。念青唐古拉山主脊分水岭以北为怒江水系，以南为雅鲁藏布江水系。怒江水系在测区内均为小支流。雅鲁藏布江水系除东南部为其支流尼洋河流域外，大部分为雅鲁藏布江第二大支流易贡藏布流域。易贡藏布流域内由于受到印度洋暖湿气流的影响，降水丰富，故成为青藏高原上现代冰川发育中心之一。冰川类型为我国罕见的季风海洋性冰川，现代冰川的下限伸入森林地带，形成特殊的地貌景观。由于强大的水流及雅鲁藏布江大拐弯地区巨大的坡降比，使得测区河流下蚀作用非常强烈，河流深切，相对切割一般在 2 000～3 000m，谷坡陡峻，谷坡物质移动非常强烈，山崩、滑坡、泥石流等地质灾害频繁发生，常使河流塞成湖。

测区气候分为高原亚寒带半湿润季风气候区、高原温带半湿润气候区。高原亚寒带半湿润季风气候区对应西北部的高原丘陵地貌（嘉黎一带），以冬冷夏凉，年、日温差较大，空气稀薄，降水、日照充足为特征。冬季降雪频繁，无霜期短，降雨量集中在 6—9 月，大风集中在 2—4 月，年降水量 695.5mm，年日照时数为 2 405.2 小时，常见有冰雹、风沙、泥石流、雪崩等自然灾害。高原温带半湿润气候区对应图东南尼屋一带的易贡藏布峡谷中，年平均气温 8～10℃，最暖月气温 17～19℃，最冷月气温 0～3℃，有霜冻，年降水量 800～1 000mm。6—9 月为雨季，降雪主要在 10 月中旬至来年 4 月底，雪深 0.3～1m，全年无霜期 128 天，常见有泥石流、雪崩等自然灾害。

测区主要分布的植被为硬叶常绿阔叶林、常绿针叶林等。植被垂向上具有分带性：3 200m 以下主要为硬叶常绿阔叶林地带；2 400m～4 300m 主要为常绿针叶林；4 200～4 700m 常有大面积的常绿革叶灌丛和常绿针叶灌丛分布，4 700m 以上冰缘植被逐渐增多。

测区人口稀少，总人口约 3 万，多数散居在 4 600m 以下的河谷地带，居民以藏族为主，另有门巴族、洛巴族，仅在县城有少数汉族、回族。嘉黎、工布江达县城邮电、通讯、文教、卫生、商贸服务基本齐全。随着市场经济的发展结束了无工业的落后面貌，有木材采伐加工厂、民族手工艺品加工厂。嘉黎以北畜牧业为主，嘉黎以东尼屋、以南工布江达县农、林、牧并重。农作物主要为青稞、冬小麦、豌豆等，粮食基本能自给，不足部分由政府调配，饲养牦牛、犏牛、山羊、绵羊、马、猪等。

测区有丰富的原始森林、水能、风能、太阳能、矿产资源。原始森林区主要分布在嘉黎县尼屋以东和工布江达的娘蒲、朱拉和错高一带。盛产冬虫夏草、贝母、鹿茸、麝香、熊掌、天麻、松茸等名贵中草药。矿产资源尚待开发，总体无可持续发展工业，经济落后。

第三节　地质调查及研究程度

测区地质矿产调查工作非常薄弱，主要地质工作及成果见表 1-1、图 1-2。

表 1-1　测区及邻区研究程度一览表

<table>
<tr><th>序号</th><th>工作性质</th><th>工作时间</th><th>工作单位</th><th>主要成果</th></tr>
<tr><td>1</td><td rowspan="2">基础地质调查</td><td>1974—1979</td><td>西藏地矿局</td><td>《1：100 万拉萨幅区域地质、矿产调查报告》</td></tr>
<tr><td>2</td><td>1989—1992</td><td>江西物化探队</td><td>《1：50 万嘉黎幅区域地球化调查报告》</td></tr>
<tr><td>1</td><td rowspan="2">矿产地质研究</td><td>1951—1953
1954—1957</td><td>中科院（李璞等）</td><td>在测区边坝、洛隆、嘉黎、通麦一带作过一些地质矿产工作，著有《西藏东部地质矿产调查》</td></tr>
<tr><td>2</td><td>1986—1989</td><td>成矿所
西藏地质局</td><td>“七五”攻关项目研究对测区部分岩浆岩和 Cu、Sn、Au 成矿地质特征及找矿远景作了较详尽的论述，具有参考利用价值</td></tr>
<tr><td>1</td><td rowspan="2">专题研究</td><td>1973</td><td>西藏地矿局
综合普查大队</td><td>《1：50 万西藏旁多-嘉黎路线地质调查报告》
对嘉黎一带的地层、岩浆岩、构造作了一些工作，有一定的参考作用</td></tr>
<tr><td>2</td><td>1993—1996</td><td>中科院科考队（潘裕生等）</td><td>国家攀登计划和中科院重大基础研究项目“青藏高原形成演化环境变迁与生态系统研究”，出版《青藏高原岩石圈结构演化与动力学》、《青藏高原晚新生代隆升与环境变化》、《青藏高原形成演化与发展》等专著</td></tr>
</table>

1951年开始，以李璞先生等为首的中科院地质专家，首先在图区东部开展路线地质矿产调查工作。随后所属地矿部门的石油及地质单位先后在该区开展了以石油、煤、锡矿等为主的找矿地质调查和航磁测量，此项工作一直持续到20世纪70年代初期。

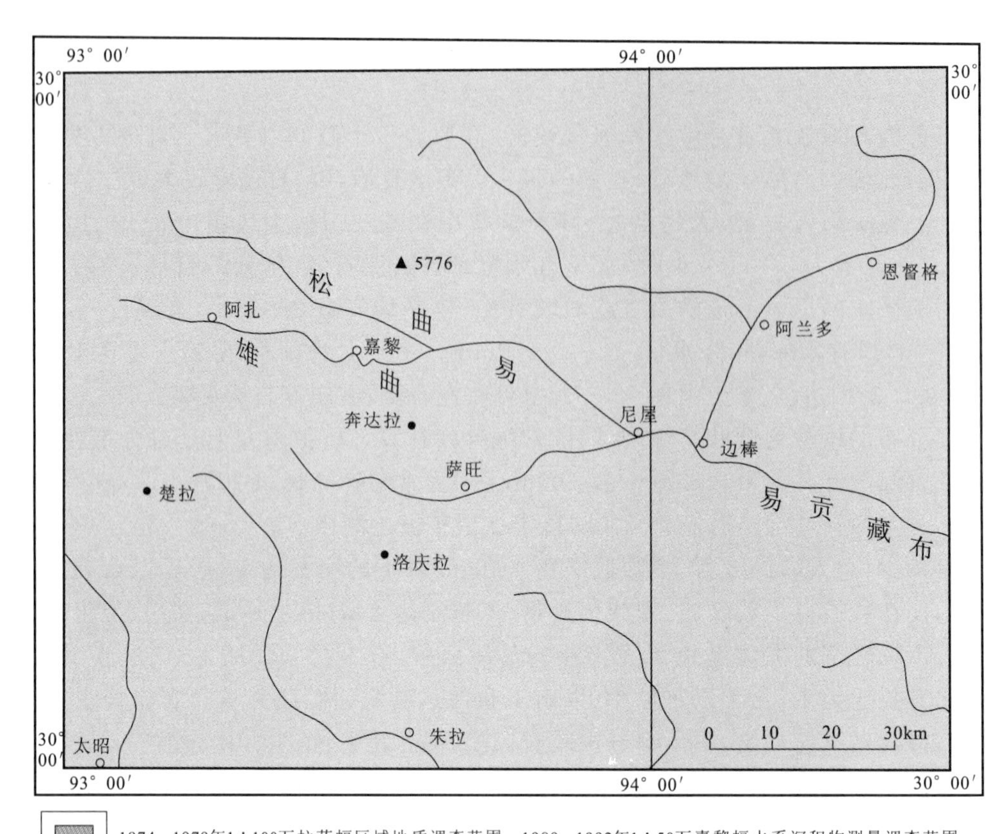

图1-2　嘉黎县幅研究程度图

1974—1979年，西藏地矿局综合普查大队开展了1∶100万拉萨幅区域地质、矿产调查，涵盖测区，取得了有关测区地质矿产特征的系统认识。随后，中科院、地科院及地质矿产部所属单位等进行了针对性较强的专题工作或矿产资源调查，涉及测区部分地段。

1989—1992年江西物化探队进行了1∶50万嘉黎幅区域化探扫面工作，涵盖测区。

1989年地矿部915水文地质队进行了1∶100万拉萨幅区域水文地质普查，涵盖测区。

此外，部分地质勘查单位开展了短期局部地段的地质普查找矿工作。

第四节　总体工作部署及工作量完成情况

一、总体工作部署原则

项目组依据《中国地质调查局区域地质调查总则》、《1∶25万区域地质调查技术要求（暂行）》、西藏自治区地调院质量监控的具体要求和《比如县、丁青县、嘉黎县、边坝县4幅1∶25万区调填图设计书》进行工作部署，工作部署中贯彻以下基本原则。

(一)地质调查与科学研究紧密结合

填图项目实施中,坚持地质调查与科学研究相结合,一方面积极吸取和充分运用国内外地质新理论、新技术、新方法,将新理论、新技术、新方法贯彻于地质调查始终,在路线的部署中项目负责、技术负责与其他填图技术人员一起充分讨论明确填图路线可能遇到并需重点注意的关键地质问题和解决办法;另一方面以填图为基础,注意选择测区重大地质问题进行重点攻关。根据测区的地质特色,我们选择了念青唐古拉东段新构造运动及地貌变迁,以构造解析为纲,以缝合带及边界断裂和嘉黎-易贡藏布断裂研究为主线,对测区区域构造的几何学、运动学和动力学特征进行研究,建立测区构造变形序列及构造演化模式。

(二)遥感先行

将遥感地质解译和制图贯穿于本次区调填图的全过程。在具体的运作过程中,我们将遥感解译工作先行于项目的踏勘设计,先行于具体填图路线的布署安排,先行于具体填图路线。精心选择好关键地质区段、重要地质体和主干填图路线。

(三)重点突破

鉴于测区已有一定的前人工作基础,我们的工作部署是在充分分析研究前人资料的基础上抓关键地质问题、抓关键区段进行有重点的地质调查。实施重点填图、重点研究、重点投入的综合研究性填图计划,运用多学科结合和多方法技术手段配用的综合填图方法,以解决测区区域重大基础地质问题为目的,获取重大地质成果。

(四)科学合理地部署填图路线

在收集分析前人资料基础上,依据测区地质复杂程度、基础地质研究程度和存在的重大基础地质问题,以解决实际问题为原则科学合理地部署填图路线,打破点线密度,不平均使用工作量,路线的选择目的性明确。

(五)岩矿测试突出重点

岩矿测试的投入突出重大地质问题的解决,突出实测剖面,突出解剖区和主干路线。在有限的经费投入下获取有效的地质成果数据,达到深化测区研究程度的目的。

二、项目工作进程

本项目2003年启动,2003年12月完成项目初步设计并报送中国地质调查局,通过2003年5—9月份的野外踏勘和试填图,于2003年11月底完成了设计书的编写及设计图的修编,2003年12月份通过了由中国地质调查局组织的项目设计审查,并获得88.5分成绩。根据设计审查意见,于2004年2月完成设计书的修改并报送中国地质调查局区调处和中国地质调查局西南项目办公室进行认定。以1∶10万TM图像为基础进行了全面的TM图像解译,编制了1∶25万TM图像解译图,在野外对解译的TM图像进行了实地验证。在野外工作的基础上,室内结合野外资料对TM图像进行了进一步的遥感解译工作。2003年6月至9月、2004年3月至9月及2005年6月至7月进行了野外地质调查。

2005年7月17日—19日,中国地质调查局区调处、成都地矿所、西南项目办、西藏地勘局、西藏地调院等单位组织了以刘鸿飞为组长的原始资料验收组。验收组认为,项目组在近三年的时间里,在特别艰苦的自然环境和特别艰难的外界条件下完成了野外工作任务,整体控制程度较好,所取得的各项原始资料和实物工作量均达到或部分超过项目任务书和设计书的要求，各种资料比较丰富，翔实可靠，并在地层划分、构造混杂岩和蛇绿岩、新构造运动与地貌演变、变质侵入体等方面取得了许多新认识和新进展。经野外验收专家组审查，项目的野外工作量已达到设计的要求，各类测试成果基本到位，一致同意通过项目的野外验收，全面转入室内报告编写阶段。验收评分91分，为优秀级。

2006年4月21—26日，中国地质调查局成都地质调查中心在四川成都对西藏嘉黎县幅(H46C002003)1∶25万区调成果进行了会议评审，评审专家认为项目内容丰富，资料翔实，立论有据，文图并茂，系统全面真实地反映了区调地质成果，在地层、岩浆岩、变质岩、构造、矿产资源和环境等方面取得重要进展，按中国地质调查局成果报告质量等级评分标准，嘉黎县幅获92.3分，为优秀级。

三、项目工作量完成情况

通过三年的野外工作，对图区的地质体进行了全面的实测剖面研究和路线地质调查。根据项目要求进行了系列样品分析测试，测试项目绝大部分超额完成设计数量，同时根据任务需要和测区具体情况，对原设计方案进行了适当调整，增加了部分测试项目，删减了少部分测试项目和数量。总体工作量达到并相当一部分超额完成设计要求，具体见表1-2。

表1-2　嘉黎县幅实物工作量完成情况表

<table>
<tr><th colspan="2">项目名称</th><th>单位</th><th>完成工作量</th></tr>
<tr><td colspan="2">1∶25万地质填图</td><td>km^2</td><td>15 975</td></tr>
<tr><td colspan="2">1∶10万遥感解译</td><td>km^2</td><td>15 975</td></tr>
<tr><td colspan="2">1∶25万地质路线</td><td>km</td><td>2 050</td></tr>
<tr><td colspan="2">实测剖面</td><td>km</td><td>137</td></tr>
<tr><td colspan="2">陈列标本</td><td>件</td><td>1 850</td></tr>
<tr><td colspan="2">岩矿薄片</td><td>件</td><td>775</td></tr>
<tr><td colspan="2">定向薄片</td><td>件</td><td>8</td></tr>
<tr><td colspan="2">光片</td><td>块</td><td>10</td></tr>
<tr><td colspan="2">定量光谱</td><td>件</td><td>273</td></tr>
<tr><td colspan="2">岩石硅酸盐分析</td><td>件</td><td>75</td></tr>
<tr><td colspan="2">稀土元素分析</td><td>件</td><td>75</td></tr>
<tr><td colspan="2">微量元素分析</td><td>件</td><td>75</td></tr>
<tr><td colspan="2">粒度分析</td><td>件</td><td>15</td></tr>
<tr><td colspan="2">包体测温</td><td>件</td><td>12</td></tr>
<tr><td colspan="2">光释光样</td><td>件</td><td>2</td></tr>
<tr><td colspan="2">大化石样</td><td>件</td><td>225</td></tr>
<tr><td colspan="2">微体化石</td><td>件</td><td>82</td></tr>
<tr><td colspan="2">电子探针(波谱分析)</td><td>件</td><td>216</td></tr>
<tr><td colspan="2">矿石化学分析</td><td>件</td><td>18</td></tr>
<tr><td colspan="2">矿石简项化学分析</td><td>件</td><td>72</td></tr>
<tr><td rowspan="3">同位素年龄</td><td>K-Ar法</td><td>件</td><td>12</td></tr>
<tr><td>U-Pb法</td><td>件</td><td>34</td></tr>
<tr><td>SHRIMP</td><td>件</td><td>2</td></tr>
<tr><td colspan="2">稳定同位素</td><td>件</td><td>12</td></tr>
</table>

第五节　项目人员分工及致谢

通过三年的地质工作，在西藏地勘局、西藏地质调查院及二分院的领导下，在项目全体参与人员的努力下，齐心协力，克服了种种困难，历尽艰辛，终于圆满完成了本次工作的地质调查任务，这是全体项目工作人员辛勤劳动的结晶。参加历年野外地质调查的人员组成如下：2003年度地质技术人员有向树元、泽仁扎西、田立富、巴桑次仁、云登嘉措、张小宝、欧阳松竹、马新民等，司机有多吉、普布次仁、唐亚军、陈玉林；2004年度地质技术人员有向树元、泽仁扎西、田立富、巴桑次仁、云登嘉措、朱耀生、张小宝、欧阳松竹、马新民、路玉林等，司机有多吉、普布次仁、唐亚军、陈玉林；参与2005年度资料整理和报告编写的技术人员有向树元、泽仁扎西、田立富、朱耀生、马新民、路玉林。

2005年1月至2006年2月进行报告编写工作。根据1∶25万区域地质调查技术要求，联测图幅按分幅分别编写报告。为确保报告质量，加强目标管理和责任到人，项目组成立了分幅报告领导成员，嘉黎县幅分幅项目负责由向树元担任，技术负责由田立富担任。报告编写分工如下：第一章、第五章由向树元执笔，第二章由田立富、向树元执笔，第三章由朱耀生、路玉林执笔，第四章由泽仁扎西执笔，第六章由向树元、田立富、朱耀生、泽仁扎西执笔。最后由泽仁扎西编辑出版稿、地质图说明书及地质图。

感谢项目工作期间，热心为项目提供指导和帮助的于庆文研究员、夏代祥教授级高工、王大可教授级高工、王立全研究员、张克信教授、王成源教授、罗建宁研究员、周详教授级高工等；感谢西藏地质调查院的苑举斌院长、刘鸿飞副院长、杜光伟总工、蒋光武高级工程师等为项目工作顺利进行所提供的技术支持，感谢二分院领导夏德全、王德康、魏保军总工、李国梁主任等的热情关心和悉心指导，同时也对所有曾关心和支持本项目工作的兄弟单位及个人一并诚谢！

本报告大化石鉴定由中国地质大学（武汉）吴顺宝、刘金华、黄其胜教授完成。岩矿鉴定由中国地质大学（武汉）曾广策、刘东健教授完成，常规锆石U-Pb同位素测试由中国地质调查局（宜昌）同位素地球化学开放研究实验室完成，锆石U-Pb SHRIMP年龄测定在中国地质科学研究院高精度离子探针实验室完成。K-Ar法年龄由国家地震局地质研究所年代实验室和中国地质调查局（宜昌）同位素地球化学开放研究试验室完成。常规化学全分析、稀土元素分析和微量元素分析由湖北省地矿局实验测试中心完成。光释光年龄和裂变径迹年龄由国家地震局地质研究所新年代实验室测试，电子自旋共振年龄由青岛海洋地质研究所海洋地质测试中心测试。遥感图像的处理由北京航空遥感中心完成。地质图计算机制图和空间数据库建库由甘肃省第三地质矿产勘查院鑫隆图形图像公司完成。在此一并致以衷心感谢。

第二章　地层及沉积岩

第一节　概述

测区出露地层主要有中新元古界、前奥陶系、石炭系—二叠系、侏罗系、白垩系及第四系。地层区划隶属冈底斯-腾冲地层区拉萨-察隅地层分区和班戈-八宿地层分区，地层分区界线由主干断层控制(图 2 - 1)。地层序列(填图单位)见表 2 - 1。各分区地层主要特征如下。

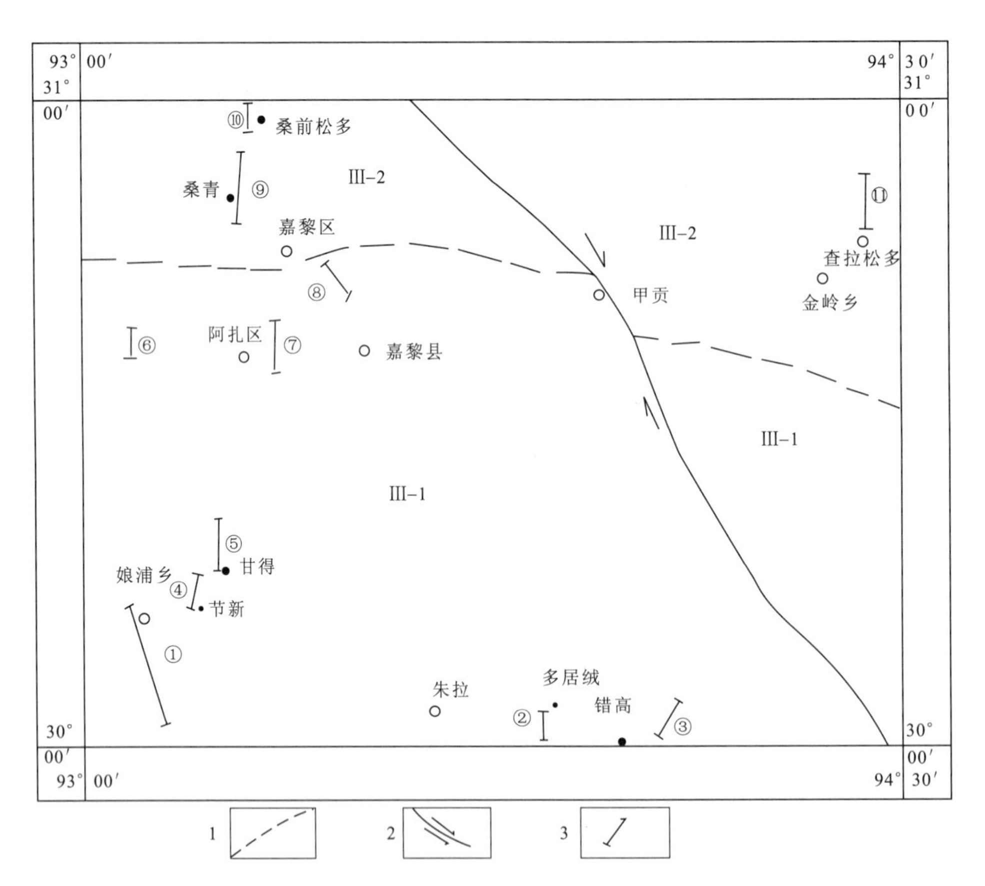

图 2 - 1　测区地层区划及剖面位置示意图

1. 地层分区界线；2. 右旋平移断层；3. 剖面位置及编号；

Ⅲ. 冈底斯-腾冲地层区；Ⅲ - 1. 拉萨-察隅地层分区；Ⅲ - 2. 班戈-八宿地层分区剖面；

①工布江达县娘蒲乡拉如寺剖面($AnOl$—$AnOc$)；②工布江达县错高乡多居绒剖面($Pt_{2-3}Nq^b$)；③工布江达县错高乡马过洞剖面($AnOc$)；④工布江达县娘蒲乡节新剖面($AnOc$)；⑤工布江达县娘蒲乡甘得剖面($Pt_{2-3}Nq^a$)；⑥嘉黎县阿扎区黑日阿拉剖面(P_2l)；⑦嘉黎县阿扎区扎木多剖面(J_2m、J_2s、$J_{2-3}l$)；⑧嘉黎县嘉黎区色冬剖面(C_2P_1l)；⑨嘉黎县嘉黎区桑青剖面($J_{2-3}l$)；⑩西藏自治区嘉黎县嘉黎区桑前麦松剖面(K_1d)；⑪边坝县金岭乡查拉松多剖面($J_{2-3}l$)

表 2-1　测区地层序列简表

年代地层 \ 岩石地层 \ 地层区划			冈底斯-腾冲地层区	
			拉萨-察隅地层分区	班戈-八宿地层分区
新生界	第四系		水碛（Qh^{gl}），沼泽（Qh^{f}），冰水沉积（Qh^{gfl}），洪冲积（Qp_3-Qh^{pal}），冰碛（Qp_3^{gl}），洪冲积（Qp_3^{pal}），冰碛（Qp_2^{gl}）	
中生界	白垩系	上统		宗给组（K_2z）
		下统		多尼组（K_1d）：二段（K_1d^2）；一段（K_1d^1）
	侏罗系	上统		拉贡塘组（$J_{2-3}l$）
		中统		桑卡拉佣组（J_2s）；马里组（J_2m）
古生界	二叠系	中统	洛巴堆组（P_2l）	
		下统	来姑组（C_2P_1l）	
	石炭系	上统		
	前奥陶系		岔萨岗岩组（AnO*c*）；雷龙库岩组（AnO*l*）	
元古宇	中新元古界		念青唐古拉岩群（$Pt_{2-3}Nq$）：b岩组（$Pt_{2-3}Nq^b$）；a岩组（$Pt_{2-3}Nq^a$）	

一、拉萨-察隅地层分区

该分区北界以嘉黎区-向阳日断裂为界，与班戈-八宿地层分区分隔；南界已延至图外。地层走向大致呈东西方向延展。出露面积占图幅总面积的 2/3。

出露的地层包括中新元古代念青唐古拉岩群（$Pt_{2-3}Nq$）、前奥陶纪雷龙库岩组（AnO*l*）和岔萨岗岩组（AnO*c*）、晚石炭世—早二叠世来姑组（C_2P_1l）及中二叠世洛巴堆组（P_2l）5 个岩石地层单位。其中，念青唐古拉群分布于测区南部，由一套中高级变质岩系组成；前奥陶纪和石炭纪—二叠纪地层主要分布于测区中南部，由一套浅变质细碎屑岩夹碳酸盐岩，局部夹火山岩系组成。以上各时代地层均以断块形式产出。

二、班戈-八宿地层分区

班戈-八宿地层分区分布于测区北部，属中生代弧后盆地。主要由侏罗纪和白垩纪的海相-陆相碎屑岩、碳酸盐岩及火山碎屑岩组成；白垩纪晚期局部发育陆相冲洪积。区内出露的地层包括马里组（J_2m）、桑卡拉佣组（J_2s）、拉贡塘组（$J_{2-3}l$）、多尼组（K_1d）和宗给组（K_2z）5 个岩石地层单位。出露面积占图幅总面积约 1/3。

第二节　中新元古代念青唐古拉岩群

一、划分沿革

测区中新元古界研究程度较低。《1∶100 万拉萨幅区域地质矿产调查报告》①（西藏地质局综

① 西藏自治区地质局. 1∶100 万拉萨幅区域地质矿产调查报告. 1979. 全书相同

合普查大队，1979）中，曾将测区嘉黎县以南至错高一带变质岩系统称为石炭系旁多群。《西藏自治区区域地质志》①（西藏地质矿产局区调队，1993）沿用了《1∶100万拉萨幅区域地质矿产报告》的划分方案。《1∶150万青藏高原及邻区地质图及说明书》②（成矿所，2004）划分为石炭系—二叠系（CP、C_2P_1），部分划分为二叠系（P_2）。

本次工作已证实本区"旁多群"是不同时代形成的沉积产物。根据岩石的变质程度、岩性组合及其所含化石组合特征，将原"旁多群"解体为中新元古界念青唐古拉岩群（$Pt_{2-3}Nq$）、前奥陶系雷龙库岩组（AnO*l*）、岔萨岗岩组（AnO*c*）、来姑组（C_2P_1l）、洛巴堆组（P_2l）等岩石地层单位（表2-2）。

表2-2　嘉黎县幅拉萨-察隅地层分区划分沿革

《1∶100万拉萨幅区域地质调查报告》（西藏自治区地质局，1979年）		《西藏自治区区域地质志》（西藏地矿局，1993年）		《青藏高原及邻区地质图及说明书》（成矿所，2004）	本书		
石炭系	旁多群	石炭系	旁多群	石炭系—二叠系（CP、C_2P_1、P_2）	二叠系	上统	洛巴堆组（P_2l）
						下统	来姑组（C_2P_1l）
					石炭系	上统	
					前奥陶系		岔萨岗岩组（AnO*c*）
							雷龙库岩组（AnO*l*）
					中新元古界	念青唐古拉岩群	b岩组（$Pt_{2-3}Nq^b$） a岩组（$Pt_{2-3}Nq^a$）

二、剖面描述

1. 工布江达县娘蒲乡甘得中新元古代念青唐古拉岩群a岩组（$Pt_{2-3}Nq^a$）实测剖面（P22，图2-2）

剖面位于工布江达县娘蒲乡甘得一带。沿音浦沟由北向南测制。地理坐标起点：93°11′19″E，30°20′36″N，高程4 409 m；终点：93°10′51″E，30°16′41″N，高程4 150 m。该剖面为1∶25万嘉黎县幅念青唐古拉岩群a岩组（$Pt_{2-3}Nq^a$）的代表剖面。现将剖面各分层岩性特征简述如下。

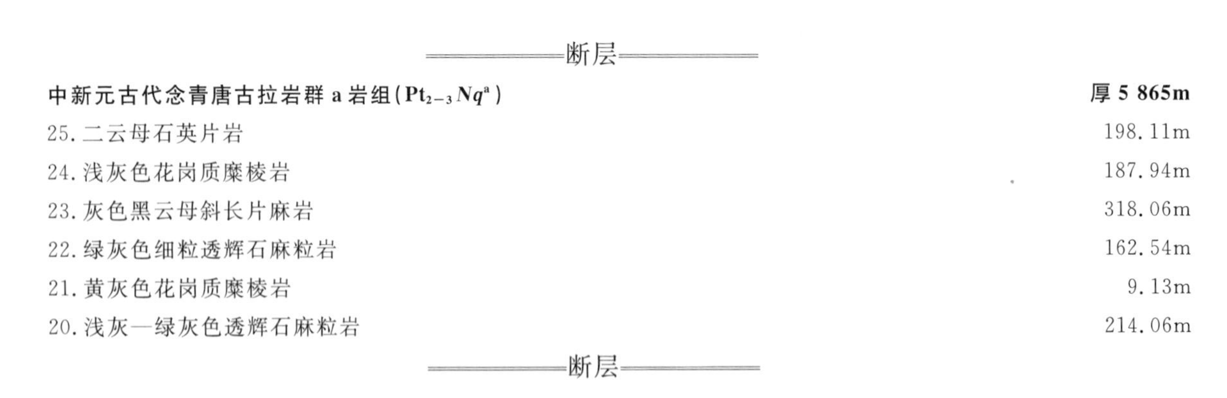
上覆：浅肉红色中—粗粒二长花岗岩（$K_2\eta\gamma$）

══════断层══════

中新元古代念青唐古拉岩群a岩组（$Pt_{2-3}Nq^a$）　　厚5 865m

25. 二云母石英片岩　　198.11m
24. 浅灰色花岗质糜棱岩　　187.94m
23. 灰色黑云母斜长片麻岩　　318.06m
22. 绿灰色细粒透辉石麻粒岩　　162.54m
21. 黄灰色花岗质糜棱岩　　9.13m
20. 浅灰—绿灰色透辉石麻粒岩　　214.06m

══════断层══════

① 西藏地质矿产局区调队. 西藏自治区区域地质志. 1993. 全书相同

② 成矿所. 青藏高原及邻区地质图及说明书. 2004. 全书相同

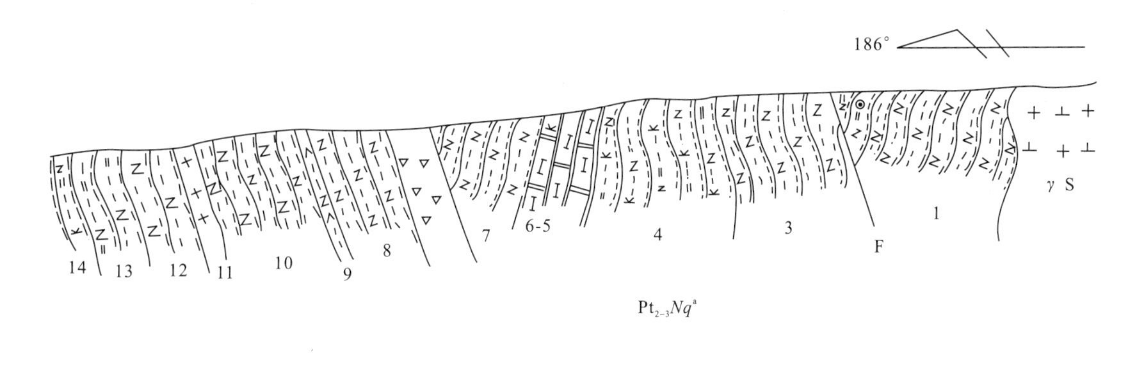

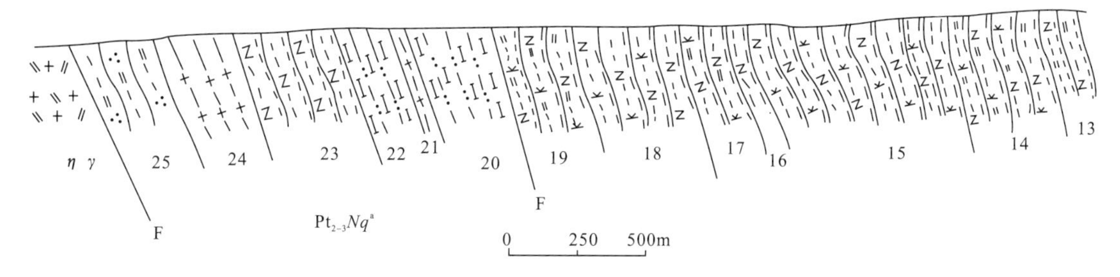

图 2-2　工布江达县娘蒲乡甘得中新元古代念青唐古拉岩群 a 岩组($Pt_{2-3}Nq^{a}$)实测剖面图(P22)

19. 灰色二云母二长片麻岩　228.93m
18. 浅灰色黑云母二长片麻岩　401.95m
17. 浅灰色二云母二长片麻岩　105.25m
16. 灰色黑云母斜长片麻岩　2.92m
15. 浅灰色黑云母二长片麻岩　720.59m
14. 浅灰色二云母二长片麻岩　258.37m
13. 灰色二云母斜长片麻岩　212.22m
12. 灰色黑云母斜长片麻岩　95.40m

············侵入接触············

11. 肉红色花岗质伟晶岩脉

············侵入接触············

10. 褐灰色黑云母斜长片麻岩　418.36m
9. 深灰色黑云母斜长角闪岩　5.00m
8. 灰色黑云母斜长片麻岩　330.65m

══════断层══════

7. 浅灰色黑云母斜长片麻岩　360.77m
6. 灰白色钾长透辉大理岩　168.60m
5. 浅灰色钾长透辉大理岩　84.88m
4. 浅灰色二云母二长片麻岩夹绿灰色绿帘石岩　365.96m
3. 深灰色黑云母斜长片麻岩　384.22m

══════断层══════

2. 浅灰色石榴二云母斜长片麻岩　175.48m
1. 深灰色黑云母斜长片麻岩　446.08m

············侵入接触············

下伏：灰白色斑状中细粒二长花岗岩($K_1\pi\eta\gamma$)

2. 工布江达县错高乡多居绒中新元古代念青唐古拉岩群 b 岩组($Pt_{2-3}Nq^b$)实测剖面(P23,图 2-3)

该剖面位于工布江达县错高乡多居绒一带测制。地理坐标起点:94°46′33″ E,30°01′37″N,高程 3 550 m;终点:93° 47′26″ E,29° 59′ 23″ N,高程 3 400 m。该剖面为念青唐古拉岩群 b 岩组($Pt_{2-3}Nq^b$)的代表剖面。现将剖面各分层岩性特征简述如下。

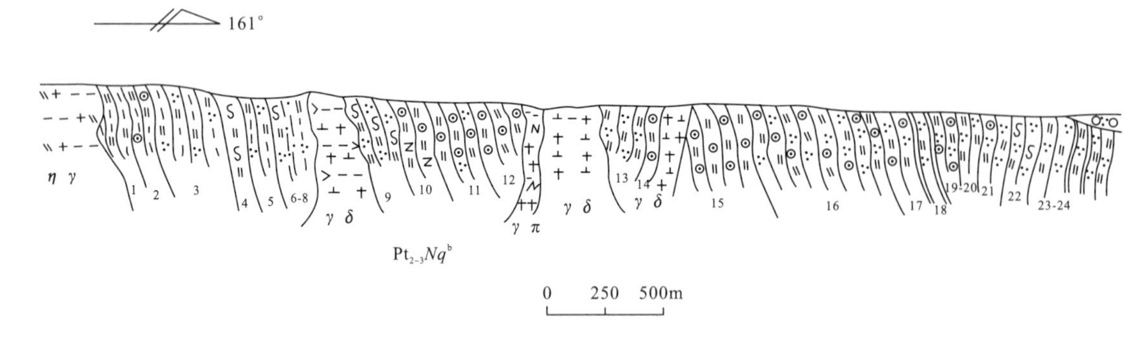

图 2-3 工布江达县错高乡多居绒中新元古代念青唐古拉岩群 b 岩组($Pt_{2-3}Nq^b$)实测剖面图(P23)

上覆:第四系覆盖

中新元古代念青唐古拉岩群 b 岩组($Pt_{2-3}Nq^b$)	**厚 3 066.61m**
24. 浅灰色二云母石英片岩夹浅灰色细粒白云母石英岩	226.39m
23. 灰色糜棱岩化绿泥白云母石英片岩	110.43m
22. 浅灰色二云母石英片岩	58.97m
21. 浅灰色蓝晶石石榴石二云母石英片岩	108.39m
20. 浅灰色二云母石英片岩	108.58m
19. 浅灰色糜棱岩化蓝晶石石榴石二云母石英片岩	122.68m
18. 灰白色细粒白云母石英岩	29.63m
17. 浅灰色蓝晶石石榴石二云母石英片岩	55.99m
16. 灰色石榴石二云母石英片岩	388.60m
15. 深灰色糜棱岩化石榴石二云母石英片岩	152.26m

══════断层══════

灰色片麻状石英二长闪长岩($D_1 gn\eta\delta o$)

……………侵入接触……………

14. 深灰色糜棱岩化石榴石二云母片岩	13.03m
13. 浅灰色二云母石英片岩夹灰色糜棱岩化绿泥白云母石英片岩	148.41m

……………侵入接触……………

灰色片麻状石英二长闪长岩($D_1 gn\eta\delta o$)

……………侵入接触……………

12. 浅灰色蓝晶石石榴石二云母片岩	231.02m
11. 灰白色糜棱岩化二云母石英片岩	176.30m
10. 灰色糜棱岩化石榴石二云母斜长片麻岩	148.58m
9. 灰色糜棱岩化绿泥白云母石英片岩	188.41m

……………侵入接触……………

灰色片麻状石英二长闪长岩($D_1 gn\eta\delta o$)

……………侵入接触……………

8. 浅灰色二云母石英片岩	75.01m

7. 浅灰色花岗质糜棱岩	16.71m
6. 灰色糜棱岩化绿泥白云母石英片岩	90.37m
5. 浅灰色二云母石英片岩	100.56m
4. 浅灰色绿泥绢云母片岩	78.17m
3. 浅灰色二云母石英片岩	289.63m
2. 浅灰色石榴石二云母石英片岩	87.49m
1. 深灰色糜棱岩化二云母片岩	61.00m

------侵入接触------

下伏：浅肉红色细粒黑云母二长花岗岩（$E\eta\gamma$）

三、岩石地层特征

根据 P22、P23 剖面岩性组合特征，念青唐古拉岩群可分为两个岩组，即 a 岩组（$Pt_{2-3}Nq^{a}$）、b 岩组（$Pt_{2-3}Nq^{b}$）。

1. 念青唐古拉岩群 a 岩组（$Pt_{2-3}Nq^{a}$）

以各种片麻岩为主，主要岩性为深灰色—灰色黑云母斜长片麻岩、浅灰色石榴二云母斜长片麻岩、浅灰色二云母二长片麻岩、灰色二云母斜长片麻岩、浅灰色黑云母二长片麻岩及深灰色黑云母斜长角闪岩，夹灰白色钾长透辉石大理岩、花岗质糜棱岩、细粒透辉石麻粒岩、二云母石英片岩。厚度约 5 865m。

2. 念青唐古拉岩群 b 岩组（$Pt_{2-3}Nq^{b}$）

以浅灰色二云母石英片岩、浅灰色蓝晶石石榴石二云母片岩、深灰色糜棱岩化二云母片岩为主，夹灰色片麻状石英二长闪长岩变质侵入岩体。厚度 3 066.61m。

根据岩石薄片鉴定和岩石地球化学微量元素化学图解的综合分析，念青唐古拉岩群的原岩恢复主要为粘土质岩石、杂砂岩及基性火山岩和碳酸盐岩等，可能属含火山岩的类复理石建造。并伴随有二长花岗岩和花岗闪长岩侵入体岩浆活动。

四、分布及岩石组合

测区内念青唐古拉岩群分布于嘉黎县南部，大致呈近东西方向展布。其中，念青唐古拉岩群 a 岩组主要分布于工布江达县五岗、卡加曲—八棚择，向东沿尼屋藏布—易贡藏布等地。其岩性以各种片麻岩为主，夹灰白色钾长透辉大理岩、二云母石英片岩、花岗质糜棱岩夹细粒透辉石麻粒岩。b 岩组在工布江达县娘蒲区—扎拉及错高一带广泛分布。岩性特征以浅灰色二云母石英片岩、浅灰色蓝晶石石榴石二云母片岩、深灰色糜棱岩化二云母片岩为主，夹灰色片麻状角闪黑云花岗闪长岩、灰色蚀变黑云母斜长花岗斑岩。

五、时代讨论

据《1∶20 万通麦、波密幅区域地质矿产调查报告》①（甘肃省区调队，1995）获得的年龄资料（表 2－3），在通麦-迫隆剖面上采斜长角闪岩样品测得 Sm－Nd 2 296±63Ma 和 Rb－Sr 1 866±146Ma 同位素等时线年龄值，在波弄贡以南采斜长角闪岩样品测得 2 个 Sm－Nb 年龄值，分别为 2 178±12Ma 和 1 453±14Ma。从以上同位素年龄值看，念青唐古拉岩群的主体应该是元古宙的产物，原

① 甘肃省区调队. 1∶20 万通麦、波密幅区域地质矿产调查报告. 1995. 全书相同

岩的沉积年龄至少是在元古宇。《青藏高原及邻区地质图说明书》(2004)将念青唐古拉岩群的时代定为中新元古代。本书表示赞同。

本次工作,我们在工布江达县娘蒲乡甘得念青唐古拉岩群 a 岩组中采集浅灰色二云母二长片麻岩样品,测得同位素年龄值 179～189Ma(变质年龄)。在错高乡多居绒念青唐古拉岩群 b 岩组中采集灰色片麻状石英二长闪长岩样品,测得同位素年龄值U－Pb 247±16Ma(变质年龄)。在错高乡多居绒念青唐古拉岩群 b 岩组中采集灰白色糜棱岩化二云母石英片岩样品,测得锆石 U－Pb 法 SHIMP 谐和线同位素年龄值 194±7Ma(变质年龄)。以上 3 个样品所测得同位素年龄值均为变质侵入体的变质年龄(表 2－3)。不能代表念青唐古拉岩群的时代,因此,对测区念青唐古拉岩群的时代的确定还有待今后做进一步深入研究工作。

表 2－3　念青唐古拉岩群测年数据表

采样位置	样品名称	方法	年龄值(Ma)	资料来源
通麦-迫隆剖面	斜长角闪岩	Sm－Nd Rb－Sr	2 296±63 1 868±146	1∶20 万波密、通麦幅报告(1995)
冈戊勒-冷多剖面	斜长角闪岩	Sm－Nd	2 178±12 1 453±14	
通麦以南	花岗片麻岩	U－Pb (锆石)	564	
娘蒲乡甘得剖面	黑云母斜长片麻岩 黑云母二长片麻岩	U－Pb (锆石)	179～189	本项目(2005)
错高乡多居绒 1390－2 样品	片麻状石英二长闪长岩	U－Pb (锆石)	247±16	
错高乡多居绒剖面	糜棱岩化二云母石英片岩	SHIMP (锆石)	194±7	

第三节　前奥陶系

一、划分沿革

测区前奥陶系分布于娘蒲至错高一带,其划分沿革见表 2－2。

本次工作,通过实测剖面,以及与西邻图幅《1∶25 万门巴区幅区调报告》①(吉林大学地调院,2005)、《1∶20 万下巴淌(沃卡)幅区域地质矿产调查报告》②(西藏自治区区调队,1994)中松多岩群对比,认为测区内中南部娘蒲至错高一带发育的一套浅变质岩地层,其层位可与松多岩群中雷龙库岩组(AnO*l*)、岔萨岗岩组(AnO*c*)对比或大致相当。因此,本报告暂引用了前奥陶纪雷龙库岩组(AnO*l*)、岔萨岗岩组(AnO*c*)两个岩石地层单位名称。

二、剖面描述

1. 工布江达县娘蒲乡拉如寺前奥陶纪雷龙库岩组(AnO*l*)-岔萨岗岩组(AnO*c*)实测剖面(P21,图 2－4)

该剖面位于工布江达县娘蒲乡,沿娘曲河东岸由北向南(沿公路)测制。交通较便利。地理坐

① 吉林大学地质调查研究院.1∶25 万门巴区幅区域地质调查报告.2005.全书相同

② 西藏自治区区调队.1∶20 万下巴淌(沃卡)幅区域地质矿产调查报告区域地质矿产调查报告.1994.全书相同

标起点：93°06′22″E，30°13′37″N，高程3 855m；终点：93°06′21″E，30°03′47″N，高程3 610m。该剖面可作为本区雷龙库岩组（AnO*l*）、岔萨岗岩组（AnO*c*）的代表剖面。现将剖面各分层岩性特征简述如下。

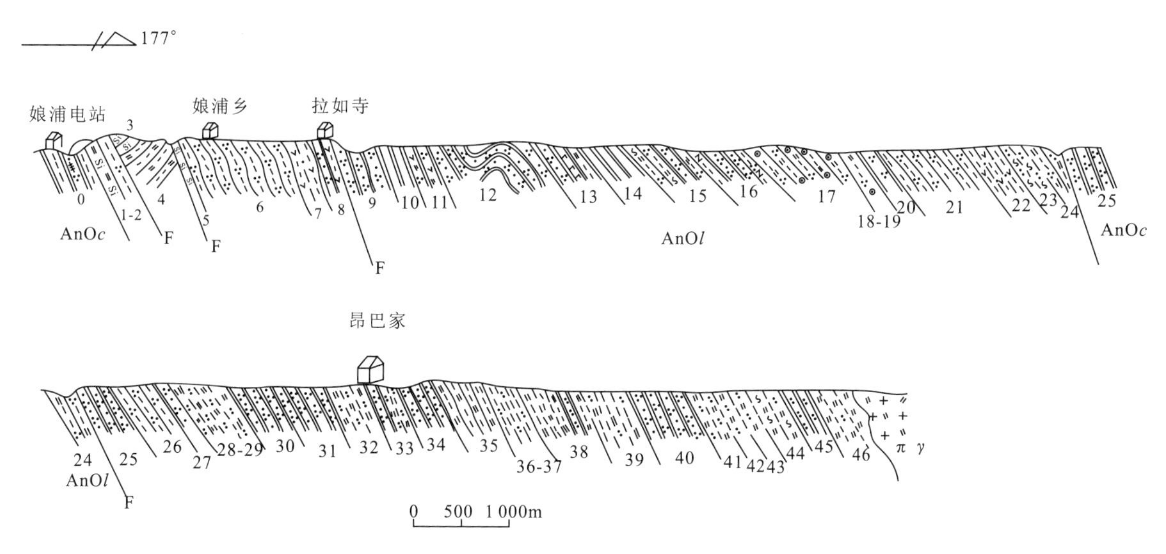

图2-4　工布江达县娘蒲乡拉如寺前奥陶纪雷龙库岩组（AnO*l*）-岔萨岗岩组（AnO*c*）实测剖面图（P21）

上覆：浅灰色中粗粒二长花岗岩（$K_2\eta\gamma$）

侵入接触

前奥陶纪岔萨岗岩组（AnO*c*）　　厚6 083.34m

46. 下部为深灰色—灰黑色绢云母千枚岩夹粉砂质绢云母千枚岩；上部为深灰色粉砂质绢云母千枚岩夹灰色薄层变质细粒石英砂岩（未见顶）　254.34m
45. 灰绿色变质粉砂岩夹变质细砂岩，具变余层理；深灰色、灰绿色粉砂绿帘绢云母千枚岩　158.72m
44. 深灰色含粉砂绿泥绢云母千枚岩，深灰色含粉砂绢云母千枚岩　234.67m
43. 深灰色含细砂粉砂绢云母千枚岩夹灰色中薄层变质细粒长石石英砂岩　151.31m
42. 深灰色含细砂粉砂绢云母千枚岩　168.83m
41. 深灰色含粉砂绢云母千枚岩夹灰白色中薄层变质细粒石英砂岩　228.60m
40. 灰绿色中厚层、中薄层变质石英砂岩夹深灰色绢云母千枚岩　622.80m
39. 灰黑色粉砂质黑云母绢云母千枚岩　395.93m
38. 深灰色粉砂质黑云母绢云母千枚岩夹变质细粉砂岩　583.47m
37. 深灰色粉砂质黑云母千枚岩　175.89m
36. 深灰色粉砂质黑云母绢云母千枚岩　78.49m
35. 深灰色细粒黑云母绢云母片岩夹深灰色中薄层状变质粉砂岩　420.41m
34. 粉红色中厚层变质钙质胶结中细粒石英砂岩，灰黄色厚层状变质中细粒石英砂岩　230.28m
33. 深灰色变质中细粒石英砂岩　349.96m
32. 深灰色粉砂质绢云母千枚岩夹灰白色薄层状变质细粒石英砂岩，具变余层理　385.88m
31. 深灰色中厚层变质细粒石英砂岩，具变余层理　339.76m
30. 灰色中薄层细粒石英岩夹灰色粉砂质黑云母绢云母千枚岩　307.61m
29. 灰色粉砂质绢云母千枚岩　429.41m
28. 浅灰色粉砂质黑云母绢云母千枚岩　107.48m
27. 灰色、灰白色中厚层—中薄层状细粒石英岩夹灰绿色黑云母石英千枚片岩　34.17m
26. 灰黄色细粒黑云母石英片岩夹银灰色—灰黄色细粒石英岩　246.40m
25. 灰白色中薄层状变质石英砂岩夹灰绿色细粒黑云母石英片岩　218.93m

断层

前奥陶纪雷龙库岩组(AnO*l*)	**厚 4 522.62m**
24.银灰色二云母石英千枚片岩	138.92m
23.灰绿色含粉砂绿帘绿泥千枚岩与灰色中薄层状细粒石英岩互层	55.23m
22.灰色黑云角闪变粒岩	223.65m
21.灰绿色细粒黑云母石英片岩	688.19m
20.灰色中厚层细粒石英岩夹灰绿色细粒黑云母石英片岩	139.04m
19.灰色细粒石榴石黑云母石英片岩	44.92m
18.灰色中厚层状片理化含黑云母细粒石英岩	79.54m
17.灰绿色细粒石榴石黑云母石英片岩	594.13m
16.灰白色中厚层片理化细粒石英岩夹灰绿色长石石英黑云母千枚片岩	331.07m
15.灰绿色细粒绿泥二云母石英片岩夹灰色薄层状细粒石英岩	247.02m
14.灰色中厚层—厚层状含绢云母黑云母细粒石英岩夹灰绿色长石石英黑云母千枚片岩	181.24m
13.灰色中薄层状细粒石英岩、灰绿色长石石英黑云母千枚片岩夹暗绿色变质玄武岩	70.86m
12.灰色、灰绿色巨厚层—中厚层片理化细粒石英岩	90.25m
11.灰黄色厚层夹中薄层二云母角闪石英岩	271.02m
10.灰绿色千枚状板岩夹灰色薄层片理化细粒石英岩	347.49m
9.灰色中厚层夹薄层状细粒石英岩	758.61m

══════断层══════

中新元古代念青唐古拉岩群 b 岩组 ($Pt_{2-3}Nq^b$)	**厚 1 474.82m**
8.灰色中薄层状绿帘黑云角闪变粒岩夹细粒石英岩夹灰色中厚层夹薄层状细粒石英岩	3.49m
7.灰色中厚层夹中薄层状绿帘黑云角闪变粒岩夹灰绿色细粒黑云母石英片岩	226.74m
6.灰绿色细粒黑云母石英片岩	839.25m
5.灰色中层—薄层结晶硅质岩	14.12m

══════断层══════

4.灰绿色二云母片岩	153.64m
3.灰色中厚层状片理化含绢云母硅质岩	67.45m
2.灰绿色细粒黑云母石英片岩	69.21m
1.灰色含绢云母硅质岩夹灰绿色细粒黑云母石英片岩	104.41m

2. 工布江达县娘蒲乡节新前奥陶纪岔萨岗岩组(AnO*c*)实测剖面(P24,图 2-5)

该剖面位于工布江达县娘蒲乡节新东,沿节新东面山坡测制。地理坐标起点:93°09′26″E,30°14′26″N,高程 4 390 m;终点:93°08′17″E,30°13′24″N,高程 4 430m。现将剖面各分层岩性特征简述如下。

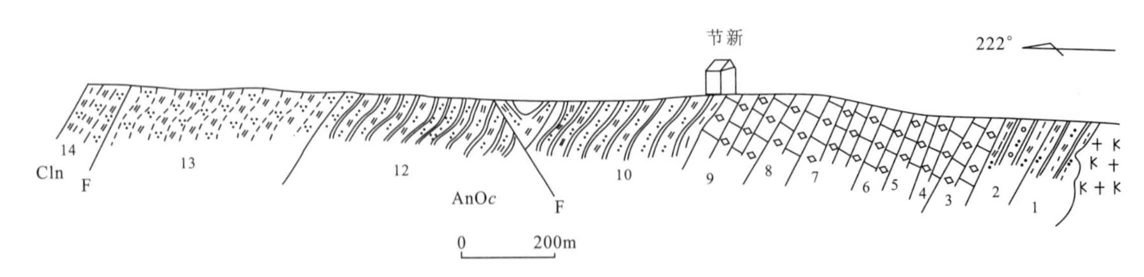

图 2-5　工布江达县娘蒲乡节新前奥陶纪岔萨岗岩组(AnO*c*)实测剖面图(P24)

前奥陶纪岔萨岗岩组(AnO*c*)	**总厚度 1 456.50m**
14.浅灰色绢云母石英千枚岩	72.30m

═══════断层═══════

13. 深灰色绢云母石英千枚岩　366.35m

12. 深灰色粉砂绢云母千枚板岩夹灰色中薄层变质细粒石英砂岩　256.11m

═══════断层═══════

11. 深灰色含粉砂绢云母千枚板岩　59.01m

10. 深灰色含粉砂绢云母板岩夹灰色中薄层变质细粒石英砂岩　226.62m

9. 灰色中薄层结晶灰岩　59.47m

8. 灰白色中厚层结晶灰岩　32.30m

7. 灰色硅质条带状结晶灰岩　93.78m

6. 灰色中薄层状结晶灰岩　49.76m

5. 灰色条带状结晶灰岩　30.36m

4. 灰色中薄层状结晶灰岩　55.41m

3. 灰色薄层状结晶灰岩　44.65m

2. 深灰色砂质黑云母绢云千枚板岩夹黑色碳质粉砂质板岩　74.69m

1. 深灰色黑云母化砂质绢云千枚板岩　（未见底）　35.64m

┈┈┈┈┈侵入接触┈┈┈┈┈

下伏：灰色细粒钾长花岗岩（$J_1\eta\gamma^b$）

3. 西藏自治区工布江达县错高乡马过洞前奥陶纪岔萨岗岩组（AnO*c*）实测剖面（P25，图 2-6）

该剖面位于工布江达县错高乡，沿边浪曲下游西岸的三代领—马过河西村庄一带由北向南方向测制。地理坐标起点：94°04′21″E，30°00′23″N，高程 3 755 m；终点：94°01′24″E，30°03′47″N，高程 3 680 m。现将剖面各分层岩性特征简述如下。

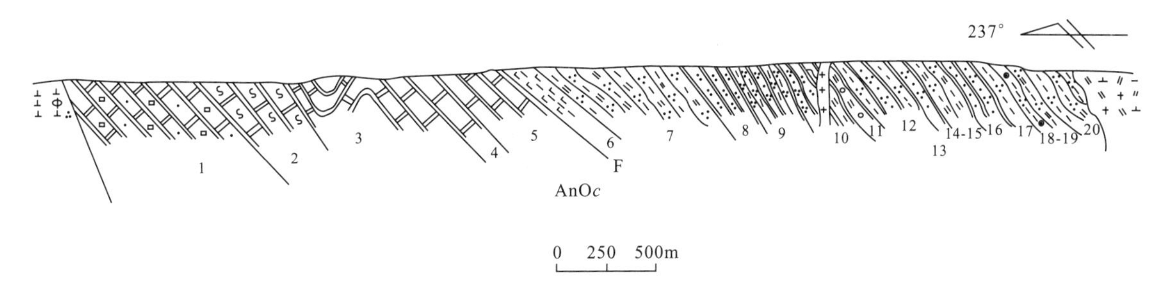

图 2-6　西藏自治区工布江达县错高乡马过洞前奥陶纪岔萨岗岩组（AnO*c*）实测剖面图（P25）

上覆：黑云母二长花岗岩（$K_1\eta\gamma$）

┈┈┈┈┈侵入接触┈┈┈┈┈

前奥陶纪岔萨岗岩组（AnO*c*）　（未见顶）　**厚 2 991.43m**

20. 灰色细粒黑云母石英片岩　158.05m

19. 灰色细粒二云母石英片岩　21.27m

18. 灰色细粒石榴黑云母石英片岩　36.99m

17. 灰色粉细粒黑云母石英片岩　88.32m

16. 灰色中厚层状变质细粒石英砂岩、黑云母石英千枚片岩夹细粒黑云母石英　4.40m

15. 灰色绢云母黑云母石英千枚片岩　68.27m

14. 灰色黑云母绢云母石英千枚片岩　43.34m

13. 灰色中厚层状电气石化变质中细粒石英砂岩，具低角度斜层理　145.87m

12. 灰色黑云母石英千枚片岩夹细粒黑云母石英岩　52.46m

11. 灰色含砾绢云母千枚板岩　20.37m

10.灰色变质石英细粒粉砂岩夹绢云母黑云母石英千枚片岩　59.98m

……………………侵入接触……………………

花岗细晶岩脉

……………………侵入接触……………………

9.灰色黑云母绢云母石英千枚片岩夹变质石英细粒粉砂岩　127.72m

8.灰色中厚层状变质石英细粒粉砂岩　182.03m

7.灰色绢云母黑云母石英千枚片岩　570.16m

6.灰黄色钙质千枚岩夹砂质结晶灰岩　74.39m

══════断层══════

5.灰色中厚层状细晶大理岩　260.56m

4.灰色中薄层状细晶大理岩　112.22m

3.灰白色厚层状细晶大理岩，具弱片理化　150.25m

2.灰白色条带状细晶大理岩　283.85m

1.灰色中薄层(含砂)细晶大理岩　450.93m

══════断层══════

下伏：糜棱岩化黑云母绿帘石英闪长岩($K_1\delta o$)

三、岩石地层特征

测区前奥陶纪地层自下而上分为雷龙库岩组(AnO*l*)及岔萨岗岩组(AnO*c*)两个岩石地层单位。现分别简述如下。

1.雷龙库岩组(AnO*l*)

雷龙库岩组(AnO*l*)分布于娘蒲一带。本岩组与下伏念青唐古拉岩群b岩组、与上覆岔萨岗岩组均为断层接触关系。岩性特征下部以灰色中厚层—薄层状细粒石英岩、灰黄色厚层夹中薄层二云母角闪石英岩、灰色、灰绿色巨厚层—中厚层片理化细粒石英岩为主，夹灰色中厚层—中薄层状绿帘黑云角闪粒岩、灰绿色细粒黑云母石英片岩、灰绿色长石石英黑云母千枚片岩及暗绿色变质玄武岩。上部由灰绿色细粒绿泥二云母石英片岩夹灰色中厚层状片理化含黑云母细粒石英岩，灰绿色细粒石榴石黑云母石英片岩，灰色黑云角闪变粒岩组成。厚度4 522.62m。基本层序见图2-7。

该岩组变质程度属于低级区域动力质作用，变质程度为低绿片岩相。其原岩为硅质岩、石英砂岩、细粒石英杂砂岩及细粒-粉砂质泥岩。代表了裂谷盆地边缘斜坡浊流沉积环境。该组中夹暗绿色变质玄武岩等钙-碱性火山物质，表明沉积期间伴有火山喷发。

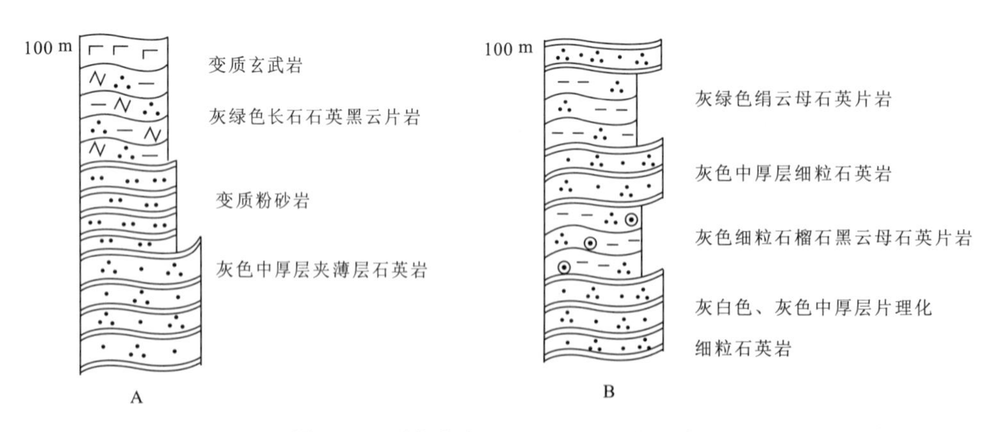

图2-7　雷龙库岩组(AnO*l*)的基本层序

2. 岔萨岗岩组(AnO*c*)

岔萨岗岩组(AnO*c*)分布于娘蒲至错高一带。大致呈东西方向展布。本岩组与下伏雷龙库岩组(AnO*l*)呈断层接触关系,其上常被岩体侵入。岩性特征下部以灰色中薄层细晶大理岩、灰色中薄层状结晶灰岩为主;上部以深灰色粉砂质绢云母千枚岩夹灰白色中薄层变质细粒石英砂岩、粉红色中厚层变质钙质胶结中细粒石英砂岩、灰黄色厚层状变质中细粒石英砂岩、灰黑色粉砂质黑云母绢云母千枚岩夹深灰色中薄层状变质粉砂岩或灰白色薄层状变质细粒石英砂岩、深灰色含细砂粉砂绢云母千枚岩为特征。厚度为 2 991.60 ~6 083.34m。基本层序见图 2-8。

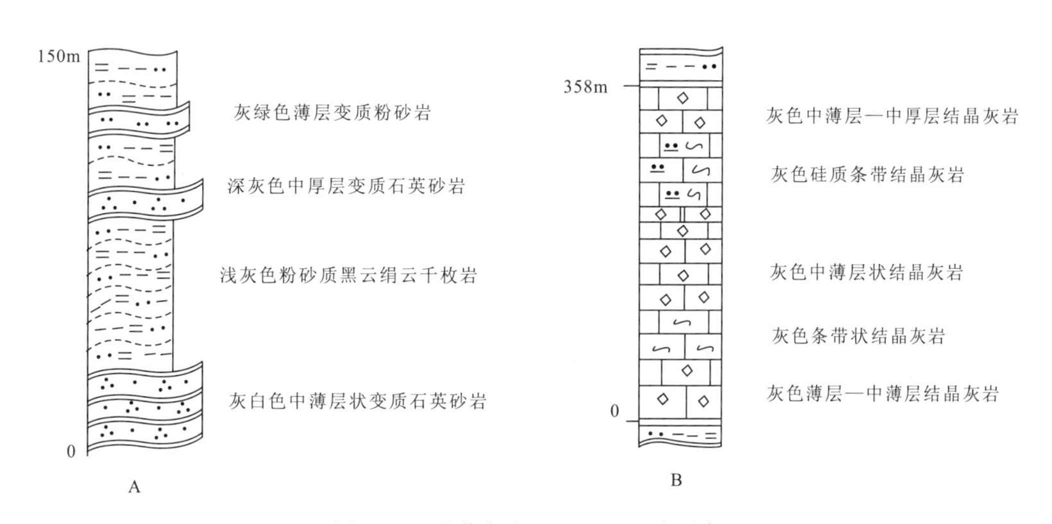

图 2-8 岔萨岗岩组(AnO*c*)基本层序

该岩组变质程度属于低级区域动力变质作用或区域变质重结晶作用。变质程度为低绿片岩相。原岩为砂质灰岩和泥质岩及粉砂质泥岩、细粒石英砂岩、粉砂岩。总体反映了碳酸盐岩台地→陆棚砂泥质沉积环境。

四、地层对比

测区前奥陶纪地层广泛分布于娘蒲乡拉如寺—昂巴宗、节新、错高等地(图 2-9)。

在娘蒲乡拉如寺—昂巴宗沿娘曲河一带露头良好。雷龙库岩组(AnO*l*)与下伏念青唐古拉岩群 b 岩组、与上覆岔萨岗岩组均为断层接触关系。下部以灰色中厚层—薄层状细粒石英岩、灰黄色厚层夹中薄层二云母角闪石英岩,灰色、灰绿色巨厚层—中厚层片理化细粒石英岩为主,夹灰色中厚层—中薄层状绿帘黑云角闪变粒岩、灰绿色细粒黑云母石英片岩、灰绿色长石石英黑云母千枚片岩及暗绿色变质玄武岩;上部为灰绿色细粒绿泥二云母石英片岩夹灰色中厚层状片理化含黑云母细粒石英岩,灰绿色细粒石榴石黑云母石英片岩,灰色黑云角闪变粒岩。该岩组变质程度属于低级区域动力变质作用,形成一套低绿片岩相浅变质岩系。其原岩为硅质岩、石英砂岩、细粒-粉砂质泥岩、细粒石英杂砂岩,夹玄武岩。厚度 4 522.62m。岔萨岗岩组(AnO*c*)以深灰色粉砂质绢云母千枚岩夹灰白色中薄层变质细粒石英砂岩、粉红色中厚层变质钙质胶结中细粒石英砂岩、灰黄色厚层状变质中细粒石英砂岩、灰黑色粉砂质黑云母绢云母千枚岩夹深灰色中薄层状变质粉砂岩或灰白色薄层状变质细粒石英砂岩、深灰色含细砂粉砂绢云母千枚岩为特征。该岩组变质程度属于低级区域动力变质作用,形成一套低绿片岩相浅变质岩系。其原岩主要为粉砂质泥岩夹中细粒石英砂岩、泥质粉砂岩、泥质岩。厚度 6 083.34m。

在工布江达县娘蒲乡节新东,只出露岔萨岗岩组(AnO*c*),下部为深灰色砂质黑云母绢云千枚

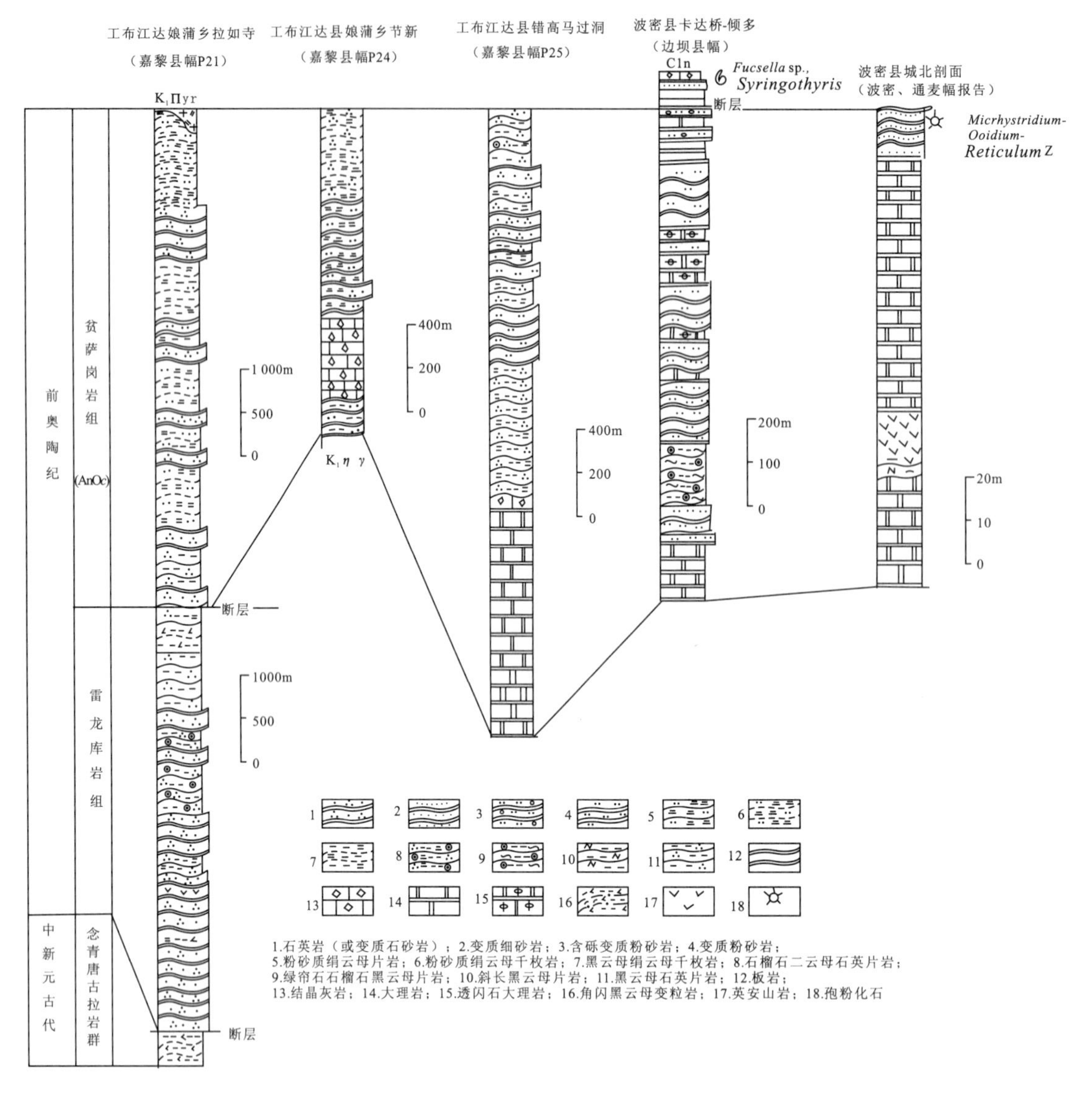

图 2-9　测区及邻区前奥陶纪雷龙库岩组（AnO*l*）、岔萨岗岩组（AnO*c*）柱状对比图

板岩夹黑色碳质粉砂质板岩、灰色中薄层状结晶灰岩及灰色硅质条带状结晶灰岩；上部为深灰色含粉砂绢云母板岩夹灰色中薄层变质细粒石英砂岩、深灰色绢云母石英千枚岩。变质程度为低绿片岩相，原岩恢复为碳酸盐岩、泥质岩及碎屑岩。厚度 1 456.50 m。

在工布江达县错高一带，岔萨岗岩组（AnO*c*）下部以灰色中薄层（含砂）细晶大理岩、灰白色条带状细晶大理岩、灰白色厚层状夹中薄层状细晶大理岩为特征；上部以灰黄色钙质千枚岩夹砂质结晶灰岩、灰色绢云母黑云母石英千枚片岩、灰色绢云母黑云母石英千枚片岩、灰色中厚层状变质石英细粒粉砂岩、灰色黑云母绢云母石英千枚片岩夹变质石英细粒粉砂岩、灰色含砾绢云母千枚板岩、灰色细粒黑云母石英片岩为特征。厚度 2 991.60m。

向东至边坝县幅境内波密县贡巴、易贡农场一带，只出露雷龙库岩组（AnO*l*），岩性以灰色中厚层—薄层状细粒石英岩，灰黄色、灰绿色巨厚层—中厚层片理化细粒石英岩为主，夹灰色—灰绿色细粒黑云母石英片岩、灰绿色长石石英黑云母千枚片岩。

在波密县卡达桥一带与岔萨岗岩组（AnO*c*）相当的层位（原“波密群”），下部为大理岩；中上部为中薄层—中厚层变质粉砂岩夹大理岩。厚度大于 1 165m。在波密县城北约 2km 的山坡上，下部为浅灰色厚层块状硅质条带大理岩夹暗绿色变质安山岩；上部为灰色薄层凝灰色变质细粒砂岩。

砂岩中产丰富的微古植物化石。

五、时代讨论

测区前奥陶纪雷龙库岩组、岔萨岗岩组均未找到化石。但是，从岩性组合特征与之相当区域地层层位对比分析，本书认为测区内节新、错高一带岔萨岗岩组中的结晶灰岩及细晶大理岩层位与邻区波密县北约 2km 处的细晶大理岩层位相当，即相当于《1∶20 万波密幅、通麦幅区域地质矿产调报告》(甘肃省区调队，1995)中的"波密群"。在波密县城北约 2 km 处，细晶大理岩之上的变质砂岩中产以 *Micrhystridium*－*Ooidium*－*Reticulum* 组合带为特征的微古植物化石。微古植物化石计有 16 属 38 种。主要分子有：*Leiopsophosphaera minor* Schep(小光球藻)，*L. solid* Sin et Liu，(坚壁光球藻)，*L. apertum* Schep，(开放光球藻)，*L.* cf. *apertum* Schep，(开放光球藻，相似种)，*L.* sp. 1，(光球藻，未定种 1)，*L.* sp. 2，(光球藻，未定种 2)，*Trachysphaeridium rugosum* Sin et Liu (有被粗面球形藻)，*Tr* . cf. *rude* Sin et Liu (显著粗面球形藻，相似种)，*Tr. simplex* Sin (简单粗面球形藻)，*Tr. cultum(Andr)* Sin (薄壁粗面球形藻)，*Tr. increassatum* sp. Sin (厚缘粗面球形藻)，*Tr.* sp. (粗面球形藻，未定种)，*Lophosphaeridium* sp. 1(瘤面球形藻，未定种 1)，*L.* sp. 2 (瘤面球形藻，未定种 2)，*Reticulum simplex* Zhong (简单粗网球藻)，*R.* cf. *simpiex* Zhong (简单粗网球藻，相似种)，*R.* sp. 1(粗网球藻，未定种 1)，*R.* sp. 2(粗网球藻，未定种 2)，*Asperatopsophosphaera* sp. (粗面球形藻，未定种)，*Veryhachium* sp. 1(角刺藻，未定种 1)，*V.* sp. 2(角刺藻，未定种 2)，*Micrystridium* sp. 1(微刺藻，未定种 1)，*M.* sp. 2(微刺藻，未定种 2)，*Leiofusa* cf. *curssa* Sin et Liu (厚壁梭形藻，相似种)，*L.* sp. ，(梭形藻，未定种)，*L.* cf. *bicornuta* Sin et Liu(双角梭形藻，相似种)，*L.* sp. 1(梭形藻，未定种 1)，*Dictosphaeridium* sp. (网球藻，未定种)，*Synsphaeridium conglutinatum* Tim(粘结连球藻)，*Lignum* sp. (植物碎片，未定种)，*Zonosphaeridium* sp. (有环球形藻，未定种)，*Macroptycha uniplicata* Tim(单褶大褶藻)，*M.* sp. (大褶藻，未定种)，*Oidium* sp. (卵形球藻，未定种)，*Trematosphaeridium minutum* Sin et Liu(小穴面球形藻)，*Tr.* sp. (穴面球形藻，未定种)，*Polyedryxium* sp. 1(角藻，未定种 1)，*P.* sp. 2(角藻，未定种 2)。上述组合中，球形藻占总量的 80%，主要是光面球形藻、粗面球形藻、瘤面球形藻、糙面球形藻和粗网球形藻等，显示较原始的形态特征。刺球藻类占总量 10%，主要有微刺藻和角刺藻等纹饰比较复杂的形态。此类形态是寒武纪常见分子，比球形藻在演化上进了一步。形态不规则的分子约占总量的 8%，主要为梭形藻、大褶藻和角藻。此外，尚有 2%的特殊形态，如卵形球藻等。

该组合带以寒武纪典型分子和常见分子 *Micrhystridium*、*Ooidium* 和 *Veryhachium* 为标志，*Micrhystridium*－*Ooidium*－*Reticulum* 组合带与三峡东部地区的水井陀组微古植物群和石牌组微古植物群产出层位相对应。据此，将区内该套碳酸盐岩的时代确定为寒武纪。

另外，《1∶20 万下巴淌(沃卡)幅区域地质矿产调查报告》(西藏自治区区调队，1994)松多岩群岔萨岗岩组绿片岩中测得 Sm－Nd 年龄 466Ma(变质年龄)；马布库岩组石英片岩中测得 Ru－Sr 年龄 507.7 Ma；绿片岩中测得 Sm－Nd 年龄 1 516Ma(成岩年龄)。综上所述，推测雷龙库岩组和岔萨岗岩组时代应为震旦纪—寒武纪。

第四节　石炭系—二叠系

一、划分沿革

对测区内嘉黎一带石炭系—二叠系划分，《1∶100 万拉萨幅区域地质矿产调查报告》(西藏地质局综合普查大队，1979)和《西藏自治区区域地质志》(西藏地质矿产局区调队，1993)均划分为石炭系旁多群。《1∶150 万青藏高原及邻区地质图及说明书》(成都地质矿产研究所，2004)将该套变质地层统称为石炭系—二叠系来姑组(C_2P_1l)，部分划到二叠系(P_2)。本次工作，通过实测剖面以及区域对比，将该套地层划分为来姑组(C_2P_1l)、洛巴堆组(P_2l)两个岩石地层单位。其地层的划分沿革见表 2-4。

表 2-4 测区石炭纪—二叠纪地层划分沿革

1∶100 万《拉萨幅》(西藏自治区地质局，1979)		《西藏自治区区域地质志》(西藏自治区地质矿产局，1987)		《1∶150 万青藏高原及邻区地质图及说明书》(成都地质矿产研究所，2004)	本书		
石炭系	旁多群	石炭系	旁多群	石炭系—二叠系(CP、C_2P_1，P_2)	二叠系	上统	洛巴堆组(P_2l)
						下统	来姑组(C_2P_1l)
					石炭系	上统	

二、剖面描述

1. 嘉黎县阿扎区黑日阿拉中二叠世洛巴堆组(P_2l)实测剖面(P6，图 2-10)

该剖面位于嘉黎县阿扎区以西黑日阿拉一带，沿山坡由北向南测制。地理坐标起点：93°04′15″E，30°37′53″N，高程 5 185m；终点：93°04′09″E，30°37′31″N，高程 5 284m。

本剖面洛巴堆组(P_2l)底部与下伏地层来姑组(C_2P_1l)呈断层接触，其上未见顶。该剖面为测区《嘉黎县幅》洛巴堆组(P_2l)代表剖面。现将各层岩性特征自上而下简述如下。

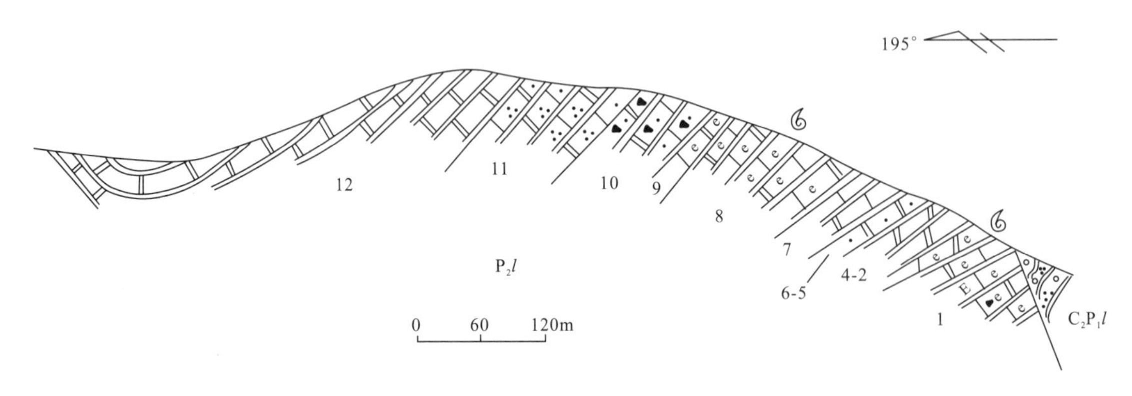

图 2-10 嘉黎县阿扎区黑日阿拉中二叠世洛巴堆组(P_2l)实测剖面图(P6)

中二叠世洛巴堆组(P_2l) **厚 420.28m**

12. 紫红色巨厚层细粒大理岩(位于向斜核部，未见顶) 76.06m
11. 深灰色中层大理岩化含石英细砂灰岩 61.99m
10. 紫红色厚层、巨厚层大理岩化砾屑砂屑灰岩 49.27m
9. 紫红色中厚层大理岩化生物碎屑灰岩 5.35m
8. 紫红色中厚层大理岩化生物碎屑灰岩，生物碎屑种类以苔藓虫碎片为多，其次为海百合茎、有孔虫、珊瑚、海胆碎片等。产䗴：*Nankinella inflata* (*Colani*)(膨胀南京䗴)，*N.* sp.；有孔虫：*Pachyphloia* sp.(厚壁虫)，*Iranophyllum* sp.(伊朗珊瑚) 107.31m
7. 浅灰色、灰白色大理岩化石灰岩 35.03m

6. 紫红色中厚层大理岩化石英砂质生物碎屑灰岩。生物碎屑种类有苔藓虫、海百合茎、海胆等	11.68m
5. 紫红色中厚层中细粒石英砂质大理岩夹含粉砂质大理岩	7.35m
4. 灰白色厚层、巨厚层细粒白云质大理岩	33.74m
3. 浅灰色厚层白云质大理岩	8.72m
2. 紫红色厚层大理岩化生物碎屑泥灰岩。生物碎屑以苔藓虫为主，产腕足类：*Spirifer* sp.（石燕，未定种），海百合茎碎片	11.89m
1. 深灰色中层大理岩化生物碎屑灰岩夹深灰色薄层大理岩化生物碎屑泥灰岩。生物碎屑以苔藓虫为主，其次为有孔虫、海百合茎、三叶虫刺及介形虫等	11.89m

══════断层══════

来姑组(C_2P_1l)：灰黑色含砾板岩夹灰—灰黄色变质细粒含砾长石石英砂岩，未见顶　　厚度>47.7m

2. 嘉黎县嘉黎区色东晚石炭世—早二叠世来姑组(C_2P_1l)实测剖面(P1，图2-11)

剖面位于嘉黎县嘉黎区色冬一带。由南向北沿擦则纳沟测制。地理坐标起点：94°24′29″E，30°40′42″N，高程4 200 m；终点：94°21′51″E，30°43′44″N，高程4 280 m。该剖面为测区《嘉黎县幅》来姑组(C_2P_1l)代表剖面。现将剖面各分层岩性特征简述如下。

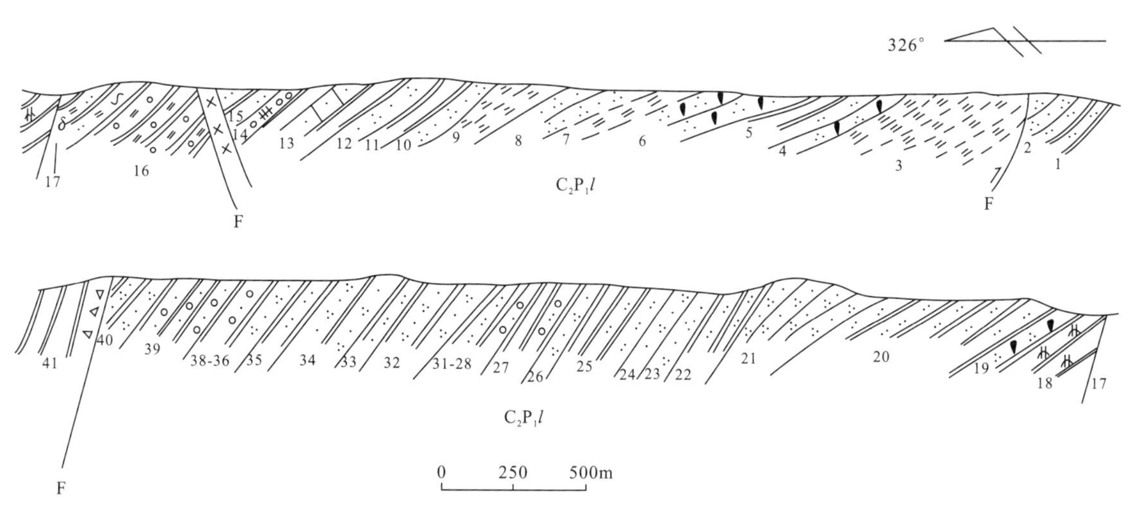

图2-11　嘉黎县嘉黎区色东晚石炭世—早二叠世来姑组(C_2P_1l)实测剖面图(P1)

上覆地层：拉贡塘组($J_{2-3}l$)

41. 灰黑色板岩	13.95m

══════断层══════

晚石炭世—早二叠世来姑组(C_2P_1l)	**厚3 266.88m**
40. 灰白色巨厚层状变质中粒石英砂岩（细粒石英岩）	146.55m
39. 灰色含砾砂质板岩	43.88m
38. 灰白色巨厚层状变质中粒石英砂岩	13.15m
37. 灰色含砾砂质板岩	10.25m
36. 灰白色巨厚层状变质中粒石英砂岩	41.58m
35. 灰色粉砂质板岩，具变余层理	48.96m
34. 灰白色厚层—巨厚层状变质细粒石英砂岩	122.28m
33. 灰黑色粉砂质板岩夹薄—中层状变质细粒石英砂岩	53.63m

══════断层══════

32. 灰白色厚层状变质细粒石英砂岩与灰黑色粉砂质板岩互层	148.67m

31. 灰黑色粉砂质板岩　47.18m
30. 灰白色厚层状变质细粒石英砂岩　16.27m
29. 灰黑色粉砂变质板岩夹灰白色中层状变质细粒石英砂岩　60.36m
28. 灰黄色变质砾岩　1.62m
27. 灰色含砾砂质千枚板岩　91.55m
26. 灰白色厚层状变质中粒石英砂岩(细粒石英岩)　24.93m
25. 灰色粉砂质板岩　85.07m
24. 灰黄色中厚层状变质细粒石英(杂)砂岩夹变质粉砂岩,变余层理发育　16.24m
23. 灰黄色中厚层状变质中粒石英砂岩(细粒石英岩)　76.31m
22. 灰色、灰黑色粉砂质板岩　106.21m
21. 灰白色厚层状变质细粒石英砂岩(细粒石英岩)　209.82m
20. 灰黑色粉砂质板岩　278.31m
19. 灰色厚层状细粒泥变质岩屑石英杂砂岩　327.16m
18. 灰黄色含燧石团块白云石大理岩　13.26m
17. 灰色、深灰色粉砂质绿泥绢云母千枚板岩,含黄铁矿晶体　139.10m
16. 深灰色砂质绢云千枚板岩与深灰色含砂质绢云千枚板岩　170.31m

══════断层══════

灰绿色辉绿岩
15. 深灰色粉砂质板岩　112.97m
14. 灰黄色变质复成分细砾岩　7.53m
13. 灰黑色粉砂质板岩夹灰黑色细砂粉砂质灰岩夹中粒钙质石英杂砂岩　243.89m
12. 灰白色厚层—巨厚层状变质细粒石英砂岩　41.13m
11. 灰黑色粉砂质板岩夹灰黄色中厚层中细粒岩屑石英砂岩　81.72m
10. 灰白色厚层状变质中粗粒石英砂岩　27.71m
9. 灰黑色绢云母千枚岩　80.16m
8. 浅灰色、灰白色巨厚层状变质细粒石英砂岩　27.45m
7. 灰黑色绢云母千枚岩　6.76m
6. 灰黑色厚层中细粒岩屑石英砂岩　113.22m
5. 深灰色粉砂质板岩　60.44m
4. 深灰色厚层中细粒岩屑石英砂岩　10.67m
3. 深灰色绢云母板状千枚岩　140.58m

══════断层══════

2. 灰白色厚层中细粒石英岩状砂岩　10.91m
1. 灰黑色粉砂质板岩(未见底)　9.09m

三、岩石地层特征

测区石炭纪—二叠纪地层分为来姑组(C_2P_1l)、洛巴堆组(P_2l)两个岩石地层单位。现分别简述如下。

(一)来姑组(C_2P_1l)

1.定义及其特征

由来姑群演化而来,创名剖面为八宿县然乌雅则-来姑剖面。《西藏自治区岩石地层》(西藏地质勘查局,1997)正式将夹于下伏诺错组细碎屑岩与上覆洛巴堆组灰岩之间的一套以含砾板岩为特征的地层命名为来姑组,时代为晚石炭世—早二叠世。之后一直沿用。本书仍沿用来姑组名称。

来姑组与下伏、上覆地层均呈断层接触关系。岩性是以含砾板岩为特征的一套碎屑岩夹少量碳酸盐岩组合。下部以浅灰色、灰白色巨厚层—厚层状中粗粒—细粒石英砂岩，灰黄色中厚层中细粒岩屑石英砂岩，灰色厚层状细粒泥质岩屑石英杂砂岩为主，夹灰黑色绢云母千枚岩，深灰色粉砂质板岩；上部以灰白色厚层状变质细粒石英砂岩、深灰色粉砂质板岩为主，夹灰黄色变质复成分细砾岩、灰色含砾砂质板岩、少量灰黄色含燧石团块白云石大理岩为特征。在垂向上呈多个不等厚的韵律式互层重复出现。产腕足类、珊瑚化石。厚度大于 3 266.88m。

2. 基本层序和沉积特征

据 P1 剖面岩性组合特征分析，来姑组(C_2P_1l)基本层序可识别出三种类型(图 2 - 12)。

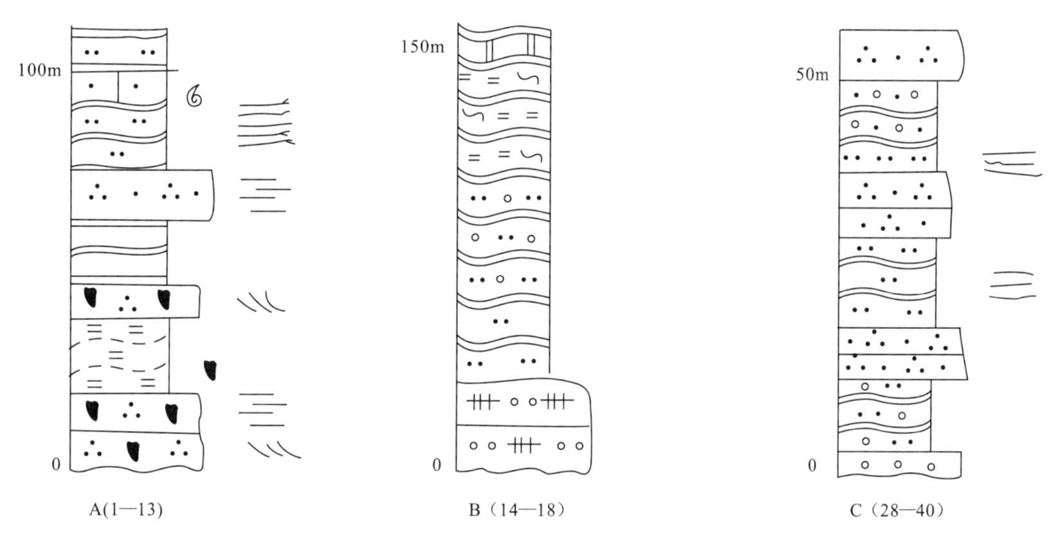

图 2 - 12　来姑组(C_2P_1l)基本层序

基本层序 A：分布于本组下部，由深灰色厚层中细粒岩屑石英砂岩→灰黑色绢云母千枚岩，灰白色厚层状中粗粒石英砂岩→灰黑色粉砂质板岩夹灰黄色中厚层中细粒岩屑石英砂岩，灰白色厚层—巨厚层状细粒石英砂岩→灰黑色粉砂质板岩夹灰黑色薄层细砂粉砂质灰岩组成。砂岩具粗—细粒度结构特征，成熟度较高；具斜层理及平行层理，板岩中发育纹层理及水平层理。该层序具有向上变细和变薄的退积型结构，反映了陆缘滨浅海碎屑岩-碳酸盐岩台地缓坡沉积环境。

基本层序 B：由灰黄色变质复成分细砾岩与深灰色粉砂质板岩及灰黄色含燧石团块白云石大理岩组成。砾岩中砾石形态多为次棱角状、次圆状，粒度为 2～6.5mm，砾石成分为有硅质(燧石)岩、石英岩、细粒石英砂岩、粉砂质大理岩、钙质胶结中粗粒石英砂岩、千枚岩等。砾石含量 80%。砂屑多为岩屑，形态和成分与砾石相似，仅粒度小于 2mm；杂基胶结物为粉砂、方解石等。板岩中的细粗砂、粉砂(含量约 26%)、绢云母(约 65%)、绿泥石(5%)、方解石(3%)，其原岩应为砂质泥岩。板岩中普遍含黄铁矿晶体。该层序类型反映了盆地边缘斜坡-浅海陆棚沉积环境。

基本层序 C：灰白色厚层状变质细粒石英砂岩，灰黄色变质砾岩，灰色含砾砂质板岩，灰白色厚层状变质中粒石英砂岩与灰黑色粉砂质板岩互层。含砾砂质板岩是本组最具标志性的岩石类型(“含砾板岩相”或“细砾岩相”)。一般认为它们是属冈瓦纳大陆边缘的典型沉积类型。其分布严格受构造环境和气候条件控制，因此，在空间上有一定的稳定性和区域上的对比性。该层序类型反映了斜坡边缘沉积环境。

综上所述，来姑组总体反映了稳定型陆缘滨浅海夹碳酸盐岩缓坡-浅海陆棚→斜坡边缘浊流沉积环境。

3. 地层对比

来姑组广泛分布于嘉黎区至嘉黎县一带。地层走向大致呈近东西方向展布。来姑组下部以浅灰色、灰白色巨厚层—厚层状中粗粒—细粒石英砂岩、灰黄色中厚层中细粒岩屑石英砂岩、灰色厚层状细粒泥质岩屑石英杂砂岩为主，夹灰黑色绢云母千枚岩、深灰色粉砂质板岩；上部以灰白色厚层状变质细粒石英砂岩、深灰色粉砂质板岩为主，夹灰黄色变质复成分细砾岩、灰色含砾砂质板岩、少量灰黄色含燧石团块白云石大理岩为特征。本次工作在阿扎错西侧松多西南、拨嘎日孜东一带的灰岩中发现了大量的腕足类、双壳类、珊瑚类化石。其中腕足类 8 属：*Spirifer* sp.（石燕，未定种），*Martinia* sp.（马丁贝，未定种），*Spiriferellina* sp.（准小石燕，未定种），*Waagenoconcha* sp.（瓦刚贝，未定种），*Linoproductus* sp.（线纹长身贝，未定种），*Squamularia* sp.（鱼鳞贝，未定种），*Brachythyrina* sp.（准腕孔贝，未定种），*Terebratuloides* sp.（拟穿孔贝，未定种）；双壳类：*Schizodus* sp.（裂齿蛤）；珊瑚：*Neokueichowpora gemina*（Cooper Reed）（双型贵洲管珊瑚）；有孔虫：*Pachyphloia* sp.（厚壁虫）。其中 *Neokueichowpora gemina*（Cooper Reed）是早二叠世标准化石，有孔虫分布在二叠纪，腕足类和双壳类均分布在石炭纪—二叠纪。本组厚度大于 3 266.88m。

测区向东延至边坝县幅，在则普-郎脚马断裂以南，来姑组下部为灰绿色中层状玄武岩和安山岩，厚度达 1 107m 以上；与下伏诺错组呈断层接触；中部由深灰色含砾板岩和粉砂质板岩夹长石石英砂岩及钙质细砂岩组成，含砾板岩显示冰海相沉积特点；中上部以流纹岩、阳起石绿帘石绿泥石片岩、阳起石黑云母片岩及绿泥石片岩为主，夹变质细砂岩；上部为深灰色砂质板岩与细砂岩、粉—细砂岩互层。本组厚度达 5 069m。该组以底部玄武岩或安山岩为标志，与其下的诺错组顶部粉砂质板岩分界，并以顶部的深灰色含砾粉砂质板岩与其上的洛巴堆组灰色英安质晶屑凝灰岩分界。来姑组显示沉积时期存在较强烈的基性—中酸性的火山活动。

则普-郎脚马断裂以北，花岗岩侵入，来姑组残存不全，岩石多已变质成为角岩化石英片长黑云石英片岩、黑云二长变粒岩及局部可见眼球状片麻岩。接触带附近显示低压型递增变质带。

来姑组中含砾板岩沉积实际为一种事件沉积，部分含砾板岩与古地震诱发密度流沉积有关；部分含砾板岩与冰川作用导致的冰筏沉积相联系。由于含砾板岩具有广泛的区域分布，因此，含砾板岩是来姑组中重要的标志层。测区至少发育 3 层厚度相对较大、分布较广的含砾板岩沉积。其中来姑组顶部的一层含砾板岩可以与八宿县来姑组层型剖面对比，是与上覆地层洛巴堆组分界的一个良好岩性标志。来姑组区域地层对比见图 2-13。

（二）洛巴堆组（P_2l）

1. 定义及其特征

李璞 1955 年创名洛巴堆组，正层型位于林周县城西北洛巴堆水库旁剖面（由陈楚振等 1984 年重测）。之后，《西藏自治区区域地质志》（西藏地质矿产局区调队，1993）、《西藏自治区岩石地层》（西藏地质勘查局，1997）等均沿用洛巴堆组这一岩石地层单位名称，均将其时代划归早二叠纪（二分方案）。本书沿用洛巴堆组名称，但其时代为中二叠世（三分方案）。

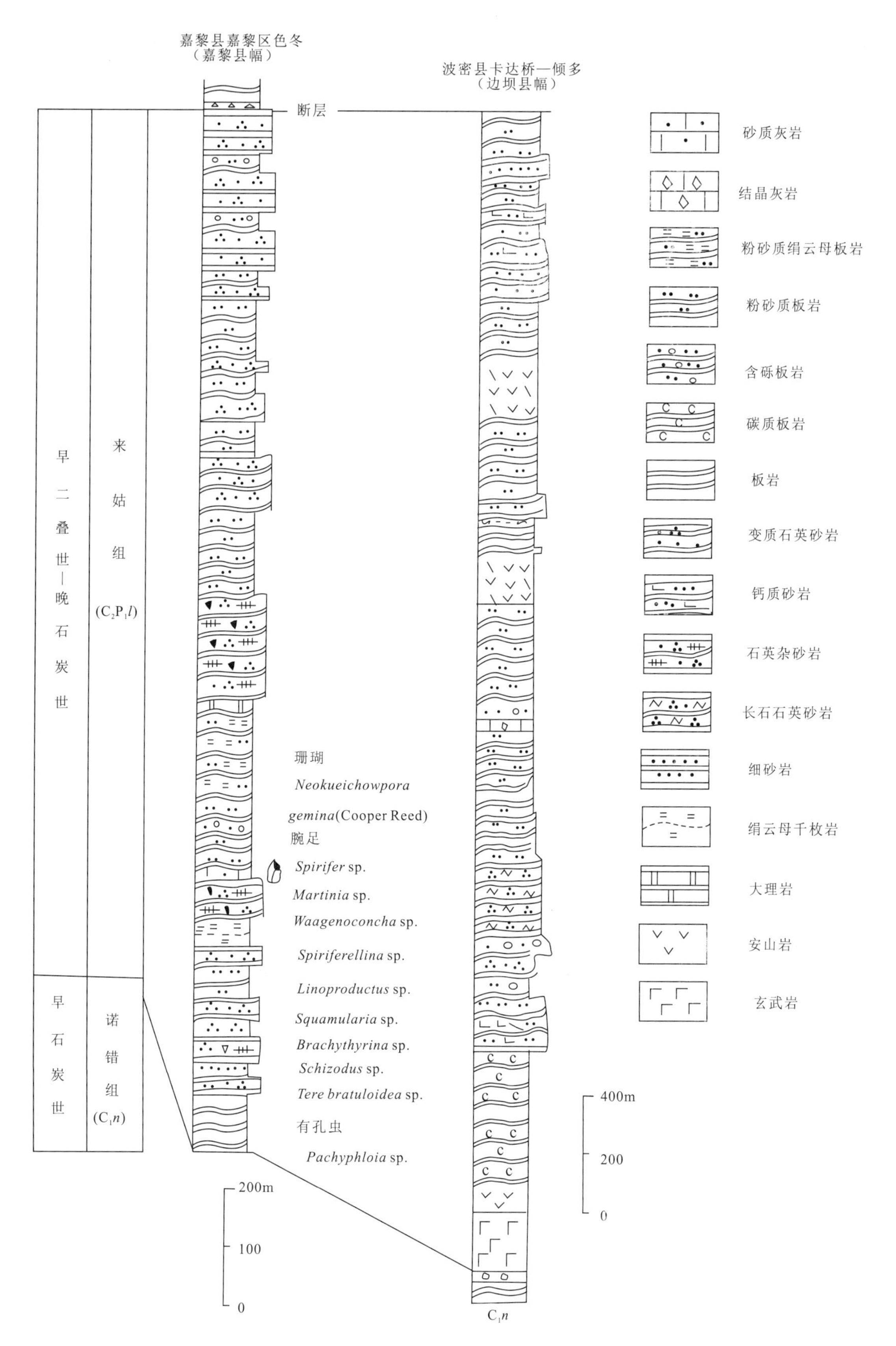

图 2-13　来姑组(C_2P_1l)柱状对比图

测区洛巴堆组分布于阿扎错一带，呈断块状夹于来姑组之间。主要由一套浅海相碳酸盐岩组成。岩性为灰色—浅灰色中厚层状灰岩、生物灰岩、生物碎屑灰岩夹灰白色白云质灰岩和紫红色细晶灰岩。产珊瑚、䗴类、海百合茎及腕足类等化石。其中，䗴：*Nankinella infiata*（Colani）（膨胀南京䗴）（图版Ⅰ，9），*Nankinella* sp.；珊瑚：*Iranophyllum* sp.（伊朗珊蝴，未定种）（图版Ⅰ，12），*Lophophyllidium* sp.（顶轴珊瑚，未定种）（图版Ⅰ，13）；有孔虫：*Pachyphloia* sp.（厚壁虫，未定种）（图版Ⅰ，15）；*Gen*. sp. nov.（海绵）（图版Ⅰ，14）。厚度约450m。

2. 基本层序和沉积特征

根据P6剖面的岩性组合特征分析，洛巴堆组的基本层序可以归纳为三种类型（图2－14）。

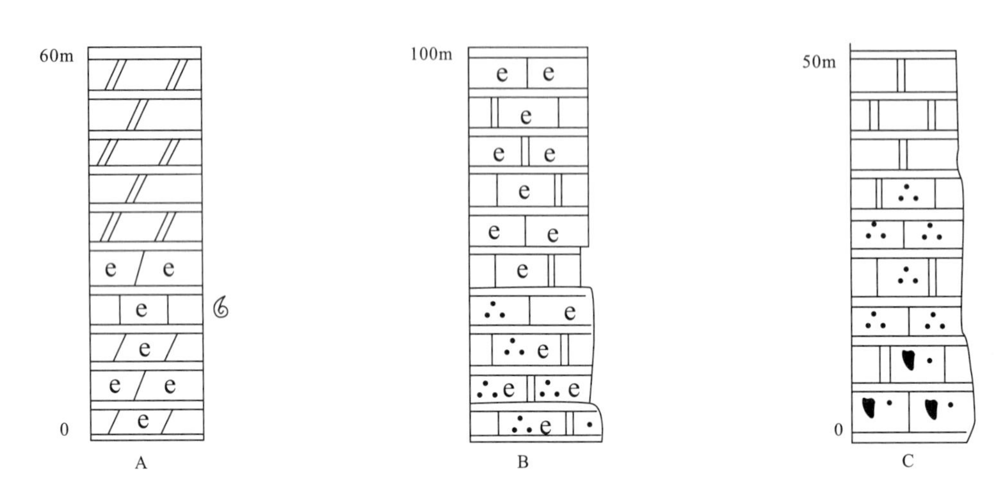

图2－14 洛巴堆组（P_2l）的基本层序

基本层序A：见于洛巴堆组下部，由深灰色中层大理岩化生物碎屑灰岩、深灰色薄层大理岩化生物碎屑泥灰岩及浅灰色厚层白云质大理岩组成。原岩为生物碎屑泥晶灰岩、生物碎屑泥灰岩及白云质灰岩。生物碎屑以苔藓虫为主，其次为海百合茎、有孔虫、珊瑚、海胆、三叶虫刺及介形虫等，生物碎屑含量为30%～40%。该类层序代表了碳酸盐岩台地生物碎屑浅滩沉积环境。

基本层序B：见于洛巴堆组中部，由紫红色中厚层中细粒石英砂质大理岩夹含粉砂质大理岩，紫红色中厚层石英砂质生物碎屑灰岩、浅灰色、灰白色大理岩化石灰岩及紫红色中厚层大理岩化生物碎屑灰岩组成。原岩为砂屑灰岩（砂屑含量40%）、砂屑生物碎屑泥晶灰岩（砂屑30%、生物碎屑40%）、泥晶灰岩及生物碎屑泥晶灰岩（生物碎屑50%）。灰岩中的生物碎屑主要为海百合茎、有孔虫、珊瑚、海胆碎片等。表示碳酸盐岩台地浅滩沉积。该类层序为海平面短周期波动和频繁底流改造作用下，碳酸盐岩沉积的退积-进积型结构。

基本层序C：见于洛巴堆组上部，由紫红色厚层、巨厚层状大理岩化砾屑砂屑灰岩、深灰色中层状大理岩化含石英细砂灰岩及紫红色巨厚层细粒大理岩组成。其原岩为砾屑砂屑灰岩、含细砂泥晶灰岩及细粒灰岩，反映了碳酸盐岩台地浅滩。上部单元岩石几乎全由方解石组成，无陆源碎屑物质，代表了开阔台地相。该类层序反映了碳酸盐岩台地浅滩-开阔台地沉积环境。

综上所述，洛巴堆组由两个碳酸盐岩次一级旋回构成，属浅海碳酸盐岩台地（建隆）沉积。在垂向上单个碳酸盐岩沉积序列具有向上变深再变浅的退积-进积型特征。

3. 地层对比

嘉黎县幅阿扎错一带，洛巴堆组大致呈东西向展开的断块状夹于嘉黎断裂带内，岩性特征为浅海碳酸盐岩台地沉积。厚度约 450m。向东延至边坝县幅。在则普-郎脚马断裂以南，洛巴堆组出露于林主珙—贡普日和拉东等地区，构成西马复式向斜的两翼。该组为一套浅海相砂岩、泥质岩类、碳酸盐岩沉积。其下部为灰色、深灰色中厚层状灰岩、鲕粒灰岩夹细粒石英砂岩及板岩，灰岩中产䗴和珊瑚等化石，厚度大于 329m；中部为深灰色薄—中层状含砾不等粒石英砂岩夹粉砂质板岩，厚度 514m；上部为深灰色中厚层状粉晶灰岩，局部夹有泥质灰岩。该组以底部灰岩为标志。区域上易于识别和划分。

则普-郎脚马断裂以北，该组主要出露于普拿及郎脚马以西地区，其次沿超阿拉-来布里断裂带南侧亦有零星露头。该组下部为灰色中厚层状粉晶灰岩，中上部受深成岩浆热流作用，岩石变质成为角岩化砂岩、角闪石英岩及阳起石黑云母斜长片麻岩。厚度可达 2 459m。洛巴堆组柱状对比见图 2-15。

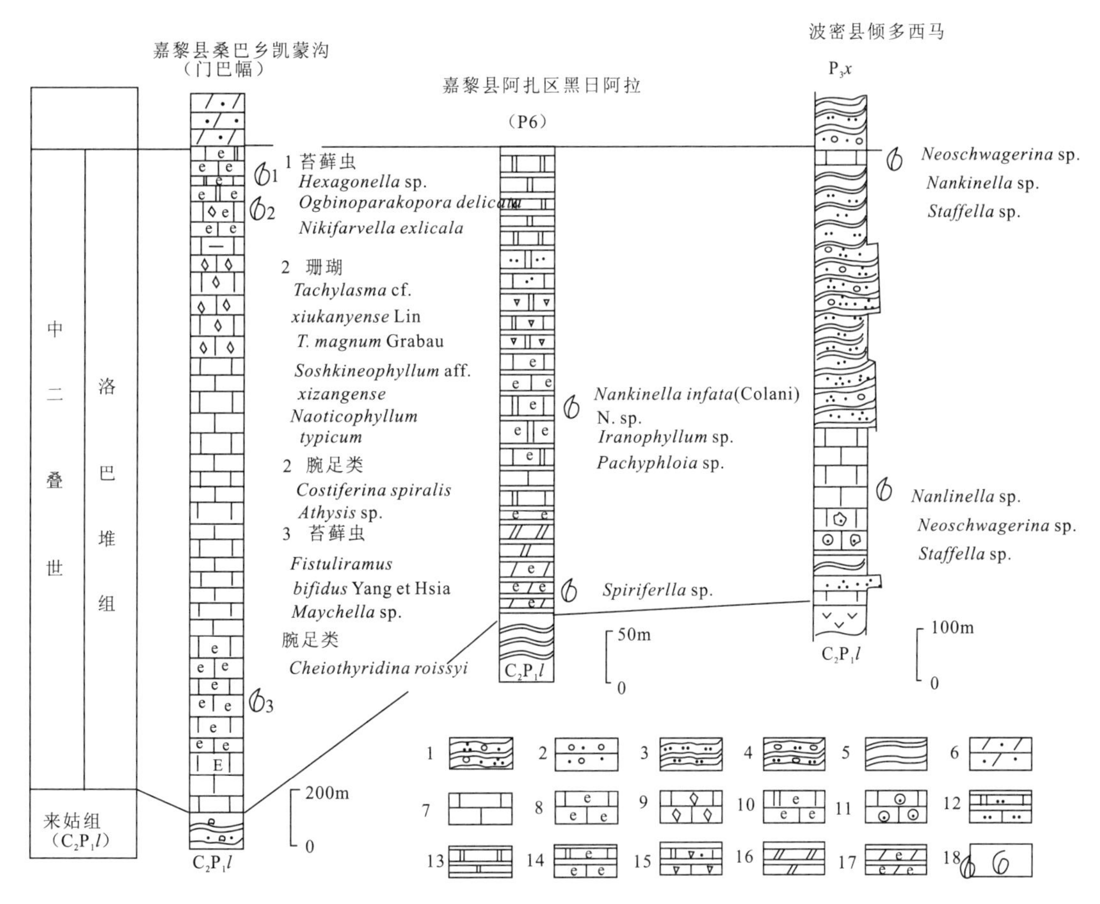

图 2-15 洛巴堆组(P_2l)柱状对比图

1. 变质含砾不等粒石英砂岩；2. 含砾砂岩；3. 粉砂质板岩；4. 含砾板岩；5. 板岩；6. 砂质灰岩；7. 灰岩；8. 生物碎屑灰岩；9. 结晶灰岩；10. 含生物碎屑白云质灰岩；11. 鲕粒灰岩；12. 大理岩化砂质灰岩；13. 大理岩；14. 大理岩化生物碎屑灰岩；15. 大理岩化砾屑、砂屑灰岩；16. 白云质大理岩；17. 大理岩化生物碎屑泥灰岩；18. 产化石层位

四、生物地层及年代地层单位

（一）生物地层

测区石炭纪—二叠纪地层中古生物化石主要有腕足类、䗴类和珊瑚及双壳类、有孔虫。其中腕足有 10 属、4 个种；䗴有 5 属、1 个种；珊瑚有 4 属、1 个种。据此可建立腕足类 1 个化石组合、䗴类 1

个化石带、珊瑚3个化石组合(表2-5)。

表2-5　测区石炭纪—二叠纪生物组合特征简表

<table>
<tr><th colspan="4">年代地层</th><th rowspan="2">岩石地层</th><th colspan="3">生物地层</th></tr>
<tr><th>界</th><th>系</th><th>统</th><th>阶</th><th>腕足类</th><th>䗴</th><th>珊瑚</th></tr>
<tr><td rowspan="4">上古生界</td><td rowspan="3">二叠系</td><td rowspan="2">中统</td><td>茅口阶</td><td rowspan="2">洛巴堆组</td><td rowspan="2"></td><td rowspan="2">Neoschwagerina Z.
(Nankinella inflate)</td><td rowspan="4">Iranophyllum ass.
Lophophyllidium-
Allotropiophyllum ass.</td></tr>
<tr><td rowspan="3">栖霞阶</td></tr>
<tr><td>下统</td><td rowspan="2">来姑组</td><td rowspan="2">Waagenoconcha-
Linoproductus ass.</td><td rowspan="2"></td></tr>
<tr><td>石炭系</td><td>上统</td></tr>
</table>

1.腕足类

Waagenoconcha-*Linoproductus* 组合

该组合与*Rugoconcha*-*Choristites*-*Globiella*组合(尹集祥,1997)相当。产于嘉黎县阿扎区以西黑日阿拉一带来姑组中下部灰岩中。计有8属,主要分子为:*Waagenoconcha* cf. *puroloni* Davidson(柏登瓦刚贝,比较种,图版Ⅰ,3),*Waagenoconcha* sp.(瓦刚贝,未定种,图版Ⅰ,5),*Linoproductus* sp.(线纹长身贝,未定种),*Martinia* sp.(马丁贝,未定种),*Brachythyrina* sp.(准腕孔贝,未定种),*Spirifer* sp.(石燕,未定种)(图版Ⅰ,6),*Spiriferllina* sp.(准小石燕,未定种)(图版Ⅰ,2;图版Ⅰ,7),*Squamularia* sp.(鱼鳞贝,未定种)(图版Ⅰ,8),*Terebratuloidea* sp.(拟穿孔贝,未定种),*Choristites*(分喙石燕)(图版Ⅰ,1)。与腕足类伴生的化石有双壳类:*Schizodus* sp.(裂齿蛤)(图版Ⅰ,4);有孔虫:*Pachyphloia* sp.(厚壁虫)。

Linoproductus、*Brachythyrina*是永珠组上部*Rugoconcha*-*Choristites*组合中的代表分子,其时代为晚石炭世;*Waagenoconcha*、*Martinia*、*Brachythyrina*见于北喜马拉雅定日、吉隆沟的基龙组;*Spiriferllina*、*Terebratuloides*、*Brachythyrina*见于冈底斯-察隅区朗玛日阿组—昂杰组,以上分子均是*Globiella*组合(尹集祥,1997),其时代归属早二叠世萨克尔期—阿丁斯克期。综合分析认为该组合时代总体为晚石炭世至早二叠世萨克尔期—阿丁斯克期。

2.䗴类

Neoschwagerina 带

主要产于洛巴堆组。计有5属、1个种,主要分子有*Neoschwagerina*(新希瓦格䗴),*Nankinella inflata* (Colani)(膨胀南京䗴)(图版Ⅰ,9),*Sohubertella*(苏伯特䗴),*Staffella*(史塔夫䗴)和?*Pisolina*(?豆䗴)等。洛巴堆组䗴组合已显示出䗴动物演化分异的多样性,具中二叠世发展阶段及其组合特征。可称*Neoschwagerina*带。该带大致由三部分组成。

(1)大量具蜂巢层旋壁的短轴型䗴,如史塔夫䗴亚科的*Nankinella inflata*,*Staffella*和卡勒䗴亚科的?*Pisolina*的繁盛,保留早二叠世早期䗴演化色彩。

(2)副隔壁和旋向沟复杂构造的高级䗴类化石在*Neoschwagerina*等的出现,代表测区䗴类已进入中二叠世演化的极盛时期。

(3)*Schubertella*是出现于早二叠世早—晚期的常见分子。

由此可见,测区洛巴堆组所产䗴生物组合具中二叠世的初期阶段演化特点。

Neoschwagerina 带是中二叠世的标准生物带。因此，测区含 *Neoschwagerina* 带的层位应相当于中二叠统栖霞—茅口阶。

3. 珊瑚

Lophophyllidium - *Allotropiophyllum* 组合

该组合产于嘉黎县阿扎区以西黑日阿拉一带的来姑组上部和洛巴堆组中，主要分子为 *Allotropiophyllum* sp. nov.（奇壁珊瑚，未定新种）（图版Ⅰ，10），*Neokueichowpora gemina*（Cooper Reed）（双型贵洲管珊瑚）（图版Ⅰ，11），*Lophophyllidium* sp.（顶轴珊瑚，未定种），其中 *Allotropiophyllum* 见于昌都分区交嘎组。*Lophophyllidium* 见于申扎下拉组，属特提斯型与冈瓦纳型中二叠世栖霞期 *Lytvolasma* - *Tachyasma* 组合中的代表分子，*Lytvolasma* 为水型单体珊湖。*Allotropiophyllum* 是 *Ipciphyllum* - *Allotropiophyllum* 组合（饶荣标，1997）中的代表分子，属华夏特提斯型中二叠世茅口期。*Lophophyllidium*、*Allotropiophyllum* 以无鳞板、广适性小单体珊瑚为特征，该组合反映了华夏暖水与冈瓦纳冷水的混合型动物群。

（二）年代地层

本区由于古生物化石均采自岩层及剖面中的某些零星层位，而非连续系统序列。因此，划定年代地层单位界线时，只能借助岩石地层单位界线来作为年代地层单位界线。这种界线是大致的，粗略的。

1. 上石炭统至下二叠统

上石炭统至下二叠统包括来姑组。中上部灰岩中产腕足类 *Waagenoconcha* - *Linoproductus* 组合、珊瑚 *Neokueichowpora gemina* - *Allotropiophyllum* 组合、有孔虫 *Pachyphloia* sp.（厚壁虫）。以上腕足类广泛分布于石炭纪—二叠纪地层。*Neokueichowpora gemina*（Cooper Reed）是早二叠世标准化石，有孔虫分布在二叠纪，从以上化石组合面貌分析看，来姑组主体相当于上石炭统至下二叠统萨克尔阶—阿丁斯克阶，可能部分包括中二叠统。

2. 中二叠统

中二叠统包括洛巴堆组。灰岩中产较丰富䗴类、有孔虫类和腹足类化石。其中䗴类 *Neoschwagerina* 带中除典型属 *Neoschwagerina* 外，尚有 *Nankinella*，*Staffella*，? *Pisolina* 等短轴型分子及 *Schuberteaal* 与其共生。可见这里的 *Neoschwagerina* 带只相当于贵州南部（张遴信等，1986）和西秦岭（曾学鲁等，1992）*Neoschwagerina* 延限带下部的 *Cancellina* 延限亚带或 *Schubertella* 顶峰亚带，或可包含部分中部的 *Neoschwagerina simplex* 延限亚带。

Neoschwagerina 带是早二叠晚期的标准生物地层带。*Neoschwagerina* 带在申扎地区下拉组及昌都地层分区交嘎组均有。因此，测区含 *Neoschwagerina* 带的层位应相当于中二叠统栖霞阶—茅口阶。

五、沉积相及层序地层分析

（一）沉积相

测区石炭纪—二叠纪时期，在嘉黎断裂南侧的弧背断隆带上发育了来姑组、洛巴堆组。主要为一套碎屑岩和碳酸盐岩沉积组合。据前面基本层序的微相分析，可分 5 种沉积相，即：滨浅海碎屑岩相、浅海陆棚碎屑岩相、浊积岩相、含砾板岩相及碳酸盐岩台地相。总体反映了冈瓦纳大陆北缘浅海陆棚-碳酸盐岩台地沉积环境。

1. 滨浅海碎屑岩相

分布于来姑组下部，由深灰色厚层中细粒岩屑石英砂岩→灰黑色绢云母千枚岩、灰白色厚层状中粗粒石英砂岩→灰黑色粉砂质板岩夹灰黄色中厚层中细粒岩屑石英砂岩、灰白色厚层—巨厚层状细粒石英砂岩→灰黑色粉砂质板岩夹灰黑色细砂粉砂质灰岩组成。砂岩具粗—细粒度结构特征，成熟度较高，具斜层理及平行层理，板岩中纹层理及水平层理发育。垂向上具有向上变细和变薄的退积型结构特征。代表了稳定型陆缘滨浅海相沉积环境。

2. 浅海陆棚碎屑岩相

分布于来姑组中部，由灰黄色变质复成分细砾岩与深灰色粉砂质板岩及灰黄色含燧石团块白云石大理岩组成。砾岩中砾石形态多为次棱角状、次圆状，粒度为 2～6.5mm，砾石成分为有硅质(燧石)岩、石英岩、细粒石英砂岩、粉砂质大理岩、钙质胶结中粗粒石英砂岩、千枚岩等。砾石含量80%。砂屑多为岩屑，形态和成分与砾石相似，仅粒度小于 2mm；杂基胶结物为粉砂、方解石等。板岩中的细粗砂、粉砂(含量约 26%)、绢云母(约 65%)、绿泥石(5%)、方解石(3%)，其原岩应为砂质泥岩。板岩中普遍含黄铁矿晶体。代表了盆地边缘斜坡-浅海陆棚碎屑岩沉积环境。

3. 浊积岩相

见于来姑组的中上部，发育灰白色变质细粒石英砂岩、灰黄色变质砾岩、灰色含砾砂质板岩、灰白色变质中粒石英砂岩与灰黑色粉砂质板岩组成的韵律互层。多以厚 2～5cm 砂-泥韵律的密集互层产出，局部偶夹有厚 20～40cm 的递变砂层。代表了盆地边缘斜坡浊流沉积环境。

4. 碳酸盐岩台地

见于洛巴堆组及来姑组下部。其中洛巴堆组主要为碳酸盐岩台地，并可进一步为台地浅滩、开阔台地等亚相。

台地浅滩亚相：包括生物碎屑浅滩和砂屑浅滩两种。前者由深灰色中层大理岩化生物碎屑灰岩、深灰色薄层大理岩化生物碎屑泥灰岩组成。生物碎屑以苔藓虫为主，其次为海百合茎、有孔虫、珊瑚、海胆、三叶虫刺及介形虫等，生物碎屑含量为 30%～50%，反映了生物碎屑浅滩沉积环境。后者由紫红色中厚层中细粒石英砂质大理岩夹含粉砂质大理岩、紫红色中厚层石英砂质生物碎屑灰岩、紫红色厚层、巨厚层状大理岩化砾屑砂屑灰岩等组成，砂屑含量 30%～40%，生物碎屑 40%～50%，反映了潮下高能砂屑浅滩沉积环境。

开阔台地亚相：由深灰色中层状大理岩化灰岩及紫红色巨厚层细粒大理岩、细粒白云质大理岩组成。岩石全由方解石组成，几乎无陆源碎屑物质，代表了开阔台地相。

5. 含砾板岩成因分析

含砾砂质板岩是来姑组最具标志性的岩石类型(“含砾板岩相”或“细砾岩相”)。一般认为它们是属冈瓦纳大陆边缘的典型沉积类型。由含砾泥质粉砂岩、含砾绢云板岩组成，分选极差，属细粒陆源碎屑岩组合。在青藏高原南部广泛分布，具有良好的区域可对比性。对西藏石炭纪—二叠纪含砾板岩的成因，存在不同认识。尹集祥(1997)将杂砾岩分为非冰成杂砾岩与冰成杂砾岩两种，前者指构造作用、重力、滑动成因；后者指冰川成因，搬运沉积主要营力为冰川或冰川融水；冰成杂砾岩又分为冰陆相如印度晚古生代冰陆相杂砾岩和冰海相如西藏晚古生代冰海相杂砾岩。测区含砾板岩部分属冰海相沉积成因杂砾岩，砾石成分复杂，包括花岗岩砾石、变质岩砾石和不同类型的沉积岩砾石，大小混杂、形态各异，具有冰筏砾石特征，伴有冷水动物群化石组合；大部分含砾板岩属浊流成因，发育典型浊积构造，沉积作用与水下高密度重力流存在成因联系(《1∶25万当雄县幅区域地质调查报告》①，中国地质科学院地质力学研究所，2003年)，见图2-16。

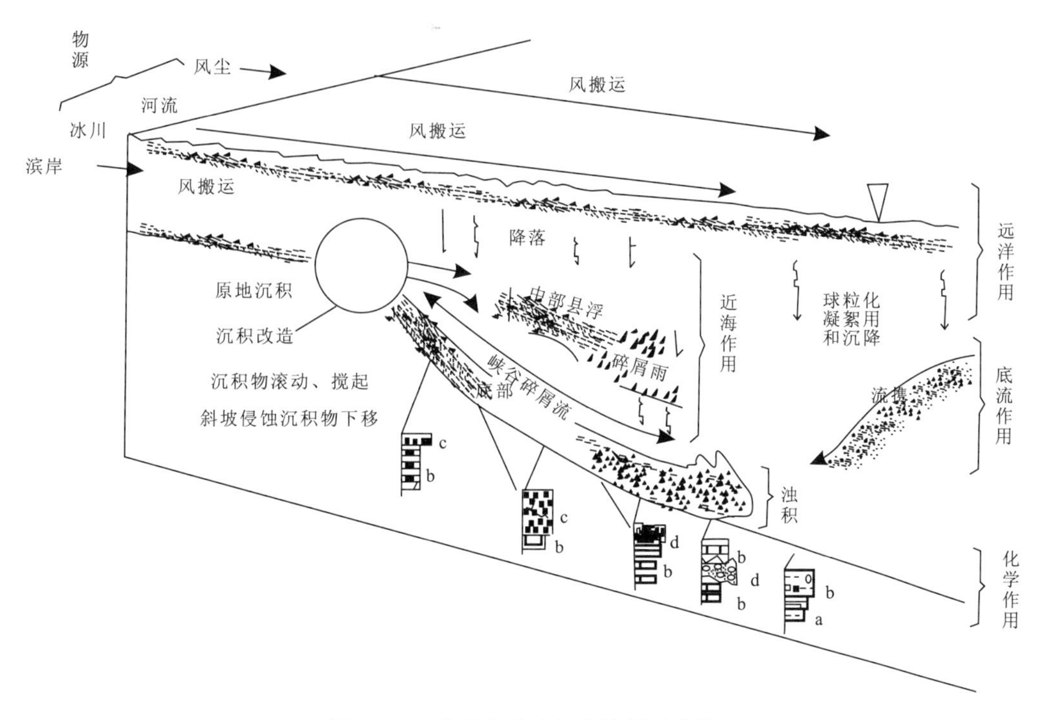

图2-16 来姑组浊流沉积作用示意图

(二)层序划分

测区来姑组和洛巴堆组形成于盆地-浅水陆架环境，根据测区内嘉黎地区石炭纪—二叠纪剖面(P1、P6)沉积相分析，按照岩相叠置关系，本区来姑组和洛巴堆组构成1个二级旋回层序，含5个三级层序。二级旋回层序的时间跨度为320～257Ma，总延续时限约63Ma，每个三级旋回延续时限约为12.3Ma。自下而上各三级层序特点如下所示(图2-17)。

层序sq1：见于来姑组的下部。底部因断层影响，致使底界面性质不清楚。该层序由海侵体系域(TST)和高水位体系域(HST)组成。TST稳定型陆缘滨浅海碎屑岩相垂向上具向上变细退积型结构。HST由灰黑色粉砂质板岩夹灰黑色细砂粉砂质灰岩组成。具进积型结构。总体反映了碳酸盐缓坡。

层序sq2：见于来姑组的下部。该层序底界为岩相突变转换面，界面性质属Ⅱ型。该层序由低水位体系域(LSW)、海侵体系域(TST)和高水位体系域(HST)组成。LSW由盆地边缘斜坡灰黄色变质复成分细砾岩组成。TST由陆棚深灰色粉砂质板岩与灰色、深灰色粉砂质绿泥绢云板岩组成。富含黄铁矿晶体。具向上变细退积型结构。HST为灰黄色含燧石团块白云石大理岩。

层序sq3：见于来姑组的中上部和洛巴堆组下部。该层序底界性质与sq2相同，属Ⅱ型。该层序由海侵体系域(TST)和高水位体系域(HST)组成。TST由浊积岩相灰白色厚层状变质细粒石英砂岩、灰黄色变质砾岩、灰色含砾砂质板岩、灰白色厚层状变质中粒石英砂岩与灰黑色粉砂质板岩组成韵律互层。准层序组总体构成了退积型结构；HST由生物碎屑浅滩-滩后泻湖相深灰色薄

① 中国地质科学院地质力学研究所.1∶25万当雄县幅区域地质调查报告.2003.全书相同

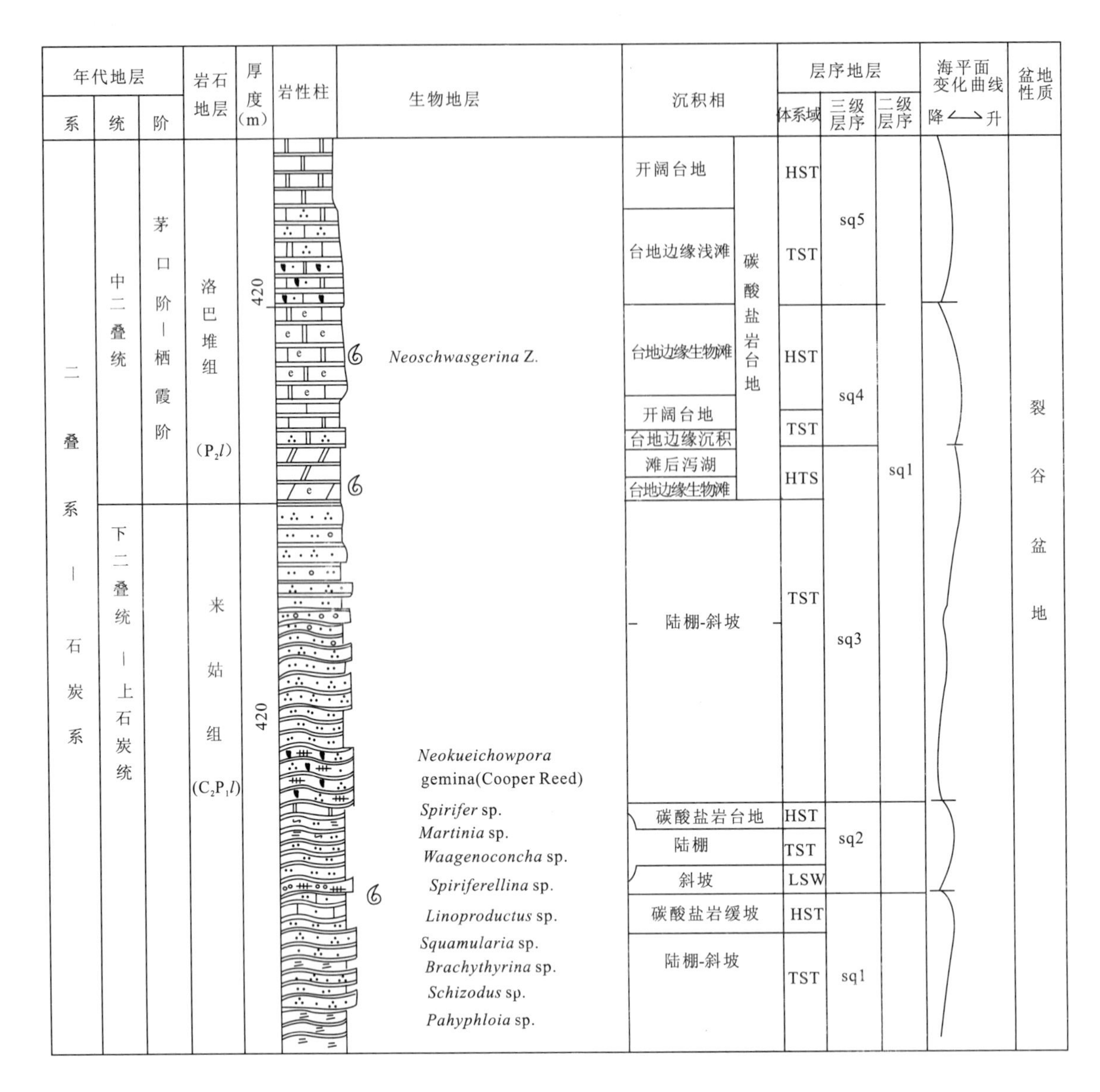

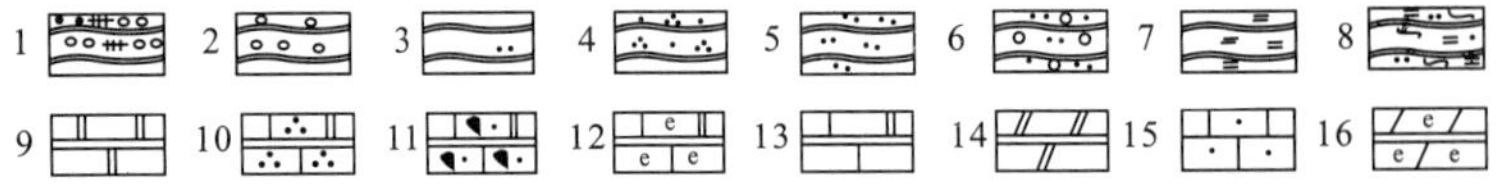

图 2-17　嘉黎地区石炭纪—二叠纪沉积相及层序地层

1. 复成分砾岩；2. 砾岩；3. 岩屑石英杂砂岩；4. 石英砂岩；5. 粉砂岩；6. 含砾板岩；7. 绢云母板岩；8. 绿泥粉砂绢云母板岩；9. 大理岩；10. 大理岩化石英砂质灰岩；11. 大理岩化岩屑砂质灰岩；12. 大理岩化生物碎屑灰岩；13. 大理岩化石灰岩；14. 白云质大理岩；15. 砂质灰岩；16. 大理岩化生物碎屑泥灰岩

层大理岩化生物碎屑泥灰岩、深灰色中层大理岩化生物碎屑灰岩及白云质大理岩组成。准层序组总体构成了进积型结构。该层序形成于裂谷盆缘斜坡-陆棚-碳酸盐岩台地环境。

层序 sq4：见于洛巴堆组中部。该层序底界性质属Ⅱ型。其特征为岩相转换面。由海侵体系域(TST)和高水位体系域(HST)组成。TST 由开阔台地亚相深灰色中层状大理岩化灰岩及细粒白云质大理岩组成；HST 由生物碎屑浅滩深灰色中厚层大理岩化生物碎屑灰岩组成。该层序形成于碳酸盐岩台地沉积环境。

层序 sq5：见于洛巴堆组上部。该层序底界性质属Ⅱ型。其特征与 sq4 相同。由海侵体系域和高水位体系域组成。TST 由潮下高能-潮间浅滩相紫红色厚层、巨厚层状大理岩化砾屑砂屑灰岩、深灰色中厚层大理岩化含石英细砂灰岩组成。HST 由开阔台地亚相紫红色巨厚层细粒大理岩组成。

以上 5 个三级旋回层序构成 1 个二级旋回层序，总体由裂谷盆缘斜坡-陆棚碎屑岩夹碳酸盐岩台地→碳酸盐岩台地组成。从沉积物厚度看，sq1—sq3 TST 沉积厚度较大，以裂谷盆缘斜坡-陆棚碎屑岩为主，表明海平面缓慢上升，HST 沉积厚度相对薄，主要由碳酸盐岩组成。反映了海平面快速下降。sq4—sq5 主要由碳酸盐岩组成。本区二级旋回层序主要由海侵层序组组成，缺少海退层序组。通过区域资料分析，其原因可能是被嘉黎断裂错断了。对此问题有待今后工作验证。

第五节　中生界

分布于图幅北部。出露的地层包括侏罗系马里组(J_2m)、桑卡拉佣组(J_2s)、拉贡塘组($J_{2-3}l$)，白垩系多尼组(K_1d)和宗给组(K_2z)。出露面积约占图幅总面积的 1/3。

一、侏罗系

(一)划分沿革

测区侏罗纪地层划分沿革见表 2 - 6。

表 2 - 6　测区侏罗纪地层划分沿革

<table>
<tr><td colspan="3">1∶100 万拉萨幅
(西藏自治区地质局，1979 年)</td><td colspan="2">《西藏自治区区域地质志》
(西藏地矿局，1993 年)</td><td colspan="2">《1∶150 万青藏高原及邻区地质图及说明书》
(成矿所，2004 年)</td><td colspan="3">本书</td></tr>
<tr><td rowspan="4">侏罗纪</td><td>J_3</td><td>拉贡塘组
(J_3lg)</td><td rowspan="4">侏罗纪</td><td rowspan="4">拉贡塘组
($J_{2-3}l$)</td><td rowspan="4">侏罗系</td><td rowspan="4">中—上统
(J_{2-3})</td><td rowspan="4">侏罗纪</td><td>晚侏罗世</td><td rowspan="2">拉贡塘组
($J_{2-3}l$)</td></tr>
<tr><td rowspan="3">J_1</td><td rowspan="3">桑巴群
(J_1Sn)</td><td rowspan="3">中侏罗世</td></tr>
<tr><td>桑卡拉佣组
(J_2s)</td></tr>
<tr><td>马里组
(J_2m)</td></tr>
</table>

(二)剖面描述

1. 嘉黎县阿扎区扎木多中侏罗世马里组(J_2m)、桑卡拉佣组(J_2s)实测剖面(P5，图 2 - 18)

该剖面位于嘉黎县阿扎区东扎木多一带，沿扎木多沟由南向北测制。地理坐标起点：93°19′08″E，30°37′17″N，高程 4 523m；终点：93°20′00″E，30°38′37″N，高程 4 572m。现将各分层岩性特征自上而下简述如下。

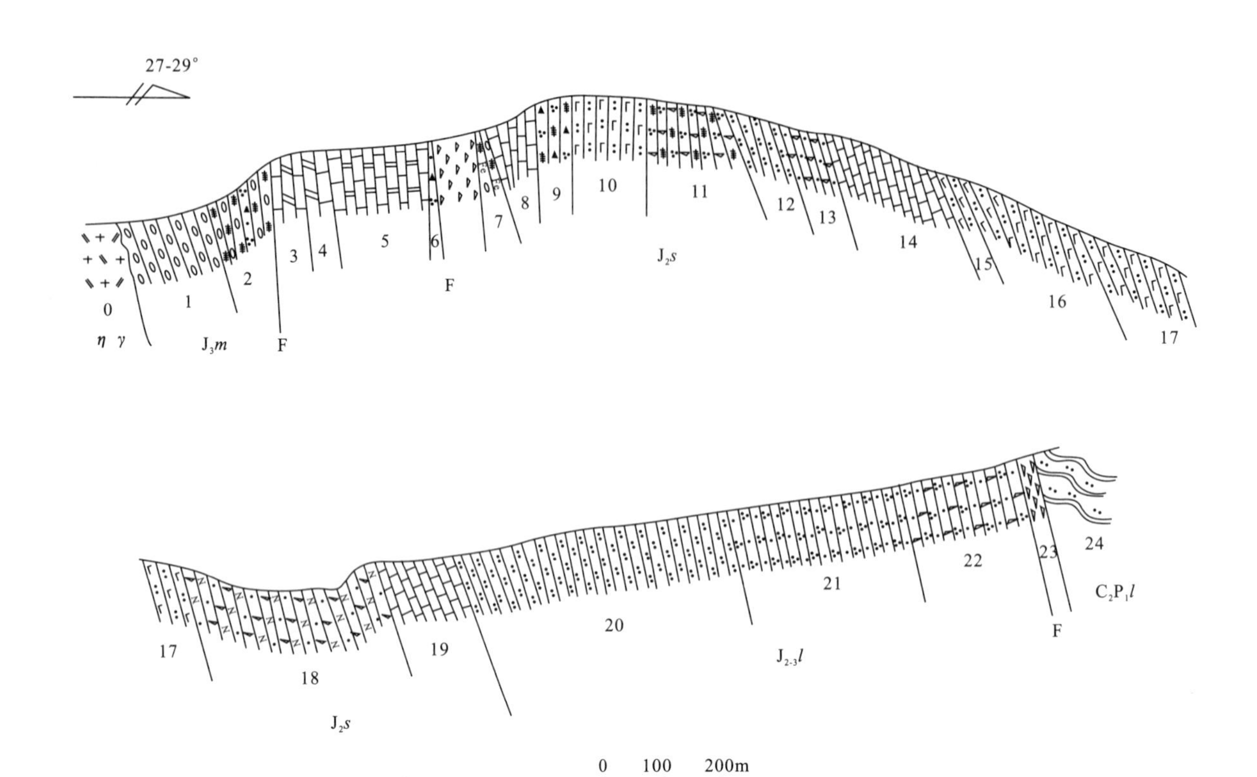

图 2-18　嘉黎县阿扎区扎木多中侏罗世马里组(J_2m)、桑卡拉佣组(J_2s)实测剖面图(P5)

上覆地层:中晚侏罗世拉贡塘组($J_{2-3}l$)	612.59m
22.灰色厚层、巨厚层中细粒岩屑石英砂岩	144.78m
21.灰色中厚层中细粒石英砂岩	97.08m
20.灰色薄层状细粉砂岩,具水平层理	270.73m

——————整合——————

中侏罗世桑卡拉佣组(J_2s)	**厚 1 041.98m**
19.深灰色泥质条带微晶石灰岩	95.29m
18.灰色中层中细粒长石岩屑砂岩	196.11m
17.灰色、深灰色钙质粗粉砂岩,中上部含海百合茎化石碎片	50.04m
16.深灰色钙质粉砂岩,具纹层理	38.13m
15.深灰色钙质粉砂岩,具纹层理	10.55m
14.深灰色薄层—中层微晶石灰岩,纹层理发育	115.46m
13.深灰色细粒岩屑细砂岩	58.57m
12.浅灰色纹层状粉砂岩(粉砂岩与钙质粉砂岩呈纹层状互层)	74.07m
11.浅灰色厚层中粗粒岩屑石英砂岩	43.84m
10.灰色钙质粗粉砂岩夹灰色薄层泥晶石灰岩	49.72m
9.灰绿色灰黄色块状细粒岩屑石英砂岩	29.48m
8.灰色薄层—中层泥晶石灰岩	47.31m
7.紫红色细砾复成分铁质砾岩	6.49m

══════断层══════

6.灰黄色中—粗粒岩屑石英砂岩	9.83m
5.灰色厚层含白云质微晶石灰岩	135m
4.浅灰色中厚层含白云质微晶石灰岩,偶见生屑残余(多为棘屑、介形虫)	39.34m
3.灰色厚层含白云质微晶石灰岩	42.85m

——————断层——————

中侏罗世马里组(J_2m)　　**厚 217.16m**

2. 灰色复成分细砾岩夹灰黄色中薄层中—粗粒岩屑石英杂砂岩　　104.02m

1. 紫红色厚层状含铁质细砾岩(未见底)　　113.14m

··················侵入接触··················

下伏:浅黄色细粒黑云母二长花岗岩($K_1\eta\gamma^b$)

2. 边坝县金岭乡查拉松多中晚侏罗世拉贡塘组($J_{2-3}l$)、早白垩世多尼组一段(K_1d^1)实测剖面(P8,图 2-19)

该剖面位于边坝县金岭乡查拉松多。剖面起点沿金(金岭)-边(边坝)公路测制到查拉松多河口处,然后沿查拉松多西侧河谷东岸小路由南向北测制。地理坐标起点:94°27′32″E,30°49′37″N,高程 4 220m;终点:94°27′20″E,30°53′38″N,高程 4 465m。现将各分层岩性特征自上而下简述如下。

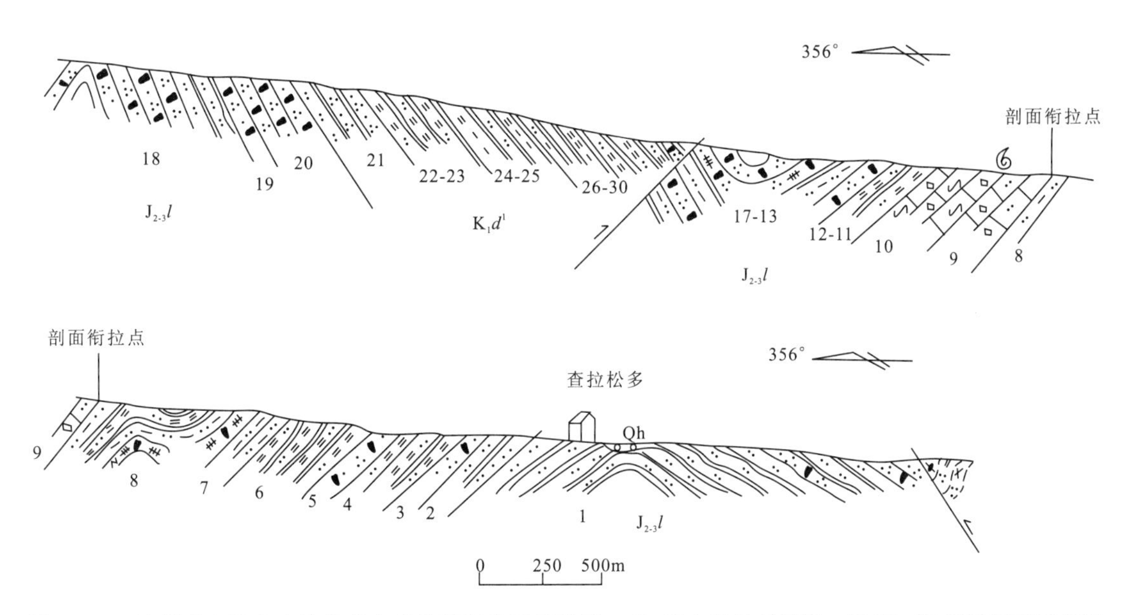

图 2-19　边坝县金岭乡查拉松多中晚侏罗世拉贡塘组($J_{2-3}l$)、早白垩世多尼组一段(K_1d^1)实测剖面图(P8)

早白垩世多尼组一段(K_1d^1)　　**总厚度>1 451.97m**

30. 灰色中薄层状细粒岩屑石英砂岩夹灰黑色粉砂质绢云母千枚板岩　　52.95m

29. 灰黑色粉砂质绢云母千枚板岩,偶夹黄褐色薄层细砂岩透镜体　　510.93m

28. 灰黑色粉砂质绢云母千枚板岩夹深灰色薄层粉砂岩,具变余纹层理,上部为黑色绢云母千枚板岩　　51.21m

27. 黑色绢云母千枚板岩　　203.83m

26. 黑色粉砂质千枚板岩夹黑色绢云母千枚板岩　　93.64m

25. 黑色绢云母千枚板岩　　50.16m

24. 黑色绢云母千枚板岩夹深灰色薄层状泥质细粉砂岩　　193.00m

23. 深灰色粉砂质千枚板岩,变余纹层理发育　　81.62m

22. 深灰色粉砂质千枚板岩夹灰色中薄层状细粒石英砂岩　　70.15m

21. 暗灰色粉砂质千枚板岩夹深灰色薄板状泥质细粉砂岩　　144.48m

——————整合——————

中晚侏罗世拉贡塘组($J_{2-3}l$)　　**总厚度>3 257.24m**

20. 灰色中薄层细粒岩屑石英砂岩夹灰色薄层粉砂岩及深灰色粉砂质千枚板岩,具斜层理及平行层理　　95.79m

19. 灰色纹层状细粒岩屑石英砂岩夹暗灰色绢云母千枚板岩，具平行层理 31.40m
18. 灰色中薄层状细粒岩屑石英砂岩偶夹灰色粉砂质板岩，具斜层理及平行层理 241.00m

························未直接接触························

17. 灰色中厚层细粒岩屑石英砂岩 281.12m
16. 灰色薄层细粒岩屑石英砂岩夹灰黑色片理化粉砂级千枚板岩 43.26m
15. 灰色薄层细粒岩屑石英杂砂岩 71.03m
14. 灰色粉砂质千枚板岩 71.03m
13. 灰色薄层细粒岩屑石英砂岩 54.46m
12. 深灰色粉砂质千枚板岩夹灰色薄层细粒岩屑石英砂岩 90.32m
11. 灰色含粉砂绢云母千枚板岩 120.78m
10. 灰黄色含粉泥质条带结晶灰岩夹灰色纹层状含粉砂结晶灰岩。产化石 295.99m
9. 灰色、浅灰色厚层状含粉砂结晶灰岩。产化石 92.13m
8. 底部为厚约3m的灰色中厚层细粒长石岩屑石英杂砂岩夹灰黑色薄层泥质粉砂岩及灰黑色含粉砂绢云母千枚板岩；中上部为深灰色薄层泥质粉砂岩夹深灰色含粉砂绢云母千枚板岩，岩层层间褶皱较发育 551.70m
7. 深灰色薄层泥质粉砂岩夹灰黑色绢云母千枚板岩、深灰色粉砂质绢云母千枚板岩及灰色中薄层细粒石英砂岩 95.86m
6. 下部为灰黑色绢云母千枚板岩，上部为深灰色粉砂质绢云母千枚板岩 66.30m
5. 灰色薄层状细粒岩屑石英砂岩夹黑色绢云母千枚板岩 73.67m
4. 深灰色粉砂质绢云母千枚板岩夹浅灰色薄层状细粒石英砂岩 213.94m
3. 灰色薄层状细粒岩屑石英砂岩与灰色粉砂质千枚板岩互层 46.95m
2. 灰色薄层细砂岩夹深灰色粉砂质千枚板岩 103.24m
1. 灰色、深灰色粉砂质千枚板岩。变余纹层理发育 103.45m

3. 嘉黎县嘉黎区桑青中晚侏罗世拉贡塘组($J_{2-3}l$)实测剖面(P2，图2-20)

该剖面位于嘉黎县嘉黎区桑青—哄多一带。剖面由南向北，沿桑青曲河西岸测制。地理坐标起点：93°12′04″E，30°44′54″N，高程4 505 m；终点：93°13′00″E，30°57′08″N，高程4 768 m。

该剖面露头较连续，但是，地质构造较复杂，由一系列小型褶皱组成。因此，现仅选取部分构造较简单的地段为代表简述如下。

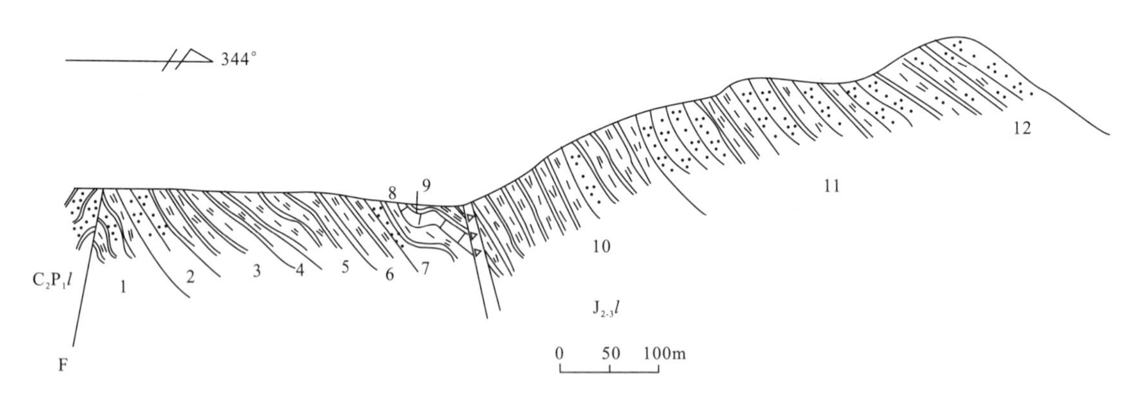

图2-20 嘉黎县嘉黎区桑青中晚侏罗世拉贡塘组($J_{2-3}l$)实测剖面图(P2)

拉贡塘组($J_{2-3}l$) **厚3 963.03m**

12. 灰黑色粉砂质绢云母千枚状板岩夹浅灰色—灰色中层状细粒石英砂岩 67.99m
11. 浅灰色薄层—中层状中粒石英砂岩夹灰色绢云母千枚状板岩 225.80m
10. 灰色—深灰色绢云母千枚状板岩夹薄层状中粒石英砂岩 204.76m

══════断层══════

9. 灰黑色绢云母千枚状板岩　36.49m
8. 深灰色微晶灰岩，含生物碎屑　9.58m
7. 灰黑色绢云母千枚状板岩夹灰色中层状细粒石英砂岩　117.78m
6. 灰黑色绢云母千枚状板岩夹灰黄色薄层状细粒石英砂岩　47.79m
5. 灰黑色绢云母千枚状板岩　72.73m
4. 灰色粉砂质绢云母千枚状板岩夹灰岩透镜体　26.25m
3. 黑色含粉砂绢云母千枚状板岩夹细粒石英砂岩透镜体　38.88m
2. 灰色中—薄层状中粒石英砂岩夹灰黑色粉砂质绢云母千枚状板岩　28.04m
1. 灰黑色含粉砂绢云母千枚状板岩夹灰色中—薄层状中粒石英砂岩　13.24m

══════断层══════

下伏：来姑组(C_2P_1l)灰白色厚层状变质中粒石英砂岩(细粒石英岩)

(三)岩石地层特征

1. 马里组(J_2m)

(1)定义及其特征

马里组由史晓颖(1985)在洛隆县城北东76°方向45km处的马里创名。是将原柳湾组下部的碎屑岩单独划出来建立的。之后，《西藏自治区岩石地层》(西藏地质勘查局，1997)正式采用马里组这一岩石地层单位，时代确定为中侏罗世。本书沿用之，其含义与标准剖面基本相同。

马里组分布于嘉黎县阿扎区东扎木多以南，阿穹多至擦曲卡一带。大致呈东西方向展布。马里组下部被浅黄色细粒黑云母二长花岗岩侵位；其上与上覆桑卡拉佣组(J_2s)或拉贡塘组($J_{2-3}l$)均呈断层接触。因此，本区马里组出露不全。岩性主要由紫红色厚层状含铁质细砾岩、灰色复成分细砾岩及灰黄色中薄层中—粗粒岩屑石英杂砂岩组成。厚度大于217.16m。

(2)基本层序和沉积特征

马里组基本层序由两种类型组成(图2-21)。

基本层序A：以紫红色厚层状含铁质细砾岩为特征。其砾岩具细砾状结构，分选磨圆度中等，砾径1～10mm，次圆状—次棱角状，砾石成分以石英岩、千枚岩为主。砾石含量80%±，填隙物20%±，粗砂质、泥质杂基、铁质胶结。该类层序代表了河床滞流堆积。

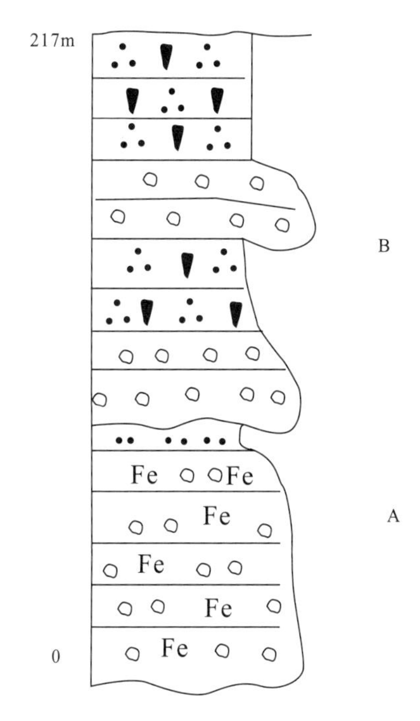

图2-21　马里组(J_2m)基本层序

基本层序B：以灰色复成分细砾岩、中—粗粒岩屑石英杂砂岩为特征，岩石具中—粗粒不等粒砂状结构，分选磨圆度差，基底式胶结，碎屑颗粒65%±，粒径0.1～1mm，其成分为石英(85%)、岩屑(15%)，偶见长石；填隙物为泥质杂基及石英质粉砂屑；石英质胶结物为微晶状接触式胶结。砾质辫状河河道、砂泥质心滩沉积。马里组总体应为河流河床滞流砾石堆积→砾质辫状河河道、砂泥质心滩等微相。垂向上，具向上变细的结构序列，记录了一个地表被逐渐夷平的地质演化历程，有由山间盆地磨拉石→冲积平原的转化趋势。其上部桑卡拉佣组为一套浅灰色生物碎屑灰岩的滨、浅海相砂泥质岩系，可见，不整合界面之上的马里组即代表了造山隆起后，早期阶段的前陆-陆相充填，同时也代表了另一次新生盆地和新的海侵事件的初始记录。因此，该不整合是一个重要的盆山转换界面。

(3)地层对比(图 2-22)

马里组主要分布于嘉黎断裂内，在边坝县幅倾多乡八达村松龙沟一带有零星分布。

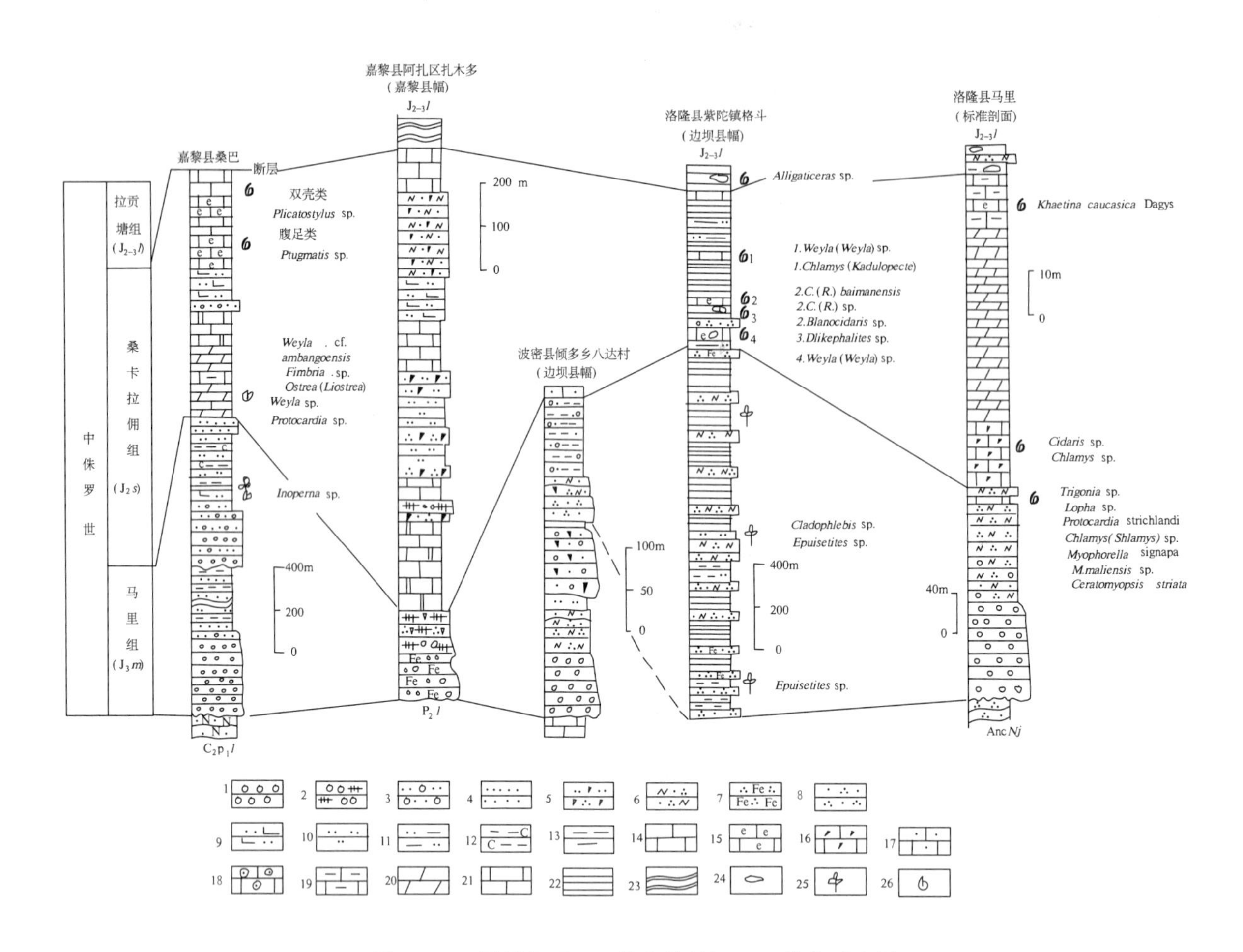

图 2-22　马里组(J_2m)、桑卡拉佣组(J_2s)柱状对比图

1.砾岩；2.复成分砾岩；3.含砾砂岩；4.细砂岩；5.岩屑砂岩；6.长石石英砂岩；7.含铁石英砂岩；8.石英砂岩；9.钙质粉砂岩；10.粉砂岩；11.粉砂质页岩；12.钙质页岩；13.泥岩；14.灰岩；15.生物碎屑灰岩；16.岩屑砂岩；17.砂质灰岩；18.鲕粒灰岩；19.泥质灰岩；20.泥灰岩；21.白云质灰岩；22.页岩；23.板岩；24.结核；25.植物化石；26.双壳化石

在嘉黎县阿扎区扎木多南，马里组下部与浅黄色细粒黑云母二长花岗岩侵入接触；其上与上覆桑卡拉佣组(J_2s)呈断层接触。因而，本组出露不全，岩性主要由紫红色厚层状含铁质细砾岩、灰色复成分细砾岩及灰黄色中薄层中—粗粒岩屑石英杂砂岩组成。厚度 217.16m。

在嘉黎县西部桑巴一带，马里组呈角度不整合覆盖在来姑组之上。下部为紫灰色底砾岩、灰色粗砾岩、灰色砂岩夹含砾砂岩；中部为浅灰色灰黄色砂岩与灰色泥质板岩互层；上部由含砾砂岩、钙质砂岩、深灰色泥质粉砂岩组成。钙质砂岩中产双壳类化石及植物化石碎片。厚度 2 415m。

在边坝县幅倾多乡八达村松龙、郎脚马北和当途牧场一带，呈角度不整合覆盖在来姑组之上。岩性主要由浅灰色、紫红色砾岩、含砾细粒岩屑砂岩、角砾状粉砂岩和灰白色细粒岩屑长石砂岩与浅紫红色砾岩、细粒长石石英砂岩、细粉砂岩、紫红含砾砂质泥岩构成互层。厚度大于 421m。

区域资料显示，马里组是不整合覆盖在古生代不同时代地层之上，反映了三叠纪—早侏罗世经历了一次规模宏大的造山隆起事件。

2. 桑卡拉佣组(J_2s)

(1)定义及其特征

《1∶20万丁青县幅、洛隆县(硕班多)幅区域地质矿产调查报告》①(四川省区调队,1990)中将柳湾组废弃,创名桑卡拉佣组,创名剖面地点与马里组相同。原义专指中侏罗世灰岩地层,与上、下地层均呈整合接触。《西藏自治区区域地质志》(西藏地质矿产局区调队,1993)将相当于马里组和桑卡拉佣组统称为桑巴群。《西藏自治区岩石地层(西藏地质勘查局,1997)》和《青藏高原及邻区地层划分及对比》②(成矿所,2002)均采用马里组和桑卡拉佣组。本书仍沿用之。测区桑卡拉佣组定义与创名剖面基本相同。

桑卡拉佣主要分布于嘉黎区、甲贡、恩朱格区一带,该组与下伏马里组(J_2m)、与上覆拉贡塘组($J_{2-3}l$)呈整合接触。主要岩性由一套滨海、浅海相陆源碎屑岩与碳酸盐岩交替组成。灰色厚层生物碎屑灰岩产双壳类、菊石、海胆、海百合等化石。总厚度 1 051.35～1 934m。

(2)基本层序和沉积特征

据 P5 剖面,桑卡拉佣组自下而上可确认出四个基本层序(图 2-23)。

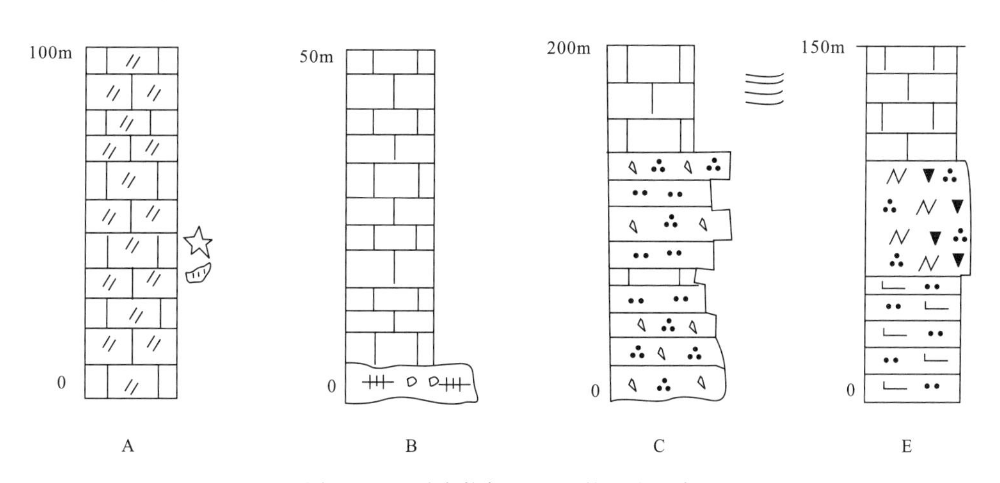

图 2-23　桑卡拉佣组(J_2s)的基本层序

基本层序 A(3—5):由灰色中厚层含白云质微晶石灰岩组成。石灰岩中偶见生屑残余(多为棘屑、介形虫)。反映了浅海碳酸盐岩台地沉积环境。

基本层序 B(8—9):岩性由灰黄色中粗粒岩屑石英砂岩、紫红色细砾复成分铁质砾岩及灰色薄层、中层泥晶石灰岩组成。反映了滨岸砂坝-浅海碳酸盐岩台地沉积环境。

基本层序 C(10—11):岩性由灰绿色—灰黄色块状细粒岩屑石英砂岩、灰色钙质粗粉砂岩夹灰色薄层泥晶石灰岩、浅灰色厚层中粗粒岩屑石英砂岩、浅灰色纹层状粉砂岩、深灰色细粒岩屑细砂岩及深灰色薄层、中层微晶石灰岩组成。反映了滨岸砂坝-浅海碳酸盐岩台地沉积环境。

基本层序 E(17—21):岩性由深灰色钙质粉砂岩、灰色、深灰色含海百合茎化石碎片钙质粗粉砂岩及灰色中层中细粒长石岩屑砂岩、深灰色泥质条带微晶石灰岩组成。反映了浅海钙质粉砂岩相-碳酸盐岩台地沉积环境。

综合上述,桑卡拉佣组沉积环境反映滨岸砂坝-浅海碳酸盐岩台地交替沉积环境。

① 四川省区调队.1∶20万丁青县幅、洛隆县(硕班多)幅区域地质矿产调查报告.1994.全书相同

② 成矿所.青藏高原及邻区地层划分及对比.2002.全书相同

(3)地层对比(图 2-22)

在嘉黎县桑巴一带,桑卡拉佣组与下伏马里组呈整合接触。岩性上部为灰黄色薄层砂质灰岩、浅灰色中厚层—块状灰岩、灰色薄层灰岩夹钙质砂岩,产双壳类、腹足类等化石;中部为紫红色钙质粗砂岩夹紫红色含砾砂岩及中细砾岩、深灰色块状生物灰岩夹灰色块状灰岩,产大型褶柱蛤 *Plicatostylus* sp.,腹足类 *Ptygmatis* sp.;下部为灰黄色薄层泥灰岩夹中厚层状灰岩、浅灰色—灰白色中厚层状含泥质灰岩、深灰色页片状泥灰岩夹钙质砂岩、灰色厚层状含白云质灰岩。产双壳类 *Weyla* sp.,*W.* cf. *ambongoensis*,*Fimbria* sp.,*Protocardia* sp., *Ostrea*(*Liostrea*),海百合茎,双壳碎片及六射珊瑚。厚度 1 160m。

在嘉黎县阿扎区扎木多南,主要岩性由一套滨海、浅海相陆源碎屑岩与碳酸盐岩交替组成。灰色厚层生物碎屑灰岩产双壳类、菊石、海胆、海百合等化石。厚度 1 041.8m。

东部洛隆县硕般多、中亦松多一线以南,它是整合于马里组与拉贡塘组之间的一套细碎屑岩夹碳酸盐岩组合。下部以砂岩、粉砂岩、粉砂质泥岩和泥岩为主,夹厚层状含生物碎屑鲕粒灰岩;上部以含生物碎屑灰岩与灰黑色页岩及粉砂质页岩为主,偶夹灰色—灰白色细粒石英砂岩及细粒长石石英砂岩。产双壳类、菊石、海胆、海百合等化石。在洛隆县格斗剖面上产双壳类 *Chlamys*(*Radulopecten*) *baimaensis*,*C.*(*R.*) cf. *tipperi*,*Weyla*(*Weyla*) sp.;菊石 *Dolikephalites*? sp.;海胆 *BalAnOcidaris* sp.;海百合 *Cyclocyclicus* sp.,*Cladophlebis* sp.,*Equisetites* sp.。在中亦松多南产珊瑚 *Stylosmilia* sp.。此外,在硕般多乡日许产双壳类 *Nuculana* (*Praesacella*) *jurina* Cox,*Chlamys* (*Radulopecten*) *baimaensis* Wen(文世宣,1982)。总厚度 1 051.35~1 934m。

综合上述各剖面岩性特征及生物组合特征,桑卡拉佣组总体为浅海陆棚碎屑岩-碳酸盐岩沉积环境,其时代归属中侏罗世。

3. 拉贡塘组($J_{2-3}l$)

(1)定义及其特征

拉贡塘组由"拉贡塘层"演变而来(李璞等所建,1955)。《西藏自治区岩石地层》(西藏地质勘查局,1997)将正层型剖面划为洛隆县腊久区,其定义指整合覆于桑卡拉佣组灰岩之上、平行不整合伏于多尼组含煤砂岩之下的一套深灰色页岩、粉砂质页岩为主夹长石石英砂岩、石英砂岩、粉砂岩、透镜状灰岩的地层体;产双壳类、菊石等。时代为中上侏罗统。本书沿用拉贡塘组名称,其含义与层型基本相同,但是本区岩石普遍发生轻微变质。

拉贡塘组分布于嘉黎区—恩督格区。下部以深灰色粉砂质绢云母千枚板岩、黑色绢云母千枚板岩为特征,夹灰色薄层状细粒岩屑石英砂岩及深灰色薄层泥质粉砂岩;中部为灰色厚层状含粉砂结晶灰岩、灰黄色含粉泥质条带结晶灰岩;上部由灰色含粉砂绢云母千枚板岩—灰色薄层细粒岩屑石英砂岩及灰色中厚层细粒岩屑石英杂砂岩组成。局部板岩中含黄铁矿结核和铁泥质结核。化石稀少,仅在结晶灰岩中发现苔藓虫、锥石等化石。该组在区域上以产菊石 *Virgatosphinctes* 为特征。总厚度 2 930~3 257.24m。

(2)基本层序和沉积特征

据 P8 剖面,拉贡塘组($J_{2-3}l$)的基本层序可划分出四种类型(图 2-24)。

基本层序 A:见于拉贡塘组下部,灰色薄层状细粒岩屑石英砂岩及深灰色粉砂质绢云母千枚板岩、深灰色薄层泥质粉砂岩、黑色绢云母千枚板岩组成韵律式互层。板岩具变余泥状结构,岩石中绢云母(65%~50%)、绿泥石(5%~3%)、铁(碳?)及粉砂的原岩为砂泥质岩,变余纹层理发育。该类层序反映了斜坡沉积环境。

基本层序 B:见于拉贡塘组中下部,由黑色绢云母千枚板岩夹深灰色薄层泥质粉砂岩组成。板

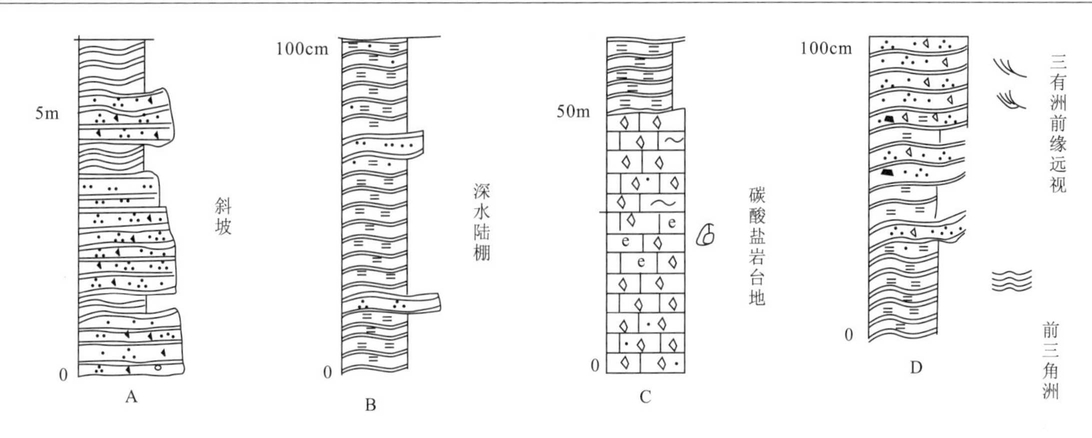

图 2-24　拉贡塘组($J_{2-3}l$)基本层序

岩中含黄铁矿结核和铁泥质结核。变余纹层理发育。该类层序反映了深水陆棚沉积环境。

基本层序 C：见于拉贡塘组中上部，主要为灰色厚层状含粉砂结晶灰岩、灰黄色含粉泥质条带结晶灰岩，产化石。该类层序反映了碳酸盐岩台地沉积环境。

基本层序 D：见于拉贡塘组上部，岩性由灰色含粉砂绢云母千枚板岩-灰色薄层细粒岩屑石英砂岩及灰色中厚层细粒岩屑石英杂砂岩组成。砂岩中岩屑为硅质岩、含硅质泥质岩、泥质岩等。具平行层理、交错层理。该类层序垂向上具有向上由细到粗的进积型结构特征，并反映了前三角洲-三角洲前缘沉积环境。

(3)地层对比(图 2-25)

拉贡塘组分布于嘉黎区—恩督格区，及洛隆断裂以北的中西部。岩性下部以深灰色粉砂质绢

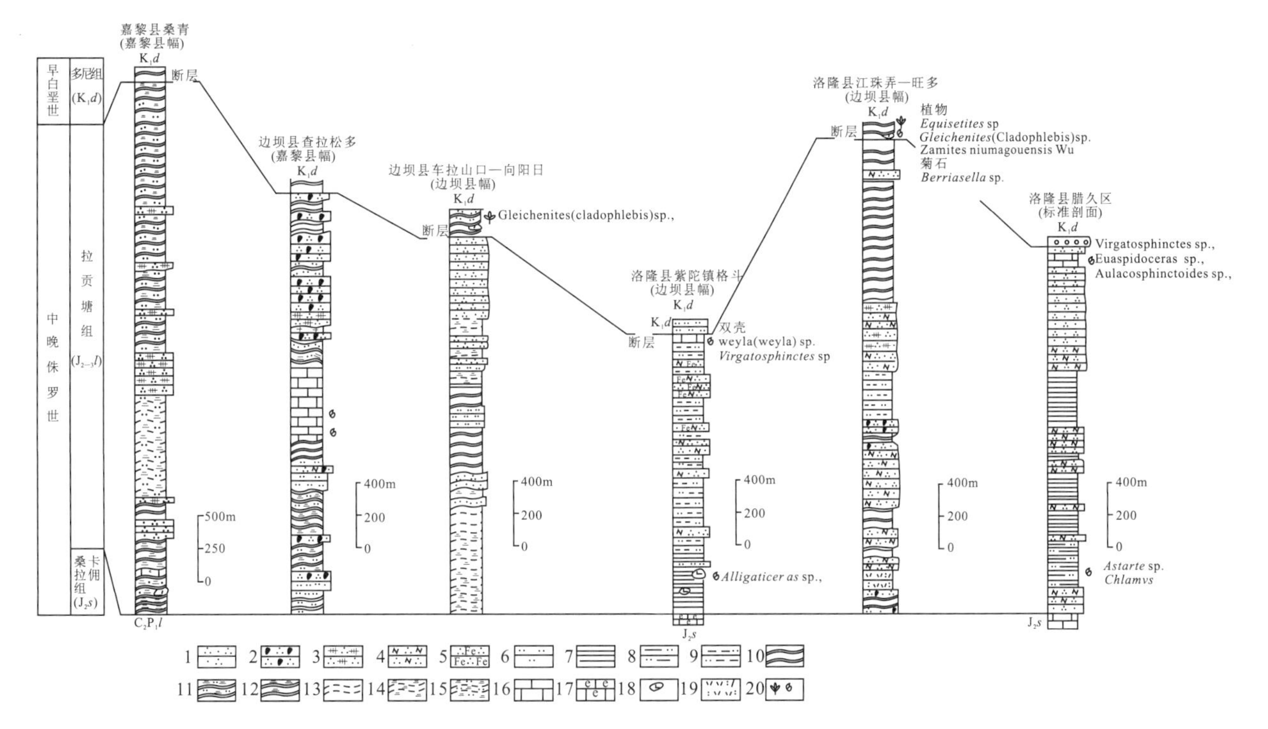

图 2-25　拉贡塘组($J_{2-3}l$)柱状对比图

1.石英砂岩；2.岩屑石英砂岩；3.杂砂岩；4.长石石英砂岩；5.含铁石英砂岩；6.粉砂岩；7.页岩；8.粉砂质页岩；9.粉砂质泥岩；10.板岩；11.绢云母粉砂质板岩；12.绢云母板岩；13.千枚岩；14.绢云母千枚岩；15.绢云母粉砂质千枚岩；16.灰岩；17.生物碎屑灰岩；18.结核；19.安山质凝灰岩；20.植物化石及动物化石产出层位

云母千枚板岩、黑色绢云母千枚板岩为特征，夹灰色薄层状细粒岩屑石英砂岩及深灰色薄层泥质粉砂岩。中部为灰色厚层状含粉砂结晶灰岩、灰黄色含粉泥质条带结晶灰岩；上部由灰色含粉砂绢云母千枚板岩-灰色薄层细粒岩屑石英砂岩及灰色中厚层细粒岩屑石英杂砂岩组成。局部板岩中含黄铁矿结核和铁泥质结核。化石稀少，仅在灰岩透镜体中发现生物碎片，总厚度 2 930～3 257.24m。

在边坝县东拉—向阳日、嘎嘎卡、拉托下、者补卡一带，主要由青灰色绢云母千枚岩、板状千枚岩、片理化千枚岩、粉砂质绢云母千枚岩及黑色板岩与褐灰色含砾变质粉砂岩、变质石英细砂岩及青灰色变质长石石英砂岩组成互层。厚度大于 2 252m。地层中见灰白色中粒斜长花岗岩贯入，并可出现褐灰色云母角岩。局部出现绢云石英片岩。

在洛隆县江珠弄—旺多地区，由灰色—深灰色中细粒变质石英杂砂岩、变质岩屑石英和变质长石石英砂岩与变质粉砂岩、粉砂质板岩、板岩及粉砂质泥岩组成频繁沉积韵律，近下部夹有厚 120m 的灰绿色英安质凝灰岩。厚度大于 2 356m。

在洛隆县模东、格斗一带，拉贡塘组主要岩性为黑色页岩、灰黑色粉砂岩夹黄褐色薄层细粒石英砂岩，页岩中含饼状碳泥质结核。本组与下伏桑卡拉拥组及上覆多尼组呈整合接触，厚度为 1 523.6m。

在亚中、硕般多北，灰色砂岩增多，表现为灰色中薄层细粒长石石英砂岩与灰黑色板岩互层，厚度大于 1 860m。据前人资料，在格斗产菊石 *Alligaticeras* sp.；在硕般多北、亚中乡东卡采到菊石 *Virgatosphinctes* sp.（西藏地质一大队，1974）；在洛隆一带产菊石 *Virgatosphinctes*，*Petoceratoides*，*Macrocephalites*，*Kinkeliniceras*，*Reineckeia* 和 *Metapeltoceras*。因此，本组的时代为中晚侏罗世。

（四）生物地层及年代地层

测区及邻区侏罗纪地层中古生物化石较丰富。据本次工作和前人资料统计，其中菊石有 1 科、9 属；双壳类有 4 属、3 个种、2 个未定种；珊瑚 1 属；海百合 1 属；植物 2 属。根据以上化石组合特征及产出层位，分别描述 1 个双壳类组合，3 个菊石带（表 2－7）。

表 2－7　侏罗纪生物组合特征划分简表

<table>
<tr><th colspan="3">年代地层</th><th rowspan="2">岩石地层</th><th rowspan="2">菊石</th><th rowspan="2">双壳</th><th rowspan="2">其他</th></tr>
<tr><th>系</th><th>统</th><th>阶</th></tr>
<tr><td rowspan="5">侏罗系</td><td rowspan="2">上统</td><td>Tth</td><td rowspan="2">拉贡塘组</td><td rowspan="2">Virgatosphinctes Z.
Petoceratoides
Kinkeliniceras
Reineckeia</td><td rowspan="3"></td><td rowspan="4">海胆
BalAnOcidaris
海百合 Cyclocyclicus
珊瑚 Stylosmilia</td></tr>
<tr><td>Oxf</td></tr>
<tr><td rowspan="3">中统</td><td>Clv</td><td rowspan="2">桑卡拉佣组</td><td rowspan="2">Alligaticeras Z.
Macrocephalites
Metapeltoceras
Dolikephalites Z.</td></tr>
<tr><td>Bth</td><td>Chlamys (Radulopecten) baimaensis－Lopha qamdoensis－Pseudotrapezium cordiforme ass.</td></tr>
<tr><td>Ba</td><td>马里组</td><td></td><td>Inoperna sp.</td><td>植物</td></tr>
</table>

1. 双壳

Chlamys (*Radulopecten*) *baimaensis*-*Lopha qamdoensis*-*Pseudotrapezium cordiforme* 组合由童金南建立(1987)。产于洛隆格斗剖面的桑卡拉佣组(相当于洛隆马里剖面原柳湾组第6层)主要代表分子是 *Chlamys* (*Radulopecten*) *baimaensis*, *C.* (*R.*) cf. *tipperi*, *Weyla* (*Weyla*) sp., *Nuculana* (*Praesacella*) *jurina* Cox。在嘉黎县桑巴剖面主要代表分子:*Plicatostylus* sp.(大型褶柱蛤), *Ptygmatis* sp., *Weyla* sp., *W.* cf. *ambongoensis*, *Fimbria* sp., *Protocardia* sp., *Ostrea* (*Liostrea*)。

Chlamys (*Radulopecten*) *baimaensis* 是青藏高原中侏罗统常见分子,始见于八宿县白马区雅弄和洛隆县硕般多日许(文世宣,1982),之后在唐古拉地区雁石坪群和洛隆县桑卡拉佣组(柳湾组)大量出现,产出层位较稳定,大致相当于巴通阶至卡洛夫阶,*Nuculana* (*Praesaocella*) *juriana* 原产于印度卡奇地区中侏罗统。*Chlamys*(*Radulopecten*) cf. *tipperi* 的比较种分布于欧洲及唐古拉地区巴通阶。据此,本组合归中侏罗统,大致可以对比为巴通阶—卡洛夫阶。

2. 菊石

自上而下分为三个菊石带。

①*Dolikephalites* 带产于格斗剖面的桑卡拉佣组。主要代表分子是 *Dolikephalites* sp.,伴生有海胆 *BalAnOcidaris* sp.,属中侏罗统卡洛阶。*Dolikephalites* 属产于北喜马拉雅地层分区中侏罗世拉弄拉组,丁青县莫东嘎中侏罗统上部。

②*Alligaticeras* 带代表分子有 *Alligaticeras*、*Macrocephalites*、*Metapeltoceras*,这三属是中侏罗统卡洛阶的重要分子,分布于格斗剖面。*Macrocephalites* 属产于北喜马拉雅地层分区中侏罗世拉弄拉组。

③*Virgatosphinctes* 带的代表分子有 *Virgatosphinctes*、*Petoceratoides*、*Kinkeliniceras*、*Reineckeia* 等化石。*Virgatosphinctes* 属是上侏罗统提塘阶的重要分子。分布于硕般多北、亚中乡东卡,还广泛产于拉萨以北的林布宗组下部那曲以东的哈拉组(或国姆拉组)和怒江中游的拉贡塘组、北喜马拉雅地层分区门卡墩组。在欧洲,相当的菊石群产于卡洛期至提塘期,其主体应归属晚侏罗世,并可能包括部分中侏罗世末期沉积。

(五)沉积相及层序分析

1. 沉积相

根据各组基本层序分析,测区侏罗纪地层可分为6种相类型。

(1)河流相

见于马里组,下部以紫红色厚层状含铁质细砾岩为特征。其砾岩具细砾状结构,分选磨圆度中等,砾径1～10mm,次圆状—次棱角状,砾石成分以石英岩、千枚岩为主。砾石含量80%±,填隙物20%±,粗砂质、泥质杂基、铁质胶结。代表了河床滞留沉积。上部以灰色复成分细砾岩、中—粗粒岩屑石英杂砂岩为特征。岩石具中—粗粒不等粒砂状结构,分选磨圆度差,基底式胶结,碎屑颗粒65%±,粒径0.1～1mm,其成分为石英(85%)、岩屑(15%),偶见长石;填隙物为泥质杂基及石英质粉砂屑;石英质胶结物为微晶状接触式胶结。代表了砾质辫状河床心滩沉积。

(2)陆源碎屑浅海陆棚

见于桑卡拉佣组中部,岩性由灰黄色中粗粒岩屑石英砂岩、灰色中层中细粒长石岩屑砂岩与深灰色钙质粉砂岩、灰色含海百合茎化石碎片钙质粗粉砂岩组成。垂向上呈不等厚互层。砂岩具中—粗粒砂状结构，分选磨圆度中等，颗粒支撑，孔隙式胶结，石英占碎屑 90%±，岩屑占碎屑 10%±，以硅质岩为主，次为板岩、石英岩，偶见长石。粉砂岩中碎屑颗粒 55%±，0.02mm；石英约占3/4，填隙物 45%±，泥质杂基约占 1/2，钙质胶结物约占 1/2，方解石质 0.05mm±，主要为层状分布，粉砂岩具纹层状构造。

(3)碳酸盐岩台地

见于桑卡拉佣组、拉贡塘组，由灰色中厚层含白云质微晶石灰岩、灰色薄层—中层泥晶石灰岩、深灰色泥质条带微晶石灰岩组成。石灰岩中偶见生屑残余(多为棘屑、介形虫)。在查拉松多拉贡塘组中上部主要为灰色厚层状含粉砂结晶灰岩、灰黄色含粉泥质条带结晶灰岩，产苔藓虫、方锥石化石。该类层序反映了碳酸盐岩台地沉积环境。

(4)斜坡

见于拉贡塘组下部，灰色薄层状细粒岩屑石英砂岩及深灰色粉砂质绢云母千枚板岩、深灰色薄层泥质粉砂岩、黑色绢云母千枚板岩组成韵律式互层。板岩具变余泥状结构，岩石中绢云母(65%～50%)、绿泥石(5%～3%)、铁(碳?)及粉砂的原岩为砂泥质岩。变余纹层理发育，垂向上构成正粒序韵律互层。反映了陆棚边缘斜坡沉积环境。

(5)深水陆棚

见于拉贡塘组中下部，由黑色绢云母千枚板岩夹深灰色薄层泥质粉砂岩组成。板岩中含黄铁矿结核和铁泥质结核。变余纹层理发育，反映了深水陆棚沉积环境。

(6)三角洲相

见于拉贡塘组上部，岩性由灰色含粉砂绢云母千枚板岩-灰色薄层细粒岩屑石英砂岩及灰色中厚层细粒岩屑石英杂砂岩组成。砂岩中岩屑为硅质岩、含硅质泥质岩、泥质岩等。具平行层理、交错层理。该类层序垂向上具有向上由细到粗的进积型结构特征，反映了前三角洲-三角洲前缘沉积环境。

2. 层序划分

测区侏罗纪形成于弧后盆地，根据岩相叠置关系，本区侏罗纪地层可识别出 1 个二级旋回层序、4 个三级旋回层序。时间跨度 205～137Ma，总延续时限约 68Ma，每个三级旋回延续时限约为 17Ma。现将各三级层序特征简述如下(图 2－26)。

层序 sq1：见于马里组及桑卡拉佣组。sq1 底部以区域性不整合与下伏地层分界，因此，底界面性质为Ⅰ型。界面特征表现为河流河床滞留砾岩堆积。sq1 由低水位体系域(LSW)、海侵体系域(TST)和高水位体系域(HST)组成。LSW 见于马里组，下部由河流相紫红色厚层状含铁质细砾岩、灰色复成分细砾岩、中—粗粒岩屑石英杂砂岩组成。TST 滨海相由含砾砂岩、钙质砂岩、深灰色泥质粉砂岩组成。钙质砂岩中产双壳类化石。垂向上准层序具向上变细退积型结构。HST 由碳酸盐岩台地灰色中厚层—厚层含白云质微晶石灰岩组成，偶见棘屑及介形虫。垂向上准层序具向上进积型结构特征。

层序 sq2—sq4：见于桑卡拉佣组。这 3 个层序底界面性质均为Ⅱ型，其特征表现为岩性岩相转换面，体系域均由海侵体系域(TST)和高水位体系域(HST)组成。

sq2TST 由灰黄色中粗粒岩屑石英砂岩夹紫红色复成分铁质细砾岩组成，HST 由开阔台地灰色薄层、中层泥晶灰岩组成。

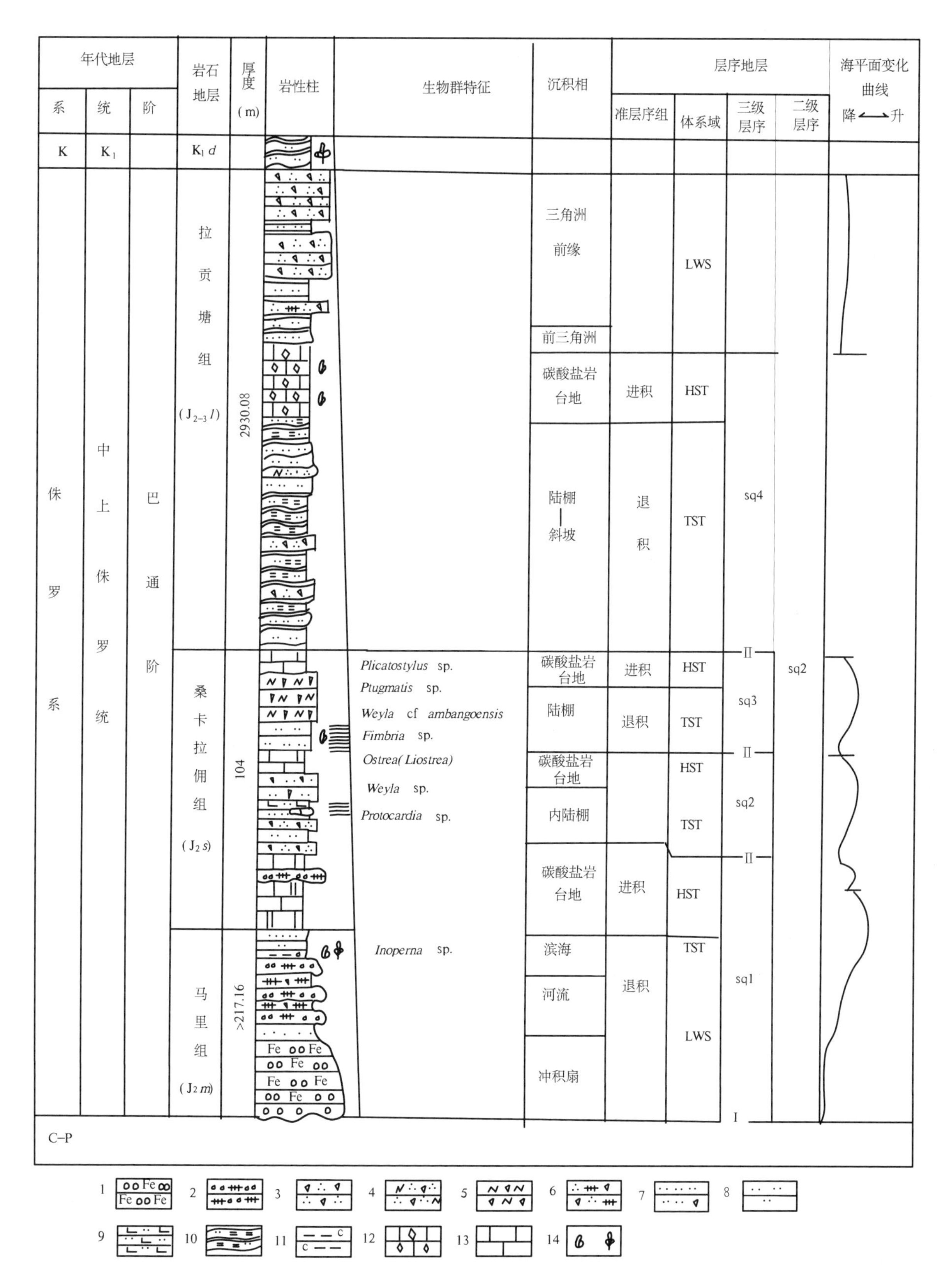

图 2-26　嘉黎地区侏罗纪沉积相及层序地层

1. 含铁细砾岩；2. 复成分砾岩；3. 岩屑石英砂岩；4. 长石岩屑石英砂岩；5. 长石岩屑砂岩；6. 岩屑石英复成分砂岩；7. 岩屑砂岩；8. 粉砂岩；9. 钙质粉砂岩；10. 粉砂质绢云母板岩；11. 钙质泥岩；12. 结晶灰岩；13. 灰岩；14. 动物化石及植物化石产出层位

sq3TST 由灰黄色块状细粒岩屑石英砂岩与灰色钙质粗粉砂岩夹薄层泥晶灰岩、灰色厚层中细粒长石岩屑砂岩与浅灰色纹层状粉砂岩组成。垂向上呈不等厚互层。反映了陆源碎屑浅海陆棚。垂向上准层序具向上变细退积型结构特征。HST 灰色薄层、中层泥晶灰岩纹层理发育。

sq4TST 下部为深灰色钙质粉砂岩、深灰色钙质粗粉砂岩、含海百合茎化石碎片；上部为灰色厚层中细粒长石岩屑砂岩。反映了陆源碎屑浅海陆棚。HST 灰黄色块状细粒岩屑石英砂岩-灰色薄层、中层泥晶灰岩纹层理发育。

层序 sq5：见于查拉松多、嘉黎一带拉贡塘组。该层序底界面性质为Ⅱ型，其特征表现为岩性岩相转换面，体系域由海侵体系域(TST)和高水位体系域(HST)组成。TST 下部为灰色薄层状细粒岩屑石英砂岩及深灰色粉砂质绢云母千枚板岩、深灰色薄层泥质粉砂岩、黑色绢云母千枚板岩组成韵律式互层；上部由黑色绢云母千枚板岩夹深灰色薄层泥质粉砂岩组成。板岩中含黄铁矿结核和铁泥质结核。变余纹层理发育，反映了深水陆棚沉积环境。为最大海泛面。HST 灰色厚层状含粉砂结晶灰岩、灰黄色含粉泥质条带结晶灰岩，产苔藓虫、方锥石化石。该类层序反映了碳酸盐岩台地沉积环境。HST 准层序组具进积型结构特征。

层序 sq4：见于拉贡塘组上部。由灰色含粉砂绢云母千枚板岩-灰色薄层细粒岩屑石英砂岩及灰色中厚层细粒岩屑石英杂砂岩组成。砂岩中岩屑为硅质岩、含硅质泥质岩、泥质岩等。具平行层理、交错层理，具波痕。该类层序垂向上具有向上由细到粗的进积型结构特征；反映了前三角洲-三角洲前缘沉积环境。代表了晚侏罗世海退层序。

二、白垩系

(一)划分沿革

测区白垩系分布于图幅北部边界，出露较少。对本区白垩系的划分，《1∶100 万拉萨幅区域地质矿产调查报告》(西藏地质局综合普查大队，1979)将下白垩统划分为多尼组(K_1d)，上白垩统划分为宗给组(K_2zn)。《西藏自治区地质志》(1993)将下白垩统划分为多尼组(K_1d)，将上白垩统改为竟柱山组(K_2j)。本次工作，通过与边坝幅典型剖面对比，将本区白垩系划分为多尼组(K_1d)和宗给组(K_2z)两个岩石地层单位(表 2-8)。

表 2-8　测区白垩纪地层划分沿革

1∶100 万拉萨幅(西藏自治区地质局，1979 年)		《西藏自治区区域地质志》(西藏地矿局，1993)		《青藏高原及邻区地质图及说明书》(成矿所，2004)		本书			
白垩系	宗给组(K_2z)	白垩系	竟柱山组(K_2j)	白垩系	上统(K_2)	白垩系	上统	宗给组(K_2z)	
	多尼组(K_1d)		曲松波群($J_3—K_1qs$)		下统(K_1)		下统	多尼组(K_1d)	二段(K_1d^2)
									一段(K_1d^1)

(二)剖面描述

1. 嘉黎县嘉黎区桑前麦松早白垩世多尼组一段(K_1d^1)实测剖面(P3，图 2-27)

该剖面位于嘉黎县嘉黎区桑前麦松。剖面由南向北，沿桑前麦松河曲西岸测制。地理坐标起点:93°15′35″E,30°57′41″N,高程 4 794 m;终点:93°14′59″E,30°59′59″N,高程 5 720 m。

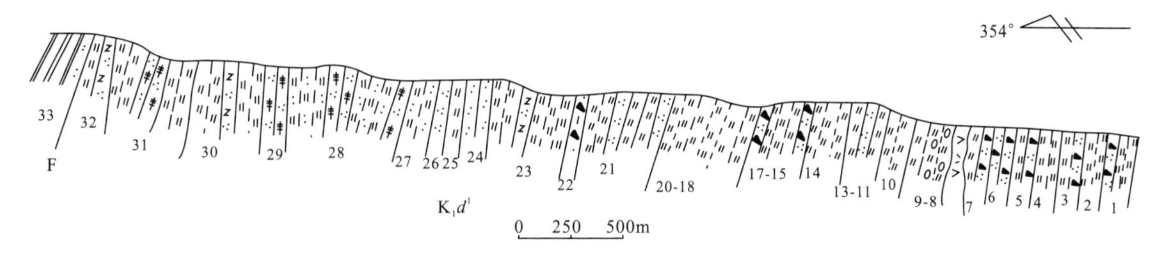

图 2-27　嘉黎县嘉黎区桑前麦松早白垩世多尼组一段(K_1d^1)实测剖面图(P3)

早白垩世多尼组一段(K_1d^1)	**厚 5 526.85m**
33. 灰黑色板岩夹含粉砂板岩	94.46m
══════断层══════	
32. 灰黑色粉砂质绢云母千枚岩夹灰色—灰绿色薄层—中层状长石石英砂岩	117.03m
31. 灰绿色含粉砂绢云母千枚岩、灰绿色薄层细粒石英杂砂岩与灰黑色粉砂质绢云母千枚岩互层	435.16m
30. 灰黑色粉粉质绢云母千枚岩夹灰色—灰绿色薄层—中层状长石石英砂岩	401.57m
29. 灰绿色薄层—中层状细粒石英杂砂岩夹灰黑色粉砂质绢云母千枚岩	147.83m
28. 灰黑色粉砂质绢云母千枚岩夹灰绿色薄层—中层状细粒石英(杂)砂岩	587.11m
27. 灰黑色含粉砂绢云母千枚岩	193.46m
26. 灰绿色薄层—中层状细粒砂岩、灰绿色薄层中层状粉砂岩与灰黑色粉砂质绢云母千枚岩互层	63.54m
25. 灰黑色绢云母千枚岩夹灰绿色薄层—中层状细粒长石石英砂岩	201.36m
24. 灰黑色细粉砂岩	63.49m
23. 灰黑色绢云母千枚岩夹灰色、灰绿色薄层—中层状细粒长石石英砂岩	472.87m
22. 灰黑色细粒泥质岩屑砂岩,水平层理发育	62.19m
21. 灰黑色绢云母千枚岩夹灰色、灰绿色薄层、中层状细粒石英砂岩	442.06m
20. 灰黑色绢云母千枚岩	164.39m
19. 深灰色绢云母千枚岩	118.39m
18. 灰黑色绢云母千枚岩,含细小的黄铁矿晶体	292.44m
17. 灰绿色薄层—中层状细粒石英杂砂岩	92.56m
16. 灰黑色绢云母千枚岩夹薄层状细粒石英砂岩	262.15m
15. 灰黑色薄层—中层状细粒岩屑石英杂砂岩夹灰黑色绢云母千枚岩	58.71m
14. 灰黑色绢云母千枚岩	245.58m
13. 灰黑色绢云母千枚岩夹灰黑色薄层状细粒石英砂岩	63.88m
12. 灰黑色绢云母千枚岩与灰黑色薄层状细粒石英砂岩互层	40.42m
11. 灰黑色绢云母千枚岩夹暗灰色薄层状细粒石英砂岩	61.05m
10. 灰黑色绢云母千枚岩	193.89m
9. 灰黑色绢云母千枚岩夹灰黑色薄层状细粒石英砂岩	38.56m
8. 灰黑色绢云母千枚岩夹暗灰色细粒石英砂岩结核	98.79m
············侵入接触············	
浅灰黄色云英岩化英安斑岩	
············侵入接触············	
7. 灰黑色绢云母千枚岩与暗灰色薄层状岩屑石英杂砂岩互层	114.80m
6. 暗灰色中层状岩屑石英杂砂岩夹灰黑色绢云母千枚岩	58.22m
5. 灰黑色绢云母千枚岩夹暗灰色薄层状岩屑石英杂砂岩	125.71m

4. 灰黑色绢云母千枚岩，偶夹深灰色薄层状岩屑石英杂砂岩　81.29m

3. 灰黑色绢云母千枚岩与深灰色薄层—中层状岩屑石英杂砂岩互层　62.16m

2. 灰黑色绢云母千枚岩　47.82m

1. 灰黑色绢云母千枚岩夹深灰色薄层状岩屑石英杂砂岩　23.91m

2. 边坝县草卡镇早白垩世多尼组(K_1d)实测剖面(P18，图 2-28)

该剖面相当于边坝县草卡镇冻托早白垩世多尼组(K_1d)实测剖面(P18)，由南向北沿公路(即曲麦河流西岸)测制。地理坐标起点：94°40′19″E，30°54′20″N，高程 3 705m；终点：94°45′48″E，31°00′38″N，高程 3 606m。

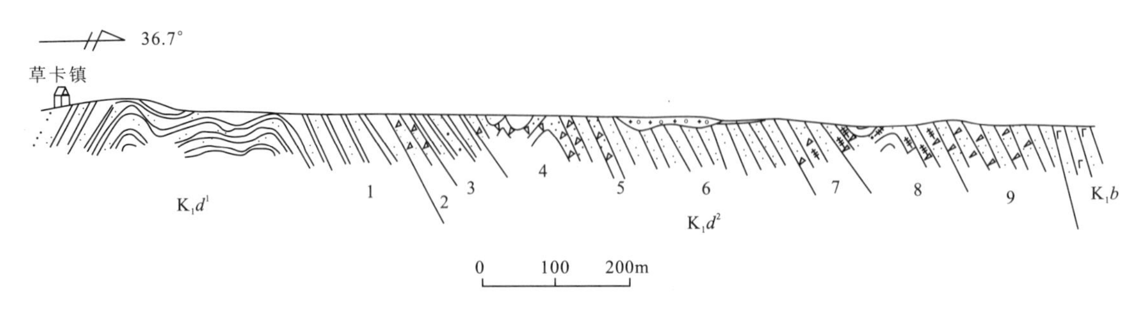

图 2-28　边坝县草卡镇早白垩世多尼组(K_1d)实测剖面图

上覆地层：边坝组(K_1b)

10. 紫红色中厚层粉砂质钙质泥岩　282.48m

——————整合——————

多尼组二段(K_1d^2)　厚 801.33m

9. 灰黑色板理化粉砂岩夹深灰色薄层细粒岩屑石英砂岩(磁铁矿化)　239.67m

8. 灰绿色中薄层细粒岩屑石英杂砂岩夹灰绿色纹层状粉砂岩　26.80m

7. 灰绿色中薄层细粒岩屑石英杂砂岩与灰黑色板理化粉砂岩，含粉砂质结核，具纹层理　46.01m

6. 灰黑色板理化粉砂岩夹灰绿色薄层状粉砂岩　334.74m

5. 灰白色中厚层中细粒岩屑石英砂岩，具平行层理、低角度斜层理　27.90m

4. 下部为灰色中厚层细粒岩屑石英砂岩，中部为中薄层细粒石英砂岩夹灰色薄层粉砂岩及深灰色粉砂质绢云母千枚板岩，上部为灰色薄层粉砂岩及灰黑色—深灰色粉砂质绢云母千枚板岩　47.56m

3. 下部为深灰色含粉砂质绢云母千枚板岩与灰色薄层粉砂岩及灰色薄层—中厚层中细粒岩屑石英砂岩呈不等厚互层，上部为灰色中厚层—中薄层中细粒岩屑石英砂岩夹深灰色含粉砂质绢云母千枚板岩，砂岩具平行层理、低角度斜层理　31.46m

2. 灰白色中厚层中细粒岩屑石英砂岩　47.19m

——————整合——————

多尼组一段(K_1d^1)

1. 深灰色含粉砂质绢云母千枚板岩(背斜核部)　180.66m

(三)岩石地层特征

1. 多尼组(K_1d)

(1)定义及其特征

测区内多尼组与下伏拉贡塘组呈整合接触。该组为一套暗色绢云母千枚板岩、浅灰色细碎屑岩组合。根据岩性特征可进一步分为上、下两段。

一段(K_1d^1)底界以浅灰色绢云母千枚板岩为标志，与下伏拉贡塘组($J_{2-3}l$)呈整合接触。下部以灰黑色绢云母千枚岩为主，夹深灰色薄层—中层状岩屑石英杂砂岩、深灰色薄层状岩屑石英杂砂岩、暗灰色薄层状细粒石英砂岩；上部以灰黑色粉砂质绢云母千枚岩为主，夹灰绿色薄层—中层状细粒石英砂岩、灰绿色薄层细粒石英杂砂岩、灰绿色中薄层长石石英砂岩。最大厚度 5 526.85m。

二段(K_1d^2)下部由灰色薄层泥质粉砂岩、灰绿色薄层粉砂岩、灰色、灰白色中薄层—中厚层细粒岩屑石英砂岩组成；上部以灰色中厚层细粒岩屑石英砂岩与灰色薄层泥质粉砂岩及灰黑色含粉砂绢云母千枚板岩韵律式互层为特征。垂向上呈不等厚重复出现。具低角度斜层理、平行层理、脉状层理，波痕发育。本段与一段之间均为整合接触关系。厚度为 801.33m。

本段上部板岩产植物化石：*Radicites* sp.(似根属，未定种)，*R.* sp.，? *Pagiophyllum* sp.(? 坚叶杉，未定种)，? *Sphenobaiera* sp.(? 楔拜拉，未定种)；疑问化石：*Problematicum*{? *Ctenis*(? 蓖羽叶)，? *Phlebopteris*　(? 异脉蕨)}。

(2)基本层序及沉积特征

据剖面初步分析，初步确认三种不同类型的基本层序(图 2-29)。

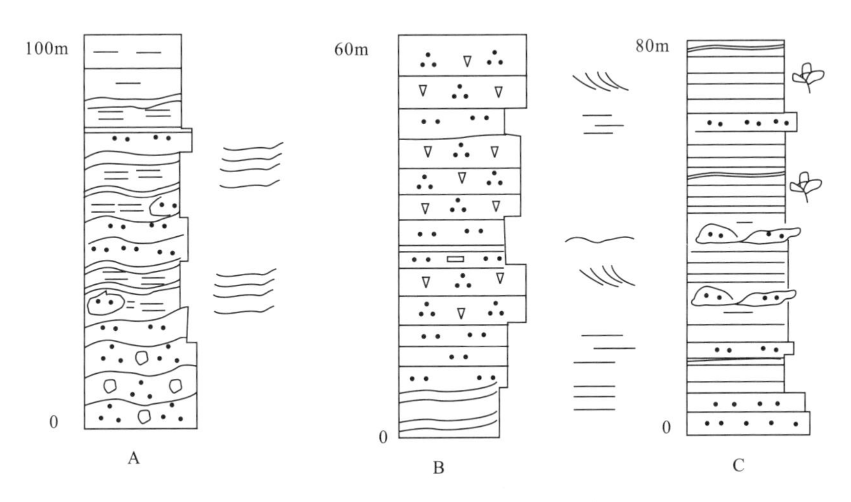

图 2-29　多尼组(K_1d)的基本层序

基本层序 A：见于多尼组一段，岩性由灰色中薄层细粒岩屑石英砂岩、深灰色薄层粉砂岩、深灰色砂质绢云母千枚板岩、深灰色泥岩组成。板岩中含粉砂质结核或灰岩结核，具水平层理及纹层理。总体反映了前三角洲沉积。

基本层序 B：见于多尼组二段下部，主要由不纯的“砂体”组成。岩性由灰色中厚层—中薄层细粒岩屑石英砂岩、灰色薄层泥质粉砂岩夹灰黑色含粉砂绢云母千枚板岩组成。反映了三角洲前缘远砂坝沉积。

基本层序 C：见于多尼组二段上部，发育灰黑色粉砂质千枚板岩夹灰色纹层状细砂粉砂岩、灰色中厚层细粒石英杂砂岩夹灰黑色绢云母千枚板岩。具平行层理、低角度斜层理，波痕发育。灰黑色绢云母千枚板岩中产植物化石，总体反映了三角洲平原沼泽夹三角洲前缘远砂坝沉积。

(3)地层对比(图 2-30)

边坝县金岭乡查拉松多，多尼组一段(K_1d^1)出露不全，底部与下伏拉贡塘组($J_{2-3}l$)呈整合接触，其为断层岩性特征，由深灰色粉砂质千枚板岩夹灰色中薄层状细粒石英砂岩、深灰色粉砂质千枚板岩、黑色绢云母千枚板岩组成。厚度 1 452.36m。

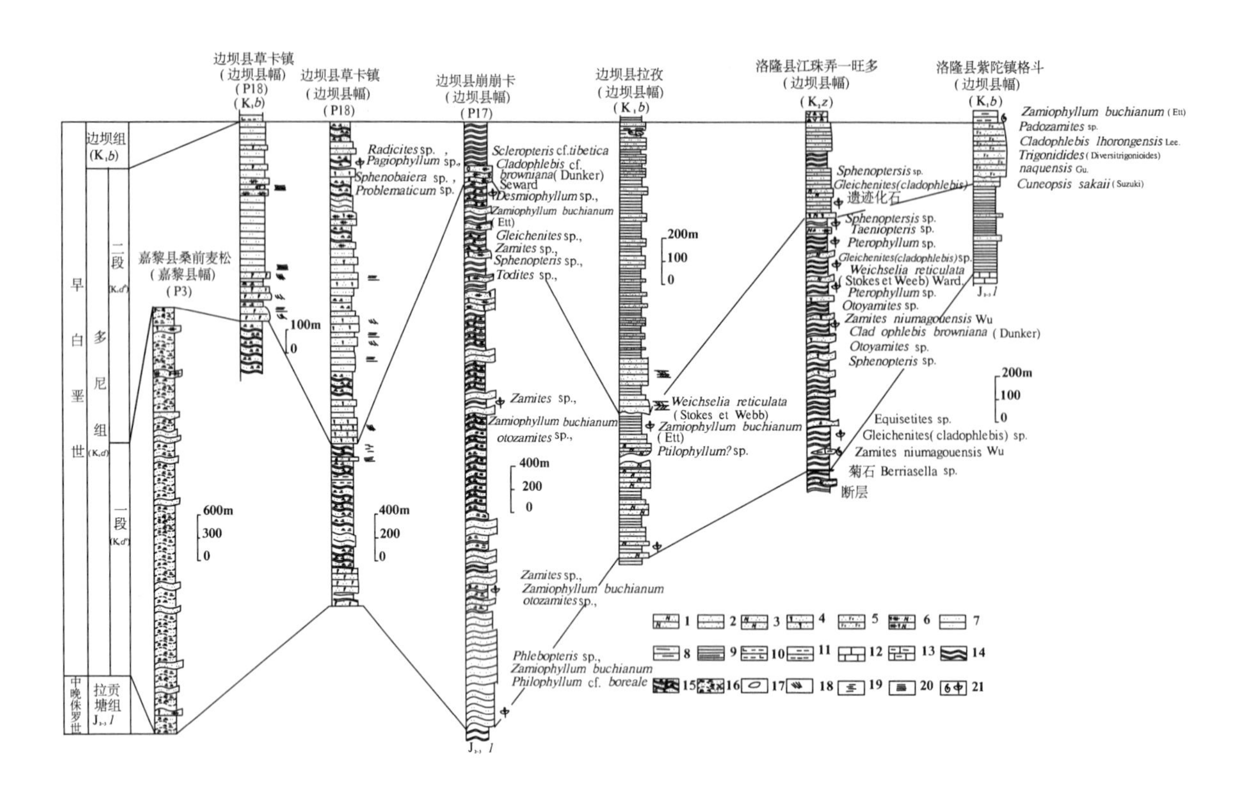

图 2-30　多尼组(K_1d)柱状对比图

1.含砾长石石英砂岩;2.石英砂岩;3.长石石英砂岩;4.岩屑石英砂岩;5.含铁石英砂岩;6.岩屑长石杂砂岩;7.粉砂岩;8.粉砂质页岩;9.页岩;10.钙质页岩;11.泥岩;12.灰岩;13.泥质灰岩;14.板岩;15.粉砂质绢云母板岩;16.粉砂质绢云母千枚岩;17.结核或透镜体;18.斜层理;19.平行层理;20.水平层理及纹层理;21.动物化石及植物化石

在边坝县地区,多尼组一段(K_1d^1)岩性主要为灰色中薄层细粒岩屑石英砂岩、深灰色砂质绢云母千枚板岩夹灰色薄层质粉砂岩、深灰色薄层粉砂岩夹灰黑色砂质绢云母千枚板岩、深灰色泥岩,板岩中含粉砂质结核。二段(K_1d^2)以灰色、灰白色中薄层—中厚层细粒岩屑石英砂岩为主,以灰色中厚层细粒岩屑石英砂岩与灰色薄层泥质粉砂岩及灰黑色含粉砂绢云母千枚板岩韵律式互层为特征。垂向上呈不等厚重复出现。具低角度斜层理、平行层理、脉状层理,砂岩层面具波痕。中上部产植物化石。

在边坝县拉孜一带,多尼组一段(K_1d^1)为灰黑色细粒长石石英砂岩、粉砂岩和黑色页岩互层,产植物化石。二段(K_1d^2)下部以灰色中厚层石英砂岩为主,具大型楔状交错层理,夹灰黑色粉砂岩和黑色页岩。

东拉山口—向阳日一带,多尼组被断层截切,层序发育不全,岩性主要为深灰色粉砂质板岩夹岩屑石英砂岩、粉砂岩,偶见泥灰岩透镜体。

江珠弄—旺多地区,多尼组一段为深灰色—黑色板岩与灰色杂色岩屑石英砂岩互层,最下部夹有粉砂岩和泥灰岩透镜体或薄层。其中,岩屑石英砂岩由下向上总体由中粒变为细粒,而板岩和粉砂岩中产植物化石,泥灰岩中则产菊石等化石。厚度大于 734m。

2. 宗给组(K_2z)

本书所称宗给组与《1∶20 万丁青县幅、洛隆县(硕班多)幅区域地质调查报告》一致(河南省区调队,1995)。零星出露于图幅北部嘉黎县帕青公路一带(图 2-31)。岩性为紫红色粉砂质泥岩夹灰质砾岩、紫红色页岩(泥岩),砾石成分主要为灰岩砾石,颗粒大小不等呈杂乱堆积,无分选性,无磨圆度。代表了冲积扇体沉积。厚度变化较大。

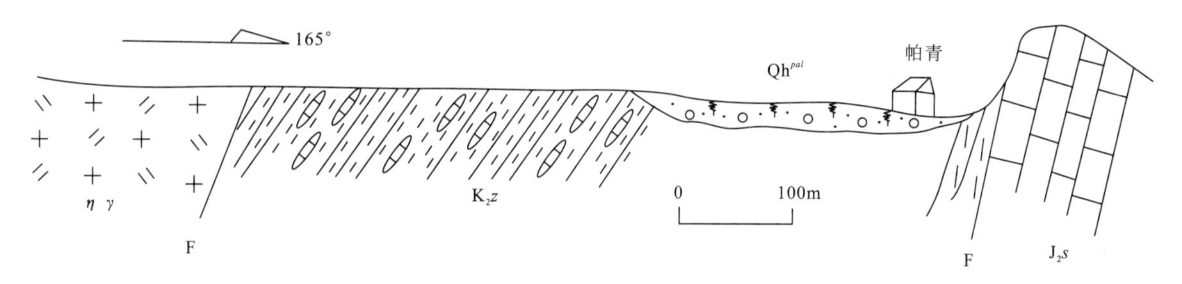

图 2－31 嘉黎县帕青公路晚白垩世宗给组(K_2z)信手剖面图

(四)生物地层及年代地层

1. 生物地层

测区内白垩纪地层中尚未发现化石。主要是利用边坝县幅古生物资料。边坝县幅白垩纪多尼组(K_1d)中有植物及菊石类等化石。其中植物化石 24 个属、15 个种(包括 4 个相似种)、14 个未定种;菊石 1 个属。根据本区植物群组合特征及产出层位,可建立 1 个植物群组合。

植物群组合——*Scleropteris* cf. *tibetica*－*Cladophlebis* cf. *browniana*(Dunker)－*Ptilophyllum* cf. *boreale* 组合相当于 *Weichselia*－*Ptilophyllum boreale* 组合。广泛分布于边坝县边坝镇亚马、拉孜、东拉山口—向阳日,洛隆县江珠弄—旺多、格斗、贡庆拉卡、硕般多、中亦松多及马五乡热曲等地。

多尼组产丰富植物化石,它们由真蕨类、本内苏铁类、木贼类及分类位置未定的类型组成一特征植物群。真蕨类:*Weichelia reticulata*(Stokes et Weeb)Ward(网状魏奇舍尔蕨),*Gleichenites*(*Cladophlebis*) sp.(似里白(枝脉蕨亚属,未定种)),*Cladophlebis* cf. *browniana* (Dunker)Seward(布朗枝脉蕨,相似种);枝脉蕨类:*Cladophlebis browniana*(Dunker)(似仙棕枝脉蕨,*Sphenopteris* sp.(楔羊齿未定种),*C.* sp.;本内苏铁类:*Scleropteris* cf. *tibetica* Tuan et Chen(西藏英羊齿,相似种),*Zamites niumagouensis* Wu(骝马沟腹羽叶),*Otozamites* sp.(耳羽叶,未定种),*Pterophyllum* sp.(侧羽叶,未定种),*Desmiophyllum* sp.(带状叶属,未定种),? *Gleichenites* sp.(? 似里白,未定种), *Zamiophyllum buchianum* (*Ett*) Nath. emend Ôish(布契查米羽叶), *Z.* sp., *Ptilophyllum* cf. *boreale* (Heer)Seward (北方毛羽叶,相似种),*Zamites* sp. (似查米亚,未定种), *Sphenopteris* sp. (楔羊齿,未定种), *Todites* sp. (似托第蕨,未定种),*Otozamites* sp. (耳羽叶,未定种),? *Phlebopteris* sp. (异脉蕨 ,未定种);木贼类:*Equisetites* sp. (似木贼未定种)。分类位置未定的有 *Taeniopteris* sp.(带羊齿,未定种)等。

以上植物群中,*Scleropteris* cf. *tibetica* Tuan et Chen, *Cladophlebis* cf. *browniana* (Dunker) Seward,*Zamiophyllum buchianum* (*Ett*) Nath. emend ? ish 最为繁盛,化石保存完整,数量较多,具有小而厚的小羽叶片,叶脉通常较简单,显示中生代晚期演化特点。大量苏铁类出现,反映植物群产生于湿热的热带或亚热带古气候条件。木贼类已由早期种类繁多、茎干粗大退化为单调而细小的似木贼。

Cladophlebis browniana(Dunker)和 *Otozamites* 见于甘肃新民堡群; *Cladophlebis brownianad*(Dunker),*Weichselia reticulata*(Stokes et Weeb)产于浙江寿昌组和磨石山组。黑龙江鸡西群及远东地区与测区多尼组植物群共同具有的种有 *Cladophlebis browniana*(Dunker),*Weichselia reticulata*(Stokes et Weeb)等。

Cladophlebis browniana 是欧洲威尔登期的标准化石，*Zamiophyllum buchianum* 地理分布广泛，地层分布仅限于早白垩世，被视为早白垩世重要植物之一。李佩娟(1982)认为 *Zamiophyllum buchianum* 时代可确定为早白垩世早期(尼欧克姆世)。

多尼组植物群以真蕨类、苏铁类占主要地位，缺乏银杏类，与西欧早白垩世书尔登期性质相同，*Weichselia reticulate* 是世界性早白垩世标准分子。综合分析认为，本区多尼组归下白垩统(尼欧克姆阶)。

2. 年代地层

根据古生物组合面貌及区域对比，测区白垩系可划为下白垩统和上白垩统。

下白垩统包括多尼组。多层组内以植物群 *Scleropteris* cf. *tibetica* - *Cladophlebis* cf. *browniana* (Dunker) - *Ptilophyllum* cf. *boreale* 组合带为特征。其中，*Weichselia reticulata*、*Cladophlebis browniana* 等是欧洲威尔登期的标准化石。*Zamiophyllum buchianum* 地理分布广泛，地层分布仅限于下白垩统，被视为早白垩世早期(尼欧克姆亚世)重要植物之一。

此外，多尼组尚产出 *Berriasella* 等菊石。该种菊石已在西藏江孜地区下白垩统甲不拉组发现(刘桂芳，1983)。在欧洲，*Berriasella* 是贝利阿斯阶(*Berriasian*)的典型化石分子。因此，进一步证明测区多尼组属早白垩世地层。

综合分析认为，多尼组时代应为早白垩世早期(尼欧克姆亚世)。

上白垩统包括宗给组。宗给组不整合于下白垩统多尼组之上，其层位大致与拉萨地区的普奴火山岩组相当。普奴组产 Hippuritidae(马尾蛤科)化石，王乃文(1983)将其归属晚白垩世末期沉积(坎潘阶至康尼亚克阶)，李玉文(1985)曾在测区北部邻区的丁青协雄乡下普宗给组上发现有孔虫 *Nonion* cf. *sichuanensis* Li，介形虫 *Cyclocypris* sp.，*Cyprois* sp.，*Eucypris* sp.，*Physocypria* spp.，时代为晚白垩世至始新世。八达组产 *Physa shandongensis* Pan，*Gyraulus* sp.。结合前人资料分析，将本区宗给组划为上白垩统，并可能大致相当于康尼亚克阶到坎潘阶(表 2-9)。

表 2-9 测区白垩系生物组合特征简表

年代地层			岩石地层		生物地层		
系	统	阶			植物组合	双壳	其他
白垩系	上统	坎潘阶 ↑ 康尼亚克阶	宗给组			Hippuritidae (马尾蛤科)	腹足类： *Physa shandongensis* Pan *Gyraulus* sp. 有孔虫： *Nonion* cf. *sichuanensis* Li 介形虫： *Cyclocypris* sp. *Cyprois* sp. *Eucypris* sp. *Physocypria* spp. 海百合： *Cyclocyclicus lhorongensis* Mu et Lin 菊石： *Berriasella*
	下统	阿普特阶 ↑ 尼利阿斯阶	多尼组	二段	*Scleropteris* cf. *tibetica* - *Cladophlebis* cf. *browniana* (Dunker) - *Ptilophyllum* cf. *boreale* Ass.		
				一段			

(五)白垩纪沉积相及沉积环境分析

1. 沉积相类型

通过实测剖面岩牲组合特征分析，初步确定本区白垩纪地层有两种沉积相：即三角洲相及陆上冲积扇。

(1)三角洲相

可进一步分为前三角洲、三角洲前缘远砂坝及三角洲平原三个亚相。

①前三角洲

见于多尼组一段,岩性由灰色中薄层细粒岩屑石英砂岩、深灰色薄层粉砂岩、深灰色砂质绢云母千枚板岩、深灰色泥岩组成。板岩中含粉砂质结核或灰岩结核,具水平层理及纹层理。总体反映了前三角洲沉积。

②三角洲前缘远砂坝

见于多尼组二段下部,主要由不纯的"砂体"组成。岩性由灰色中厚层—中薄层细粒岩屑石英砂岩、灰色薄层泥质粉砂岩夹灰黑色含粉砂绢云母千枚板岩组成。反映了三角洲前缘远砂坝沉积。

③三角洲平原

见于多尼组二段上部,岩性由灰黑色粉砂质千枚板岩夹灰色纹层状细砂粉砂岩、灰色中厚层细粒石英杂砂岩夹灰黑色绢云母千枚板岩组成。具平行层理、低角度斜层理,波痕发育。灰黑色绢云母千枚板岩中产植物化石,总体反映了三角洲平原沼泽夹三角洲前缘远砂坝沉积。

(2)陆上冲积扇

见于宗给组,岩性以紫红色中厚层状复成分砾岩、紫红色中薄层—中厚层状含砾粉砂质泥岩夹紫红色薄层状粉砂质泥岩、紫红色厚层状复成分砾岩夹紫红色中层含砾粉砂岩及紫红色中薄层状粉砂质泥岩、紫红色页岩(泥岩)夹紫红色中厚层状复成分砾岩为特征。代表了冲积扇体沉积。

2.沉积环境分析

根据沉积地区大地构造位置、古地理背景、沉积相特征及古生态面貌综合分析,测区为冈底斯北缘弧背盆地(弧后盆地)的一部分。早白垩世怒江海盆向南消减并最终关闭。在这一时期,测区北部开始抬升,海水逐渐撤离,海相沉积环境过渡为海陆交互相环境,成为以滨海沼泽为主的古地理背景。由于温暖潮湿的古气侯条件,真蕨类植物在沼泽地带大量繁盛,沉积物中保存了丰富的植物化石。在洛隆以南江珠弄地区多尼组下部局部含菊石泥灰岩的出现,反映早白垩世早期仍有短暂海侵。在嘉黎县幅境内未见含菊石泥灰岩。早白垩末期,随地壳抬升,海水是逐步撤离的。早白垩世末,怒江中游海盆完全关闭。晚白垩世以山间断陷盆地磨拉石堆积为主,沿断裂带出现较大规模的陆上火山喷溢。因此,测区内宗给组发育了以中酸性熔岩、紫红色中厚层状复成分砾岩、紫红色中薄层—中厚层状含砾粉砂质泥岩夹紫红色薄层状粉砂质泥岩组合为特征的沉积序列。

第六节 新生界

区内新生界出露极少,缺少古近系和新近系,仅零星出露少量第四系。其成因类型主要有洪冲积、冰碛和冰水堆积等,主要分布在雅鲁藏布江和怒江支流的河谷和现代冰川前端,因测区强烈的下蚀作用,部分河谷地段第四纪沉积厚度较大,岩相、岩性随地形变化大,地形地貌各异。根据地质调查和实测剖面资料将测区第四纪地层按成因类型划分(表 2-10)。

现由老至新简述如下。

表 2－10　嘉黎县幅第四纪地层划分表

地质年代单位	年代地层单位	代号	成因类型	主要岩性组合	典型地形、地貌	地层分布	年龄(ka)
全新世	全新统	Qh^{gl}	冰碛	含泥砂质砾石、卵石、漂砾，分选磨圆差，无层理	现代冰川前端U形谷中呈终碛、侧碛垅或底碛丘陵	大型现代冰川U形谷下端	
		Qh^{f}	沼泽沉积	灰色粉砂质粘土、灰黑色腐泥等，局部有泥炭层，具水平层理	沼泽地带、泉水发育	八松错等湖泊周围	
		Qh^{fgl}	冰水沉积	砂砾石层至砂层，砾石大小混杂，分选性较差，磨圆度为次棱—尖棱角状，中小砾石扁平面常见向上游倾斜	现代冰川下端冰碛垄前缘冰水冲积平缓台地或现代河流河床、河漫滩及T_1、T_2阶地	大型现代冰川U形谷下端	
		Qp_3—Qh^{pal}（合并）	洪冲积	总体以卵石和砾石为主，局部以砾石和砂为主。卵石和砾石成分与物源有关，分选性差，磨圆性较好。松散	现代河流河床、河漫滩及T_1—T_7阶地	测区主要河流均有分布	T_3:20.3±1.7(OSL) T_4:29.4±2.5(OSL) T_5:30.8±2.5(OSL) T_6:59.5±4.9(OSL)
晚更新世	上更新统	Qp_3^{pal}	洪冲积	以砾石层为主，局部夹粉砂层，分选性较差，磨圆度中等，较松散，常具平行层理	三级以上河流阶地及沟口冲洪积扇	测区主要河流两岸及山体两侧洪冲积扇	T_3:20.3±1.7(OSL) T_4:29.4±2.5(OSL) T_5:30.8±2.5(OSL) T_6:59.5±4.9(OSL)
		Qp_3^{gl}	冰碛	含泥砂质砾石、卵石、漂砾，分选磨圆差，无层理	保存于较好的U形谷中呈残破的侧碛垅或底碛丘陵	大型现代冰川U形谷下端及部分无现代冰川的U形谷中	$<80.5±6.5$(OSL)
中更新世	中更新统	Qp_2^{gl}	冰碛	灰黄色、土黄色泥质砂砾石、卵石、漂砾层，分选磨圆极差，无层理	残留的高位冰碛平台及终碛垄等	零星出露于4 500m以上的山脊或山坡上	705 (ESR)

一、中更新统

仅出露中更新世冰碛冰碛(Qp_2^{gl})。零星分布于尼屋、朱拉、拉孜等地 4 500m 以上的山脊或山坡上。地貌上常表现为底碛丘陵、终碛垄等垄岗状地形，岩性主要为灰黄色、土黄色泥质砂砾石、卵石、漂砾层，分选性极差，磨圆度以尖棱角状为主，无层理(图版Ⅱ,1)，厚度不详。在拉孜北山脊上测得 ESR 年龄为 705ka(地质矿产部海洋地质实验测试中心测试，样品号 P17ESR001)，时代应为中更新世。

二、上更新统

(一)晚更新世冰碛(Qp_3^{gl})

主要分布于大型现代冰川 U 形谷下端及部分无现代冰川的 U 形谷中。地貌上在保存完好的 U 形谷中呈侧碛垄、中碛垄或底碛丘陵，主要为灰黄色、土黄色泥质砂砾石、卵石、漂砾层(图版Ⅱ,2)，漂砾上可见到冰川擦痕，分选性极差，磨圆度以尖棱角状为主，无层理。厚度不详。前人将倾多一带河谷两侧高阶地的冰碛物划为中更新世，本次区调在倾多冰碛物之下的冲积物测得 OSL 年龄为 80.2±6.5ka(中国地震局新年代学开放实验室测试，样品号 OSL557－1)，冰碛物应小于此年龄，时代应为晚更新世。

(二)晚更新世洪冲积(Qp_3^{pal})

晚更新世至洪冲积测区出露面积较广,多分布于河流两岸,组成三级及以上河流阶地和沟口洪冲积扇。以砾石层为主,局部夹粉砂层,分选性较差,磨圆度中等,较松散,常具平行层理。测区两大水系的支流阶地均很发育,虽然各支流或同一河流的不同地段的阶地发育不尽相同,或者同一级别阶地海拔高度也不一样,但总体来看两大水系的阶地特点基本一致,通过光释光年龄测定高阶地OSL年龄显示均为晚更新世,实测剖面和年龄数据见 Qp_3—Qh^{pal} 部分。

(三)晚更新世至全新世洪冲积(Qp_3—Qh^{pal})(合并)

晚更新世至全新世洪冲积是测区出露面积最大的第四纪地层,多分布于河流两岸及沟口,组成河流阶地及洪冲积扇。因大部分地段出露较窄,地质图上将二者合并表示。以砾石层为主,局部夹粉砂层,分选性较差,磨圆度中等,较松散,砾石扁平面定向排列明显,并向上游方向倾斜(图版Ⅱ,3),常具平行层理。测区两大水系的支流阶地均很发育,虽然各支流或同一河流的不同地段的阶地发育不尽相同,或者同一级别阶地河拔高度也不一样,但总体来看两大水系的阶地特点基本一致,通过光释光年龄测定高阶地OSL年龄显示均为晚更新世,本次区调选择了两条剖面进行了实测,各剖面阶地沉积层序如下。

边坝县金岭乡卡徐第四纪河流阶地实测剖面(P10,图2-32;图版Ⅱ,4)

该剖面位于边坝县金岭乡卡徐,起点坐标:94°22′05″E,30°44′38″N,高程4 050m;终点坐标:94°22′52″E,30°44′03″N,高程4 026m。本剖面交通较方便。阶地出露较齐全,露头良好。现简述如下。

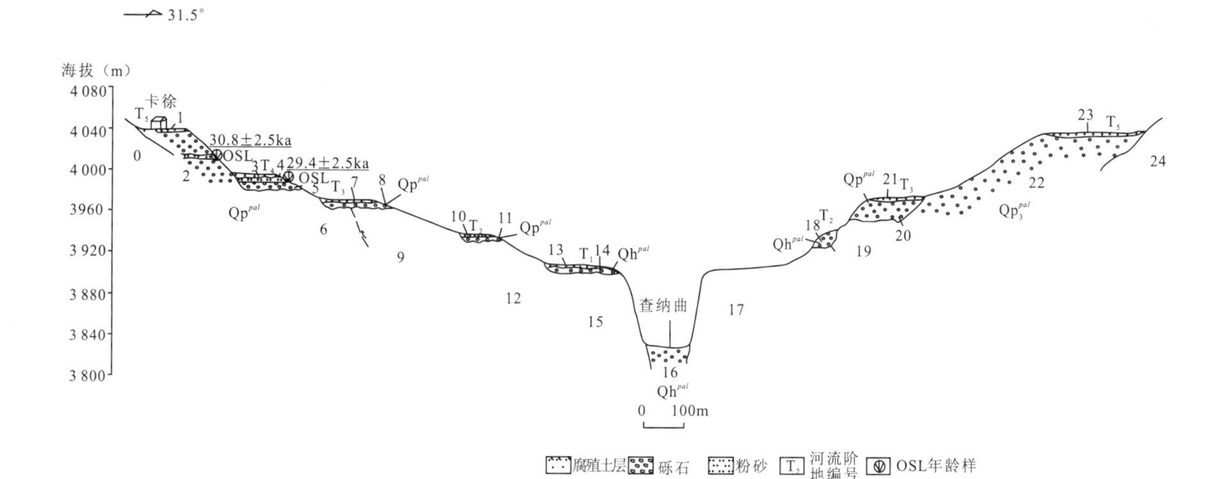

图2-32　边坝县金岭乡卡徐第四纪河流阶地实测剖面图

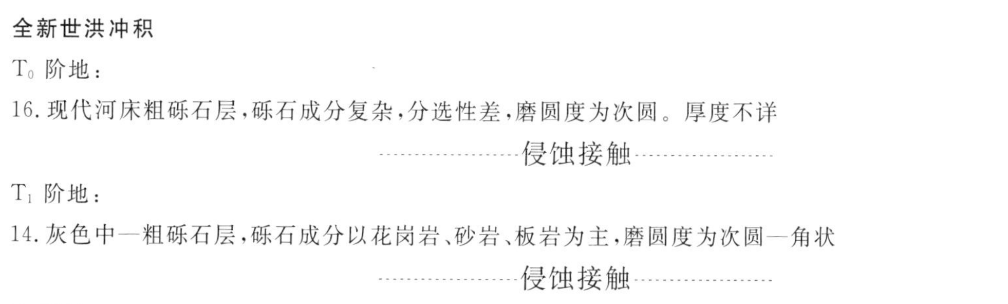

全新世洪冲积

T_0 阶地:

16. 现代河床粗砾石层,砾石成分复杂,分选性差,磨圆度为次圆。厚度不详

---------------------侵蚀接触---------------------

T_1 阶地:

14. 灰色中—粗砾石层,砾石成分以花岗岩、砂岩、板岩为主,磨圆度为次圆—角状　　　　7.18m

---------------------侵蚀接触---------------------

T_2 阶地:

18. 灰色中砾石层，砾石成分以砂岩、板岩为主，花岗岩次之，磨圆度为次圆—角状 12.71m

……………侵蚀接触……………

更新世洪冲积

T_3 阶地：

20. 灰色中—粗砾石层，砾石成分中花岗岩占50%，砂岩占20%，板岩占20%，磨圆度次圆—圆状，砾石扁平面向NE倾斜，局部夹少量透镜状粉砂 19.93m

……………侵蚀接触……………

T_4 阶地：

4. 灰黄色粉砂，发育水平层理。OSL年龄29.4±2.5ka 2.11m
5. 灰色中—粗砾石层，砾石成分以花岗岩、砂岩和板岩为主，磨圆度圆—次圆状，砾石扁平面定向明显 10.57m

……………侵蚀接触……………

T_5 阶地：

2. 灰色中—粗砾石层，砾石成分以砂岩、板岩、花岗岩为主，红柱石角岩、脉石英次之，磨圆度次圆—圆状，球度较高，中下部夹厚约2m粉砂，发育水平层理，OSL年龄30.8±2.5ka >43.15m

三、全新统

（一）全新世冰水沉积（Qh^{gfl}）

主要分布于现代冰川U形谷下端。地貌上常为冰川下端冰碛垄前缘冰水冲积平缓台地或现代河流河床、河漫滩及 T_1、T_2 阶地（图版Ⅱ，5）。主要为砂砾石层至砂层，砾石大小混杂，分选性较差，磨圆度为次棱—尖棱角状，中小砾石扁平面常见向上游倾斜。厚度一般小于20m。

（二）全新世冰碛（Qh^{gl}）

主要分布于现代冰川U形谷下端，地貌上呈终碛堤（图版Ⅱ，6）、侧碛垅或底碛丘陵。主要岩性为泥砂质砾石、卵石、漂砾，分选磨圆差，无层理。厚度不详。

（三）全新世沼泽沉积（Qh^{f}）

主要分布于八松错等湖泊周围，为灰色粉砂质粘土、灰黑色腐泥等，局部有泥炭层。厚度不详。

第三章　岩浆岩

测区岩浆活动非常强烈、频繁，岩浆岩分布广泛，遍布全区。按就位状态及形成方式不同可划分为三个类型：第一类为侵入岩，第二类为火山岩，第三类是脉岩。出露面积约 5 510.18km^2，占图区总面积的 34.5%。

岩浆活动时间、空间分布与板块构造运动阶段的构造环境密切相关，伴随古、新特提斯洋的发生、发展与消亡等各构造阶段，产生时代各异、类型多样、空间分布成带的岩浆岩。根据板块构造单元，测区自南而北共划分出洛庆拉-阿扎贡拉、扎西则、鲁公拉三个复式构造岩浆带。宏观上，各构造岩浆带分布特点与区内构造线方向基本平行一致，呈近东西向展布，如图 3-1 所示。

岩浆岩岩性复杂，岩石类型多样，纵、横向变化较大。侵入岩从中性到中酸性—酸性岩类均有出露，其中以酸性花岗岩类最为发育，构成岩浆活动的主体，次为中—中酸性花岗岩类。基性岩多呈岩脉产出，其他岩类极为罕见或基本未见。测区火山岩不发育，仅见极少量的基性熔岩夹于前奥陶纪雷龙库岩组之中。

第一节　侵入岩

图区侵入岩分布较广，并具成片成带的特点，而且岩浆活动明显受构造控制，从南往北分别形成洛庆拉-阿扎贡拉和扎西则及鲁公拉三个复式构造岩浆带，展布面积约 5 509.18km^2。共圈出侵入体 69 个，归并 7 个复式岩体和 4 个岩体，建立了 32 个填图单位，露头面积约占岩浆岩总面积的 99.98%。

对于侵入岩的划分，本书参照中国地调局有关侵入岩划分建议方案，结合区内侵入岩的产出特征、岩石组合特征，综合研究岩石学、岩石化学、岩石地球化学、同位素测试成果，调研同源岩浆的亲缘性以及相互之间的穿插关系，拟采用复式岩体下分侵入体的方法，图面上侵入体之间接触界线仍沿用超动、脉动、涌动表示，代号采用时代＋岩性，如表 3-1 所示。

侵入岩分类和命名采用了国际地科联（IUS）火成岩分类学分委会（1980）所推荐的深成岩实际矿物定量分类 Q-A-P 三角图，所有的岩石化学成分计算均是在除去 H_2O 和烧失量后，将小于 99%大于 101%者进行平差后分析和研究的。

现按照从南到北的顺序，分别叙述各构造岩浆带中酸性侵入岩之岩体、复式岩体的基本特征。

一、洛庆拉-阿扎贡拉构造岩浆带

该构造岩浆带侵入活动规模宏大，空间上往往组合成巨大的复式岩基分布于图幅中南部的各大地域，东西横亘测区，南延林芝县幅，北缘明显受嘉黎-易贡藏布断裂带所控制。共圈出侵入体 49 个，出露面积约 3 681.56km^2，占区内花岗岩类总面积的 66.83%。依据岩石类型和与围岩的接触关系以及同位素资料，进一步划分为 7 个岩浆侵入阶段。

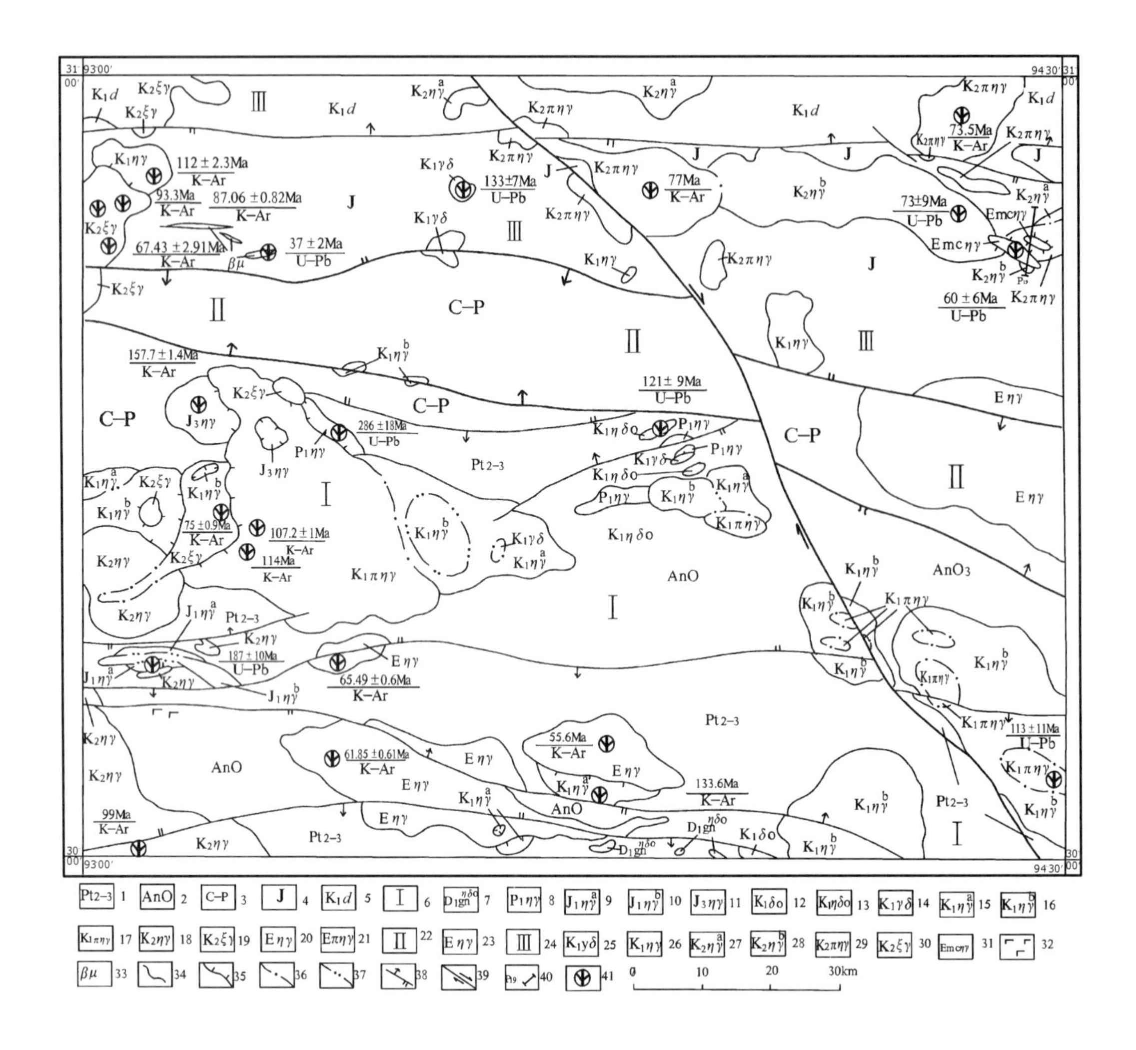

图 3-1　测区岩浆岩分布图

1. 中新元古代念青唐古拉岩群(未分)；2. 前奥陶纪地层(未分)；3. 石炭—二叠纪地层(未分)；4. 侏罗纪地层(未分)；5. 早白垩世多尼组(未分)；6. 洛庆拉-阿扎贡拉构造岩浆带；7. 早泥盆世多居绒岩体；8. 早二叠世巴索错岩体；9. 早侏罗世多当岩体；10. 早侏罗世阿帮侵入体；11. 晚侏罗世次仁玉珍岩体；12. 早白垩世错高区侵入体；13. 早白垩世手拉岩体；14. 早白垩世马久塔果岩体；15. 早白垩世麻拉岩体；16. 早白垩世冲果错岩体；17. 早白垩世洛穷拉岩体；18. 晚白垩世古菊拉岩体；19. 晚白垩世杰拉岩体；20. 古近纪白拉岩体；21. 古近纪芝拉侵入体；22. 扎西则构造岩浆带；23. 古近纪错青拉拉廖岩体；24. 鲁公拉构造岩浆带；25. 早白垩世擦秋卡岩体；26. 早白垩世会也拉岩体；27. 晚白垩世卡布清岩体；28. 晚白垩世挡庆日岩体；29. 晚白垩世边坝区岩体；30. 晚白垩世拔阳拉岩体；31. 古近纪查纳弄巴岩体；32. 变质玄武岩；33. 辉长辉绿岩脉；34. 侵入界线；35. 超动型侵入界线；36. 脉动型侵入界线；37. 涌动型侵入界线；38. 实测逆断层；39. 平移断层；40. 实测剖面及编号；41. 同位素测试成果

(一)早泥盆世多居绒岩体

零星展布在图幅的正南缘多居绒-八松错旅游景点一带，共圈定侵入体 3 个，岩性皆为片麻状石英二长闪长岩($D_1\eta\delta o$)，出露面积仅 6.25km^2。

1. 地质特征

各侵入体受近东西向构造控制，呈近东西向串状分布。其中多居绒岩体被后期断裂切割保存不完整，错松棍巴侵入体呈岩瘤状产出。布朵侵入体北西端被晚更新世沉积物掩覆，南延林芝县

表 3-1　测区侵入岩填图单位划分一览表

鲁公拉构造岩浆岩带								
构造单元	地质年代	复式岩体	岩体	代号	岩石类型	侵入体个数	接触关系	同位素年龄(Ma)
那曲-沙丁中生代弧后盆地	古近纪	查纳弄巴		$Emc\eta\gamma$	灰色中细粒(不等粒)二云二长花岗岩	2	未见	60±6 U-Pb
	晚白垩世	汤目拉	拔阳拉	$K_2\xi\gamma$	浅肉红色中粗粒(不等粒)钾长花岗岩	2	未见	93.3,87.06 ±0.82 K-Ar
			边坝区	$K_2\pi\eta\gamma$	浅灰色斑状黑云二长花岗岩	5	脉动	67.43±0.91 K-Ar
			档庆日	$K_2\eta\gamma^b$	灰色中粗粒黑云二长花岗岩	2	未见	77,73.5 K-Ar
			卡步清	$K_2\eta\gamma^a$	灰色中细粒黑云二长花岗岩	3	未见	73±9 K-Ar
	早白垩世	阿穷拉	会也拉	$K_1\eta\gamma$	浅灰色中粗粒二长花岗岩	3	未见	112±2.3 K-Ar
			擦秋卡	$K_1\gamma\delta$	灰色中细粒黑云花岗闪长岩	2		133±7 U-Pb

扎西则构造岩浆岩带						
构造单元	隆格尔-工布江达中生代断隆					
地质年代	复式岩体	岩体	代号	岩性	侵入体个数	同位素年龄(Ma)
古近纪	基日	错青拉拉廖	$E\eta\gamma$	灰色中细粒黑云二长花岗岩	1	52.7,27.1,35 K-Ar　1∶25万边坝县幅

洛庆拉-阿扎贡拉构造岩浆带								
构造单元	地质年代	复式岩体	岩体	代号	岩石类型	侵入体个数	接触关系	同位素年龄(Ma)
隆格尔-工布江达中生代断隆	古近纪	朱拉	芝拉侵入体	$E\pi\eta\gamma$	灰色斑状黑云二长花岗岩	1	未见	55.6 K-Ar
			白拉	$E\eta\gamma$	灰色中细粒黑云二长花岗岩	2	未见	61.85±0.65 K-Ar
	晚白垩世	楚拉	杰拉	$K_2\xi\gamma$	肉红色中粗粒(不等粒)钾长花岗岩	3	脉动	65.49±0.60 K-Ar
			古菊拉	$K_2\eta\gamma$	浅灰色中粗粒黑云二长花岗岩	4	超动	75±0.69 K-Ar
	早白垩世	洛庆拉	洛穷拉	$K_1\pi\eta\gamma$	浅灰色斑状黑云二长花岗岩	7	脉动	99 K-Ar
			冲果错	$K_1\eta\gamma b$	灰—浅灰色中细粒黑云二长花岗岩	9	涌动	113±11 U-Pb
			麻拉	$K_1\eta\gamma a$	灰色细粒黑云二长花岗岩	6	脉动	107.2±1 K-Ar
			马久塔果	$K_1\gamma\delta$	灰色细粒黑云花岗闪长岩	2	未见	114 K-Ar　1∶100万拉萨幅
			手拉	$K_1\eta\delta o$	灰色细粒石英二长闪长岩	2	未见	133.6 K-Ar
			错高区侵入体	$K_1\delta o$	深灰色细粒石英闪长岩	1	未见	121±9 U-Pb
	晚侏罗世	次仁玉珍		$J_3\eta\gamma$	灰色中粗粒黑云二长花岗岩	2	未见	157.7±1.4 K-Ar
	早侏罗世	布久	阿帮侵入体	$J_1\eta\gamma b$	灰色中细粒黑云二长花岗岩	1	涌动	187±10 U-Pb
			多当	$J_1\eta\gamma a$	灰色细粒黑云二长花岗岩	2	未见	
	早二叠世	巴索错		$P_1\eta\gamma$	灰色中细粒黑云二长花岗岩	4	未见	286±18 U-Pb
	早泥盆世	多居绒		$D_1\eta\delta o$	灰色片麻状石英二长闪长岩	3		

幅，主体在图外，区内仅见少部分出露。

它们均以残缺不全的小岩株状形式产于中新元古代念青唐古拉岩群之中，部分地段仍然保存了较清晰的弯曲状界线，界面粗糙凹凸不平，产状多外倾，倾角变化于50°～60°之间，外接触带岩石常出现3～5m宽的深色变质晕带平行岩体分布，侵入体边缘黑云母增多的趋势较为明显，局部可见有不规则形的二云二长片岩包体定向于接触面产状。多居绒岩体中记录了一定数量、规模不等的含石榴石二云母石英片岩，石榴石二云斜长片麻岩包体被压扁拉长作定向排列，部分包体清晰地保留了棱角状外貌，反映出捕虏体的原始产状特征，另一方面暗示了岩体变质应在侵位以后发生。综合上述特征表明多居绒岩体属浅剥蚀程度，结合地质背景及区域构造分析认为该岩体侵位深度较大。

2. 岩石学特征

该岩体由于受后期构造热事件和多期变质变形作用的改造，侵入岩岩石已形成强烈的片麻理，变质成角闪黑云斜长片麻岩，野外露头上岩性均匀，镜下观察仍显岩浆成因的矿物特征，反映出变质侵入体的岩石面貌。岩石颜色皆为灰色，片麻状构造，鳞片花岗变晶结构、变余花岗结构，粒度0.75～2.25mm及1.41mm×1.87mm，主要成分中斜长石35%～62%、石英7%～10%、钾长石16%～25%、黑云母2%～6%、角闪石8%～27%。斜长石半自形板状、不规则板状、似眼球体状，细密聚片双晶，略显环带构造，属更中长石。石英不规则粒状，不均匀充填于其他矿物空隙间，带状消光明显。钾长石他形不规则粒状，发育格子双晶，可见简单双晶和条纹结构，在Q－A－P分类图解中，所有样品的投点均落入石英二长闪长岩域内。角闪石不规则柱状、粒状，较新鲜，暗蓝绿—淡黄绿多色性，为普通角闪石。黑云母片状，暗褐红—淡褐多色性，呈透镜状、条带状、波状弯曲，形成片麻状构造，部分已蚀变为绿泥石、白云母，并析出铁质。绿帘石、榍石、磷灰石等副矿物多分布在暗色矿物周边，或被黑云母包裹于其中。

3. 岩石化学特征

一件样品岩石学分析结果、CIPW标准矿物及特征参数值列于表3－2。从表中可以看出，SiO_2含量十分接近于中国同类花岗岩平均值，属中偏酸性岩范围，CaO明显偏大，Fe_2O_3+FeO略高，其他各氧化物含量略低。$Na_2O>K_2O$，表明岩石中富钠而贫钾，里特曼指数远小于1.8，反映为钙性花岗岩系，这与Rittmann(1957)的硅-碱与组合关系指数图解分类中投影结果(图3－2)一致。$CaO+Na_2O+K_2O>Al_2O_3>Na_2O+K_2O$，为正常类型硅饱和岩石化学类型，AR值较低，A/NCK值小于1.1，显示I型花岗岩特征，在A/NK－A/CNK图解(图3－3)中，成分点投影于准铝质区内，由此说明该岩石属次铝质花岗岩类。CIPW标准矿物计算出透辉石分子，却不见刚玉标准矿物，与I型花岗岩含Di分子的一般规律相吻合。石英含量较高，表现为硅饱和型岩石，an>ab>or，mt>il>ap，标准矿物组合为Q+Or+ab+an+Di+Hy。DI值不大，SI指数较高，说明岩浆分异程度不高，成岩固结性较好。

表3－2 早泥盆世多居绒岩体岩石化学成分、CIPW标准矿物及特征参数表

岩体名称	样品编号	氧化物含量($w_B/\times10^{-2}$)													
		SiO_2	TiO_2	Al_2O_3	Fe_2O_3	FeO	MnO	MgO	CaO	Na_2O	K_2O	P_2O_5	CO_2	H_2O^+	Σ
多居绒	P 23Gs15－1	60.47	0.70	15.95	3.00	4.32	0.14	3.03	7.14	2.05	1.35	0.27	0.07	1.28	99.77

岩体名称	样品编号	CIPW标准矿物($w_B/\times10^{-2}$)									特征参数值				
		ap	il	mt	Or	ab	an	Q	C	Hy	DI	SI	A/CNK	σ	AR
多居绒	P23Gs15－1	0.60	1.35	4.42	8.11	17.62	30.82	23.30	2.90	10.89	49.03	22.04	0.90	0.65	1.35

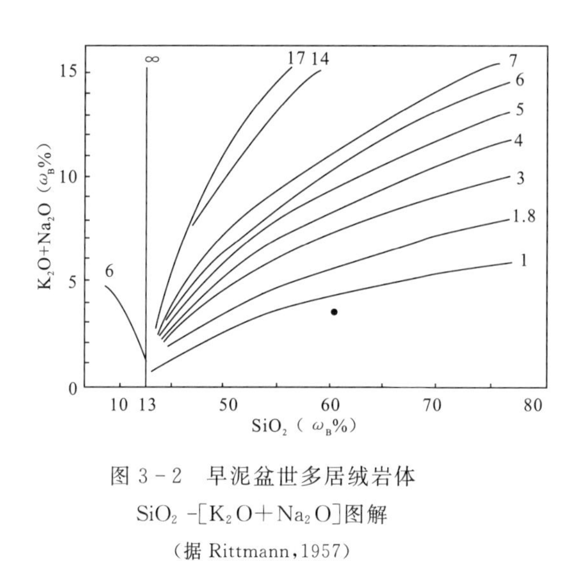

图 3-2　早泥盆世多居绒岩体
SiO_2 -[K_2O+Na_2O]图解
(据 Rittmann,1957)

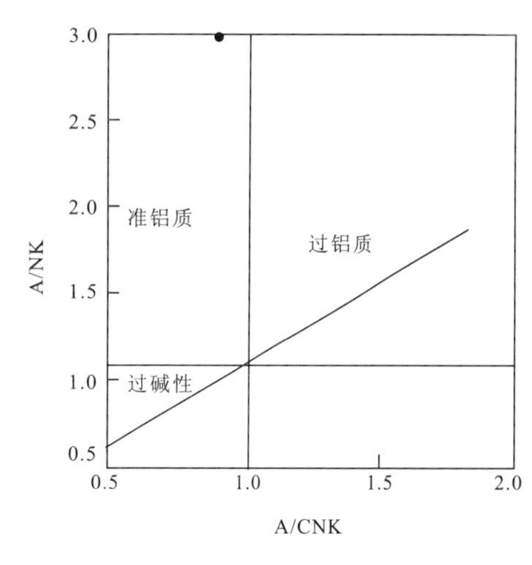

图 3-3　早泥盆世多居绒岩体
A/NK-A/CNK 图解
(据 Maninar,Piccli,1989)

4.岩石地球化学特征

(1)微量元素特征

该岩体微量元素组合及含量见表 3-3。与世界花岗岩类平均值相比,Hf、Ni、Sr、Sc 元素含量相对富集,其中 Sc 元素显局部高点富集信息。Rb、Ba、Th、Ta、Nb、Zr、Sn 等多数元素含量略低于维氏(1962)平均值。用洋中脊花岗岩标准值作比较,该花岗岩以 Rb、Th、和 Ba 元素居高为特征,K_2O、Ce 分别大于 MORB 标准化值 3.38 和 1.63 倍,其他各元素均小于 1 倍,Yb 元素仅为 0.03 倍。从图 3-4 中可以清楚地看出,曲线呈右倾型式出现 Bb 和 Th 两个峰值,其曲线的分布型式与 Pearce 等(1984)板内花岗岩(消减的大陆岩石圈)类似,更接近于斯卡尔嘎德板内花岗岩的蛛网图形。

表 3-3　早泥盆世多居绒岩体微量元素特征表

岩体名称	样品编号	微量元素组合及含量($w_B/\times10^{-6}$)										
		Rb	Ba	Th	Ta	Nb	Hf	Zr	Sn	Ni	Sr	Sc
多居绒	P23Dy15-1	50	366	6.5	0.34	7.3	3.8	127	1.4	12.7	723	28.7

岩体名称	样品编号	MORB 标准化值											
		K_2O	Rb	Ba	Th	Ta	Nb	Ce	Hf	Zr	Sm	Y	Yb
多居绒	P23Dy15-1	3.38	12.5	7.32	8.13	0.49	0.73	1.63	0.42	0.37	0.67	0.28	0.03

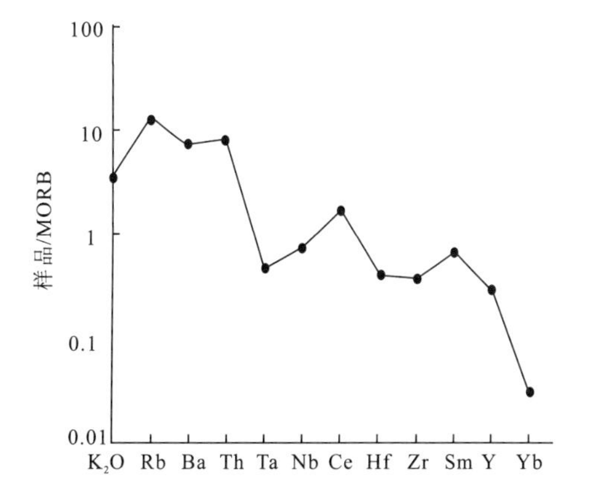

图 3-4　早泥盆世多居绒岩体微量元素蛛网图

(2)稀土元素特征

多居绒岩体稀土元素含量及特征值见表3-4,稀土模式配分曲线如图3-5所示。稀土∑REE十分接近于黎彤(1976)总结的地壳花岗岩平均丰度(165.35×10^{-6})值,LREE/HREE>1,为轻稀土富集重稀亏损型。δEu值<1,δCe值<1,反映铕、铈均不同程度的弱亏损呈弱负异常,稀土模式配分型式为右倾斜式平坦曲线,Eu处V型谷不明显,呈平坦的宽阔型。Sm/Nd=0.21,与王中刚、于学元的壳层型花岗岩比值参数较为接近,Eu/Sm比值较大,可能与大陆玄武质岩浆混染有关。Ce/Yb比值不大,表明岩浆部分熔融程度较低,但分离结晶程度较高。

表3-4　早泥盆世多居绒岩体稀土元素含量及特征参数表

岩体名称	样品编号	稀土元素含量($w_B/\times10^{-6}$)														
		La	Ce	Pr	Nd	Sm	Eu	Gd	Tb	Dy	Ho	Er	Tm	Yb	Lu	Y
多居绒	P23XT15-1	29.19	56.92	7.12	29.30	6.03	1.54	5.01	0.74	4.15	0.81	2.18	0.35	2.01	0.29	19.29

岩体名称	样品编号	稀土元素含量($w_B/\times10^{-6}$)			特征参数值						
		∑REE	∑LREE	∑HREE	∑L/∑H	δEu	δCe	Sm/Nd	La/Sm	Ce/Yb	Eu/Sm
多居绒	P23XT15-1	164.93	130.10	34.83	3.74	0.83	0.92	0.21	4.84	28.32	0.26

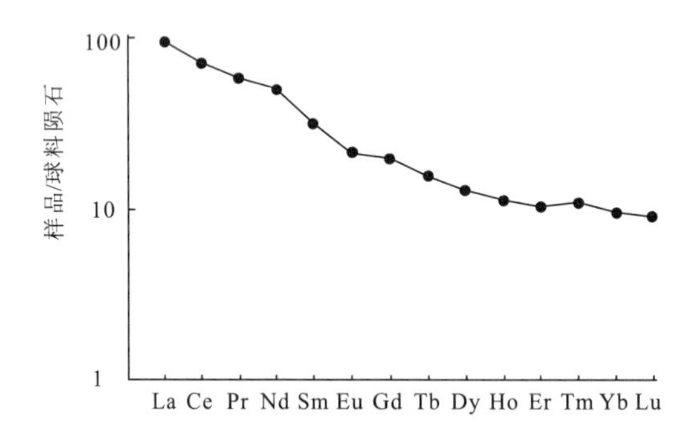

图3-5　早泥盆世多居绒岩体稀土元素配分曲线图

5. 时代讨论

本次工作在该岩石中获U-Pb变质年龄值247±16Ma。宏观上,多居绒岩体侵入于中—新元古代念青唐拉岩群之中,说明其岩体的形成时代应晚于中—新元古代,而早于早三叠世。另外,岩体与围岩一样经历了多期次构造运动和变质变形作用而形成了现今的片麻状构造,二者面理产状基本协调一致。东部邻区《1∶20万通麦、波密幅区域地质矿产调查报告》(甘肃省区调队,1995)在该类变质侵入体中获Rb-Sr法同位素年龄值403.2±68.7Ma,根据这一信息我们将该岩体的形成时代厘定为早泥盆世较为适宜。区域上二者同属隆格尔-工布江达中生代断隆构造单元中的洛庆拉-阿扎贡拉构造岩浆带内,所产出的岩体形态、岩石结构、构造及变质变形等特征十分相似,因此它们的年龄也应相当。

(二)早二叠世巴索错岩体

零星出露于测区中部。即嘉黎-易贡藏布断裂带南侧巴索错—手拉及共哇—斯列多不家等地,岩性皆为中细粒黑云二长花岗岩($P_1\eta\gamma$),分布面积约58.21km²,共圈出侵入体4个。

1. 地质特征

由于受后期岩体侵吞,断裂构造破坏,各侵入体保存不完整。其中巴索错、冷俄泽侵入体露布面积相对较大,并被后期岩体所超动,嘎仁穷打、手拉侵入体规模小,四侵入体长轴方向或呈北西向，或近东西向，或北东向展布，空间分布受断裂构造控制较明显。均以大小不等的小岩株状形式侵入到中—新元古代念青唐古拉岩群和前奥陶纪雷龙库岩组之中，围岩产生百余米宽的烘烤、角岩化热蚀变带，内接触带出现有60cm宽的细粒冷凝边，接触界面弯曲不平，总体向外陡倾，倾角变化于50°～75°之间。侵入体边缘普遍发育大小不一、形态各异的片麻岩、片岩、石英岩、大理岩等围岩包体，其走向与侵入接触面产状基本一致，向内同样成分的包体急剧减少，乃至消失。巴索错岩体中后期石英脉纵横交错呈"X"型，冷俄泽侵入体内零星分布有饼状大小的暗色闪长质深源包体，排列无序。据上特征表明该岩体侵位深度不大，浅剥蚀程度。

2. 岩石学特征

据野外观察记录，岩石色调皆为灰色，结构变化除侵入体边缘粒度稍细外，其余各地段均为单调的变余中细粒花岗结构，块状构造，总体反映岩浆分异的均匀性以及后期遭受浅变质作用的一致性，结果与镜下观察基本一致，主要矿物中斜长石28%、石英22%、钾长石35%、黑云母9%，粒径为0.47mm×0.72mm～0.9mm×2.7mm、2～4.3mm。斜长石呈不规则—半自形板状，聚片双晶和环带结构发育，具中等—较强烈的绢云母、高岭石化。石英他形粒状，不规则填隙状，分布极不均匀。钾长石多为不规则状，少数为半自形板状，具格子双晶，见少量条纹，为微斜长石、微斜条纹长石，轻度高岭石化。黑云母暗褐　淡褐多色性，含细小锆石包裹体，多半不同程度绿泥石化，并析出铁质帘石。磷铁矿、磷灰石、榍石、锆石等副矿物含量较微。

3. 岩石化学特征

表3-5中反映，不同地段侵入体岩石化学成分结果均表现出无明显的差异性变化，说明它们是同一阶段时间内形成的产物。总体具有富SiO_2、TiO_2、K_2O、FeO的特点，其他含量与中国同类花岗岩平均化学成分略低，属酸性—超酸性岩范畴。$K_2O>Na_2O>CaO$，表明岩石中富钾贫钠、钙，里特曼指数多小于1.8，一件样品略大于1.8，反映为钙—钙碱性岩系，在SiO_2-[K_2O+Na_2O]直方图解（图3-6）中，成分点均落入1.8界线两侧的附近。$Al_2O_3>K_2O+Na_2O+CaO$，表现为铝过饱和岩石化学类型，AR值均较高，A/CNK值仅一样品略大于1.1，其余均小于1.1，显I-S型花岗岩特征，据A/NK-A/CNK图解（图3-7）反映，成分点均投影于过铝质区的边界线一侧，由此说明该岩石属过铝质花岗岩类。CIPW标准矿物计算出刚玉，而不见透辉石分子，表现为硅铝过饱和型岩石，显S型花岗岩特征。过饱和矿物石英分子含量高，Or>ab>an，主要铁矿物il>mt>ap，标准矿物组合为Q+Or+ab+an+c+Hy。DI值大，与桑汤和塔塔尔（1960）平均值相比，大于花岗岩（80），接近或大于流纹岩（88），SI指数小，说明岩浆分异程度高，成岩固结性差。

表3-5　早二叠世巴索错岩体岩石化学成分、CIPW标准矿物及特征参数表

岩体名称	样品编号	氧化物含量（$w_B/\times10^{-2}$）													
		SiO_2	TiO_2	Al_2O_3	Fe_2O_3	FeO	MnO	MgO	CaO	Na_2O	K_2O	P_2O_5	CO_2	H_2O^+	Σ
巴索错	GS1386-2	75.6	0.29	12.76	0.57	1.63	0.05	0.46	1.12	2.67	4.01	0.1	0.09	0.53	99.88
	GS0967-1	73.57	0.41	12.63	0.41	2.22	0.05	0.51	1.45	2.42	5.33	0.12	0.09	0.63	99.84
	GS0975-1	77.80	0.25	11.29	0.34	1.1	0.03	0.32	1.00	2.07	5.21	0.05	0.07	0.34	99.87
	平均值	75.60	0.32	12.23	0.44	1.65	0.04	0.43	1.19	2.39	4.85	0.09	0.08	0.5	99.86

岩体名称	样品编号	CIPW标准矿物（$w_B/\times10^{-2}$）									特征参数值				
		ap	il	mt	Or	ab	an	Q	C	Hy	DI	SI	A/CNK	σ	AR
巴索错	GS1386-2	0.22	0.55	0.83	23.87	22.76	5.01	41.23	2.22	3.31	87.86	4.93	1.18	1.37	2.86
	GS0967-1	0.26	0.79	0.60	31.78	20.66	6.55	34.40	0.51	4.46	86.84	4.68	1.02	1.96	3.45
	GS0975-1	0.11	0.48	0.50	30.95	17.61	4.69	42.93	0.54	2.19	91.50	3.54	1.04	1.52	3.91
	平均值	0.2	0.61	0.64	28.87	20.34	5.41	39.52	1.09	3.32	88.73	4.38	1.08	1.61	3.4

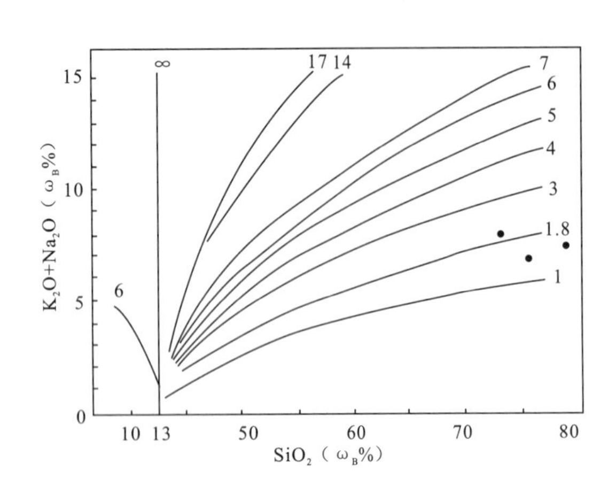

图 3-6　早二叠世巴索错岩体 SiO_2 -[K_2O+Na_2O]图解
(据 Rittmann,1957)

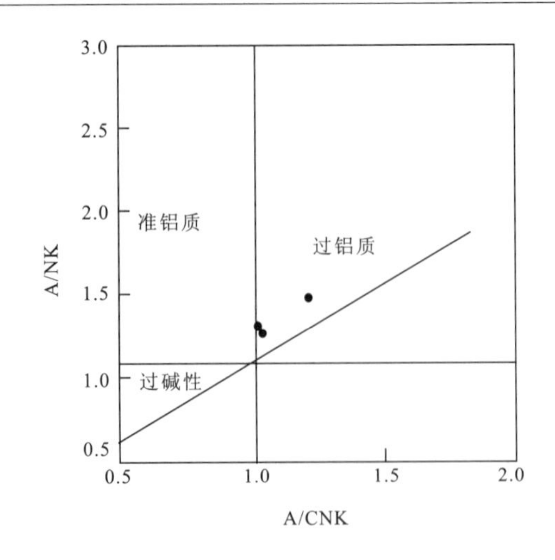

图 3-7　早二叠世巴索错岩体 A/NK-A/CNK 图解
(据 Maninar,Piccli,1989)

4. 岩石地球化学特征

(1)微量元素特征

从表 3-6 中可以看出,各侵入体绝大多数微量元素含量比较接近,指示各侵入体物质来源相同。均以富集 Rb、Th、Hf、Sn、Sc,贫 Ba、Ta、Nb、Zr、Ni、Sr 为特征。经洋中脊花岗岩标准化后显示出 Rb、Th、Ba、K_2O、Ta、Nb、Ce 元素的峰值均较大,其中 Rb 和 Th 更加突出,分别为 MORB 花岗岩比值的 72~83.5 和 45.13~60.88 倍,Hf、Zr、Sm、Y、Yb 等元素皆小于 1。在微量元素蛛网图上,由于 Rb 及 Th 的强烈富集,形成了一个拖尾状双峰式"M"型分布曲线,这一形式与中国西藏和阿曼等地同碰撞花岗岩的蛛网图十分相似,如图 3-8 所示。

表 3-6　早二叠世巴索错岩体微量元素特征表

岩体名称	样品编号	微量元素组合及含量($w_B/\times10^{-6}$)										
		Rb	Ba	Th	Ta	Nb	Hf	Zr	Sn	Ni	Sr	Sc
巴索错	Dy1386-2	334	159	36.1	2.5	19.9	4.9	140	9.6	5.7	38	6.0
	Dy0967-1	333	372	45.0	1.9	15.4	6.9	216	8.7	7.4	79	6.5
	Dy0975-1	288	203	48.7	1.1	9.3	4.7	143	4.9	5.0	59	3.3
	平均值	318.33	244.67	43.27	1.83	14.87	5.50	166.33	7.73	6.03	58.67	5.27
岩体名称	样品编号	MORB 标准化值										
		K_2O	Rb	Ba	Th	Ta	Nb	Ce	Hf	Zr	Sm	Y	Yb
巴索错	Dy1386-2	10.03	83.50	3.18	45.13	3.57	1.99	2.50	0.54	0.41	0.92	0.53	0.05
	Dy0967-1	13.33	83.25	7.44	56.25	2.71	1.54	3.47	0.77	0.64	1.11	0.62	0.06
	Dy0975-1	13.03	72.00	4.06	60.88	1.57	0.93	3.59	0.52	0.42	0.94	0.32	0.03
	平均值	12.13	79.58	4.89	54.09	2.62	1.49	3.19	0.61	0.49	0.99	0.49	0.05
	Dy0967-1	13.33	83.25	7.44	56.25	2.71	1.54	3.47	0.77	0.64	1.11	0.62	0.06
	Dy0975-1	13.03	72.00	4.06	60.88	1.57	0.93	3.59	0.52	0.42	0.94	0.32	0.03
	平均值	12.13	79.58	4.89	54.09	2.62	1.49	3.19	0.61	0.49	0.99	0.49	0.05

(2)稀土元素特征

各侵入体稀土元素含量及特征值见表 3-7,稀土模式配分曲线如图 3-9。稀土∑REE 明显大于同类花岗岩平均丰度值,LREE/HREE>1,属轻稀土富集重稀土亏损型。δEu=0.21~0.28,δCe 值略小于 1,表明铕具强亏损呈负异常,铈弱亏损,稀土模式配分型式为右倾斜式的平稳曲线,

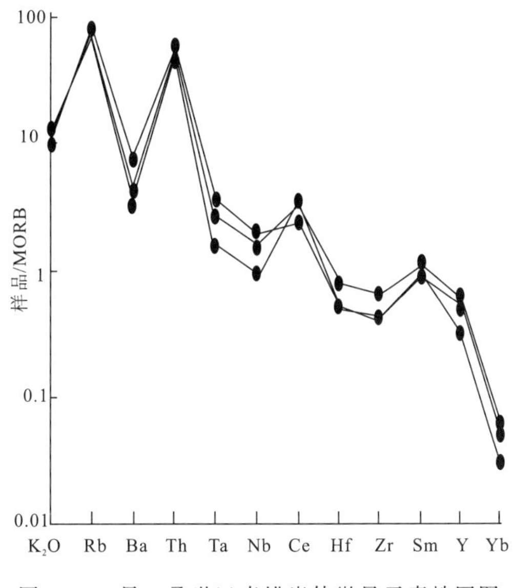

图 3-8　早二叠世巴索错岩体微量元素蛛网图

Eu 处 V 型谷十分明显，呈“海鸥”型。Sm/Nd 和 Eu/Sm 比值参数与壳层型花岗岩比值十分相近，Ce/Yb 比值较大，表明岩浆部分熔融程度较高，但分离结晶程度较低。

表 3-7　早二叠世巴索错岩体稀土元素含量及特征参数表

岩体名称	样品编号	稀土元素含量($w_B/\times10^{-6}$)														
		La	Ce	Pr	Nd	Sm	Eu	Gd	Tb	Dy	Ho	Er	Tm	Yb	Lu	Y
巴索错	XT1386-2	43.07	87.45	10.63	38.34	8.26	0.54	7.26	1.24	7.41	1.46	4.02	0.64	4.13	0.59	37.04
	XT0967-1	62.22	121.30	14.75	51.98	10.02	0.88	8.87	1.49	8.81	1.76	4.82	0.77	4.87	0.68	43.60
	XT0975-1	63.89	125.60	14.15	48.27	8.46	0.70	6.31	0.92	4.94	0.97	2.59	0.41	2.36	0.36	22.28
	平均值	56.39	111.45	13.18	46.20	8.91	0.71	7.48	1.22	7.05	1.40	3.81	0.61	3.79	0.54	34.31

岩体名称	样品编号	稀土元素含量($w_B/\times10^{-6}$)			特征参数值						
		ΣREE	ΣLREE	ΣHREE	ΣL/ΣH	δEu	δCe	Sm/Nd	La/Sm	Ce/Yb	Eu/Sm
巴索错	XT1386-2	252.08	188.29	63.79	2.95	0.21	0.96	0.22	5.21	21.17	0.07
	XT0967-1	336.82	261.15	75.67	3.45	0.28	0.93	0.19	6.21	24.91	0.09
	XT0975-1	302.21	261.07	41.14	6.35	0.28	0.97	0.18	7.55	53.22	0.08
	平均值	297.04	236.84	60.20	4.25	0.26	0.95	0.19	6.33	33.10	0.08

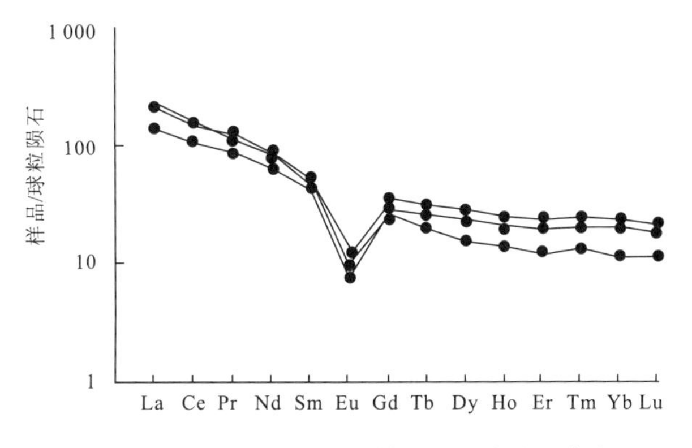

图 3-9　早二叠世巴索错岩体稀土元素分配曲线图

5. 同位素年代学

本次工作对该岩石进行单矿物锆石 U-Pb 同位素地质年龄测试，锆石晶形均为灰色透明—半透明的短柱状，属岩浆成因锆石，经$^{206}Pb/^{238}U$、$^{207}Pb/^{235}U$作图投点，结果1386-2样品中4号点基本靠近谐和线边界，2号和3号点略有偏差，因此286±18Ma代表了巴索错岩体形成时的结晶年龄，故将其就位时代置于早二叠世较为可靠。

（三）早侏罗世布久复式岩体

该复式岩体分布于图幅西南部冬锐弄巴-月郎近东西向构造带内，集中出露在娘曲上游—邦阿—月郎一带，岩体延长方向明显受近东西向断裂构造控制，显近东西向带状展布，占地面积约41.42km²，由3个侵入体组成，该阶段岩浆两次分异过程形成两个岩石结构不同的岩体，即多当细粒黑云二长花岗岩($J_1\eta\gamma^a$)2个侵入体，阿帮中细粒黑云二长花岗岩($J_1\eta\gamma^b$)1个侵入体，构成一结构演化特征。

1. 地质特征

布久复式岩体群居性较强，空间上两岩体常密切共生在一起，阿帮侵入体位居其中，出露面积最大，而相对较早的多当岩体则展布在该复式岩体的南、北两侧。与中—新元古代念青唐古拉岩群，前奥陶纪雷龙库岩组、岔萨岗岩组均呈侵入或断层接触，外接触带岩石挤压变形较显著，热接触变质作用不十分明显，部分地段产生10余米宽的角岩化变质石英砂岩、二云母千枚岩等。内接触带出露有10～50cm宽的细粒冷凝边组构，暗色矿物常具定向排列，同时带内千枚岩、变石英砂岩、变粒岩等浅源包体与岩浆流动构造一致平行于侵入面产状，界面平整光滑，产状外倾，倾角变化于40°～60°之间，复式岩体南侧被后期侵入体所超动，内部阿帮侵入体与多当岩体之间呈涌动型侵入关系，产生50～80cm宽的涌动混合带。据上述特征表明该复式岩体为剥蚀程度较浅的中—浅成岩相。

2. 岩石学特征

各侵入体岩石学特征及矿物含量见表3-8。共同特点主要表现在矿物种类相同，矿物特征基本相似，但岩石结构、矿物含量略有不同。从较早到晚次侵入体岩石色率皆为统一的灰色，块状构造。石英和钾长石含量逐渐递增，斜长石、黑云母依次递减，岩石结构经历了由细粒—中细粒的演变过程，指示同源岩浆由细—粗的演化方向。

表3-8 早侏罗世布久复式岩体特征

岩体名称		演化方向 →	
		多当	阿帮
岩石类型		灰色细粒黑云二长花岗岩	灰色中细粒黑云二长花岗岩
构造		块状构造	
结构	类型	一期结构	
	特征	变余细粒花岗结构，粒径为1.1mm×2.2mm、1.8mm×2.9mm、0.3mm×1mm	中细粒花岗结构，粒径为1.1mm×2.5mm、3.1mm×3.7mm、1.4mm×2.5mm，个别达5mm
矿物特征及含量	斜长石	含量35%，半自形—不规则板状，常见聚片双晶，部分因受应力作用使双晶纹发生弯曲。轻度绢云母、高岭石化	含量30%，为更长石，半自形—不规则板状，见细密聚片双晶，极少数具较强的绢云母化，高岭石化含量30%，为更长石，半自形—不规则板状，见细密聚片双晶，极少数具较强的绢云母化、高岭石化
	石英	含量23%，细小粒状变晶，多小于0.15mm，为变质细粒化而成，含量25%，他形粒状，不规则填隙状，分布不均	含量25%，他形粒状，不规则填隙状，分布不均
	钾长石	含量33%，半自形板状、不规则板状，见格子双晶，为微斜条纹长石，含量37%，多为不规则粒状，少数为半自形板状，具条纹结构，发育格子双晶，轻度高岭石化	含量37%，多为不规则粒状，少数为半自形板状，具条纹结构，发育格子双晶，轻度高岭石化
	黑云母	含量8%，片状，暗褐—淡褐多色性，含微细锆石包裹体，边缘部分有帘石、榍石，少数者绿泥石化含量6%，不规则片状，暗褐—淡褐多色性，不同程度绿泥石化，并析出铁质、帘石等	含量6%，不规则片状，暗褐—淡褐多色性，不同程度绿泥石化，并析出铁质、帘石等
副矿物		磁铁矿、榍石、磷灰石、锆石等副矿物，多呈包体分布于云母之中	榍石、磁铁矿、褐帘石，多分布于黑云母附近或包裹于其中

3. 岩石化学特征

2 件样品岩石化学成分、CIPW 标准矿物及特征参数值列于表 3-9，从表中可以看出，不同粒级的花岗岩，绝大多数氧化物含量无明显差距，表明它们是同一演化阶段的岩浆多次涌动的产物。各岩石中均以富 SiO_2、CaO，贫 Na_2O+K_2O、Fe_2O_3+FeO、MnO、MgO、P_2O_5 为特征，Al_2O_3、TiO_2 仅在早期岩体中略高于中国同类花岗岩的平均含量，而晚期侵入体略低。里特曼指数均小于 1.8，A/CNK 值皆大于 1.1，在硅-碱与组合关系图解(图 3-10)中，两个成分点均落入 1 和 1.8 之间的区域内，而在 A/NK-A/CNK 图上投影(图 3-11)作图，所有样品的成分点均落在过铝质区间内。CIPW 标准矿物计算出均含刚玉分子，未见透辉石，过饱和矿物石英含量较高，ab>or>an，mt>il>ap，DI 值大于 80 而小于 88，SI 指数低，反映岩浆分异程度较高，成岩固结性差。

表 3-9　早侏罗世布久复式岩体岩石化学成分、CIPW 标准矿物及特征参数表

岩体名称	样品编号	氧化物含量($w_B/\times10^{-2}$)													
		SiO_2	TiO_2	Al_2O_3	Fe_2O_3	FeO	MnO	MgO	CaO	Na_2O	K_2O	P_2O_5	CO_2	H_2O^+	Σ
阿帮	GS1426-1	74.51	0.19	13.85	0.40	1.13	0.04	0.34	1.64	2.78	3.96	0.09	0.12	0.75	99.8
多当	GS1425-2	72.56	0.30	14.44	0.57	1.55	0.05	0.49	2.24	2.88	3.79	0.13	0.06	0.75	99.81
岩体名称	样品编号	CIPW 标准矿物($w_B/\times10^{-2}$)									特征参数值				
		ap	il	mt	Or	ab	an	Q	C	Hy	DI	SI	A/CNK	σ	AR
阿帮	GS1426-1	0.20	0.36	0.59	23.65	23.78	7.69	39.13	2.23	2.38	86.56	3.95	1.17	1.44	2.54
多当	GS1425-2	0.29	0.58	0.83	22.62	24.61	10.45	35.56	1.83	3.23	82.80	5.28	1.12	1.50	2.33

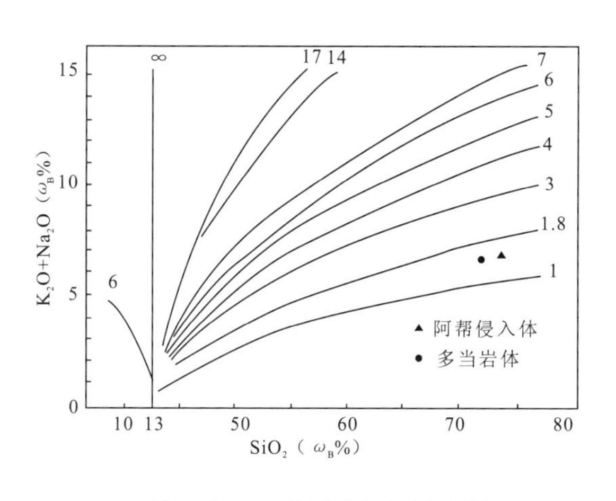

图 3-10　早侏罗世布久复式岩体
SiO_2-[K_2O+Na_2O]图解
(据 Rittmann，1957)

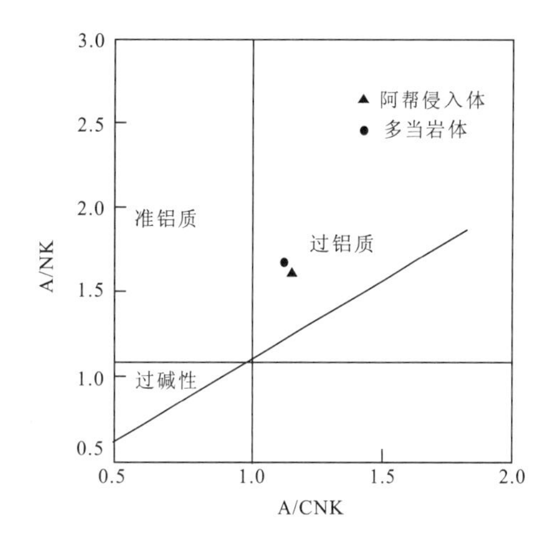

图 3-11　早侏罗世布久复式岩体
A/NK-A/CNK 图解
(据 Maninar，Piccli，1989)

从多当岩体—阿帮侵入体，岩石化学成分和有关参数演化趋势主要表现在 SiO_2、K_2O 含量逐渐递增，其余各氧化物含量相对递减。CIPW 标准矿物 Or、Q、C、Hy 分子从贫到富，ap、il、mt、ab、an 分子由多到少，DI、A/CNK、AR 与 SI、σ 分别增大与减小。共同特征反映出各岩石均属酸性岩范畴，过铝质花岗岩，钙性岩系，皆为 $Al_2O_3>Na_2O+K_2O+CaO$ 铝过饱和岩石化学类型，CIPW 系统同属硅铝过饱和型的 Or+ab+an+Q+C+Hy 标准矿物组合，上述变化与同源岩浆演化规律一致，显示 I 型花岗岩的特殊性。

4. 岩石地球化学特征

(1)微量元素特征

该复式岩体微量元素组合及含量见表 3-10。从分析结果来看，各侵入体微量元素含量差别不十分明显，反映它们均属同源岩浆。与维氏值相比较，仅 Hf、Sc 元素含量略高于背景值，其他各元素含量趋于贫化。这种诸多元素含量较低的原因可能与岩浆上升和定位过程中物化条件不稳定，使元素扩散不易吸附有关。两岩体之间微量元素从早到晚具以下演化趋势，Rb、Ba、Td、Nb、Sn、Ni 等元素由贫变富，Th、Hf、Zr、Sr、Sc 各元素逐渐递减。从上述微量元素 MORB 标准化值作蛛网图，如图 3-12 所示，各侵入体具有较好的一致性右倾型分布曲线，其中 Rb 和 Th 强烈富集，构成曲线的峰点，K_2O、Ba、Ta、Ce 均有不同程度的富集，Nb 元素略大于 1，而 Hf、Zr、Sm、Y、Yb 元素呈不同程度地小于 1，整个分布型式具有向右倾斜的多隆起特征，与同碰撞花岗岩的微量元素蛛网图谱相似。

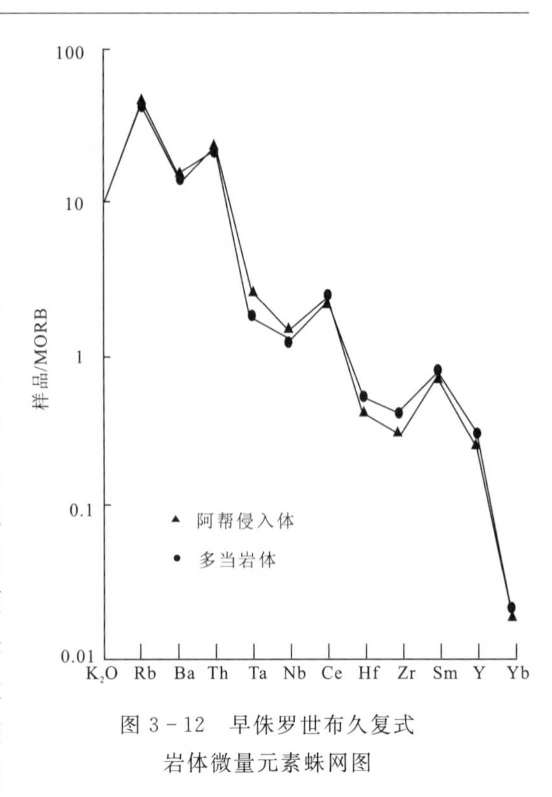

图 3-12 早侏罗世布久复式岩体微量元素蛛网图

表 3-10 早侏罗世布久复式岩体微量元素特征表

岩体名称	样品编号	微量元素组合及含量($w_B/\times10^{-6}$)										
		Rb	Ba	Th	Ta	Nb	Hf	Zr	Sn	Ni	Sr	Sc
阿帮	DY1426-1	187	761	17.8	1.9	14.3	3.6	106	3.5	5.9	140	3.8
多当	DY1425-2	166	646	18.1	1.2	12.0	4.6	139	1.7	4.2	163	5.3

岩体名称	样品编号	MORB 标准化值											
		K_2O	Rb	Ba	Th	Ta	Nb	Ce	Hf	Zr	Sm	Y	Yb
阿帮	DY1426-1	9.90	46.75	15.22	22.25	2.71	1.43	2.35	0.40	0.31	0.70	0.23	0.02
多当	DY1425-2	9.48	41.50	12.92	22.63	1.71	1.20	2.51	0.51	0.41	0.78	0.29	0.02

(2)稀土元素特征

各侵入体稀土元素含量及特征参数值见表 3-11，稀土模式配分曲线如图 3-13 所示，各侵入体稀土 $\sum$REE 变化范围不大，与图尔基安(1961)总结的碱性花岗岩平均值(210×10^{-6})相对照，晚期侵入体十分接近，早期岩体略有偏高，$\sum$LREE/$\sum$HREE 比值均大于 1，δEu 值小于 1，δCe 值略小于 1，Sm/Nd、Eu/Sm 比值十分接近于壳层花岗岩的比值参数，Ca/Yb 比值较大，说明岩浆部分熔融程度较高，但分离结晶程度较低。

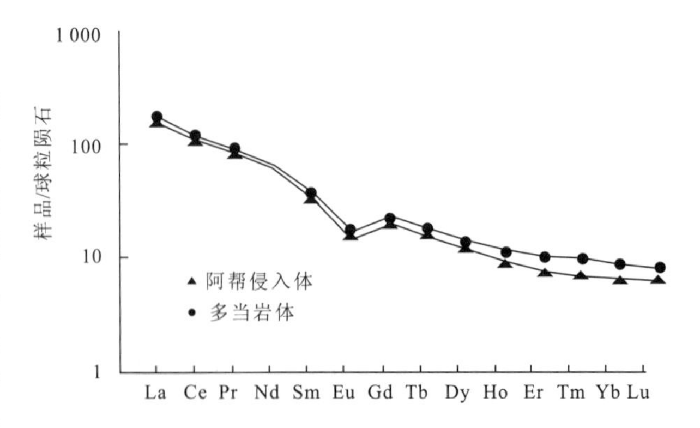

图 3-13 早侏罗世布久复式岩体稀土元素配分曲线图

表 3-11　早侏罗世布久复式岩体稀土元素含量及特征参数表

岩体名称	样品编号	稀土元素含量($w_B/\times10^{-6}$)														
		La	Ce	Pr	Nd	Sm	Eu	Gd	Tb	Dy	Ho	Er	Tm	Yb	Lu	Y
阿帮	XT1426-1	45.55	82.37	9.54	35.18	6.30	1.12	5.16	0.71	3.68	0.64	1.59	0.23	1.34	0.20	15.87
多当	XT1425-2	47.77	88.02	10.20	37.75	7.05	1.27	5.70	0.86	4.47	0.82	2.08	0.31	1.84	0.26	20.37

岩体名称	样品编号	稀土元素含量($w_B/\times10^{-6}$)			特征参数值						
		ΣREE	ΣLREE	ΣHREE	ΣL/ΣH	δEu	δCe	Sm/Nd	La/Sm	Ce/Yb	Eu/Sm
阿帮	XT1426-1	209.48	180.06	29.42	6.12	0.58	0.91	0.18	7.23	61.47	0.18
多当	XT1425-2	228.77	192.06	36.71	5.23	0.59	0.92	0.19	6.78	47.84	0.18

从早到晚稀土元素演化趋势表现为皆属轻稀土富集重稀亏损型，配分曲线皆为平稳的右倾斜式，Eu处"V"型谷较明显，各特征参数值变化范围相当窄，均具铕负异常，铈显弱负异常，Eu/Sm比值自始至终处于稳定状态，稀土ΣREE递减与一般规律相反，LREE/HREE比值依次递进，铕、铈亏损呈增大趋势，Sm/Nd比值减小，La/Sm和Ce/Yb比值由小到大，这些变化规律与岩浆结构演化的一般规律较为一致。

5. 同位素年代学

一件单矿物铅石U-Pb同位素测年样取自多当侵入体岩石中，锆石多为短柱状，透明—半透明，属岩浆成因锆石。经$^{206}Pb/^{238}U$、$^{207}Pb/^{235}U$直角图投点，结果U-Pb1425-2样品中的2号点落在谐和线上。因此187±10Ma信息可代表布久复式岩体的侵位时代。综上特征表明，该复式岩体形成时代应为早侏罗世无疑。

（四）晚侏罗世次仁玉珍岩体

零星出露于图幅正西部嘉黎-易贡藏布断裂带南侧。具体地理位置在阿扎错—次日机一带，岩体长轴方向明显受NWW-SEE东向断裂构造控制，呈北西西—南东东向串状分布。岩性均为中粗粒黑云二长花岗岩($J_3\eta\gamma$)。展布面积约82.65km^2，共圈定侵入体2个。

1. 地质特征

由于受后期岩体吞蚀，断裂构造破坏，各侵入体保存不完整，空间上群居性不强。次日机侵入体规模较小，以残留体形式存在于后期岩体之中。次仁玉珍岩体露布面积相对最大，呈不规则的似椭状产出，与晚石炭世—早二叠世来姑组呈清晰的侵入接触，二者界线呈波状弯曲或小角度斜切地层走向，界面外倾，倾角多在40°～60°不等。外接触带岩石热接触变质现象较明显，产生100余米宽的角岩化变质砂岩、斑点状板岩，局部伴有红柱石角岩，内接触带岩石矿物颗粒变细，暗色矿物常集中分布，围岩包体稀疏可见，该侵入体北东部被后期岩体所超动而残缺不全。根据岩体内含异源包体及星点状闪长质暗色包体推知为侵位深度不大，剥蚀程度较浅。

根据本次区调在该岩石中取K-Ar法同位素样，获得年龄值157.7±1.4Ma以及被早白垩世洛庆拉复式岩体所超动，故将其形成时代归属为晚侏罗世。

2. 岩石学特征

中粗粒黑云二长花岗岩皆为单调的灰色，块状构造，地貌上多组成高山。中粗粒半自形粒状结构、二长结构，粒径0.5～1mm及2～3mm占主体，极少数达4～6mm。主要成分为斜长石28%～

34%、石英21%～26%、钾长石32%～38%、黑云母8%～12%，副矿物含量不足1%。斜长石属更长石，粒状半自形晶，双晶部分清晰，环带构造常见，中心常分布少许绢云母等分解物。石英他形粒状，分布于斜长石粒间空隙，具弱波状消光。钾长石呈较粗大或大小不等的他形粒状晶，为微斜长石，常包含有石英、斜长石、黑云母嵌晶，格子双晶较发育，偶见卡氏双晶。黑云母褐红色、多色性，呈不规则片状晶，局部破碎呈弯曲现象。锆石、磷灰石、榍石等副矿物多被黑云母包裹，或分布在其边缘附近。

3.岩石化学特征

从表3－12中可以看出，该岩石以其富SiO_2、TiO_2、Al_2O_3、Fe、K_2O为特征，其他各氧化物含量略低或相近于中国同类花岗岩平均值，属酸性岩范畴，$K_2O>Na_2O>CaO$，表明岩石中富钾贫钠、钙。里特曼指数大于1.8而小于3.3，表现为钙碱性岩系，在SiO_2－[K_2O+Na_2O]图解（图3－14）中，一件样品的成分点投影于1.8～3区域内，与上述结果一致。AR较高，$Al_2O_3>CaO+K_2O+Na_2O$，为铝过饱和岩石化学类型，A/CNK大于1.1，据A/NK－A/CNK直方图上（图3－15）投点落入在过铝质区间之中，显S型花岗岩特征。CIPW标准矿物计算出现刚玉分子，而不见透辉石，过饱和矿物石英含量较高，Or>ab>an，mt>Il>ap，属硅铝过饱和型Or＋ab＋an＋C＋Q＋Hy标准矿物组合。DI值较大，SI指数相对小，表明岩浆分异程度较好，成岩固结性差。

表3－12　晚侏罗世次仁玉珍岩体岩石化学成分、CIPW标准矿物及特征参数表

岩体名称	样品编号	氧化物含量($w_B/\times10^{-2}$)													
		SiO_2	TiO_2	Al_2O_3	Fe_2O_3	FeO	MnO	MgO	CaO	Na_2O	K_2O	P_2O_5	CO_2	H_2O^+	Σ
次仁玉珍	GS0839－1	73.11	0.28	13.90	0.43	1.57	0.05	0.64	1.39	2.67	5.00	0.10	0.10	0.61	99.85

岩体名称	样品编号	CIPW标准矿物($w_B/\times10^{-2}$)									特征参数值				
		ap	il	mt	Or	ab	an	Q	C	Hy	DI	SI	A/CNK	σ	AR
次仁玉珍	GS0839－1	0.22	0.54	0.63	29.80	22.79	6.36	34.08	1.80	3.78	86.67	6.21	1.13	1.95	3.01

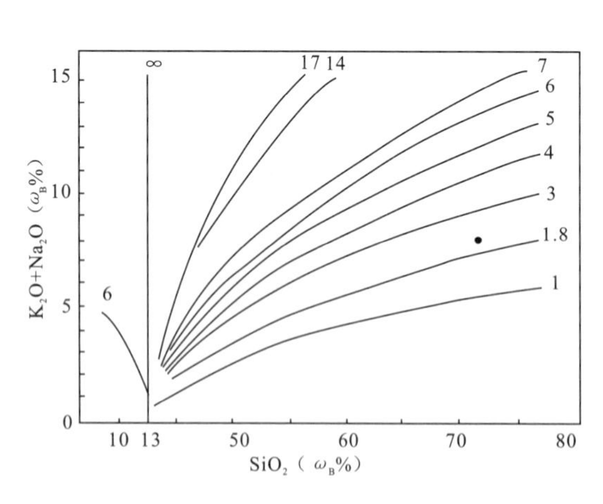

图3－14　晚侏罗世次仁玉珍岩体
SiO_2－[K_2O+Na_2O]图解
（据Rittmann，1957）

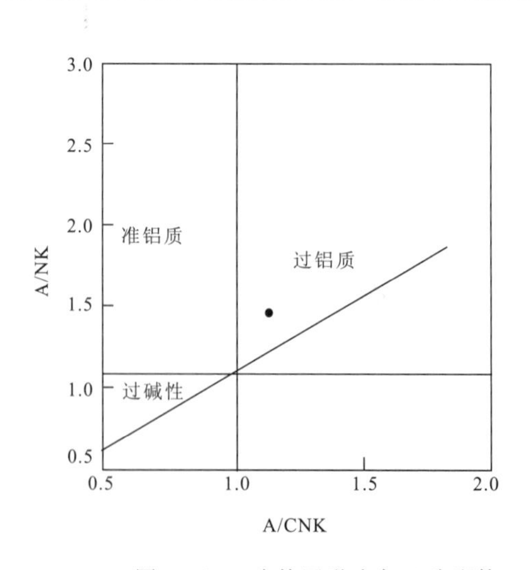

图3－15　晚侏罗世次仁玉珍岩体
A/NK－A/CNK图解
（据Maninar，Piccli，1989）

4. 岩石地球化学特征

(1)微量元素特征

一件样品的定量分析结果见表 3-13。由表可看出,该时代花岗岩微量元素与背景值相对照,富 Rb、Th、Hf、Sn、Sc,贫 Ba、Ta、Nb、Zr、Ni、Sr。地球化学分布型式见图 3-16,从表和图可以看出本区晚侏罗世花岗岩的 Rb、Th 元素高出洋中脊花岗岩标准值几十倍以上,并构成该蛛网图上两个峰点,K_2O、Ba 依次为 12.5 和 8.52 倍,Ta、Nb、Ce 为 1～3 倍,Hf、Zr、Sm、Y、Yb 元素均小于 1,其中 Yb 仅为 0.04 倍。由于各元素不协调的聚集和亏损使整个图形呈一向右倾斜的"M"型,类似于中国西藏、云南及阿曼等地同碰撞花岗岩分布型式。

表 3-13　晚侏罗世次仁玉珍岩体微量元素特征表

岩体名称	样品编号	微量元素组合及含量($w_B/\times10^{-6}$)										
		Rb	Ba	Th	Ta	Nb	Hf	Zr	Sn	Ni	Sr	Sc
次仁玉珍	DY0839-1	303	426	37.8	2.1	13.0	4.1	141	7.6	6.8	98	5.7

岩体名称	样品编号	MORB 标准化值											
		K_2O	Rb	Ba	Th	Ta	Nb	Ce	Hf	Zr	Sm	Y	Yb
次仁玉珍	DY0839-1	12.50	75.75	8.52	47.25	3.00	1.30	2.36	0.46	0.41	0.68	0.40	0.04

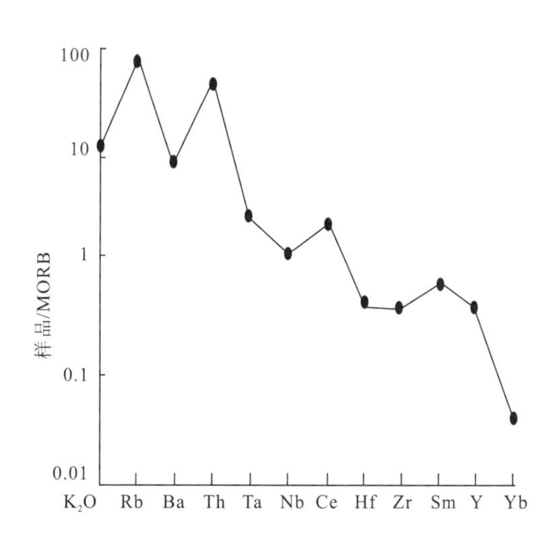

图 3-16　晚侏罗世次仁玉珍岩体微量元素蛛网图

(2)稀土元素特征

次仁玉珍岩体稀土元素含量及特征参数值列于表 3-14,稀土模式配分曲线如图 3-17 所示。稀土$\sum$REE 略大于图尔基安(1961)碱性花岗岩丰度(210×10^{-6})值,$\sum$LREE/$\sum$HREE$>$1,表明该岩石为轻稀土富集重稀土亏损型,δEu 值小于 1,δCe 小于 1,反映铕具强亏损呈负异常,铈弱亏损,稀土模式配分型式为右倾斜式的平稳曲线。Eu 处 V 型谷明显,这可能与该岩石中含有较多的斜长石有关。Sm/Nd 比值小,Eu/Sm 比值亦不大,说明本岩体侵位深度不大,为上部地壳部分熔融形成的产物。Ce/Yb 比值较小,显示岩浆部分熔融程度较低,但分离结晶程度较高。

表 3-14　晚侏罗世次仁玉珍岩体稀土元素含量及特征参数表

岩体名称	样品编号	稀土元素含量($w_B/\times10^{-6}$)														
		La	Ce	Pr	Nd	Sm	Eu	Gd	Tb	Dy	Ho	Er	Tm	Yb	Lu	Y
次仁玉珍	XT0839-1	42.63	82.75	9.45	32.48	6.16	0.77	5.26	0.90	5.53	1.11	3.09	0.50	3.01	0.44	27.93

岩体名称	样品编号	稀土元素含量($w_B/\times10^{-6}$)			特征参数值						
		ΣREE	ΣLREE	ΣHREE	ΣL/ΣH	δEu	δCe	Sm/Nd	La/Sm	Ce/Yb	Eu/Sm
次仁玉珍	XT0839-1	222.01	174.24	47.77	3.65	0.40	0.95	0.19	6.92	27.49	0.13

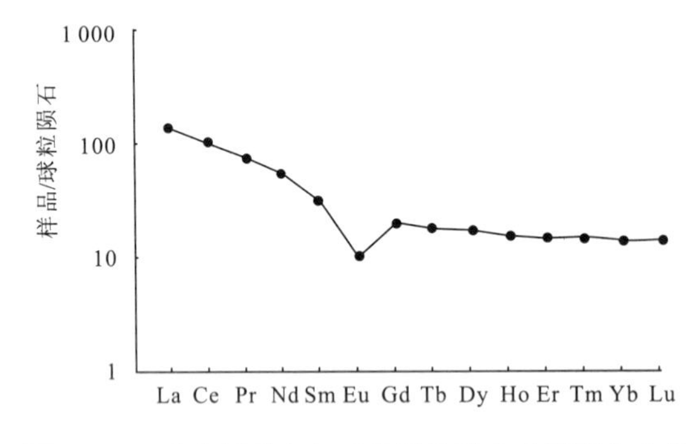

图 3-17　晚侏罗世次仁玉珍岩体稀土元素配分曲线

（五）早白垩世洛庆拉复式岩体

该时代花岗岩类群居性较强，大面积展布在研究区中南部的不同地域，共圈出 27 个侵入体，总面积约 2 268.09km^2，为本区之冠。根据岩石类型及结构特征，结合同位素资料划分出错高区细粒石英闪长岩($K_1\delta o$)、手拉细粒石英二长闪长岩($K_1\eta\delta o$)、马久塔果细粒黑云花岗闪长岩($K_1\gamma\delta$)、麻拉细粒黑云二长花岗岩($K_1\eta\gamma^a$)、冲果错中细粒黑云二长花岗岩($K_1\eta\gamma^b$)、洛穷拉斑状黑云二长花岗岩($K_1\pi\eta\gamma$)6 个填图单位，依次圈出侵入体 1 个、2 个、2 个、6 个、9 个、7 个，构成一结构加成分双重演化的复式岩体。

1. 地质特征

各深成岩体受近东西及北西-南东向断裂构造控制，空间分布明显呈近东西向或北西-南东向串状分布，主要有洛庆拉、尼屋、玉母列丁、冲果错等 4 个复式岩体(基)。其中洛庆拉巨型复式岩基西起岔朗西图边，向东经由古菊拉—洛庆拉—麻拉一带封闭，展布面积巨大，组成岩石类型相对较全，为该复式岩体的命名地点，冲果错复式岩基规模居次，东延边坝县幅。徐达、嘉黎县、手拉和甲拉弄巴以及仲达等侵入体均为单个的且大小不一的小岩株状形式产出，灭加、新错两侵入体南延林芝县幅。由于受后期岩体吞蚀，断裂构造破坏，各岩体、复式岩体保存不完整。该时期岩体与围岩的接触关系清楚，侵入(局部断层)到中—新元古代念青唐古拉岩群、前奥陶纪雷龙库、岔萨岗两岩组、晚石炭世—早二叠世来姑组、中侏罗世桑卡拉拥组、中—晚侏罗世拉贡塘组及早期岩体之中，产生 50m 至数百米宽热接触变质带，为硅化透辉大理岩、角岩化片岩、大理岩化灰岩、角岩化变质砂岩、斑点状板岩等，内接触带可见宽 50～100cm 细粒冷凝边组构，部分地段具清晰的流面构造(图版Ⅱ,7)。侵入体与围岩的接触面较平滑，围岩产状与接触面多数斜交，部分地段近乎平行，接触界面一般外倾，倾角变化于 45°～75°之间。本时代复式岩体内部冲果错岩体涌动型侵入麻拉岩体，麻拉岩体与马久塔果岩体、洛穷拉岩体与麻拉岩体或冲果错岩体之间均呈脉动型侵入关系，界面清楚，未见接触变质现象。错高区、手拉两岩体出露亦较零星，二者未见直接接触，由于它们均产于复式岩体(基)的外侧，因此后期晚次岩体与这两个较早岩体尚未见直接关系。各侵入体中含较多的围岩捕虏体和闪长质暗色包体，这些包体一般呈透镜状或不规则的椭圆状等，大小以 20cm×30cm～80cm×100cm 者居多，具一定定向排列，长轴方向与寄主岩体叶理构造一致。分布密度从周边到中心，异源包体逐渐减少，闪长质暗色包体相对增加，含量不超过岩体面积的 1.5%。各岩体、复式岩体均不同程度地遭受韧性变形，发育糜棱岩叶理构造。徐达侵入体南侧逆冲于晚白垩世宗给组地层之上，洛穷拉、冲果错等岩体中还见有规模较大的片麻岩残留（顶盖）体。该时代复式岩体侵位深度中等，但根据大量地层残留体出露，推测为浅剥蚀程度。

2. 岩石学特征

各岩体岩石学特征对比见表 3－15、表 3－16，共同特征表现在均具块状构造，一期结构类型、矿物种类大体相似，除长英质矿物外，均出现黑云母、角闪石，矿物特征大致相同，反映出岩浆的同源特点。

从错高区岩体—手拉岩体—马久塔果岩体—麻拉岩体—冲果错岩体—洛穷拉岩体，岩石色率逐渐降低，石英含量依次递增，斜长石、黑云母、角闪石由富到贫，矿物粒度由细变粗，钾长石有序度增多，岩石类型由中性—中酸性—酸性过渡，所有这些变化指示岩浆演化方向。

表 3－15　早白垩世洛庆拉岩体岩石特征(1)

岩体名称		演化方向 →		
		错高区	手拉	马久塔果
岩石类型		深灰色细粒石英闪长岩	灰色细粒石英二长闪长岩	灰色细粒黑云花岗闪长岩
构造		块状构造		
结构	类型	一期结构		
结构	特征	变余细粒花岗结构，粒度 0.7mm×1.5mm、0.2×2mm、1.2×3mm	变余花岗结构，粒度 0.7mm×1.5mm、0.9mm×3mm、1.5×3.2mm	变余细粒花岗结构，粒度 0.3mm×0.9mm、2mm×4.2mm、2.5mm×3.6mm
矿物特征及含量(%)	斜长石	含量 52%，半自形板状，多数颗粒比较干净，聚片双晶发育，环带构造可见，为中长石	含量 49%，半自形板状，见聚片双晶和环带结构，属中长石，具较强的绢云母、帘石化	含量 42%，属更中长石，板状半自形晶，环带明显，聚片双晶发育，双晶纹细密
	石英	含量 10%，他形粒状，充填于其他矿物空隙间	含量 12%，不规则粒状，不均匀充填于其他矿物粒间空隙	含量 24%，他形粒状，表面干净无蚀变，裂纹发育
	钾长石	含量 4%，他形粒状，为微斜长石，偶见在斜长石边缘形成交代蠕英	含量 16%，不规则粒状，少见简单双晶，轻—中等高岭石化	含量 18%，他形粒状板状，具格子双晶，条纹构造可见
	黑云母	含量 15%，片状，深棕—黄色，棕红—棕黄色多色性，平行消光	含量 8%，不规则片状，具强烈绿泥石化，析出帘石、铁质	含量 7%，片状，深蓝—浅黄色，棕红—黄绿色多色性，平行消光
	角闪石	含量 18%，柱状自形晶，两组完全解理，可见简单双晶	含量 14%，较自形，绿色—黄绿色等多色性	含量 6%，自形柱状，棕红—黄色，深绿—黄绿色多色性，横切面可见两组解理
副矿物		榍石、磁铁矿含量较微，并呈包体出现	磁铁矿、榍石、磷灰石分布于暗色矿物之中	锆石、榍石、磁铁矿、磷灰石等，多分布于黑云母附近

3. 岩石化学特征

各侵入体岩石化学成分、CIPW 标准矿物及有关参数列于表 3－17。不难看出，同一岩体不同地方的侵入体，多数氧化物含量基本相近，说明它们是同一演化阶段的岩浆多次涌动、脉动的产物。与同类岩石相比较，两种闪长岩 SiO_2 含量较低或略低，而三种二长花岗岩 SiO_2 含量明显偏高，分属中性和酸性岩范畴。石英闪长岩、石英二长闪长岩属 $CaO+Na_2O+K_2O>Al_2O_3>Na_2O+K_2O$ 次铝型岩石化学类型，里特曼指数除 GS0974－1 号样品等于 2.19 外，其余两件样品均小于 1.8，反映为钙碱—钙性岩系，A/CNK 均小于 1.1；CIPW 计算结果出现透辉石，却不见刚玉分子，石英分子含量低，钙长石分子含量较高，标准矿物组合为 Or+ab+an+Q+Di+Hy，DI 指数为本时代花岗

表 3-16　早白垩世洛庆拉岩体岩石特征(2)

岩体名称		演化方向 →		
		麻拉	冲果错	洛穷拉
岩石类型		灰色细粒黑云二长花岗岩	灰—浅灰色中细粒黑云二长花岗岩	浅灰色斑状黑云二长花岗岩
构造		块状构造		
结构	类型	一期结构		
	特征	半自形花岗结构,粒度 0.8mm×1.2mm、2×3mm、2.5×4mm	半自形板状—不规则状结构,二长结构,粒度 1.3mm×0.8mm、2mm×3.2mm、2.5mm×5.1mm	似斑状结构,斑晶 5mm×8.5mm、5.8mm×10mm,基质中细粒花岗结构,粒度 0.8～3mm、3～5mm
矿物特征及含量	斜长石	含量 35%～37%,属更长石,半自形板柱状,具环带构造,聚片双晶较发育	含量 30%～38%,半自形—不规则板状,见细密聚片双晶,消光角较小,为更长石,弱—中等高岭石、帘石、绿泥石化	斑晶含量 10%,基质约 21%,板状,具细密聚片双晶,较新鲜,星点状绢云母化
	石英	含量 28%～23%,他形粒状,分布于斜长石间,具波状消光	含量 25%～28%,不规则粒状、充填状,裂纹较发育	斑晶约为 6%,近等轴粒状,基质含量约 22%,他形填隙状
	钾长石	含量 26%～34%,不规则他形粒状,为微斜微纹长石,格子双晶发育,分布于斜长石粒间	含量 3%～34%,半自形—不规则状,见条纹结构和格子双晶,为微斜条纹长石	斑晶含量约 9%,基质约 26%,较自形板状,见格子双晶和条纹结构,为正长条纹结构
	黑云母	含量 6%,褐红色多色性,呈不规则片状晶,局部破碎呈弯曲现象	含量 5%～6%,较自形片状,暗绿褐—淡绿褐多色性,少数轻度绿泥石化,并析出绿帘石、榍石	斑晶约 4%,基质含量约 1%,暗褐红色—淡褐绿色多色性,吸收性明显
	角闪石	含量 1%,不规则柱状,绿—淡黄绿色多色性,为普通角闪石	含量 0.5%,长柱状,蓝绿—浅黄绿色,成堆产出,为普通角闪石	极少见或不见,呈绿—黄绿色不规则柱状晶
副矿物		主要为磁铁矿、榍石、磷灰石等,锆石偶见	榍石、磁铁矿、磷灰石多散布于黑云母边缘,网状、微细针状金红石被黑云母所包裹	榍石、磁铁矿、磷灰石含量微,多分布在黑云母边部

表 3-17　早白垩世洛庆拉复式岩体岩石化学成分、CIPW 标准矿物及特征参数表

岩体名称	样品编号	氧化物含量($w_B/\times10^{-2}$)													
		SiO_2	TiO_2	Al_2O_3	Fe_2O_3	FeO	MnO	MgO	CaO	Na_2O	K_2O	P_2O_5	CO_2	H_2O^+	Σ
洛穷拉	GS0079-1	72.75	0.61	12.33	0.52	2.88	0.05	0.84	1.99	2.41	5.08	0.16	0.15	0.58	100.35
	GS1387-1	72.59	0.31	14.00	0.69	1.70	0.06	0.60	1.57	2.70	4.59	0.10	0.13	0.80	99.84
	GS0867-1	72.35	0.47	13.73	0.57	2.50	0.04	0.80	1.62	2.58	4.29	0.13	0.04	0.73	99.85
	平均值	72.56	0.46	13.35	0.59	2.36	0.05	0.75	1.73	2.56	4.65	0.13	0.11	0.70	100.01
冲果错	GS0092-1	74.70	0.26	12.83	0.62	1.18	0.07	0.44	1.55	2.91	4.55	0.07	0.09	0.56	99.83
	GS0969-1	74.00	0.30	13.12	0.84	0.90	0.05	0.49	1.62	3.00	4.89	0.08	0.12	0.40	99.81
	GS0955-1	74.73	0.20	13.19	0.30	1.45	0.06	0.38	1.58	3.12	4.16	0.05	0.12	0.50	99.84
	平均值	74.48	0.25	13.05	0.59	1.18	0.06	0.44	1.58	3.01	4.53	0.07	0.11	0.49	99.83
麻拉	GS0971-1	72.55	0.36	14.06	0.84	1.02	0.03	0.48	1.90	2.98	4.94	0.10	0.13	0.40	99.79
	GS0957-1	73.81	0.25	13.79	0.67	0.92	0.04	0.36	1.65	2.85	4.69	0.07	0.16	0.58	99.84
	GS1395-1	74.48	0.18	14.12	0.50	0.72	0.02	0.25	0.87	3.10	5.03	0.20	0.04	0.34	99.85
	平均值	73.61	0.26	13.99	0.67	0.89	0.03	0.36	1.47	2.98	4.89	0.12	0.11	0.44	99.83

续表 3－17

岩体名称	样品编号	氧化物含量($w_B/\times10^{-2}$)													
		SiO_2	TiO_2	Al_2O_3	Fe_2O_3	FeO	MnO	MgO	CaO	Na_2O	K_2O	P_2O_5	CO_2	H_2O^+	Σ
手拉	GS0974－1	65.26	0.58	15.80	1.68	2.35	0.09	1.92	3.99	3.83	3.19	0.24	0.12	0.71	99.76
	GS0977－1	56.23	0.78	15.27	1.80	4.27	0.13	6.23	7.49	2.76	2.12	0.22	0.39	2.10	99.79
	平均值	60.75	0.68	15.54	1.74	3.31	0.11	4.08	5.74	3.30	2.66	0.23	0.26	1.41	99.78
错高区	P25GS22－1	53.70	0.85	15.87	3.85	5.60	0.19	5.07	8.43	1.82	2.12	0.32	0.07	1.89	99.78

岩体名称	样品编号	CIPW 标准矿物($w_B/\times10^{-2}$)										特征参数值				
		ap	il	mt	Or	ab	an	Q	C	Di	Hy	DI	SI	A/CNK	σ	AR
洛穷拉	GS0079－1	0.35	1.16	0.76	30.13	20.47	7.85	32.75		0.94	5.58	83.35	7.16	0.94	1.88	3.19
	GS1387－1	0.22	0.60	1.01	27.42	23.10	7.28	34.72	1.97		3.69	85.23	5.84	1.14	1.79	2.76
	GS0867－1	0.29	0.90	0.83	25.59	22.03	7.34	35.36	2.20		5.46	82.98	7.45	1.16	1.60	2.62
	平均值	0.29	0.89	0.87	27.71	21.87	7.49	34.28	2.09	0.94	4.91	83.86	6.82	1.08	1.76	2.86
冲果错	GS0092－1	0.15	0.50	0.91	27.11	24.83	7.34	36.24	0.45		2.47	88.18	4.54	1.02	1.75	3.16
	GS0969－1	0.18	0.57	1.23	29.10	25.56	7.62	33.83	0.12		1.79	88.49	4.84	1.00	2.00	3.30
	GS0955－1	0.11	0.38	0.44	24.78	26.61	7.60	36.12	0.80		3.17	87.50	4.04	1.05	1.67	2.94
	平均值	0.15	0.48	0.86	27.00	25.67	7.52	35.40	0.46		2.48	88.06	4.47	1.02	1.81	3.13
麻拉	GS0971－1	0.22	0.69	1.23	29.41	25.40	8.90	31.72	0.58		1.85	86.54	4.68	1.03	2.12	2.97
	GS0957－1	0.15	0.48	0.98	27.91	24.33	7.84	35.35	1.19		1.71	87.65	3.79	1.08	1.84	2.91
	GS1395－1	0.44	0.34	0.73	29.88	26.37	3.16	35.36	2.44		1.28	91.62	2.60	1.16	2.1	3.37
	平均值	0.27	0.50	0.98	29.09	25.37	6.63	34.15	1.40		1.61	88.60	3.69	1.09	2.02	3.08
手拉	GS0974－1	0.53	1.11	2.46	19.05	32.76	16.68	19.62		1.54	6.25	71.43	14.80	0.93	2.19	2.10
	GS0977－1	0.49	1.52	2.68	12.87	24.00	23.65	7.86		10.59	16.33	44.73	36.26	0.75	1.70	1.55
	平均值	0.51	1.32	2.57	15.96	28.38	20.17	13.74		6.06	11.29	58.08	25.53	0.84	1.95	1.82
错高区	P25GS22－1	0.71	1.65	5.71	12.81	15.74	29.15	10.05		9.15	14.67	38.60	27.46	0.77	1.36	1.39

岩类最低；$CaO>Na_2O>K_2O$，说明本中性岩富钙贫钠、钾。与此相比，三种二长花岗岩只有 GS0079－1 和 GS0969－1 两件样品属次铝型岩石化学类型，其他均为 $Al_2O_3>CaO+Na_2O+K_2O$ 铝过饱和岩石化学类型，里特曼指数 δ 大于 1.8 的包括麻拉岩体全部和冲果错岩体中 GS0969－1 及洛穷拉岩体 GS0079－1 的 5 件样品，余者皆小于 1.8，说明细粒黑云二长花岗岩具钙碱性岩系的特征，中细粒黑云二长花岗岩和斑状黑云二长花岗岩则以钙性岩系为主旋律，其中间有钙碱性岩系双重性质，A/CNK 参数值变化范围窄，介于 1～1.17 之间；CIPW 标准矿物组合绝大多数样品属 Or＋ab＋an＋Q＋Hy＋c，唯洛穷拉岩体中一件 GS0079－1 样品为 Or＋ab＋an＋Q＋Di＋Hy 组合，其中石英分子含量在三个二长花岗岩体中均显高值，钙长石分子则相对较低；$K_2O>Na_2O>CaO$，表明该类酸性岩石中富钾贫钠和钙。

在 SiO_2－$[K_2O+Na_2O]$图解(图 3－18)上，各样品的成分点分别投影于 1.8 的界线处及其两侧附近，进一步说明了该时代花岗岩类属钙—钙碱性过渡型岩系，据 A/NK－A/CNK 图解(图 3－19)反映，样品的投影点分别落入次铝质花岗岩和过铝质花岗岩两个区域之中。以上结果暗示了本区早白垩世洛庆拉复式岩体具有 I 型与 S 型过渡的特点，这与既有成分演化又有结构演化的现象吻合。洛庆拉复式岩体从早(闪长岩类)到晚(二长花岗岩类)表现出较明显的演变趋势。随着 SiO_2、K_2O 含量的增加，其他各氧化物平均值大体趋减，岩石化学类型由次铝型向着铝过饱和(偶间次铝型)类型演化，岩石化学系列大体上从钙碱性—钙性岩系过渡。CIPW 系统计算中，石英含量依次增多，钾长石、钠长石互为消长，钙长石、紫苏辉石及金属矿物总体上趋减，刚玉、透辉石互为消长。δ、A/CNK 值大致呈减小趋势，碱度率基本上趋增。标准矿物组合经历了从 Or＋ab＋an＋Hy＋Di＋Q→Or＋ab＋an＋Hy＋C(个别样品含 Di)＋Q 的这样一个变化过程，中性花岗岩分异指数明显低于二长花岗岩类，而 SI 值远大于酸性岩固结指数。显示同源岩浆向酸性和富碱质方向演化。

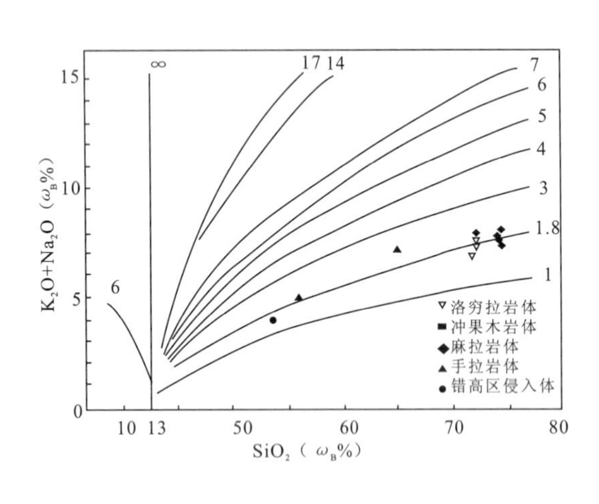

图 3-18　早白垩世洛庆拉复式岩体

SiO_2 -[K_2O+Na_2O]图解

(据 Rittmann，1957)

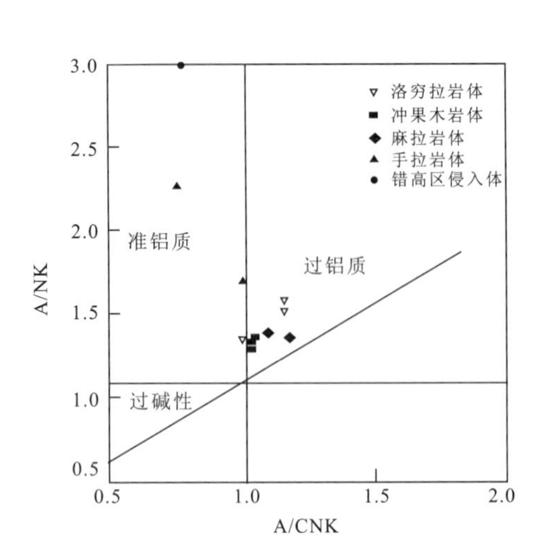

图 3-19　早白垩世洛庆拉复式岩体

A/NK-A/CNK 图解

(据 Maninar，Piccli，1989)

4. 岩石地球化学特征

(1)微量元素特征

各岩体微量元素组合及含量见表 3-18。不同岩体或同一岩体不同侵入体，多数元素含量比较接近，富集与贫化元素基本相似，说明该复式岩体物质来源相同。与世界同类岩石相对照，该复式岩体共同特点表现与洋中脊花岗岩标准值相对照，区内洛庆拉复式岩体微量元素表现极富 Rb 和 Th，而 K_2O、Ba、Ta、Nb、Ce 元素均不同程度地大于洋中脊花岗岩标准值，Hf、Zr、Sm、Y 等元素均小于或等于 1，Yb 元素具强烈亏损，仅为 0.01～0.05 倍。在蛛网图(图 3-20)上显示出一向右拖尾的大"M"形，其曲线分布型式与中国西藏、云南及英格兰西南部的同碰撞花岗岩相似。因此，可以认为本区洛庆拉复式岩体花岗岩的形成与同碰撞作用有关。

(2)稀土元素特征

该复式岩体稀土含量及特征值见表 3-19、稀土模式配分曲线如图 3-21 所示。不同岩体稀土 ∑REE 均较高，但不同侵入体和不同岩体相差较大，配分型式基本相似，∑LREE/∑HREE 比值变化于 4.38～6.24 之间，δEu 值在 0.34～0.86 区段内，具不同程度的铕负异常，δCe 略小于 1，铈显弱负异常。Sm/Nd 比值参数介于 0.16～0.22，多数为 0.19，表示岩浆侵位深度中等。闪长岩类的 Eu/Sm 比值参数明显大于陈德潜、王刚(1987)总结的闪长岩比值(0.14～0.2)参数，可能指示与岩浆在就位过程中受玄武质浆液和围岩混染有关。Ce/Yb 比值参数变化范围宽，表明岩浆部分熔融程度较低，但分离结晶程度较高，而岩浆的分离结晶程度愈高，愈容易分离出不同成分、不同结构的多次岩浆，并形成多次侵入体，这就是洛庆拉复式岩体侵入期次多且规模又大的原因。从早期到晚次岩体大致具有以下演化趋势。

表 3-18　早白垩世洛庆拉复式岩体微量元素特征表

岩体名称	样品编号	微量元素组合及含量($w_B/\times10^{-6}$)										
		Rb	Ba	Th	Ta	Nb	Hf	Zr	Sn	Ni	Sr	Sc
洛穷拉	DY0079-1	278	377	53.7	1.3	15.6	8.3	321	3.9	9.4	90	7.5
	DY1387-1	321	483	34.3	1.9	17.1	4.1	147	3.2	7.7	93.1	8.8
	DY0867-1	312	365	48.2	1.5	19.2	5.7	174	4.6	6.0	91	5.4
	平均值	304	408	45.4	1.6	17.3	6.0	214	3.9	7.7	91.4	7.2
冲果错	DY0092-1	280	322	35.9	2.5	18.1	4.9	121	2.9	4.6	158	4.0
	DY0969-1	187	547	26.1	1.2	11.2	4.8	146	2.7	5.6	234	2.8
	DY0955-1	203	344	14.1	1.3	9.9	2.8	86	4.6	4.0	77.3	5.2
	平均值	223	404	25.4	1.7	13.1	4.2	118	3.4	4.7	156.4	4.0
麻拉	DY0971-1	182	750	16.7	1.0	12.1	5.9	230	1.8	5.9	249	2.9
	DY0957-1	205	511	28.2	1.3	11.9	4.4	143	3.0	4.6	97.4	3.9
	DY1395-1	300	294	18.3	1.8	15.0	3.4	85	7.6	4.6	61.0	2.0
	平均值	229	518	21.1	1.4	13.0	4.6	152.7	4.1	5.0	135.8	2.9
手拉	DY0974-1	119	544	14.4	0.57	6.2	3.3	171	3.0	22.6	704	8.7
	DY0977-1	71	363	8.4	0.75	9.2	4.8	156	1.2	113	538	22.6
	平均值	95	453	11.4	0.66	7.7	4.1	164	2.1	67.8	621	15.7
错高区	P25DY22-1	71	344	15.6	0.81	10.6	4.3	144	2.8	28.1	509	42.1

岩体名称	样品编号	MORB 标准化值											
		K_2O	Rb	Ba	Th	Ta	Nb	Ce	Hf	Zr	Sm	Y	Yb
洛穷拉	DY0079-1	12.70	69.50	7.54	67.13	1.86	1.56	3.61	0.92	0.94	1.08	0.48	0.05
	DY1387-1	11.48	80.25	9.66	42.88	2.71	1.71	2.18	0.46	0.43	0.67	0.31	0.03
	DY0867-1	10.73	78.00	7.30	60.25	2.14	1.92	2.67	0.63	0.51	0.95	0.37	0.03
	平均值	11.64	75.92	8.17	56.75	2.24	1.73	2.82	0.67	0.63	0.90	0.39	0.04
冲果错	DY0092-1	11.38	70.00	6.44	44.88	3.57	1.81	1.96	0.54	0.36	0.64	0.31	0.03
	DY0969-1	12.23	46.75	10.94	32.63	1.71	1.12	2.40	0.53	0.43	0.56	0.18	0.02
	DY0955-1	10.40	50.75	6.88	17.63	1.86	0.99	0.92	0.31	0.25	0.40	0.40	0.04
	平均值	11.34	55.83	8.09	31.71	2.38	1.31	1.76	0.46	0.35	0.53	0.30	0.03
麻拉	DY0971-1	12.35	45.50	15.00	20.88	1.43	1.21	2.49	0.66	0.68	0.57	0.15	0.01
	DY0957-1	11.73	51.25	10.22	35.25	1.86	1.19	2.35	0.49	0.42	0.73	0.32	0.03
	DY1395-1	12.58	75.00	5.88	22.88	2.57	1.50	1.28	0.38	0.25	0.51	0.12	0.01
	平均值	12.22	57.25	10.37	26.34	1.95	1.30	2.04	0.51	0.45	0.60	0.20	0.02
手拉	DY0974-1	7.98	29.75	10.88	18.00	0.81	0.62	2.03	0.37	0.50	0.55	0.15	0.01
	DY0977-1	5.30	17.75	7.26	10.50	1.07	0.92	1.94	0.53	0.46	0.68	0.27	0.03
	平均值	6.64	23.75	9.07	14.25	0.94	0.77	1.99	0.45	0.48	0.62	0.21	0.02
错高区	P25DY22-1	5.30	17.75	6.88	19.50	1.16	1.06	2.47	0.48	0.42	0.85	0.34	0.03

稀土∑REE 总体具增大表现，∑LREE/∑HREE 逐渐降低，δEu、δCe 亏损基本呈递进趋势，Sm/Nd 与 Eu/Sm 比值参数分别增大与减小。均属轻稀土富集重稀土亏损型，各岩体内部模式曲线具有较好的一致性，配分型式皆为平稳的右倾斜式。随着时间的推移，铕亏损愈来愈显著，“V”型谷由早期闪长岩的宽阔平坦型向着晚期二长花岗岩的紧闭型演化，这些变化特征都表明同源岩

浆连续演化。

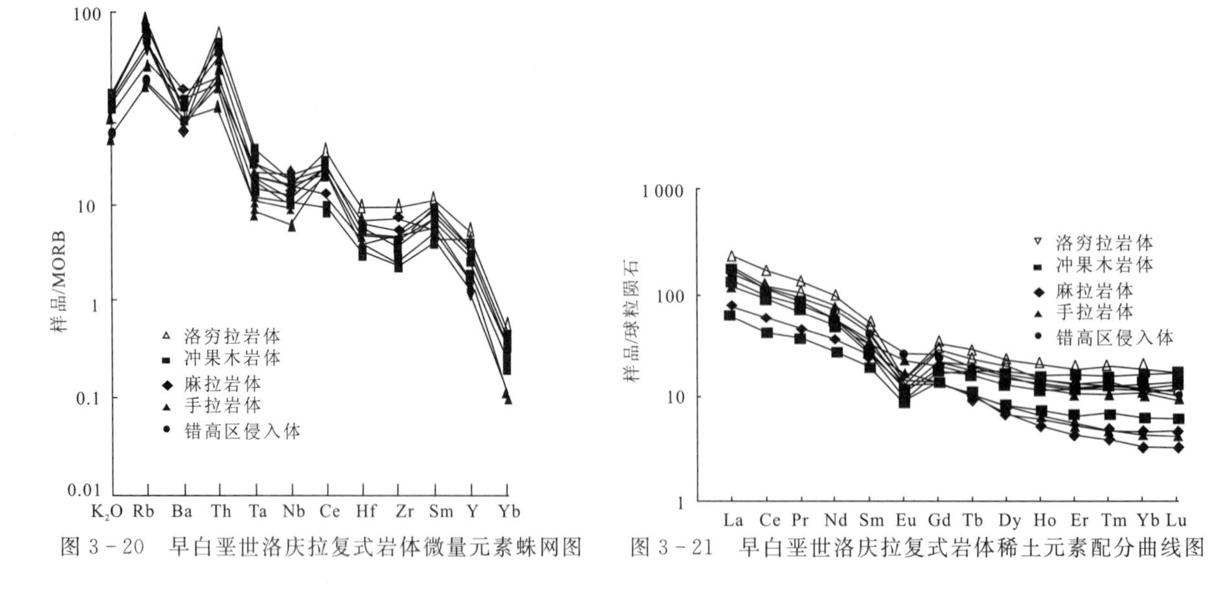

图 3-20　早白垩世洛庆拉复式岩体微量元素蛛网图　　图 3-21　早白垩世洛庆拉复式岩体稀土元素配分曲线图

表 3-19　早白垩世洛庆拉复式岩体稀土元素含量及特征参数表

岩体名称	样品编号	稀土元素含量($w_B/\times10^{-6}$)														
		La	Ce	Pr	Nd	Sm	Eu	Gd	Tb	Dy	Ho	Er	Tm	Yb	Lu	Y
洛穷拉	XT0079-1	66.52	126.50	15.58	54.80	9.70	1.03	8.03	1.27	6.98	1.39	3.68	0.60	3.70	0.52	33.59
	XT1387-1	39.57	76.33	8.93	31.36	6.01	0.81	5.44	0.90	4.90	0.93	2.46	0.36	2.26	0.35	21.48
	XT0867-1	48.82	93.43	11.66	42.45	8.54	0.89	7.18	1.05	6.09	1.05	2.68	0.40	2.34	0.32	26.01
	平均值	51.64	98.75	12.06	42.87	8.08	0.91	6.88	1.07	5.99	1.12	2.94	0.45	2.77	0.40	27.03
冲果错	XT0092-1	36.86	68.72	8.26	28.72	5.80	0.76	4.61	0.73	4.10	0.81	2.36	0.40	2.64	0.42	21.59
	XT0969-1	49.88	83.86	9.60	31.27	5.02	0.87	3.36	0.49	2.58	0.49	1.33	0.21	1.25	0.19	12.43
	XT0955-1	18.28	32.31	4.23	15.61	3.63	0.63	4.50	0.80	5.37	1.10	3.25	0.49	3.23	0.53	27.88
	平均值	35.01	61.63	7.36	25.20	4.82	0.75	4.16	0.67	4.02	0.80	2.31	0.37	2.37	0.38	20.63
麻拉	XT0971-1	51.00	87.17	9.63	31.83	5.13	0.98	3.46	0.49	2.49	0.44	1.11	0.15	0.90	0.14	10.65
	XT0957-1	45.43	82.32	9.70	34.24	6.57	0.85	5.28	0.82	4.59	0.89	2.38	0.37	2.21	0.32	22.50
	XT1395-1	22.05	44.82	5.33	20.64	4.60	0.70	3.45	0.49	2.15	0.36	0.87	0.12	0.66	0.10	8.39
	平均值	39.49	71.44	8.22	28.90	5.43	0.84	4.06	0.60	3.08	0.56	1.45	0.21	1.26	0.19	13.85
手拉	XT0974-1	38.46	70.88	7.88	28.81	4.92	1.21	3.34	0.46	2.26	0.41	1.04	0.15	0.86	0.13	10.34
	XT0977-1	34.37	67.78	8.72	34.33	6.08	1.59	4.97	0.75	4.07	0.81	2.11	0.34	2.05	0.30	18.79
	平均值	36.42	69.33	8.30	31.57	5.50	1.40	4.16	0.61	3.17	0.61	1.58	0.25	1.46	0.22	14.57
错高区	P25XT22-1	45.02	86.59	10.65	40.77	7.66	1.83	6.22	0.91	5.14	1.00	2.64	0.40	2.62	0.39	23.46

岩体名称	样品编号	稀土元素含量($w_B/\times10^{-6}$)			特征参数值						
		ΣREE	ΣLREE	ΣHREE	ΣL/ΣH	δEu	δCe	Sm/Nd	La/Sm	Ce/Yb	Eu/Sm
洛穷拉	XT0079-1	333.89	274.13	59.76	4.59	0.35	0.91	0.18	6.86	34.19	0.11
	XT1387-1	202.09	163.01	39.08	4.17	0.43	0.94	0.19	6.58	33.77	0.13
	XT0867-1	252.91	205.79	47.12	4.37	0.34	0.91	0.20	5.72	39.93	0.10
	平均值	262.96	214.31	48.65	4.38	0.37	0.92	0.19	6.39	35.96	0.12

续表 3-19

岩体名称	样品编号	稀土元素含量($w_B/\times10^{-6}$)			特征参数值						
		∑REE	∑LREE	∑HREE	∑L/∑H	δEu	δCe	Sm/Nd	La/Sm	Ce/Yb	Eu/Sm
冲果错	XT0092-1	186.78	149.12	37.66	3.96	0.43	0.91	0.20	6.36	26.03	0.13
	XT0969-1	202.83	180.50	22.33	8.08	0.61	0.87	0.16	9.94	67.09	0.17
	XT0955-1	121.84	74.69	47.15	1.58	0.48	0.85	0.23	5.04	10.00	0.17
	平均值	170.48	134.77	35.71	4.54	0.51	0.88	0.20	7.11	34.37	0.16
麻拉	XT0971-1	205.57	185.74	19.83	9.37	0.67	0.89	0.16	9.94	96.86	0.19
	XT0957-1	218.47	179.11	39.36	4.55	0.43	0.90	0.19	6.91	37.25	0.13
	XT1395-1	114.73	98.14	16.59	5.92	0.52	0.97	0.22	4.79	67.91	0.15
	平均值	179.59	154.33	25.26	6.61	0.54	0.92	0.19	7.22	67.34	0.16
手拉	XT0974-1	171.15	152.16	18.99	8.01	0.86	0.93	0.17	7.82	82.42	0.25
	XT0977-1	187.06	152.87	34.19	4.47	0.86	0.92	0.18	5.65	33.06	0.26
	平均值	179.11	152.52	26.59	6.24	0.86	0.93	0.17	6.74	57.74	0.25
错高区	P25XT22-1	235.30	192.52	42.78	4.50	0.79	0.92	0.19	5.88	33.05	0.24

5. 时代归属

该复式岩体侵入最新地层为中—晚侏罗世拉贡塘组，超动型侵入在晚侏罗世次仁玉珍岩体之中，在杰拉等地被晚白垩世楚拉复式岩体所超动，由此推知洛庆拉复式岩体形成时代应晚于晚侏罗世而早于晚白垩世。本次区调收集的两件单矿物锆石 U-Pb 同位素测年样分别来自于手拉石英二长闪长岩体和洛穷拉斑状黑云二长花岗岩体（具体位置在东图边冲果错侵入体内）之中，依次获得一致性年龄值 121±9Ma 和 113±11Ma。一件 K-Ar 全岩年龄样取自洛穷拉斑状黑云二长花岗岩体，获年龄值 107.2±1Ma。前人《1∶100 万拉萨幅区域地质矿产调查报告》（西藏地质局综合普查大队，1979）在测区麻拉细粒黑云二长花岗岩体及洛穷拉斑状黑云二长花岗岩体中分别获得 K-Ar 法同位素年龄值 133.6Ma（供参考）和 114Ma，据上述同位素资料表明洛庆拉复式岩体应为早白垩世产物无疑，岩浆活动持续时间约 14Ma。

（六）晚白垩世楚拉复式岩体

大多数侵入体呈 NW-SE 向零星分布于测区西南部普曲与娘曲近南北向水系流域的东西两侧，出露面积约 587.83km²。依据同位素结果，岩体产出特征及岩石组合类型划分为古菊拉中粗粒黑云二长花岗岩（$K_2\eta\gamma$）4 个侵入体和杰拉中粗粒（不等粒）钾长花岗岩（$K_2\xi\gamma$）3 个侵入体，构成一成分演化特征。

1. 地质特征

该复式岩体共有 7 个侵入岩体裸露。空间上楚朗岩体组成岩石类型齐全，向西延入门巴区幅，纳日庆、杰拉、楚拉、则当衣浦、麦锐北东侧等岩体均以岩株形式产出，南缘太昭岩体面积较大，西延邻幅，南与林芝县幅毗邻相接，主体在图外，区内仅见少部分出露。与中新元古代念青唐古拉岩群、前奥陶纪雷龙库岩组及岔萨岗组、石炭纪—二叠纪来姑组及早期岩体皆呈侵入（局部断层）接触。围岩普遍产生 20～75m 宽的热接触变质带，出现透辉大理岩、角岩化变质砂岩，岩体外侧的片岩、片麻岩常具烘烤现象，当侵入到早期岩体中时，外接触带岩石热变质作用不明显。内接触带可见宽 50 余米的细粒冷凝边，岩体与围岩的接触面较平滑，岩层产状与接触面多数斜交，界面一般外倾。

复式岩体内部杰拉岩体与古菊拉岩体之间呈脉动型侵入接触关系，各侵入体均含变质岩捕虏体，闪长质暗色包体比较稀少，这些包体一般呈不规则的椭圆状，长宽比 1.5∶1～5∶1，走向与寄主岩体叶理构造一致，较晚的杰拉岩体尚包含有早期中粒二长花岗岩残留体。综上特征表明该时代花岗岩类侵位深度不大，剥蚀程度较浅。

根据杰拉钾长花岗岩侵入体岩石中获 K－Ar 法同位素年龄 75±0.69Ma，同时结合该复式岩体内部各侵入体之间的接触关系和超动型侵入于早白垩世洛庆拉复式岩体之中，以及前人《1∶100万拉萨幅区域地质矿产调查报告》(1979)在太昭中粗粒黑云二长花岗岩侵入体岩石中获 K－Ar 法同位素年龄值 99Ma(供参考)，故将其定位时代置于晚白垩世较为适宜。

2. 岩石学特征

各岩体岩石特征及矿物含量见表 3－20。两岩体共同特点主要表现在岩石结构、构造、矿物种类、矿物特征基本相同或相似，反映出岩浆的同源特点。从二长花岗岩—钾长花岗岩，颜色变浅，色率降低，斜长石和暗色矿物含量逐渐减少，钾长石、石英含量依次增多，矿物粒径具有变粗趋势，岩石类型向着偏碱性方向递进，从而构成岩体的组构具成分演化特征。

表 3－20　晚白垩世楚拉复式岩体岩石特征

岩体名称		演化方向 →	
		古菊拉	杰拉
岩石类型		浅灰色中粗粒黑云二长花岗岩	肉红色中粗粒(不等粒)钾长花岗岩
构造		块状构造	
结构	类型	一期结构	
	特征	中粗粒花岗结构，粒度以 2～6mm 为主，少部分为 4～6mm 及 3～8mm	中粗粒花岗结构，不等粒结构，粒度以 2～6mm 居多，少数为 5～7mm，个别达 2～10mm
矿物特征及含量	斜长石	含量 34%～36%，半自形柱状，聚片双晶较发育，双晶纹细而密，有时见弯曲现象	含量 16%～18%，属更长石，半自形—自形晶，聚片双晶发育，细而密的纳长石双晶常见扭折现象
	石英	含量 22%～28%，他形粒状，充填状，内部裂纹较发育，弱波状消光	含量 24%～29%，他形粒状，具破碎和极强烈波状消光，有时见蠕虫状钾长石分布其中
	钾长石	含量 30%～35%，半自形板状，多为微斜长石，格子双晶发育，晶体内有时见石英、斜长石、黑云母嵌晶	含量 49%～55%，半自形—他形板状，条纹构造较明显，为条纹长石，其内偶有斜长石自形晶被包嵌，个别晶体见蠕虫状石英分布
	黑云母	含量 6.5%，短片状，绿—黄色多色性，因受力弯曲，个别晶体强褐铁矿化，弱绿泥石化，仅留轮廓	含量 2%～5.5%，自形柱状，绿—黄棕—黄色多色性，绿泥石化过程中析出铁质和钛质
	角闪石	偶见，绿色柱状，局部解理，为普通角闪石	偶见或不见，为普通角闪石，呈半自形柱状，具绿色多色性，吸收性较明显
副矿物		粒状磁铁矿、锆石、柱状磷灰石含量微，偶见自形板状褐帘石	磷灰石、锆石多呈包体存在于暗色矿物中，榍石散布

3. 岩石化学特征

诸侵入体岩石化学、CIPW 标准矿物及特征值列表 3－21。复式岩体中不同侵入体各主要氧化物含量差异性变化不十分明显，反映同一演化阶段岩浆多次脉动产物。各岩石中均以富 SiO_2，贫 Al_2O_3、Fe_2O_3＋FeO 为特征。Na_2O＋K_2O 在早期侵入体内略有偏低，晚次岩体稍大于同类岩石 Na_2O＋K_2O 的平均值。里特曼指数 δ＝1.63～1.91，小于或大于 1.8，A/CNK＝1.09，大多小于 1.1。在 SiO_2 -[Na_2O＋K_2O]直方图解（图 3－22）上反映古菊拉岩体为钙性岩系，杰拉岩体显钙碱性岩系的特点，在 A/NK－A/CNK 图上投影（图 3－23）作图，所有的成分点均落入过铝质区域内的边界线附近。CIPW 算术系统均含刚玉分子，却不见透辉石，石英分子含量高，Or＞ab＞an，mt＞il＞ap，分异指数明显偏大，固结指数低，反映岩浆分异程度高，成岩固结性差。该复式岩体从早到晚，岩石化学成分和有关参数变化规律主要有如下表现。SiO_2、K_2O 平均含量逐渐递增，除 MnO 外其他各氧化物平均值依次递减。CIPW 标准矿物中 Q、Or 分子含量从贫到富，其余各分子含量均呈落差式减小，DI 与 SI 分别增大和减小，δ、AR 参数呈阶梯状加大，岩石化学系列经历了由钙性—钙碱性岩系过渡的演化过程。共同特征反映在各岩石均属酸性岩范畴的过铝质花岗岩，MnO 含量、A/CNK 值在各岩体中较为均匀，皆为 Al_2O_3＞K_2O＋Na_2O＋CaO 铝过饱和岩石化学类型，CIPW 系统同属硅铝过饱和型的 Or＋ab＋an＋hy＋C＋Q 标准矿物组合，上述演化与同源岩浆演化规律一致，显示了 I－S 型花岗岩的特殊性。

表 3－21　晚白垩世楚拉复式岩体岩石化学成分、CIPW 标准矿物及特征参数表

岩体名称	样品编号	氧化物含量（$w_B/\times10^{-2}$）													
		SiO_2	TiO_2	Al_2O_3	Fe_2O_3	FeO	MnO	MgO	CaO	Na_2O	K_2O	P_2O_5	CO_2	H_2O^+	Σ
杰拉	GS1432－3	73.36	0.27	13.67	0.46	1.42	0.04	0.38	1.31	2.38	5.48	0.12	0.12	0.84	99.85
	GS0870－1	76.65	0.18	12.62	0.52	0.48	0.05	0.20	0.65	3.56	4.43	0.04	0.07	0.45	99.9
	平均值	75.01	0.23	13.15	0.49	0.95	0.05	0.29	0.98	2.97	4.96	0.08	0.10	0.65	99.88
古菊拉	GS1433－1	70.36	0.42	14.96	1.05	1.40	0.06	0.62	1.99	3.69	4.34	0.13	0.13	0.66	99.81
	GS1430－3	70.97	0.42	14.29	0.87	2.58	0.06	0.91	2.50	3.19	2.21	0.09	0.12	1.61	99.82
	GS0983－1	76.38	0.20	12.23	0.42	1.02	0.04	0.29	1.11	2.50	4.67	0.06	0.13	0.78	99.83
	GS1584－1	73.91	0.24	13.50	0.62	1.27	0.05	0.38	1.96	2.68	4.39	0.08	0.16	0.58	99.82
	平均值	72.91	0.32	13.75	0.74	1.57	0.05	0.55	1.89	3.02	3.90	0.09	0.14	0.91	99.82

岩体名称	样品编号	CIPW 标准矿物（$w_B/\times10^{-2}$）									特征参数值				
		ap	il	mt	Or	ab	an	Q	C	Hy	DI	SI	A/CNK	σ	AR
杰拉	GS1432－3	0.27	0.52	0.67	32.75	20.36	5.86	35.02	1.72	2.83	88.13	3.75	1.12	2.03	3.21
	GS0870－1	0.09	0.34	0.76	26.34	30.31	3.01	37.52	0.88	0.75	94.17	2.18	1.07	1.89	4.03
	平均值	0.18	0.43	0.72	29.54	25.34	4.43	36.27	1.30	1.79	91.15	2.97	1.09	1.96	3.62
古菊拉	GS1433－1	0.29	0.81	1.54	25.90	31.53	9.20	27.19	0.86	2.69	84.62	5.59	1.04	2.34	2.80
	GS1430－3	0.20	0.81	1.29	13.31	27.52	12.10	36.61	2.34	5.81	77.44	9.32	1.17	1.03	1.95
	GS0983－1	0.13	0.38	0.62	27.90	21.38	5.21	41.18	1.19	2.01	90.46	3.26	1.09	1.54	3.32
	GS1584－1	0.18	0.46	0.91	26.18	22.89	9.34	36.61	0.96	2.49	85.68	4.07	1.06	1.61	2.69
	平均值	0.20	0.62	1.09	23.32	25.83	8.96	35.40	1.34	3.25	84.55	5.56	1.09	1.63	2.69

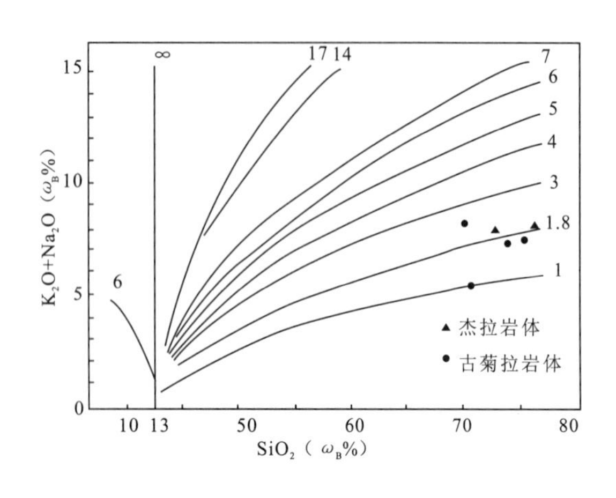

图 3-22　白垩世楚拉复式岩体

SiO_2-[K_2O+Na_2O]图解

（据 Rittmann,1957）

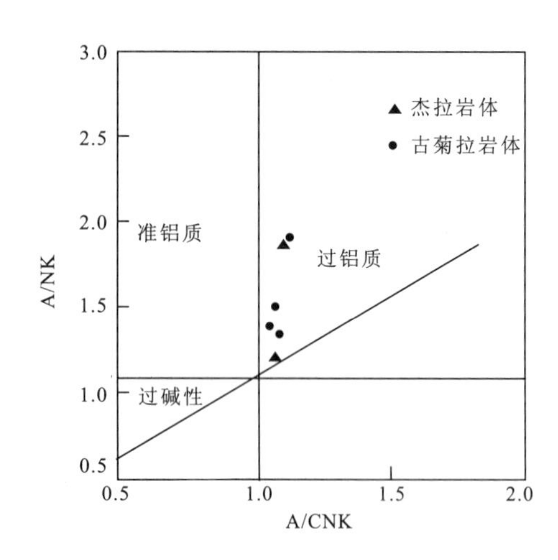

图 3-23　晚白垩世楚拉复式岩体

A/NK-A/CNK 图解

（据 Maninar,Piccli,1989）

4. 岩石地球化学特征

(1)微量元素特征

两岩体微量元素组合及含量见表 3-22。各岩体中不同地段的微量元素含量差异性变化不大，说明均属同源岩浆，与维氏值相比较，多数元素平均值较低，唯 Hf、Sc 两元素平均含量略高于背景值，Rb、Th、Sn 元素含量仅在杰拉岩体中稍大于同类岩石平均值，其余各元素平均含量略低。诸多元素含量低可能与岩浆上升和定位过程中物化条件不稳定，使元素扩散不易吸附有关。两岩体之间微量元素变化规律有：Rb、Th、Ta、Nb、Sn 元素含量从早到晚由贫变富，Ba、Hf、Zr、Ni、Sr、Sc 各

表 3-22　晚白垩世楚拉复式岩体微量元素特征表

岩体名称	样品编号	微量元素组合及含量($w_B/\times10^{-6}$)										
		Rb	Ba	Th	Ta	Nb	Hf	Zr	Sn	Ni	Sr	Sc
杰拉	DY1432-3	289	463	46.9	1.4	13.6	5.3	180	3.0	4.1	79.6	3.9
	DY0870-1	235	84	33.4	2.6	25.5	3.1	98	4.6	2.6	61	2.3
	平均值	262	274	40.2	2.0	19.6	4.2	139	3.8	3.4	70.3	3.1
古菊拉	DY1433-1	144	510	12.3	1.2	13.6	6.2	208	1.8	6.4	198	4.6
	DY1430-3	86.9	428	20.5	1.3	11.6	5.6	179	2.4	8.3	223	9.4
	DY0983-1	112	501	9.7	0.70	7.8	3.7	112	1.0	2.1	170	4.0
	DY1584-1	105	555	10.0	0.73	8.9	4.8	136	1.1	3.3	245	4.5
	平均值	112	499	13.1	0.98	10.5	5.1	159	1.6	5.0	209	5.6

岩体名称	样品编号	MORB 标准化值											
		K_2O	Rb	Ba	Th	Ta	Nb	Ce	Hf	Zr	Sm	Y	Yb
杰拉	DY1432-3	13.70	72.25	9.26	58.63	2.00	1.36	3.17	0.59	0.53	1.00	0.31	0.03
	DY0870-1	11.08	58.75	1.68	41.75	3.71	2.55	0.99	0.34	0.29	0.41	0.29	0.03
	平均值	12.39	65.50	5.47	50.19	2.86	1.96	2.08	0.47	0.41	0.70	0.30	0.03
古菊拉	DY1433-1	10.85	36.00	10.20	15.38	1.71	1.36	1.88	0.69	0.61	0.47	0.20	0.02
	DY1430-3	5.53	21.73	8.56	25.63	1.86	1.16	2.47	0.62	0.53	0.69	0.46	0.05
	DY0983-1	11.68	28.00	10.02	12.13	1.00	0.78	1.62	0.41	0.33	0.44	0.16	0.02
	DY1584-1	10.98	26.25	11.10	12.50	1.04	0.89	1.99	0.53	0.40	0.52	0.18	0.02
	平均值	9.76	27.99	9.97	16.41	1.40	1.05	1.99	0.56	0.47	0.53	0.25	0.03

元素平均值逐渐递减。对上述微量元素MORB标准化值作蛛网图(图3-24),由图和表中可以看出本区楚拉复式岩体花岗岩的Rb、Th显示出了强烈的正异常数值,K_2O、Ba元素普遍大于洋中脊花岗岩标准值十几倍,Nb、Ta比值大于1,少数个别小于或等于1,Hf、Zr、Sm、Y、Yb均小于1。地球化学分布型式具右倾特征,其中Rb、Th构成曲线的峰点呈拖尾的"M"型,与同碰撞花岗岩的微量元素蛛网图相似。

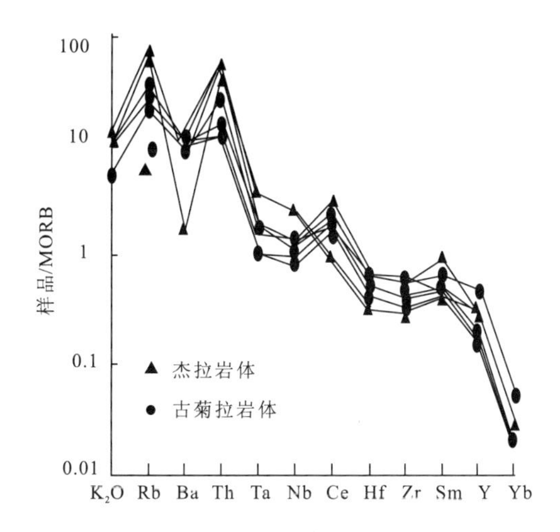

图3-24　晚白垩世楚拉复式岩体微量元素蛛网图

(2)稀土元素特征

各岩体稀土元素含量及特征参数值见表3-23,稀土模式配分曲线如图3-25。各岩体稀土∑REE变化区段小,与黎彤(1976)总结的地壳花岗岩类平均丰度值(165.35)相比,本区该花岗岩类偏高于15.23～31.6ppm。∑LREE/∑HREE比值较大,均属轻稀土富集型,δEu值变化范围宽,具不同程度的铕负异常,δCe值较接近于1,铈呈弱负异常。Sm/Nd比值参数略小于壳层型花岗岩的平均值,较早岩体Eu/Sm值明显大于杰拉岩体1倍之多,可能为玄武质岩浆以及围岩混染所致,晚期侵入体可对比于同类花岗岩的Eu/Sm比值参数。Ce/Yb比值较大,反映岩浆部分熔融程度较高,但分离结晶程度较低。

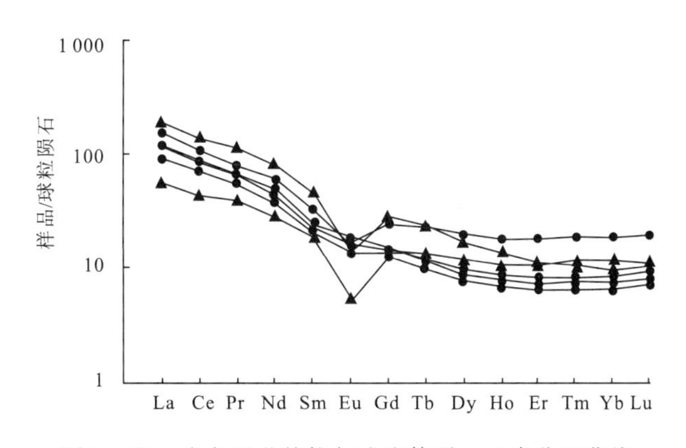

图3-25　晚白垩世楚拉复式岩体稀土元素分配曲线

稀土元素演化特点有:从早期到晚次岩体稀土∑REE递增,铕亏损依次增大,铈在各岩体中处于稳定状态,∑LREE/∑HREE比值减小,配分曲线均为平稳的右倾斜式,Sm/Nd值逐渐变大,其他比值参数相对递减,模式曲线中"V"形谷愈来愈显著,铕亏损越来越明显,这与岩浆的分异演化结果一致。

（七）古近纪朱拉复式岩体

共有 3 个侵入体出露，零星分布在嘉黎县幅西南隅莫四东波南侧和朱拉—芝拉一带，露布面积约 637.11km^2。由白拉（E$\eta\gamma$）2 个侵入体、芝拉（E$\pi\eta\gamma$）1 个侵入体组成古近纪朱拉复式岩体，岩性依次对应为中细粒黑云二长花岗岩、斑状黑云二长花岗岩，构成一结构演化的特征。

表 3-23　晚白垩世楚拉复式岩体稀土元素含量及特征参数表

岩体名称	样品编号	稀土元素含量（$w_B/\times10^{-6}$）														
		La	Ce	Pr	Nd	Sm	Eu	Gd	Tb	Dy	Ho	Er	Tm	Yb	Lu	Y
杰拉	XT1432-3	57.31	110.9	13.36	48.91	8.96	1.02	7.25	1.09	5.38	0.96	2.31	0.34	2.00	0.32	22.02
	XT0870-1	17.09	34.75	4.71	16.98	3.65	0.39	3.32	0.62	3.76	0.76	2.14	0.37	2.42	0.36	20.44
	平均值	37.2	72.83	9.04	32.95	6.31	0.71	5.29	0.86	4.57	0.86	2.23	0.36	2.21	0.34	21.23
古菊拉	XT1433-1	35.82	65.90	7.83	26.18	4.20	1.18	3.59	0.57	3.01	0.61	1.64	0.26	1.71	0.29	14.28
	XT1430-3	47.60	86.32	9.61	35.40	6.23	1.08	6.24	1.06	6.35	1.30	3.68	0.60	3.84	0.61	32.39
	XT0983-1	27.54	56.66	6.51	23.00	3.97	0.97	3.20	0.46	2.45	0.49	1.33	0.21	1.34	0.23	11.11
	XT1584-1	37.29	69.64	8.07	29.22	4.64	1.34	3.72	0.53	2.72	0.55	1.50	0.24	1.50	0.26	12.26
	平均值	37.06	69.63	8.01	28.45	4.76	1.14	4.19	0.66	3.63	0.74	2.04	0.33	2.10	0.35	17.51

岩体名称	样品编号	稀土元素含量（$w_B/\times10^{-6}$）			特征参数值						
		ΣREE	ΣLREE	ΣHREE	ΣL/ΣH	δEu	δCe	Sm/Nd	La/Sm	Ce/Yb	Eu/Sm
杰拉	XT1432-3	282.13	240.46	41.67	5.77	0.38	0.93	0.18	6.40	55.45	0.11
	XT0870-1	111.76	77.57	34.19	2.27	0.34	0.92	0.21	4.68	14.36	0.11
	平均值	196.95	159.02	37.93	4.02	0.36	0.93	0.20	5.54	34.90	0.11
古菊拉	XT1433-1	167.07	141.11	25.96	5.44	0.91	0.91	0.16	8.53	38.54	0.28
	XT1430-3	242.31	186.24	56.07	3.32	0.52	0.92	0.18	7.64	22.48	0.17
	XT0983-1	139.47	118.65	20.82	5.70	0.81	0.99	0.17	6.94	42.28	0.24
	XT1584-1	173.48	150.20	23.28	6.45	0.96	0.92	0.16	8.04	46.43	0.29
	平均值	180.58	149.05	31.53	5.23	0.80	0.93	0.17	7.79	37.43	0.25

1. 地质特征

各侵入岩体明显受近东西向构造控制，显近东西向串状分布。其中朱拉侵入体分布面积最大，为一较大的岩基，莫四东坡南侧和芝拉两侵入体规模相对较小，均呈岩株状形式产出。空间上 3 个侵入体群居性较差，并各自为居而未见直接接触，几乎所有的岩体皆被近东西向或北西-南东向后期断裂构造穿行而过。与中—新元古代念青唐古拉岩群、前奥陶纪雷龙库岩组、岔萨岗岩组及早期侵入体均呈侵入（局部断层）接触，围岩常产生热接触变质带，出现百余米宽的透辉大理岩、角岩化片岩及变质砂岩以及斑点状板岩等热蚀变带。内接触带一般见有 50 余米宽的细粒冷凝边组构，界面较陡但不稳定，多为外倾，倾角变化于 50°～80°之间。各侵入体均不同程度地遭受脆韧性变形，普遍发育糜棱岩叶理构造，同时叶理构造和围岩捕虏体定向性一致平行于接触面产状，向内暗色闪长质包体稀少，作无序分布。综上各方面特征表明该复式岩体侵位深度较大，属浅剥蚀程度。

本次工作在白拉中细粒黑云二长花岗岩侵入体岩石中分别获得 K-Ar 法同位素年龄值 65.49±0.6Ma 和 61.85±0.61Ma，另有芝拉岩体斑状黑云二长花岗岩 K-Ar 法同位素年龄 55.6Ma，故将其形成时代确定为古近纪。

2. 岩石学特征

各侵入体岩石结构、矿物特征及含量详见表 3－24。宏观上，出露于不同地段的侵入体除岩石结构、矿物含量有些差别外，矿物组合、矿物特征大同小异。均为灰色，唯边缘较中心细，但无明显界线可寻，况且较细粒的岩石出露宽度往往很窄，在根田—朱拉一带偶有中粗粒混居，可能系岩浆分异不均所致。暗色矿物主要为黑云母，偶见有角闪石，浅色矿物多为不规则粒状他形，石英常充填于其他矿物粒间空隙，结果与镜下观察基本一致。岩石较新鲜，具弱绿帘、绿泥石化自蚀变。

表 3－24 古近纪朱拉复式岩体岩石特征

岩体名称		演化方向 →	
		白拉	芝拉
岩石类型		灰色中细粒黑云二长花岗岩	灰色斑状黑云二长花岗岩
构造		块状构造	
结构	类型	一期结构	
	特征	中细粒花岗结构，粒度 1.3mm×2mm、0.9mm×1.8mm、0.3mm×1.1mm，少部分为 1.5～3mm，个别达 2～5.5mm	似斑状结构，斑晶 3.5mm×6.5mm、1.8mm×3.2mm、5mm×8mm，基质中细粒花岗结构，粒度 1mm×1.8mm、0.8mm×3mm
矿物特征及含量	斜长石	含量 29%～35%，半自形板状，聚片双晶，轻度绢云母化、高岭石化	含量斑晶 10%，基质 20%。半自形板状，见聚片双晶，轻度高岭石化
	石英	含量 24%～22%，他形不规则粒状，波状消光，充填于其他矿物粒间空隙	含量斑晶 5%，基质 20%，他形不规则状、填隙状，弱波状消光
	钾长石	含量 24%～32%，半自形板状—不规则粒状，具简单双晶和条纹结构，为正长条纹石	含量斑晶 15%，基质 20%。板状，见格子双晶和少量条纹，为微斜条纹长石，轻度高岭石化
	黑云母	含量 8%～10%，不规则片状，暗褐、黑褐—淡褐色多色性	含量斑晶 1%，基质 7%。不规则片状，暗褐—淡褐多色性，吸收性明显
	角闪石	含量 2%，多色性，浅—暗绿色，多具绿泥石化	含量 1%，为普通角闪石
副矿物		磁铁矿、磷灰石，含量微	榍石约占 0.5%，磁铁矿、磷灰石约 0.5%

本复式岩体从早到晚，斜长石、黑云母、角闪石矿物含量逐渐递减，钾长石、石英含量依次递增，岩石结构经历了由中细粒—斑状增粗的变化过程，指示岩浆演化方向。

3. 岩石化学特征

各岩体岩石化学、CIPW 标准矿物及特征值详见表 3－25。与同类岩石相比较，较早岩体 SiO_2、Al_2O_3、Fe_2O_3、MnO、Na_2O 平均含量略有偏低，FeO、MgO、CaO、K_2O 平均值相对较高。其中两件样品均为 $CaO+K_2O+Na_2O>Al_2O_3>K_2O+Na_2O$ 正常、硅过饱和岩石化学类型，$Al_2O_3>CaO+K_2O+Na_2O$ 铝过饱和岩石化学类型只包括一件 GS1391－1 样品。晚次岩体 SiO_2、K_2O 含量显然偏高，其他各氧化物含量略低，属 $Al_2O_3>CaO+K_2O+Na_2O$ 铝过饱和岩石化学类型。里特曼指数均大于 1.8，皆属钙碱性岩系，A/CNK 值小于或略小于 1.1。在硅-碱与组合指数关系图上，样品的投点均落入1.8～3 的区间(图 3－26)内，据 A/NK－A/CNK 直方图解(图 3－27)反映，各成分点投影于准铝质区与过铝质区边界线内侧附近。CIPW 标准矿物计算中，透辉石分子为一件 GS0854－1 样品所独有，其余各样品中均以含刚玉分子为特征。过饱和标准矿物石英含量均大于 22.37%，饱和标准矿物石英含量均大于 22.37%，饱和标准分子钾长石大于或小于钠长石的含量，ab>an>Hy，绝大多数 mt>il>ap。标准矿物组合以 Or＋ab＋an＋Q＋C＋Hy 占绝大多数，Or＋ab＋an＋Q＋Di＋Hy 只有一件样品。DI值普遍较大,固结指数较小,表明该岩浆分异程度较高,成岩固结性较差。

表 3-25 古近纪朱拉复式岩体岩石化学成分、CIPW标准矿物及特征参数表

岩体名称	样品编号	氧化物含量($w_B/\times10^{-2}$)												
		SiO_2	TiO_2	Al_2O_3	Fe_2O_3	FeO	MnO	MgO	CaO	Na_2O	K_2O	P_2O_5	CO_2	H_2O^+	Σ
芝拉	GS1399-1	75.45	0.14	13.11	0.53	0.75	0.05	0.25	1.33	2.79	4.98	0.03	0.07	0.35	99.83
白拉	GS0498-1	67.52	0.73	14.81	0.99	3.20	0.06	1.14	2.57	2.88	4.98	0.21	0.80	0.67	100.56
	GS1391-1	76.58	0.14	12.47	0.39	0.60	0.08	0.22	0.87	3.29	4.55	0.03	0.12	0.54	99.88
	GS0854-1	67.39	0.50	14.89	0.88	2.48	0.06	1.73	3.49	3.30	4.07	018	0.30	0.51	99.78
	平均值	70.50	0.46	14.06	0.75	2.09	0.07	1.03	2.31	3.16	4.53	0.14	0.41	0.57	100.07

岩体名称	样品编号	CIPW标准矿物($w_B/\times10^{-2}$)										特征参数值				
		ap	il	mt	Or	ab	an	Q	C	Di	Hy	DI	SI	A/CNK	σ	AR
芝拉	GS1399-1	0.07	0.27	0.77	29.60	23.75	6.46	36.87	0.78		1.43	90.22	2.69	1.06	1.86	3.33
白拉	GS0498-1	0.46	1.40	1.45	29.70	24.59	11.62	23.45	0.47		6.87	77.74	8.64	1.00	2.50	2.65
	GS1391-1	0.07	0.27	0.57	27.10	28.06	4.17	37.90	0.62		1.25	93.05	2.43	1.05	1.83	3.85
	GS0854-1	0.40	0.96	1.29	24.30	28.21	13.94	22.37		2.03	6.50	74.88	13.88	0.92	2.21	2.34
	平均值	0.31	0.88	1.10	27.03	26.95	9.91	27.90	0.55	2.03	4.87	81.89	8.32	0.99	2.18	2.95

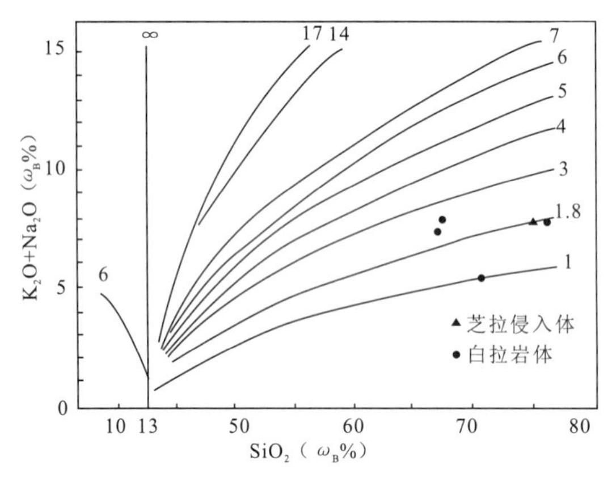

图 3-26 古近纪朱拉复式岩体
SiO_2-[K_2O+Na_2O]图解
(据 Rittmann,1957)

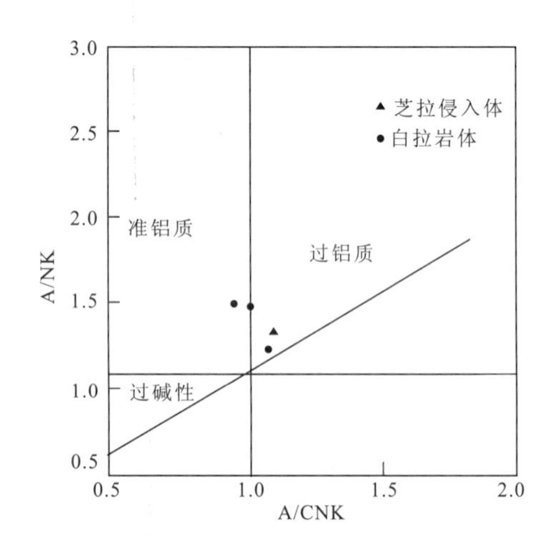

图 3-27 古近纪朱拉复式岩体
A/NK-A/CNK图解
(据 Maninar,Piccli,1989)

本复式岩体从早到晚,SiO_2、K_2O平均含量逐渐递进,其余各氧化物含量依次减小,岩石化学类型由次铝和过铝两种不同的岩石类型向铝过饱和类型递变,CIPW标准矿物中钾长石、石英、刚玉由小变大,其他各分子含量递减。DI、A/CNK、AR特征值明显增加,SI和δ指数急剧降低。共同特征表现出皆属酸性岩范畴,钙碱性岩系,贫铝富硅、钾,显示I型花岗岩特征,反映同源岩浆演化的独特性。

4.岩石地球化学特征

(1)微量元素特征

两岩体微量元素组合及含量列表3-26。各岩体多数元素含量变化不明显,绝大部分贫化与富集也相似，说明其该类侵入体物质来源相同。均以贫化Ba、Ta、Nb、Zr、Sn、Sr，富集Rb、Th、Hf、Ni、Sc为特征。从早期到晚期岩体，Ba、Th、Hf、Ni、Sc、Rb、Zr平均含量由低变高，Ta、Nb、Sn、Sr依次递减，显示岩浆结构演化特点。

表3-26 古近纪朱拉复式岩体微量元素特征表

岩体名称	样品编号	微量元素组合及含量($w_B/\times10^{-6}$)										
		Rb	Ba	Th	Ta	Nb	Hf	Zr	Sn	Ni	Sr	Sc
芝拉	DY1399-1	251	393	50.9	0.94	14.3	7.8	277	1.8	10.3	135	11.0
白拉	DY1391-1	256	93	27.3	4.2	25.5	3.8	90	3.3	4.2	44.3	4.6
	DY0498-1	220	271	35.6	2.4	15.6	3.3	91	1.7	2.9	123	3.3
	DY0854-1	149	492	25.9	1.3	10.9	5.2	173	1.2	21.9	563	7.7
	平均值	208	285	29.6	2.63	17.3	4.1	118	2.1	9.67	243.43	5.2
岩体名称	样品编号	MORB标准化值											
		K_2O	Rb	Ba	Th	Ta	Nb	Ce	Hf	Zr	Sm	Y	Yb
芝拉	DY1399-1	12.45	62.75	7.86	63.63	1.34	1.43	4.84	0.87	0.81	1.29	0.42	0.04
白拉	DY1391-1	11.38	64.00	1.86	34.13	6.00	2.55	0.93	0.42	0.26	0.61	0.68	0.08
	DY0498-1	12.45	55.00	5.42	44.50	3.43	1.56	1.15	0.37	0.27	0.44	0.31	0.03
	DY0854-1	10.18	37.25	9.84	32.38	1.86	1.09	2.25	0.58	0.51	0.64	0.25	0.02
	平均值	11.34	52.08	5.71	37.00	3.76	1.73	1.44	0.46	0.35	0.56	0.41	0.04

从图3-28微量元素蛛网图上可以清楚地看到Rb、Th元素显示出两个突起的富集峰，Ba处呈一明显的凹谷，Ce、Sm两处组成该曲线的次一级峰点，其余各元素分别形成参差不齐的谷形。这样的地球化学分布型式可对比于同碰撞花岗岩类蛛网图形。

(2)稀土元素特征

朱拉复式岩体稀土元素及特征值如表3-27，稀土模式配分曲线如图3-29。从分析结果可以看出，早期岩体稀土∑REE十分接近于中国同类花岗岩的丰度值，晚期岩体稀土∑REE明显大于世界花岗岩的平均含量，∑LREE/∑HREE多大于1，说明绝大多数样品具轻稀土富集，重稀土亏损型，仅一件XT1391-1样品略小于1，为重稀土富集轻稀土亏损型，它可能与大陆玄武质岩浆混染有关。

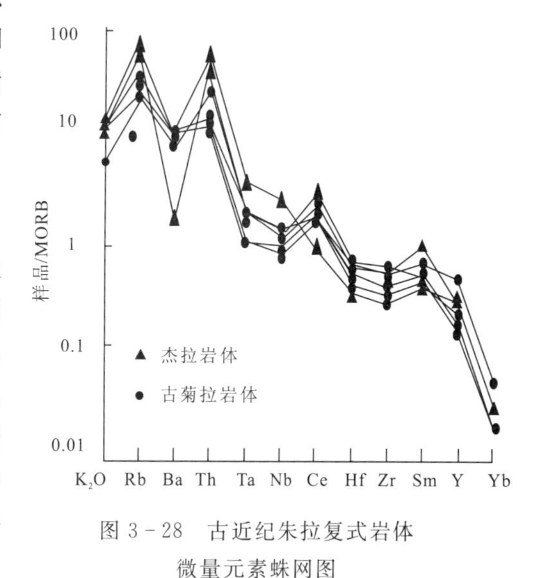

图3-28 古近纪朱拉复式岩体微量元素蛛网图

δEu值小于1，表明铕具负异常，δCe值略小于1，反映铈弱亏损。白拉岩体Sm/Nd比值参数明显大于芝拉岩体的算术结果0.17，Eu/Sm比值参数显壳层型花岗岩的特点。Ce/Yb=22.13～58.58，变化范围宽，表明早期岩浆部分熔融程度较低，但分离结晶程度要比晚期岩浆高。

该复式岩体从早到晚稀土∑REE、∑LREE/∑HREE比值依次递增，铕处"V"型谷愈来愈显著，δCe亏损减弱，配分模式除个别样品外，皆为平稳的右倾斜式曲线，Ce/Yb、La/Yb、La/Sm与Sm/Nd、Eu/Sm比值参数分别增大与减小，这与岩浆的分异演化一致。

表 3-27　古近纪朱拉复式岩体稀土元素含量及特征参数表

岩体名称	样品编号	稀土元素含量($w_B/\times10^{-6}$)														
		La	Ce	Pr	Nd	Sm	Eu	Gd	Tb	Dy	Ho	Er	Tm	Yb	Lu	Y
芝拉	XT1399-1	90.96	169.30	19.12	67.82	11.62	1.37	8.90	1.33	6.96	1.36	3.34	0.51	2.89	0.41	29.47
白拉	XT1391-1	14.65	32.43	4.73	18.01	5.48	0.39	6.02	1.15	7.92	1.66	5.24	0.88	6.03	0.92	47.73
	XT0498-1	24.44	40.11	5.26	18.56	3.93	0.61	3.63	0.63	3.83	0.76	2.34	0.38	2.46	0.38	21.48
	XT0854-1	40.98	78.74	9.54	34.48	5.73	1.12	4.13	0.60	3.23	0.65	1.76	0.28	1.74	0.26	17.36
	平均值	26.69	5043	6.51	23.68	5.05	0.71	4.59	0.79	4.99	1.02	3.11	0.51	3.41	0.52	28.86

岩体名称	样品编号	稀土元素含量($w_B/\times10^{-6}$)			特征参数值						
		ΣREE	ΣLREE	ΣHREE	ΣL/ΣH	δEu	δCe	Sm/Nd	La/Sm	Ce/Yb	Eu/Sm
芝拉	XT1399-1	415.36	360.19	55.17	6.53	0.40	0.93	0.17	7.83	58.58	0.12
白拉	XT1391-1	153.24	75.69	77.55	0.98	0.21	0.93	0.30	2.67	5.38	0.07
	XT0498-1	128.80	92.91	35.89	2.59	0.49	0.81	0.21	6.22	16.30	0.16
	XT0854-1	200.60	170.59	30.01	5.68	0.67	0.93	0.17	7.15	45.25	0.20
	平均值	160.88	113.06	47.82	3.08	0.45	0.89	0.23	5.35	22.31	0.14

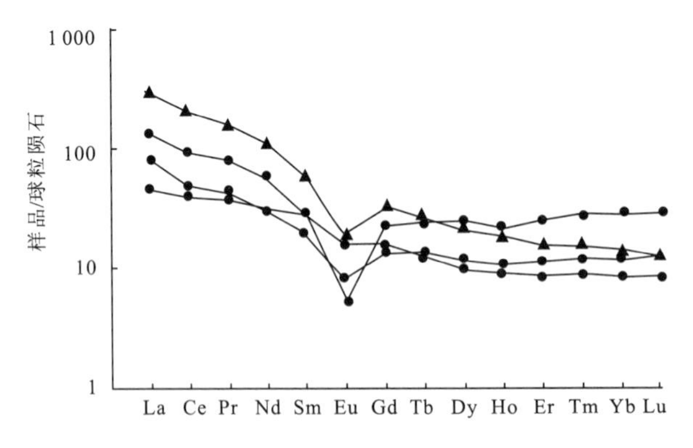

图 3-29　古近纪朱拉复式岩体稀土元素配分曲线

二、扎西则构造岩浆带

扎西则构造岩浆带夹于嘉黎区-甲贡-基日和嘉黎-易贡藏布区域性大断裂之间，集中分布在图幅中部的东图边。仅出露 1 个侵入体，隶属东邻边坝县幅古近纪基日复式岩体中最晚一次岩浆形成的错青拉拉廖岩体的西延部分，岩性为中细粒黑云二长花岗岩(E$\eta\gamma$)，展布面积约 554.27km^2，占工作区花岗岩类总面积的 10.5%。

(一)地质特征

该岩体明显受近东西向构造控制，呈近东西向分布在基日—勒浦等地，向东进入边坝县幅，西端在错中卡一带圈闭，地貌上易组成高大的山脊，地表多被积雪覆盖，发育现代冰川。形如往东散开，向西收敛的半个椭圆状岩基与石炭纪—二叠纪来姑组、中晚侏罗世拉贡塘组均呈侵入(局部断层)接触。围岩常产生千余米宽的热接触变质蚀变带，从内往外依次为透辉大理岩、红柱石角岩、斑点状板岩、角岩化变砂岩，局部伴有边缘混合岩化片岩，内接触带岩石具动力变形特征，部分地段尚见有细粒冷凝边组构，宽不过 5m。岩体与围岩界线多呈港湾状，界面较平滑，一般外倾，倾角变化于40°～70°范围内。侵入体内均不同程序地遭受韧性变形，发育糜棱岩叶理构造，围岩包体与叶理产状一致平行于接触面产状，向内逐渐减弱，深源暗色闪长质包体稀疏可见，做无序分布。该岩体侵位较深，剥蚀深度不大。

根据本次工作在东邻边坝县幅该侵入体同一岩石中获K－Ar法同位素年龄值27.1Ma，以及前人《1：100万拉萨幅区域地质矿产调查报告》（西藏地质局综合普查大队，1979），在同一地理位置上获K－Ar法同位素年龄值35Ma、52.7Ma（供参考），结合区域地质构造背景，故将其形成时代归属为古近纪。

（二）岩石学特征

据野外观察记录，岩石皆为灰色，结构变化除侵入体边缘粒度稍细外，其余各地段均为单调的中细粒花岗结构，块状构造。岩石由石英（23%）、斜长石（30%）、钾长石（38%）、黑云母（6%）和少量的榍石、磁铁矿、褐帘石等副矿物组成。矿物粒度以3.1mm×3.7mm居多，少部分为1.4mm×2.5mm，个别达3.2mm×5.2mm。斜长石半自形板状—不规则状，见细密聚片双晶，为更长石，轻—中等高岭石化。石英呈不规则粒状、填隙状。钾长石多为不规则粒状，少数呈半自形板状，具条纹结构和格子双晶，属微斜条纹长石。黑云母不规则片状，暗褐—淡褐多色性，不同程度绿泥石化，并析出铁质、帘石等。角闪石含量约占2%，自形柱状，深绿—黄绿色多色性，解理完全，为普通角闪石。副矿物中褐帘石为自形晶，暗红褐色，具环带结构。

（三）岩石化学特征

错青拉拉廖岩体岩石化学成分、CIPW标准矿物及特征值见表3－28。该岩体SiO_2平均值较高，属酸性岩范围，与中国同类花岗岩相对照，SiO_2、MnO、MgO、CaO、K_2O含量略高，其余各氧化物含量稍低，Al_2O_3＞CaO＋K_2O＋Na_2O，为铝过饱和岩石化学类型。里特曼指数多大于1.8，在

表3－28　古近纪基日复式岩体岩石化学成分、CIPW标准矿物及特征参数表★

岩体名称	样品编号	氧化物含量（$w_B/\times10^{-2}$）														
		SiO_2	TiO_2	Al_2O_3	Fe_2O_3	FeO	MnO	MgO	CaO	Na_2O	K_2O	P_2O_5	CO_2	H_2O^-	H_2O^+	Σ
错青拉拉廖	GS0544－1	73.21	0.26	13.36	0.83	1.67	0.11	0.46	1.64	3.36	4.23	0.09	0.18		0.43	99.83
	GS0533－1	75.36	0.16	12.91	0.28	1.15	0.07	0.29	1.25	3.15	4.52	0.05	0.1		0.58	99.87
	GS－6	70.62	0.24	14.47	0.17	1.7	0.09	1.37	2.66	2.38	4.88	0.25	0.66	0.1	0.14	99.73
	GS－42	68.36	0.3	15.56	2.53	1.11	0.08	2.31	3.51	2.76	3.75	0.1	0.01	0.2	0.06	100.64
	GS－37	70.29	0.23	14.5	2.12	0.96	0.7	1.24	2.7	2.57	3.93	0.06	0.21	0.85	0.22	100.58
	平均值	71.57	0.24	14.16	1.19	1.32	0.21	1.13	2.35	2.84	4.26	0.11	0.23	0.23	0.29	100.13
岩体名称	样品编号	CIPW标准矿物（$w_B/\times10^{-2}$）										特征参数值				
		ap	il	mt	Or	ab	an	Q	C	Di	Hy	DI	SI	A/CNK	σ	AR
错青拉拉廖	GS0544－1	0.20	0.50	1.21		25.19	28.65	7.67	32.78	0.47	3.33	86.63	4.36	1.02	1.90	3.05
	GS0533－1	0.11	0.31	0.41		26.93	26.87	5.96	36.26	0.68	2.49	90.05	3.09	1.05	1.81	3.36
	GS－6	0.55	0.46	0.25		29.18	20.38	11.86	30.10	0.99	6.24	79.65	13.05	1.03	1.90	2.47
	GS－42	0.22	0.57	2.96	0.48	22.08	23.27	16.76	27.15	0.79	5.73	72.49	18.54	1.04	1.68	2.04
	GS－37	0.13	0.44	3.10		23.39	21.90	13.13	32.63	1.25	4.05	77.91	11.46	1.08	1.54	2.21
	平均值	0.24	0.45	1.58	0.10	25.35	24.21	11.08	31.78	0.83	4.37	81.35	10.10	1.04	1.77	2.63

注：★引自1：25万边坝县幅区域地质调查报告，2005年资料，全书相同

SiO_2 -[Na_2O+K_2O]图解(图 3-30)上,成分点落入 1.8 界线附近两侧,属钙碱性岩系,显示 I 型花岗岩特征。A/CNK 比值略小于 1.1,AR=2.63,在 A/NK-A/CNK 图解(图 3-31)中,样品的投影点均落于过铝质区边界线附近,反映该花岗岩属过铝质岩石。CIPW 标准矿物计算结果也可以看出,未见标准矿物透辉石分子,表明该岩石为过铝质花岗岩。分别出现过饱和矿物石英及饱和矿物紫苏辉石、长石、刚玉分子,由此进一步说明错青拉拉廖岩体为 SiO_2 过饱和类型的花岗岩。个别样品出现赤铁矿标准分子,CIPW 系统为 Or+ab+an+Q+C+Hy 硅铝过饱和型标准矿物组合。DI 值大,SI 值较小,表明岩浆分异程度高,成岩固结性差。

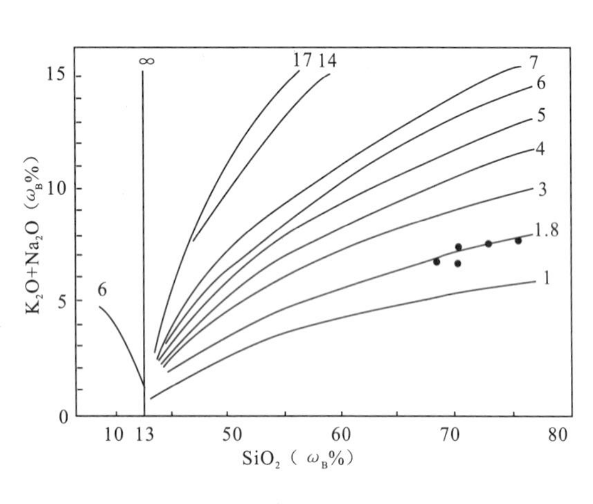

图 3-30 古近纪基日复式岩体
SiO_2 -[K_2O+Na_2O]图解
(据 Rittmann,1957)

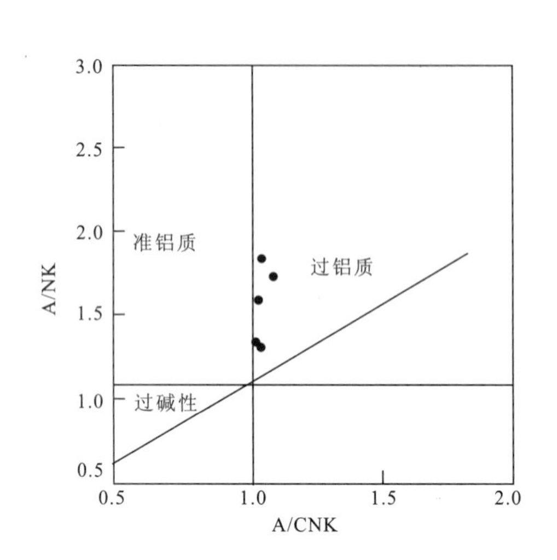

图 3-31 古近纪基日复式岩体
A/NK-A/CNK 图解
(据 Maninar,Piccli,1989)

(四)岩石地球化学特征

1. 微量元素特征

该岩体微量元素组合及含量见表 3-29。表中各微量元素含量与世界花岗岩类平均值相比较,均以贫 Be、Ca、Cr、Ni、Zn、Sr、Y、La、Nb、Ba、Ta、Sc,富集 Rb、Th、Hf、Sn、Pb、Ti、Mn、V、Cu、Zr、Co 为特征,其中 Pb 高度富集。

对两件样品微量元素 MORB 标准化值作蛛网图(图 3-32)。错青拉拉廖岩体显示出右倾曲线,其中的 Rb、Th 分别为 49~68.25 倍和 37.5~37 倍,构成了该曲线的峰点。而 K_2O、Ba、Ta 具不同程度地高于洋中脊花岗岩标准值 10 倍左右,Nb、Ce 皆大于 1,Hf、Zr、Sm、Y、Yb 元素均小于 1,整个蛛网图形呈拖尾状的"M"型。这一分布曲线型式与同碰撞花岗岩的蛛网图极其相似,暗示了本区古近纪基日复式岩体花岗岩的形成可能与碰撞作用有关。

2. 稀土元素特征

本岩体稀土元素含量及特征值见表 3-30,稀土模式配分曲线如图 3-33 所示。各地段稀土 ∑REE存在一定的差异,其平均含量较接近于世界同类花岗岩的平均丰度值,∑LREE/∑HREE=2.55~5.71,均属轻稀土富集重稀土亏损型。δEu 值小于 1,铕具明显亏损呈负异常,δCe 多接近或等于 1,铈弱亏损或基本无异常,配分模式皆为平稳的右倾斜式,轻重稀土分馏程度不十分显著,但

"V"型谷较狭窄。Sm/Nd 算术比值较接近于壳层花岗岩的比值参数，Eu/Sm 比值亦接近于中国同类花岗岩的平均比值。Ce/Yb 比值参数较大，反映该岩浆部分熔融程度较高，具有分离结晶程度较低的表现。

表 3-29 古近纪基日复式岩体微量元素特征表★

岩体名称	样品编号	微量元素组合及含量($w_B/\times10^{-6}$)										
		Rb	Ba	Th	Ta	Nb	Hf	Zr	Sn	Ni	Sr	Sc
错青拉拉廖	DY0544-1	196	353	30	2.1	17.5	5.8	175	3.1	6.2	159	2.2
	DY0533-1	273	209	29.6	2.9	16.1	3.2	99	6.3	3.4	79.3	2.7
	平均值	235	281	29.8	2.5	16.8	4.5	137	4.7	4.8	119.2	2.5
	样品编号	Be	Ba	Sn	Ti	Cr	Ni	V	Zr	Co	Sr	Nb
	DY889	2	700	3	2 000	10	2	70	300	10	300	
	DY942	2	500	4	2 000	10	3	60	700	7	200	
	DY3370	2	500	20	3 000	40	10	60	300	10	300	10
	平均值	2	567	9	2 333	20	5	63	433	9	267	10

岩体名称	样品编号	MORB 标准化值											
		K_2O	Rb	Ba	Th	Ta	Nb	Ce	Hf	Zr	Sm	Y	Yb
错青拉拉廖	DY0544-1	10.58	49.00	7.06	37.50	3.00	1.75	1.74	0.64	0.51	0.49	0.34	0.04
	DY0533-1	11.30	68.25	4.18	37.00	4.14	1.61	1.54	0.36	0.29	0.50	0.40	0.04
	平均值	10.94	58.63	5.62	37.25	3.57	1.68	1.64	0.50	0.40	0.50	0.37	0.04

表 3-30 古近纪基日复式岩体稀土元素含量及特征参数表★

岩体名称	样品编号	稀土元素含量($w_B/\times10^{-6}$)														
		La	Ce	Pr	Nd	Sm	Eu	Gd	Tb	Dy	Ho	Er	Tm	Yb	Lu	Y
错青拉拉廖	XT0544-1	36.82	61.07	6.82	23.52	4.4	0.73	3.97	0.68	4.2	0.88	2.65	0.47	3.28	0.5	23.7
	XT0533-1	30.75	53.82	6.42	21.47	4.49	0.5	4.2	0.77	4.88	0.98	3	0.51	3.39	0.52	27.88
	XT55	44.9	86.1	8.39	40.4	7.36	1.14	5.48	0.73	4.94	1.09	2.92	0.25	1.5	0.23	23.7
	XT51	71.4	128	12.6	56.1	10.5	1.01	6.58	0.95	6.3	1.31	3.54	0.4	2.4	0.37	27.1
	平均值	45.97	82.25	8.56	35.37	6.69	0.85	5.06	0.78	5.08	1.07	3.03	0.41	2.64	0.41	25.60

岩体名称	样品编号	稀土元素含量($w_B/\times10^{-6}$)			特征参数值						
		ΣREE	ΣLREE	ΣHREE	ΣL/ΣH	δEu	δCe	Sm/Nd	La/Sm	Ce/Yb	Eu/Sm
错青拉拉廖	XT0544-1	173.69	133.36	40.33	3.31	0.52	0.87	0.19	8.37	18.62	0.17
	XT0533-1	163.58	117.45	46.13	2.55	0.35	0.88	0.21	6.85	15.88	0.11
	XT55	229.13	188.29	40.84	4.61	0.53	1.00	0.18	6.10	57.40	0.15
	XT51	328.56	279.61	48.95	5.71	0.35	0.95	0.19	6.80	53.33	0.10
	平均值	223.74	179.68	44.06	4.04	0.44	0.92	0.19	7.03	36.31	0.13

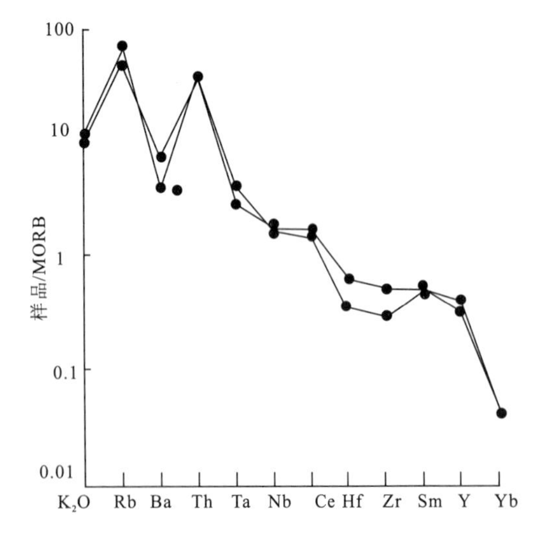

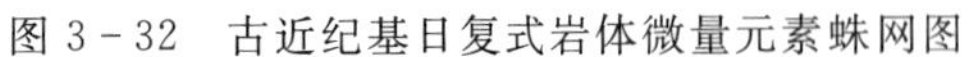

图 3-32　古近纪基日复式岩体微量元素蛛网图

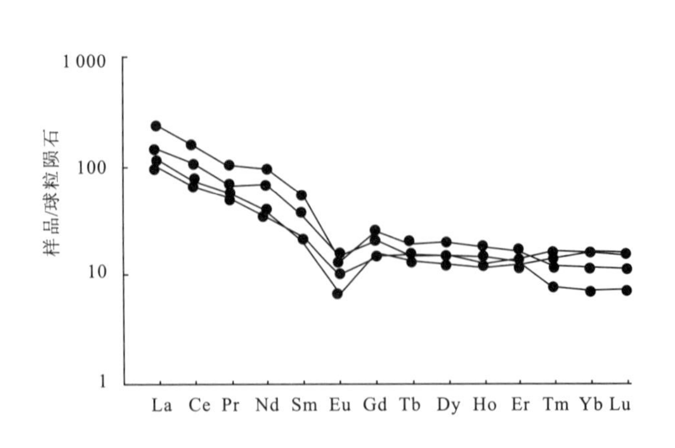

图 3-33　古近纪基日复式岩体稀土元素配分曲线

三、鲁公拉构造岩浆带

本岩浆带中酸—酸性侵入岩零星展布在图区北部的那曲-沙丁中生代弧后盆地构造单元内，北延邻幅，东西分别与边坝县幅和门巴区幅接镶，南缘受嘉黎区-甲贡-基日区域性大断裂所控制。总面积约 1 273.35km^2，占区内花岗岩类总面积的 23.11%。19 个侵入体各自占据自己的空间，时间上可分为早、晚白垩世、古近纪三个侵入阶段。

（一）早白垩世阿穷拉复式岩体

零星出露在嘉黎区-甲贡-基日区域性大断裂带上的北侧，共圈出侵入体 5 个，由擦秋卡中细粒黑云花岗闪长岩（$K_1\gamma\delta$）2 个侵入体和会也拉中粗粒二长花岗岩（$K_1\eta\gamma$）3 个侵入体构成阿穷拉结构加成分双重演化的一个复式岩体，出露面积约 150.09km^2。

1. 地质特征

各岩体空间分布受断裂构造控制较明显，侵入体走向与区域性近东西向构造线相协调。由西向东，会也拉、斯容错、曲昌错、发通单、阿兰多西侧等岩体均呈大小不一、形态各异的岩株状形式产出，但由于被后期岩体侵吞和断裂构造破坏，各侵入体保存不完整。与石炭纪—二叠纪来姑组、中侏罗世桑卡拉拥组、中—晚侏罗世拉贡塘组皆呈侵入（局部断层）接触，围岩产生上千米宽的热接触变质带，从内往外分别为红柱石角岩、大理岩、斑点状板岩、角岩化砂岩等。岩体与围岩界线呈波状弯曲，产状一般向外陡倾，倾角变化于 58°～75°区间内。侵入体边部常见细粒冷凝边，宽度 100cm。空间上该岩石组合群居性差，复式岩体内部各侵入体之间均未见直接接触，5 个侵入体均不同程度地遭受轻微的韧性剪切变形，发育糜棱岩叶理构造或流劈理，其内可见杯口大小的闪长质暗色包体，但数量较少，略作定向分布，阿兰多侵入体尚有较大型围岩残留体存在。综上特征表明该复式岩体侵位深度较大，浅剥蚀程度。

2. 岩石学特征

各岩体岩石学特征见表 3-31。两岩体均属一期结构类型，块状构造，矿物种类基本相同，矿物特征无明显差异。但岩石色率、岩石结构、矿物含量截然不同。从早期到晚期岩体，岩石色率趋浅，矿物粒度变粗，斜长石、黑云母、角闪石含量逐渐减少，钾长石、石英含量依次增加，岩石类型由中酸性向酸性演化，从而构成结构加成分双重演化特征。

表 3-31 早白垩世阿穷拉复式岩体岩石特征

岩体名称		演化方向 →	
		擦秋卡	会也拉
岩石类型		灰色中细粒黑云花岗闪长岩	浅灰色中粗粒二长花岗岩
构造		块状构造	
结构	类型	一期结构	
	特征	中细粒花岗结构，粒度 2.2mm×2.7mm、0.4mm×3.6mm、1.4mm×2.9mm、1.3×2mm	中粗粒半自形花岗结构，粒度 3～6mm、2.5～4.3mm、2.2～2.9mm
矿物特征及含量	斜长石	含量 45%，半自形板状，具细密聚片双晶和环带结构	含量 38%～34%，半自形—不规则状，聚片双晶清楚
	石英	含量 20%，不规则粒状、填隙状	含量 22%～27%，他形粒状，波状消光，斑块状消光
	钾长石	含量 10%，不规则粒状，充填于斜长石粒间，隐约见条纹、格子双晶	含量 30%～38%，半自形—自形状，条纹结构发育，为条纹长石
	角闪石	含量 9%～10%，自形—半自形长柱状、不规则柱状，较新鲜，绿—淡黄绿多色性，为普通角闪石，被黑云母交代	偶见或不见
	黑云母	含量 14%，片状，暗褐—淡褐多色性，不同程度绿泥石化，并析出绿帘石	含量 4%～5%，片状，浅黄—褐色多色性，多见绿泥石
副矿物		主要为磁铁矿、磷灰石、榍石，锆石偶见	磁铁矿、磷灰石、锆石含量微

3. 岩石化学特征

诸侵入体岩石化学成分、CIPW 标准矿物及有关参数见表 3-32。SiO_2 含量变化于 62.93%～76.09%之间，分属中酸性、酸性岩范围。与中国同类岩石相比较，早期岩体以富 Al_2O_3、Fe_2O_3+FeO、MgO+CaO 为特征，其他各氧化物平均含量较低，属 CaO+Na_2O+K_2O>Al_2O_3>Na_2O+K_2O 正常型硅过饱和岩石化学类型，σ 值均小于 1.8，具钙性花岗岩系特点，这从硅-碱与组合指数关系图解(图 3-34)中得到证实，A/CNK 值小于 1.1，在 A/NK-A/CNK 图解上(图 3-35)投影点均落入准铝质区内，会也拉岩体除 SiO_2 和 K_2O 含量明显偏高外，其余各氧化物含量略低，为 Al_2O_3>CaO+Na_2O+K_2O 铝过饱和岩石化学类型，里特曼指数大于 1.8，A/CNK=1.1，反映该岩石为钙碱性、过铝质的花岗岩类，与 SiO_2-[K_2O+Na_2O]和 A/NK-A/CNK 图解投点结果一致，总体反映该复式岩体具 I-S 型花岗岩双重特点。CIPW 标准矿物计算中，透辉石分子仅在擦秋卡岩体中出现，且 an>ab>or，Q 含量变化于 20.25～25.26 之间。而刚玉分子为晚次岩体所独有，其中 Q>or>ab>an，金属矿物在各岩石中均表现出 mt>il>ap。二长花岗岩固结指数明显低于花岗闪长岩，而 DI 值远大于花岗闪长岩的分异指数，指示岩浆越偏酸性分异程度越高，成岩固结性越差。

表 3-32　早白垩世阿穷拉复式岩体岩石化学成分、CIPW 标准矿物及特征参数表

岩体名称	样品编号	氧化物含量(w_B/×10^{-2})													
		SiO_2	TiO_2	Al_2O_3	Fe_2O_3	FeO	MnO	MgO	CaO	Na_2O	K_2O	P_2O_5	CO_2	H_2O^+	Σ
会也拉	GS0435-2	76.09	0.16	12.45	0.29	1.13	0.03	0.23	0.69	2.61	5.31	0.04	0.06	0.79	99.88
擦秋卡	GS0944-1	62.05	0.47	17.84	1.83	2.67	0.1	2.22	6.56	2.77	2.08	0.09	0.16	1	99.84
	GS1374-1	63.8	0.48	16.58	2.04	2.43	0.1	2.03	5.75	2.41	2.37	0.13	0.12	1.6	99.84
	平均值	62.93	0.48	17.21	1.94	2.55	0.1	2.13	6.16	2.59	2.23	0.11	0.14	1.3	99.84

岩体名称	样品编号	CIPW 标准矿物(w_B/×10^{-2})										特征参数值				
		ap	il	mt	Or	ab	an	Q	C	Di	Hy	DI	SI	A/CNK	σ	AR
会也拉	GS0435-2	0.09	0.31	0.42	31.68	22.30	3.22	38.50	1.25		2.22	92.49	2.40	1.10	1.89	
擦秋卡	GS0944-1	0.20	0.90	2.69	12.46	23.75	30.50	20.25		1.57	7.68	56.45	19.19	0.95	1.22	1.50
	GS1374-1	0.29	0.93	3.01	14.27	20.78	27.95	25.26		0.28	7.23	60.31	18.00	0.98	1.08	1.54
	平均值	0.24	0.92	2.85	13.36	22.27	29.23	22.75		0.92	7.46	58.38	18.59	0.96	1.15	1.52

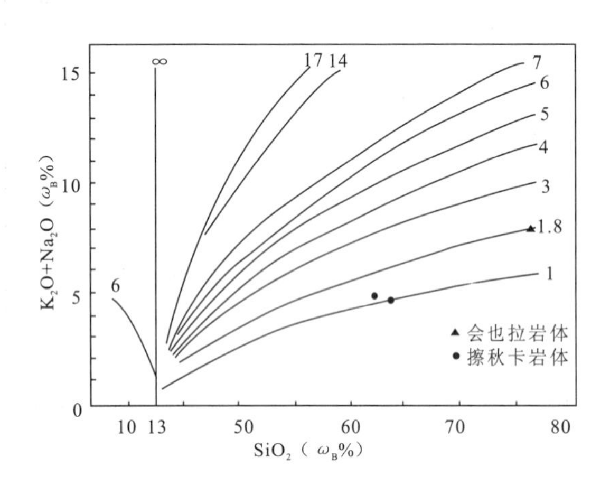

图 3-34　早白垩世阿穷拉复式岩体

SiO_2-[K_2O+Na_2O]图解

(据 Rittmann,1957)

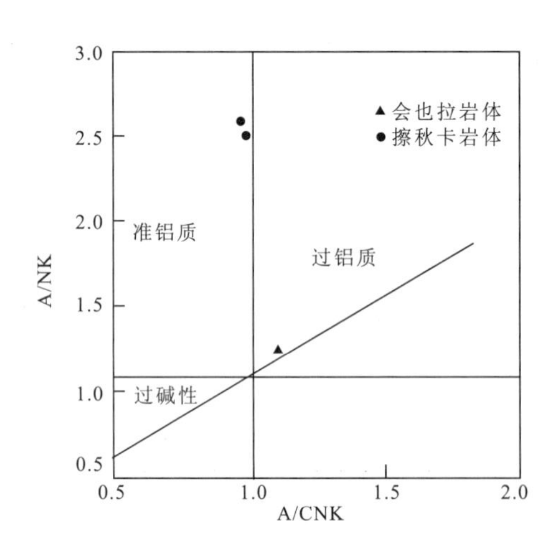

图 3-35　早白垩世阿穷拉复式岩体

A/NK-A/CNK 图解

(据 Maninar,Piccli,1989)

擦秋卡-会也拉岩体岩石化学成分表现出以下规律性的变化,即:SiO_2、MgO、Na_2O、K_2O 含量逐渐递增,其他氧化物含量依次减小,岩石化学类型由次铝型向铝过饱和类型演化。CIPW 标准矿物中石英、钾长石、钠长石含量由贫到富,钙长石、透辉石、紫苏辉石和铁质矿物则从富到贫。标准矿物组合经历了一个 Or+ab+an+Q+Di+Hy→Or+ab+an+Q+C+Hy 的变化过程。DI、A/CNK、σ 与 SI、AR 特征值分别增大与减小,上述变化规律标志着岩浆向酸性增强、富钾方向演化。

4. 岩石地球化学特征

(1)微量元素特征

分析后的微量元素组合及含量见表 3-33。不同侵入体大部分元素含量相近或相差较小,反映两岩体物源相同。表中微量元素与地壳的平均含量相比较,Hf、Sc 元素含量在各岩石中较为富集。

此外，大于背景值的元素尚有擦秋卡岩体中的Ni以及会也拉岩体中的Th、Sn等，其中Rb、Th、Ta、Nb、Zr、Sr元素含量自早而晚由低到高演化，Ba、Hf、Ni、Sr、Sc元素含量依次趋减。与洋中脊花岗岩标准值相比较，会也拉岩体各元素明显大于擦秋卡岩体的MORB标准化值。共同特点均表现出Rb和Th强烈富集，在图3-36中显示出两个特高峰点，K_2O、Ba较大于Ta和Ce，Nb元素接近或略大于1，Hf、Zr、Sm、Y、Yb均小于1，地球化学分布型式呈一向右陡倾的齿状曲线，这种分布型式反映了洛穷拉复式岩体的形成与碰撞作用有关。

表3-33　早白垩世阿穷拉复式岩体微量元素特征表

岩体名称	样品编号	微量元素组合及含量($w_B/\times10^{-6}$)										
		Rb	Ba	Th	Ta	Nb	Hf	Zr	Sn	Ni	Sr	Sc
会也拉	DY0435-2	362	171	26	1.9	12.9	3.5	120	3.4	5.2	48	3.9
擦秋卡	DY0944-1	94	265	9.4	1.3	9.3	3.5	93	1.4	11.4	250	11.7
	DY1374-1	113	336	17	1	9.2	3.8	114	0.6	11.3	247	12
	平均值	104	301	13.2	1.2	9.3	3.7	104	1.0	11.4	249	11.9
岩体名称	样品编号	MORB标准化值										
		K_2O	Rb	Ba	Th	Ta	Nb	Ce	Hf	Zr	Sm	Y	Yb
会也拉	DY0435-2	13.28	90.50	3.42	32.50	2.71	1.29	2.00	0.39	0.35	0.76	0.47	0.05
擦秋卡	DY0944-1	5.20	23.50	5.30	11.75	1.86	0.93	1.03	0.39	0.27	0.35	0.24	0.03
	DY1374-1	5.93	28.25	6.72	21.25	1.43	0.92	1.84	0.42	0.34	0.50	0.27	0.03
	平均值	5.57	25.88	6.01	16.50	1.64	0.93	1.44	0.41	0.30	0.43	0.25	0.03

(2)稀土元素特征

表3-34中反映，稀土∑REE在早期岩体中略低于中国同类花岗岩丰度值，而晚次岩体十分接近于碱性花岗岩的背景值，LREE/HREE＞1，δEu＜1，δCe＜1，二长花岗岩Sm/Nd比值参数较花岗闪长岩高，而Eu/Sm比值较擦秋卡岩体要低，由此反映阿穷拉复式岩体在上升和就位过程中曾不同程度地受到围岩的污染。Ce/Yb比值较低，表明岩浆部分熔融程度较低，但分离结晶程度高。

稀土元素演化特点共同表现在两岩体均属轻稀土富集，重稀土亏损型，配分模式皆为右倾斜式曲线(图3-37)，显示较明显的铕负异常，铈弱负异常。从早期擦秋卡至晚次会也拉岩体，稀土∑REE逐渐递增，LREE/HREE比值依次递减。随着时间的推移，铕处"V"型谷愈来愈显著，δCe值由小变大。La/Yb、La/Sm、Ce/Yb、Eu/sm比值趋小，Sm/Nb值变大。

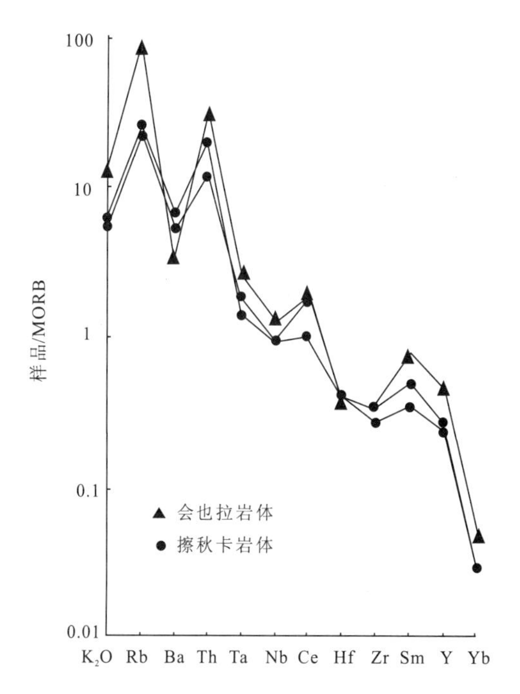

图3-36　早白垩世阿穷拉复式岩体微量元素蛛网图

表 3－34　早白垩世阿穷拉复式岩体稀土元素含量及特征参数表

岩体名称	样品编号	稀土元素含量($w_B/\times10^{-6}$)														
		La	Ce	Pr	Nd	Sm	Eu	Gd	Tb	Dy	Ho	Er	Tm	Yb	Lu	Y
会也拉	XT0435－2	34	70.13	8.2	30.3	6.84	0.5	6.23	1.06	6.45	1.26	3.58	0.6	3.86	0.57	33.12
擦秋卡	XT0944－1	19.29	36.07	4.25	15.7	3.19	0.81	3.02	0.51	3.16	0.64	1.85	0.31	2.18	0.35	16.65
	XT1374－1	35.5	64.45	7.16	25.65	4.53	0.96	4.25	0.68	3.9	0.8	2.22	0.35	2.29	0.39	18.79
	平均值	27.40	50.26	5.71	20.68	3.86	0.89	3.64	0.60	3.53	0.72	2.04	0.33	2.24	0.37	17.72

岩体名称	样品编号	稀土元素含量($w_B/\times10^{-6}$)			特征参数值						
		∑REE	∑LREE	∑HREE	∑L/∑H	δEu	δCe	Sm/Nd	La/Sm	Ce/Yb	Eu/Sm
会也拉	XT0435－2	206.7	149.97	56.73	2.64	0.23	0.98	0.23	4.97	18.17	0.07
擦秋卡	XT0944－1	107.98	79.31	28.67	2.77	0.79	0.92	0.20	6.05	16.55	0.25
	XT1374－1	171.92	138.25	33.67	4.11	0.66	0.92	0.18	7.84	28.14	0.21
	平均值	139.95	108.78	31.17	3.44	0.72	0.92	0.19	6.94	22.34	0.23

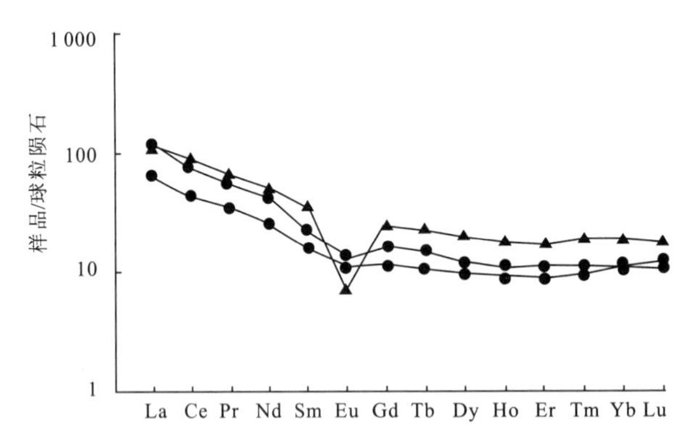

图 3－37　早白垩世阿穷拉复式岩体稀土元素配分曲线

5.同位素年代学

本次工作对擦秋卡岩体花岗闪长岩进行了单矿物锆石 U－Pb 同位素地质年龄测试，锆石均为长柱状，透明—半透明，属岩浆成因锆石，经$^{206}Pb/^{238}U$、$^{207}Pb/^{235}U$ 投点，选送 U－Pb0944－1 样品中的 2 号和 3 号点均较密集在谐和线，因此 133±7Ma 可代表该岩体的成岩年龄。另在会也拉岩体二长花岗岩中获得 K－Ar 同位素年龄值 112±2.3Ma，结合区域地质构造背景参照阿穷拉复式岩体侵入到中—晚侏罗统拉贡塘组地层之中以及被晚白垩世岩体所超动，故将其侵位时代确定为早白垩世。

（二）晚白垩世汤目拉复式岩体

该复式岩体呈不规则的带状断续展布在图幅的北部广大区域。具体地理位置西起冷拉和格拉西图边，向东经游郁拉—依布亲拉—穷冲—汤目拉以东等地进入边坝县幅，北延邻幅，西与门巴区幅嵌接，共圈定 12 个侵入体，出露面积约 1 111.92km^2。根据同位素结果、岩石类型、岩石结构及接触关系等特征描绘出四个填图单位，从早到晚分别为卡步清中细粒黑云二长花岗岩($K_2\eta\gamma^a$)3 个侵入体、档庆日中粗粒黑云二长花岗岩($K_2\eta\gamma^b$)2 个侵入体、边坝区斑状黑云二长花岗岩($K_2\pi\eta\gamma$)5 个侵入体、拔阳拉中粗粒(不等粒)钾长花岗岩($K_2\xi\gamma$)2 个侵入体，构成一结构加成分双重演化的汤目拉复式岩体。

1. 地质特征

各深成侵入体明显受近东西向构造控制，呈近东西向串状分布。以汤目拉岩基较为典型，不仅出露面积最大，而且组成岩类相对较全，故冠以复式岩体名称。格拉、央夺、洞希浦3个孤立侵入体区内仅见少部分出露，主体在比如县幅，前者西延邻幅，后者产状呈北东—南西向。冷拉侵入体向西进入门巴区幅，郁拉、洛玛削、倍母拉等侵入体规模最小，均呈岩株状形式产出。上述岩体与石炭纪—二叠纪来姑组，中侏罗世马里组、桑卡拉拥组，中—晚侏罗世拉贡塘组，早白垩世多尼组地层及早白垩世阿穷拉复式岩体均呈侵入或断层接触。围岩常产生0.5～5km不等的热接触变质带，由内向外分别出现大理岩化灰岩、堇青石、红柱石角岩、斑点状板岩、角岩化变质砂岩。内接触带岩石颗粒变细，暗色矿物相对增多，部分地段可见5余米宽的细粒冷凝边组构，岩体与围岩界线呈舒缓的波状弯曲，界面多向外陡倾，倾角变化于50°～75°之间。由于后期岩体侵入，断裂构造破坏，绝大多数岩体保存不完整，空间上群居性不强，复式岩体内部边坝区斑状黑云二长花岗岩与卡步清中细粒黑云二长花岗岩和档庆日中粗粒黑云二长花岗岩均呈脉动型接触关系。其中档庆日岩体与卡步清岩体、拔阳拉中粗粒（不等粒）钾长花岗岩与前三个较早岩体均未见直接接触。各侵入体普遍遭受轻微韧性变形，发育弱糜棱岩化叶理构造，围岩包体与叶理产状一致平行于接触面产状，向内暗色闪长质包体做无序状不均匀分布，格拉、拔阳拉两侵入体中尚见有规模较大的围岩残留层。综上特征表明汤目拉复式岩体侵位深度较大，形成后剥蚀深度不大。

2. 岩石学特征

各岩体岩石特征对比于表3-35中，四岩体均属一期结构类型，块状构造，矿物种类相同，矿物特征基本相似。但岩石色率、矿物含量、矿物大小等明显不同，并具以下变化规律。从早期到晚期岩体岩石色率降低，钾长石、石英含量依次增加，斜长石、黑云母含量递减，矿物颗粒具增大趋势，副矿物含量趋减，岩石类型由酸性向酸偏碱性方向演化。

3. 岩石化学特征

各岩体岩石化学成分、CIPW标准矿物及特征参数见表3-36。不同岩体或同一岩体非相同侵入体，岩石基本化学成分含量比较相近，说明各侵入体物源基本相同，SiO_2 含量皆大于70%，均属酸性岩范畴。与中国同类花岗岩相比，卡步清岩体 SiO_2 含量稍有偏低，TiO_2、FeO、CaO、K_2O 略高，其他氧化物含量略低，后期3个晚次岩体均以富 SiO_2、K_2O、TiO_2，贫 Al_2O_3、Na_2O、MnO、P_2O_5 和 Fe_2O_3、FeO及CaO+MgO为特征，里特曼指数基本上均大于1.8，小于3.3，属钙碱性岩系，多数样品A/CNK值小于1.1，少部分样品A/CNK比值略小于1.1。在 SiO_2-[K_2O+Na_2O]图解（图3-38）上，各成分点均投影在1.8～3.3区段内，据A/NK-A/CNK作图投点（图3-39）落入过铝质区的边界线附近，表示I-S型花岗岩之特点。CIPW标准矿物计算中仅见刚玉分子，而不见透辉石，均属硅铝过饱和型。过饱和矿物石英标准分子含量较高，Or＞ab＞an，个别样品出现赤铁矿分子，DI值大，SI值小，表明岩浆分异程度高，成岩固结性差。

据上述，汤目拉复式岩体岩石化学共同特征主要表现在以下几个方面。皆属 $Al_2O_3>K_2O+Na_2O+CaO$ 铝过饱和岩石化学类型，均为钙碱性、过铝质花岗岩类，标准矿物组合一致表现为Or+ab+an+Q+C+Hy硅铝过饱和型。从卡步清—档庆日—边坝区—拔阳拉岩体 SiO_2 含量由早而晚呈阶梯状增加，TiO_2、FeO、MnO、CaO平均值具落差式递减，CIPW标准矿物计算中，石英与紫苏辉石分别增大与减小，DI值具明显的加大趋势，多数标准矿物和特征值规律性不强，可能与该复式岩体大面积分布有不同结构的二长花岗岩有关。

表 3-35　晚白垩世汤目拉复式岩体岩石特征

岩体名称		演化方向 →			
		卡步清	挡庆日	边坝区	拔阳拉
岩石类型		灰色中细粒黑云二长花岗岩	灰色中粗粒黑云二长花岗岩	浅灰色斑状黑云二长花岗岩	浅肉红色中粗粒(不等粒)钾长花岗岩
构造		块状构造			
结构	类型	一期结构			
	特征	变余中细粒花岗结构，粒径0.9～1.3mm、1.3～4.5mm、0.7～2.4mm	中粗花岗结构，粒度1.8mm×4mm、3mm×7.5mm、2mm×5mm	似斑状结构，斑晶5mm×10mm、3.2mm×4.3mm。基质中细粒花岗结构，0.8mm×1.18mm、1mm×3mm	中粗粒或不等粒结构，粒径3.4mm×4.5mm、1.8mm×2.9mm、3.6mm×6.9mm
矿物特征及含量(%)	斜长石	含量35%～38%，不规则半自形板状，细密聚片双晶发育，属更长石	含量30%～35%，半自形板状一不规则状，具聚片双晶，少数见环带结构	斑晶含量10%～12%，板状，聚片双晶发育，环带可见。基质含量18%～23%，板条状自形晶，多见聚片双晶	含量18%～20%，半自形不规则状，聚片双晶发育，细而密的纳长双晶有时被扭折
	石英	含量20%～24%，不规则他形粒状晶，充填于长石间隙，内部波状消光明显	含量23%～24%，不规则粒状，表面干净，晶体大小形态受其他矿物间隙的控制	斑晶含量9%～12%，基质含量:12%～15%。不规则粒状，少数颗粒较好，可见裂纹	含量23%～29%，具破碎和极强的波状消光，有时见蠕虫状钾长石分布于其中
	钾长石	含量25%～29%，不规则一半自形板状，发育卡式双晶和条纹结构，属正长条纹长石	含量30%～37%，半自形一自形晶，多见条纹，可见格子双晶，为微斜条纹长石	斑晶含量10%～15%，基质含量20%～28%。板状，见简单双晶和条纹结构，为正长条纹长石	含量45%～56%，多呈半自形板状，具简单双晶和条纹结构，为微斜条纹长石
	黑云母	含量10%～13%，不规则片状，暗褐绿一淡褐绿多色性，吸收性明显	含量9%～8%，暗褐一淡褐色多色性，强绿泥石化，并析出绿帘石和铁质	斑晶含量1%～2%，基质含量4%～5%，片状，暗褐红色一淡褐多色性，吸收性明显	含量2%～5%，不规则片状，暗褐一淡褐多色性，吸收性明显
副矿物		以榍石为主，磁铁矿、磷灰石、褐帘石、锆石次之	褐帘石、榍石、磁铁矿、锆石等含量微	磁铁矿、磷灰石、榍石，锆石多分布在黑云母边缘	磁铁矿、磷灰石、锆石多呈包体分布于黑云母中，使其产生暗色晕圈

表 3-36　晚白垩世汤目拉复式岩体岩石化学成分 CIPW 标准矿物及特征参数表

岩体名称	样品编号	氧化物含量(w_B/×10^{-2})													
		SiO_2	TiO_2	Al_2O_3	Fe_2O_3	FeO	MnO	MgO	CaO	Na_2O	K_2O	P_2O_5	CO_2	H_2O^+	Σ
拔阳拉	GS0422-1	76	0.16	12.41	0.73	0.73	0.03	0.2	0.83	2.46	5.15	0.03	0.62	0.53	99.88
	GS0020-2	73.21	0.31	13.15	0.68	1.98	0.05	0.36	1.53	2.45	5.01	0.08	0.07	0.95	99.83
	平均值	74.61	0.24	12.78	0.71	1.36	0.04	0.28	1.18	2.46	5.08	0.06	0.35	0.74	99.86
边坝区	GS0890-1	73.03	0.33	13.59	0.31	1.87	0.05	0.52	1.52	3.03	4.73	0.15	0.09	0.62	99.84
	GS0892-1	70.47	0.47	14.29	0.6	2.3	0.06	0.81	1.89	2.98	4.95	0.16	0.06	0.79	99.83
	GS1249-1	72.85	0.24	14.52	0.45	1.17	0.04	0.55	1.29	3.05	4.59	0.18	0.04	0.88	99.85
	P9GS7-1	75.73	0.21	12.75	1.32	0.4	0.01	0.14	0.28	2.87	5.78	0.04	0.12	0.24	99.89
	平均值	73.02	0.31	13.79	0.67	1.44	0.04	0.51	1.25	2.98	5.01	0.13	0.08	0.63	99.85

续表 3-36

岩体名称	样品编号	氧化物含量($w_B/\times10^{-2}$)													
		SiO_2	TiO_2	Al_2O_3	Fe_2O_3	FeO	MnO	MgO	CaO	Na_2O	K_2O	P_2O_5	CO_2	H_2O^+	Σ
档庆日	GS0900-1	73.93	0.22	13.97	0.29	1.17	0.03	0.28	0.71	2.65	5.68	0.25	0.05	0.62	99.85
	GS0571-1	70.98	0.39	14.63	0.45	1.97	0.06	0.71	1.9	2.87	4.97	0.16	0.12	0.62	99.83
	平均值	72.46	0.31	14.30	0.37	1.57	0.05	0.50	1.31	2.76	5.33	0.21	0.09	0.62	99.84
卡步清	GS0907-2★	70.26	0.54	14.18	0.55	2.5	0.05	0.65	2.39	2.57	5.01	0.15	0.18	0.76	99.79

岩体名称	样品编号	CIPW 标准矿物($w_B/\times10^{-2}$)										特征参数值				
		ap	il	mt	Or	ab	an	Q	C	Di	Hy	DI	SI	A/CNK	σ	AR
拔阳拉	GS0422-1	0.07	0.31	1.07		30.82	21.08	3.99	40.25	1.36	1.04	92.16	2.16	1.11	1.75	3.70
	GS0020-2	0.18	0.60	1.00		29.96	20.98	7.21	35.39	1.10	3.59	86.33	3.44	1.07	1.83	3.07
	平均值	0.13	0.46	1.04		30.38	21.07	5.57	37.80	1.23	2.31	89.25	2.83	1.09	1.79	3.35
边坝区	GS0890-1	0.33	0.63	0.45		28.20	25.86	6.72	32.70	1.05	4.06	86.76	4.97	1.06	2.00	3.11
	GS0892-1	0.35	0.90	0.88		29.55	25.47	8.52	28.24	0.95	5.13	83.26	6.96	1.04	2.28	2.92
	GS1249-1	0.40	0.46	0.66		27.42	26.09	5.40	34.12	2.60	2.86	87.62	5.61	1.18	1.95	2.87
	P9GS7-1	0.09	0.40	0.72	0.83	34.32	24.40	1.16	36.38	1.36	0.35	95.10	1.33	1.11	2.28	4.95
	平均值	0.29	0.60	0.68	0.83	29.87	25.45	5.45	32.86	1.49	3.10	88.19	4.72	1.10	2.13	3.46
档庆日	GS0900-1	0.55	0.42	0.42		33.84	22.61	2.07	35.04	2.73	2.32	91.48	2.78	1.18	2.24	3.62
	GS0571-1	0.35	0.75	0.66		29.64	24.51	8.56	29.58	1.43	4.52	83.72	6.47	1.08	2.19	2.80
	平均值	0.45	0.58	0.54		31.74	23.56	5.32	32.31	2.08	3.42	87.60	4.63	1.13	2.21	3.21
卡步清	GS0907-2★	0.33	1.04	0.81		29.95	22.00	11.10	29.25	0.51	5.01	81.20	5.76	1.01	2.09	2.69

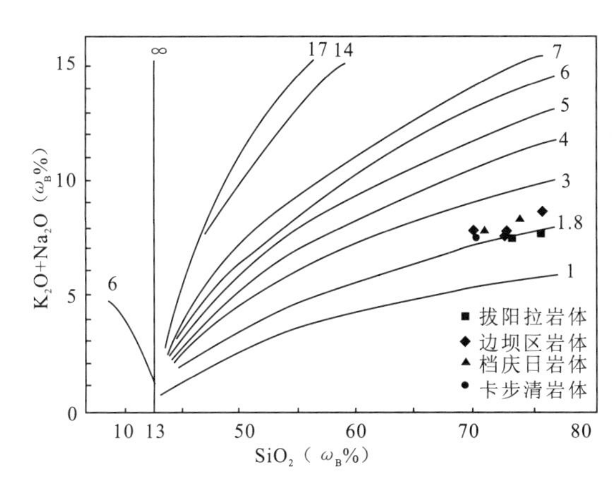

图 3-38 晚白垩世汤目拉复式岩体

SiO_2-[K_2O+Na_2O]图解

(据 Rittmann,1957)

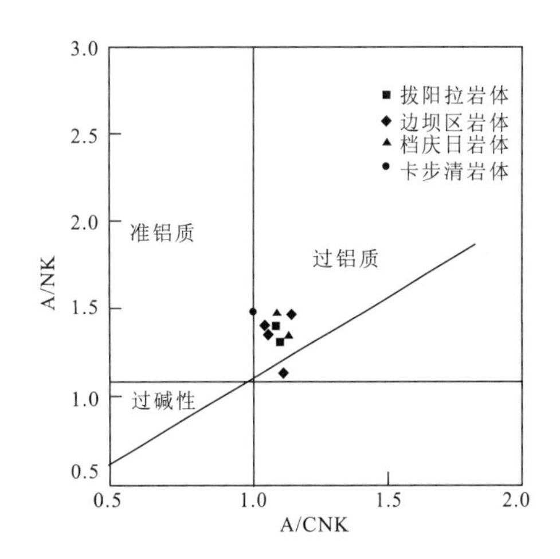

图 3-39 晚白垩世汤目拉复式岩体

A/NK-A/CNK 图解

(据 Maninar,Piccli,1989)

4. 岩石地球化学特征

(1)微量元素特征

各岩体微量元素组合及含量见表3－37。各侵入体之间大部分元素的平均含量相近或相差较小,显示它们是同一演化阶段的岩浆多次脉动的产物。与地壳背景值相对照,总体是富Rb、Th、Hf、Sn、Sc,贫Ba、Ta、Nb、Zr、Ni、Sr,其中Hf元素具局部高点富集信息。该复式岩体从早到晚微量元素仅Sr含量逐渐递减,其余各元素含量不稳定变化可能与岩浆上升和定位过程中物化条件不稳定,元素扩散差异与围岩的同化混浆有关。

表3－37　晚白垩世汤目拉复式岩体微量元素特征表

岩体名称	样品编号	微量元素组合及含量($w_B/\times10^{-6}$)										
		Rb	Ba	Th	Ta	Nb	Hf	Zr	Sn	Ni	Sr	Sc
拔阳拉	DY0422－1	268	173	29.4	1.5	12.2	4.8	150	2.1	2.1	30	2.8
	DY0020－2	211	373	19.3	0.99	12	6	230	3	3.9	106	6.1
	平均值	240	273	24.4	1.2	12.1	5.4	190	2.6	3.0	68	4.5
边坝区	DY0890－1	498	209	28.6	5.9	19.7	4.6	151	17	7.4	102	5.1
	DY0892－1	346	328	31.9	2.8	17.3	5.7	197	9.5	9.6	133	6.8
	DY1249－1	330	244	17	3.2	17.5	2.3	90	6.3	9.8	112	4.3
	P9DY7－1	323	136	43	1.3	11.9	7.3	236	12.1	4.9	26	3.1
	平均值	374	229	30.1	3.3	16.6	5.0	169	11.2	7.9	93	4.8
档庆日	DY0900－1	486	135	17.7	3.6	21.6	2.9	95	18.9	5.5	54	1.3
	DY0571－1	455	293	42.2	3.2	21.1	5.9	197	11.6	6	166	5.4
	平均值	471	214	30.0	3.4	21.4	4.4	146	15.3	5.8	110	3.4
卡步清	DY0907－2★	246	633	31.2	1.3	15.6	8	295	3.4	5.4	194	6

岩体名称	样品编号	MORB标准化值											
		K_2O	Rb	Ba	Th	Ta	Nb	Ce	Hf	Zr	Sm	Y	Yb
拔阳拉	DY0422－1	12.88	67.00	3.46	36.75	2.14	1.22	3.46	0.53	0.44	1.16	0.53	0.05
	DY0020－2	12.53	52.75	7.46	24.13	1.41	1.20	3.82	0.67	0.68	0.93	0.28	0.03
	平均值	12.70	59.88	5.46	30.44	1.78	1.21	3.64	0.60	0.56	1.04	0.40	0.04
边坝区	DY0890－1	11.83	124.50	4.18	35.75	8.43	1.97	1.99	0.51	0.44	0.71	0.32	0.03
	DY0892－1	12.38	86.50	6.56	39.88	4.00	1.73	2.30	0.63	0.58	0.86	0.40	0.04
	DY1249－1	11.48	82.50	4.88	21.25	4.57	1.75	1.26	0.26	0.26	0.46	0.14	0.01
	P9DY7－1	14.45	80.75	2.72	53.75	1.86	1.19	3.11	0.81	0.69	0.92	0.71	0.07
	平均值	12.53	93.56	4.59	37.66	4.71	1.66	2.17	0.55	0.50	0.74	0.39	0.04
档庆日	DY0900－1	14.20	121.50	2.70	22.13	5.14	2.16	1.30	0.32	0.28	0.56	0.13	0.01
	DY0571－1	12.43	113.75	5.86	52.75	4.57	2.11	3.12	0.66	0.58	1.03	0.37	0.03
	平均值	13.31	117.63	4.28	37.44	4.86	2.14	2.21	0.49	0.43	0.79	0.25	0.02
卡步清	DY0907－2★	12.53	61.50	12.66	39.00	1.86	1.56	3.40	0.89	0.87	1.03	0.34	0.03

从MORB标准化值及地球化学分布蛛网图上(图3－40)可以看出,汤目拉复式岩体以其Rb、Th居高和K_2O、Ba较次为特征。Ta、Ce、Nb元素均呈不均匀状稍大于洋中脊花岗岩的标准值,

Hf、Zr、Sm、Y 皆小于 1，而 Yb 元素具有极低的表现。由于 Rb、Th 的强烈富集和 Hf、Zr、Sm、Y、Yb 的极度亏损，使整个蛛网图谱构成一个向右倾斜的拖尾状“M”型，这一形式相似于中国西藏、云南同碰撞花岗岩曲线，更加接近于英格兰西南部同碰撞花岗岩微量元素的蛛网图形。

(2)稀土元素特征

汤目拉复式岩体稀土元素分析结果及特征参数值见表 3-38，稀土模式配分曲线如图 3-41。不同岩体稀土ΣREE 均较高，配分型式亦较相似，均属轻稀土富集，重稀土亏损型，δEu 值在 0.31～0.47 之间，有不同程度的铕负异常，δCe 值均略小于 1，显示铈弱负异常。Sm/Nd 比值接近或等于 0.2，Eu/Sm 算术结果均小于 0.15，显壳层型花岗岩类的特点。La/Yb 和 La/Sm 比值参数变化范围窄，Ce/Yb 比值较大，反映岩浆部分熔融程度较高，但分离结晶程度较低。

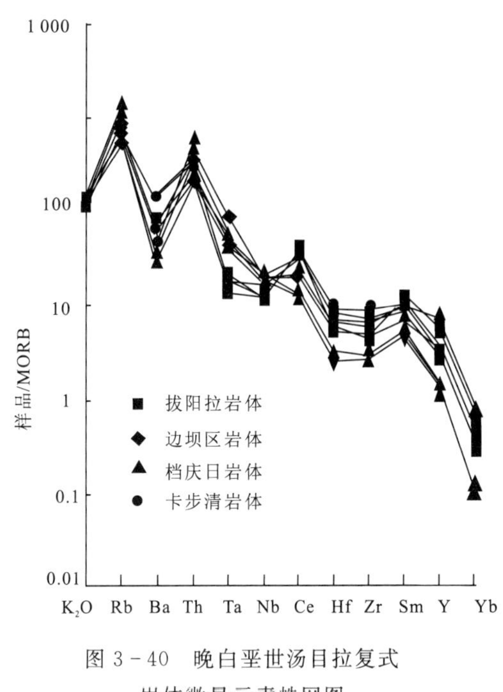

图 3-40　晚白垩世汤目拉复式岩体微量元素蛛网图

表 3-38　晚白垩世汤目拉复式岩体稀土元素含量及特征参数表

岩体名称	样品编号	稀土元素含量($w_B/\times10^{-6}$)														
		La	Ce	Pr	Nd	Sm	Eu	Gd	Tb	Dy	Ho	Er	Tm	Yb	Lu	Y
拔阳拉	XT0422-1	64.15	121.2	15.23	55.91	10.44	0.54	8.74	1.39	7.88	1.54	4.21	0.67	4	0.59	36.86
	XT0020-2	72.35	133.6	15.09	51.09	8.35	1.09	6.13	0.89	4.47	0.89	2.41	0.36	2.11	0.32	19.41
	平均值	68.25	127.4	15.16	53.5	9.40	0.82	7.44	1.14	6.18	1.22	3.31	0.52	3.06	0.46	28.14
边坝区	XT0890-1	36.05	69.75	8.65	31.29	6.36	0.69	5.25	0.86	4.66	0.88	2.43	0.42	2.65	0.39	22.38
	XT0892-1	41.9	80.62	10.25	37.92	7.72	0.9	6.08	0.99	5.51	1.1	3.03	0.49	3.11	0.45	27.73
	XT1249-1	23.54	44.14	5.6	20.07	4.1	0.62	3.03	0.43	2.09	0.39	1.01	0.16	0.96	0.14	10.09
	P9XT7-1	64.25	108.8	13.03	41.06	8.32	0.45	7.5	1.35	8.94	1.85	5.39	0.9	5.65	0.85	49.39
	平均值	4144	75.83	9.38	32.59	6.63	0.67	5.47	0.91	5.30	1.06	2.97	0.49	3.09	0.46	27.40
档庆日	XT0900-1	21.5	45.6	5.7	20.42	5.03	0.47	4.28	0.56	2.53	0.38	0.85	0.12	0.62	0.08	9.42
	XT0571-1	55.65	109.2	13.22	47.47	9.24	0.97	6.93	1.07	5.44	1.02	2.59	0.42	2.5	0.35	25.56
	平均值	38.58	77.40	9.46	33.95	7.14	0.72	5.61	0.82	3.99	0.70	1.72	0.27	1.56	0.22	17.49
卡步清	XT0907-2★	62.07	119	14.28	52.1	9.28	1.29	7.02	1.05	5.46	1.03	2.77	0.41	2.37	0.32	23.9

岩体名称	样品编号	稀土元素含量($w_B/\times10^{-6}$)			特征参数值						
		ΣREE	ΣLREE	ΣHREE	ΣL/ΣH	δEu	δCe	Sm/Nd	La/Sm	Ce/Yb	Eu/Sm
拔阳拉	XT0422-1	333.35	267.47	65.88	4.06	0.17	0.90	0.19	6.14	30.30	0.05
	XT0020-2	318.56	281.57	36.99	7.61	0.45	0.93	0.16	8.66	63.32	0.13
	平均值	325.96	274.52	51.44	5.84	0.31	0.92	0.18	7.40	46.81	0.09
边坝区	XT0890-1	192.71	152.79	39.92	3.83	0.36	0.92	0.20	5.67	26.32	0.11
	XT0892-1	227.8	179.31	48.49	3.70	0.39	0.91	0.20	5.43	25.92	0.12
	XT1249-1	116.37	98.07	18.3	5.36	0.52	0.90	0.20	5.74	45.98	0.15
	P9XT7-1	317.73	235.91	81.82	2.88	0.17	0.86	0.20	7.72	19.26	0.05
	平均值	213.65	166.52	47.13	3.94	0.36	0.90	0.20	6.14	29.37	0.11
档庆日	XT0900-1	117.56	98.72	18.84	5.24	0.30	0.97	0.25	4.27	73.55	0.09
	XT0571-1	281.63	235.75	45.88	5.14	0.36	0.94	0.19	6.02	43.68	0.10
	平均值	199.60	167.24	32.36	5.19	0.33	0.96	0..22	5.15	58.61	0.10
卡步清	XT0907-2★	302.35	258.02	44.33	5.82	0.47	0.93	0.18	6.69	50.21	0.14

该复式岩体从早到晚稀土特征方面以其规律性不强为特征，进一步说明了岩浆在上升演化过程中物化条件不稳定和同化混浆作用的存在，而区别于测区其他复式岩体的特征。

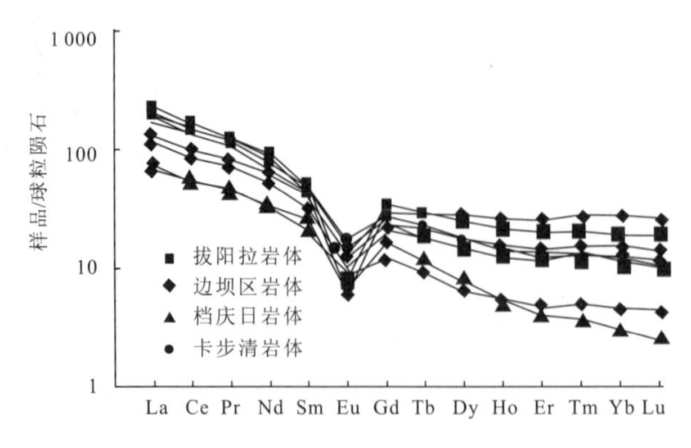

图 3-41　晚白垩世汤目拉复式岩体稀土元素配分曲线

5. 包体特征

据有关地质点描述，各岩体中均含有围岩异源包体，同时或多或少含有同源暗色闪长质深源包体，尤其在斑状黑云二长花岗岩侵入体内更加显著（图版Ⅱ，8）。包体形态多为透镜状、浑圆状、饼状、不规则状，大小一般在 10cm×20cm，少数个别可达 0.5cm×100cm，野外尺度内局部富集，并具定向排列，其长轴方向与侵入体延长方向基本一致，长宽比大多在 2∶1～3∶5 之间。因包体与寄主岩风化差异，地表形态多呈瘤状凸起或凹坑状，岩石致密坚硬，色率高，与寄主岩界线十分清楚。包体粒度较寄主岩细，块状构造，岩石由斜长石（60%）、石英（5%）、黑云母（10%）、角闪石（24%）、磷灰石（0.5%）及不透明等矿物（0.5%）构成。并见有骤冷条件下形成的长柱状角闪石或针状磷灰石，标志着包体是在岩体形成时边缘较基性物质由于同围岩温度梯度大形成冷凝边，被后续岩浆冲碎带出而定位形成，属同源自碎包体，这从岩石中含大量暗色矿物可得到傍证。

6. 同位素年代学

该复式岩体侵入最新地层为早白垩世多尼组和早白垩世阿穷拉复式岩体，并被古近纪查纳弄巴岩体二云二长花岗岩所超动，由此推断本复式岩体形成时代应晚于早白垩世而早于古近纪。本次工作又在档庆日岩体中粗粒黑云二长花岗岩进行了单矿物锆石 U-Pb 同位素地质年龄测试，锆石均为长柱状、透明—半透明，属岩浆成因锆石。经 $^{206}Pb/^{238}U$、$^{207}Pb/^{235}U$ 投点，选送 U-Pb0900-1 样品中的 2 号和 3 号及 4 号点均较密集在谐和线，因此 73±9Ma 可代表该岩体的成岩年龄。另有 5 件测年样品（《1∶25 万边坝县幅区域地质调查报告》①，西藏地调院，2005）分别取自卡步清岩体和边坝区岩体及拔阳拉岩体之岩石中，依次获取 K-Ar 法同位素年龄值 70.9Ma 和 73.5Ma、77Ma 以及 87.06±0.82Ma、67.43±0.91Ma，前人（《1∶100 万拉萨幅区域地质矿产调查报告》，西藏地质局综合普查大队，1979）在拔阳拉岩体中获得 K-Ar 法同位素年龄值 93.3Ma。综上所述同位素年龄特征值，结合区域地质构造背景以及各岩体之间的接触关系，故将其形成时代归属为晚白垩世无疑。

（三）古近纪查纳弄巴岩体

该岩体零星露布在图幅东北隅查纳弄巴峡谷地段的东西两侧，由 2 个侵入体组成，岩性为中细

① 西藏地调院. 1∶25 万边坝县幅区域地质调查报告. 2005. 全书相同

粒(不等粒)二云二长花岗岩(Emc$\eta\gamma$),展布面积约 11.34km^2。

1. 地质特征

各侵入体受北西—南东向走滑断裂构造控制,一致做北西—南东向平行分布。其中北部侵入体保存相对较完整,南部侵入体由于断裂构造破坏而出露不全,空间上两侵入体均呈小岩株状形式产出。与中侏罗世马里组、桑卡拉拥组,晚白垩世汤目拉复式岩体均呈侵入或断层接触(图 3-42)。围岩热接触变质作用不十分明显,部分地段产生红柱石二云母石英片岩、斑点绿泥绢云母千枚板岩等,一般带宽 5~10m,接触面多呈港湾状弯曲,并斜切地层层理,局部地段较平整,与区域产状近乎平行,侵入体一般外倾,倾角在 40°~65°之间。内接触带岩石具动力变形特征,发育平行接触面糜棱面理构造,越靠近接触面面理构造越强,南部侵入体东端常见 10~40cm 宽的细粒冷凝边。各侵入体中基本不含同源暗色包体,但在南部侵入体中记录有大小不等、形态各异的围岩捕虏体,表明该岩体为浅剥蚀的中深成岩相。

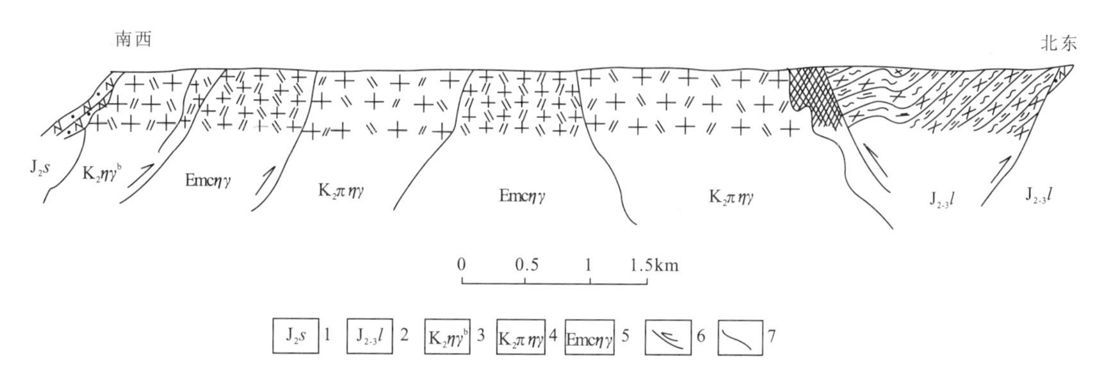

图 3-42 边坝县金岭乡晚白垩世汤目拉复式岩体、古近纪查纳弄巴岩体实测剖面图(P9)

1. 中侏罗世桑卡拉佣组;2. 中—晚侏罗世拉贡塘组;3. 晚白垩世挡庆日岩体;4. 晚白垩世边坝区岩体;5. 古近纪查纳弄巴岩体;6. 实测逆断层;7. 侵入界线

2. 岩石学特征

综合野外调查表明,出露在不同地理位置上的各侵入体岩石均为较统一的灰色,块状构造,粒度以中细粒者占绝对优势,局部地段出现细粒或似斑状结构,这与岩浆结晶分异不均匀有关。显微结果表现为变余中细粒花岗结构、不等粒结构,矿物成分中斜长石 27%~29%、石英 25%~28%、钾长石 32%~37%、黑云母 2%~5%、白云母 3%~10%。粒径以 1.5mm×2.2mm 为主,0.35mm 较次,少数为 2.7mm×4.3mm,个别达 2.3mm×6.8mm。斜长石半自形板状、不规则状,细密聚片双晶较发育,属更长石,中等—较强烈绢云母化、帘石化、高岭石化。石英不规则他形粒状,充填于长石粒间空隙,内部波状消光明显。钾长石多为不规则粒状,少数呈半自形板状,晶内包含斜长石、石英小晶体,发育卡氏巴双晶和条纹结构,属正长条纹长石。黑云母不规则片状,多数新鲜,暗褐绿—淡褐绿色多色性,吸收不明显,有被压碎现象。白云母常呈弯曲片状,部分边缘的解理纹处残留铁质、帘石等。副矿物以榍石为主,磁铁矿、磷灰石、褐帘石、锆石次之,常被片状矿物所包裹。

3. 岩石化学特征

各侵入体岩石化学成分、CIPW 标准矿物及特征值见表 3-39。两侵入体中绝大多数氧化物含量十分相近,表明各侵入体物质来源相同,SiO_2 含量均大于 75%,属"超"酸性岩范畴。与中国同类花岗岩相对照,该岩石以富 SiO_2、K_2O、TiO_2,贫 Al_2O_3、Na_2O、Fe_2O_3+FeO、$MgO+CaO$、MnO、

P_2O_5 为特征，三件样品皆为 $Al_2O_3 > K_2O + NaO + CaO$ 铝过饱和岩石化学类型，里特曼指数两件样品略小于 1.8，一件 P9GS5－1 样品为 1.97，反映为钙碱－钙性花岗岩系，A/CNK 值大于或略小于 1.1。在 SiO_2 －(K_2O+Na_2O)图解(图 3－43)中投点落入 1.8 界线两侧，在 A/NK－A/CNK 图解上，样品的投影点无一例外地位于过铝质(图 3－44)区域之中，显示 S 型花岗岩特征，CIPW 标准矿物计算中仅见刚玉分子，而未见透辉石，过饱和矿物石英标准分子含量高，饱和矿物 Or＞ab＞an，与镜下结果一致，mt＞il＞ap，标准矿物组合为 Or＋ab＋an＋Q＋C＋Hy 硅铝过饱和型。AR＝3.71～4.3，DI＝93.05～94.16，在本区侵入岩中属最高，固结指数低，指示岩浆分异程度高，成岩固结性差。

表 3－39　古近纪查纳弄巴岩体岩石化学成分、CIPW 标准矿物及特征参数表

岩体名称	样品编号	氧化物含量(w_B/×10^{-2})														
		SiO_2	TiO_2	Al_2O_3	Fe_2O_3	FeO	MnO	MgO	CaO	Na_2O	K_2O	P_2O_5	CO_2	H_2O^-	H_2O^+	Σ
查纳弄巴	P9GS3－6	77.3	0.22	11.85	0.35	1.15	0.04	0.22	0.63	2.61	5.16	0.04	0.12	0.17	99.86	
	P9GS5－1	75.08	0.17	13.43	0.22	0.87	0.03	0.2	0.41	2.44	5.52	0.14	0.51	0.85	99.87	
	P9GS8－1	77.36	0.11	12.22	0.67	0.53	0.02	0.12	0.62	2.88	4.91	0.04	0.09	0.32	99.89	
	平均值	76.58	0.17	12.50	0.41	0.85	0.03	0.18	0.55	2.64	5.20	0.07	0.24	0.45	99.87	

岩体名称	样品编号	CIPW 标准矿物(w_B/×10^{-2})									特征参数值				
		ap	il	mt	Or	ab	an	Q	C	Hy	DI	SI	A/CNK	σ	AR
查纳弄巴	P9GS3－6	0.09	0.42	0.51	30.62	22.18	2.90	40.27	0.92	2.09	93.07	2.32	1.07	1.76	4.30
	P9GS5－1	0.31	0.33	0.32	33.11	20.96	1.23	38.98	3.04	1.71	93.05	2.16	1.25	1.97	3.71
	P9GS8－1	0.09	0.21	0.98	29.17	24.50	2.86	40.50	1.13	0.58	94.16	1.32	1.09	1.76	4.09
	平均值	0.16	0.32	0.60	30.97	22.54	2.33	39.92	1.70	1.46	93.43	1.93	1.14	1.83	4.03

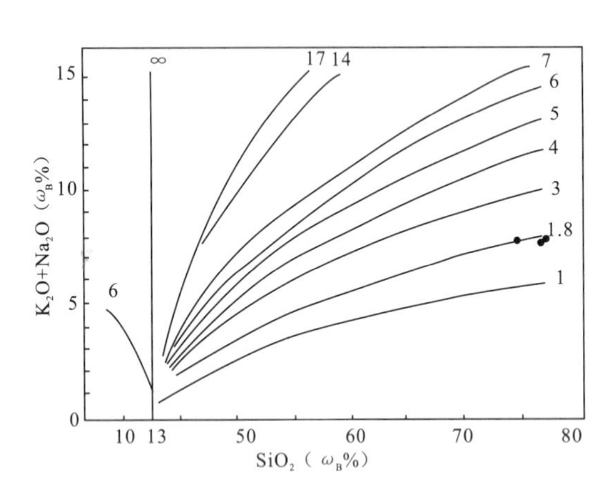

图 3－43　古近纪查纳弄巴岩体

SiO_2－[K_2O+Na_2O]图解

(据 A. Rittmann, 1957)

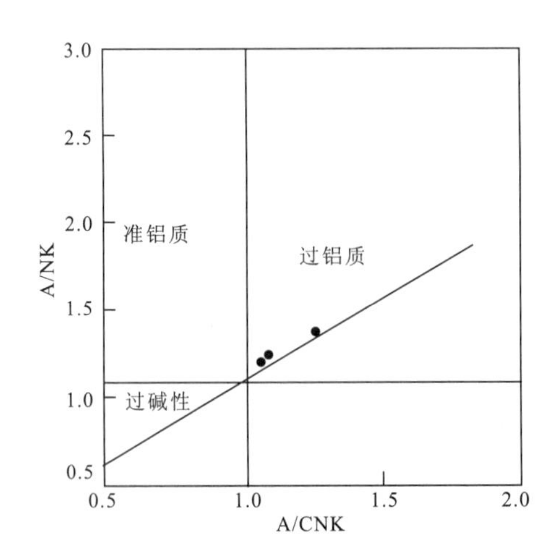

图 3－44　古近纪查纳弄巴岩体

A/NK－A/CNK 图解

(据 Maninar, Piccli, 1989)

4. 岩石地球化学特征

(1)微量元素特征

两岩体微量元素组合及含量见表 3－40。各岩体微量元素差异性变化不大，表明它们是同一阶段的岩浆产物。与地壳背景值相比较，其中 Rb、Th、Hf、Sn、Sc 元素含量较高，Ba、Ta、Nb、Zr、Bi、Sr 诸元素平均值相对于贫化。在微量元素蛛网图中（图 3-45）显示出右倾型斜式曲线，其中的 Rb 和 Th 强烈富集，构成曲线的峰点。而 K_2O、Ba、Ta、Nb、Ce 有不同程度的轻富集，Hf、Zr、Sm、Y、Yb 元素皆呈亏损状态而小于 1，整个分布样式为一拖尾状的"M"型，类似于同碰撞花岗岩的地球化学分布型式，说明该时期侵入岩的形成与碰撞作用有关。

表 3-40 古近纪查纳弄巴岩体微量元素特征表

岩体名称	样品编号	微量元素组合及含量($w_B/\times10^{-6}$)										
		Rb	Ba	Th	Ta	Nb	Hf	Zr	Sn	Ni	Sr	Sc
查纳弄巴	P9DY3-6	480	64	50.8	3.1	14.6	4.5	148	22.2	5	22.8	3.7
	P9DY5-1	512	164	40.4	3.3	27.1	4.3	108	18	11.5	42	2.9
	P9DY8-1	498	30.3	33.7	2.2	13.9	3.9	107	17.8	4.8	11	4.6
	平均值	497	86.1	41.6	2.9	18.5	4.2	121	19.3	7.1	25.3	3.7
岩体名称	样品编号	MORB 标准化值											
		K_2O	Rb	Ba	Th	Ta	Nb	Ce	Hf	Zr	Sm	Y	Yb
查纳弄巴	P9DY3-6	12.90	120.00	1.28	63.50	4.43	1.46	2.93	0.50	0.44	0.97	0.81	0.08
	P9DY5-1	13.80	128.00	3.28	50.50	4.71	2.71	2.25	0.48	0.32	0.80	0.34	0.03
	P9DY8-1	12.28	124.50	0.61	42.13	3.14	1.39	2.12	0.43	0.31	1.07	1.31	0.12
	平均值	12.99	124.17	1.72	52.04	4.10	1.85	2.43	0.47	0.36	0.95	0.82	0.07

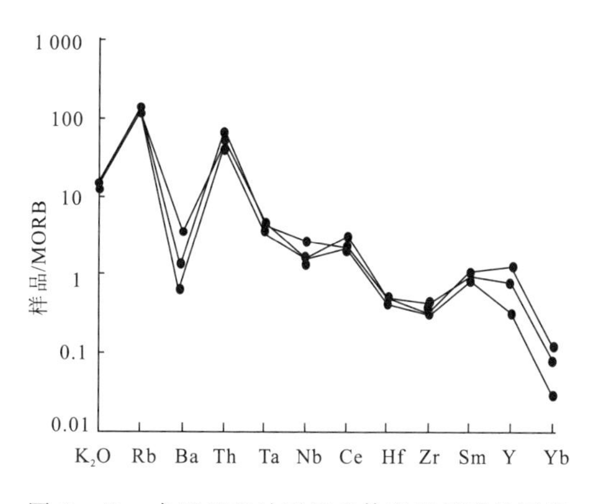

图 3-45 古近纪查纳弄巴岩体微量元素蛛网图

（2）稀土元素特征

查纳弄巴岩体稀土元素含量及特征值列于表 3-41，稀土配分模式曲线如图 3-46 所示。稀土 ∑REE 明显偏高于酸性岩的平均含量，∑LREE/∑HREE 比值大于 1，为轻稀土富集重稀土亏损型，δEu 值为 0.16～0.03，具强负铕异常，王中刚（1986）将 δEu 小于 0.3 的归为第三类（高秉璋等，1991，花岗岩类区 1∶5 万区域地质填图指南），认为属岩浆演化晚期阶段的产物。δCe＝0.98～1.02，平均为 1，铈基本无异常。配分曲线为平稳的右倾斜式，呈"海鸥"型。Sm/Nd 比值较大，表示岩浆侵位深度较大，Eu/Sm 比值显壳层型花岗岩比值参数。Ce/Yb 比值小，反映岩浆部分熔融程度较低，但分离结晶程度较高。

表 3-41　古近纪查纳弄巴岩体稀土元素含量及特征参数表

岩体名称	样品编号	稀土元素含量($w_B/\times10^{-6}$)														
		La	Ce	Pr	Nd	Sm	Eu	Gd	Tb	Dy	Ho	Er	Tm	Yb	Lu	Y
查纳弄巴	P9XT5-1	37.52	78.64	9.35	33.06	7.24	0.35	6.29	1.03	5.24	0.88	2.3	0.34	2.04	0.28	23.77
	P9XT8-1	31.32	74.25	9.62	32.99	9.66	0.1	10.71	2.27	15.87	3.22	9.72	1.53	9.31	1.42	91.98
	P9XT3-6	48.27	102.4	11.8	39.03	8.77	0.25	7.99	1.54	10.21	2.06	6.2	1.03	6.5	1	56.52
	平均值	39.04	85.10	10.26	35.03	8.56	0.23	8.33	1.61	10.44	2.05	6.07	0.97	5.95	0.90	57.42

岩体名称	样品编号	稀土元素含量($w_B/\times10^{-6}$)			特征参数值						
		ΣREE	ΣLREE	ΣHREE	ΣL/ΣH	δEu	δCe	Sm/Nd	La/Sm	Ce/Yb	Eu/Sm
查纳弄巴	P9XT5-1	208.33	166.16	42.17	3.94	0.16	0.98	0.22	5.18	38.55	0.05
	P9XT8-1	303.97	157.94	146.03	1.08	0.03	1.02	0.29	3.24	7.98	0.01
	P9XT3-6	303.57	210.52	93.05	2.26	0.09	1.00	0.22	5.50	15.75	0.03
	平均值	271.96	178.21	93.75	2.43	0.09	1.00	0.25	4.64	20.76	0.03

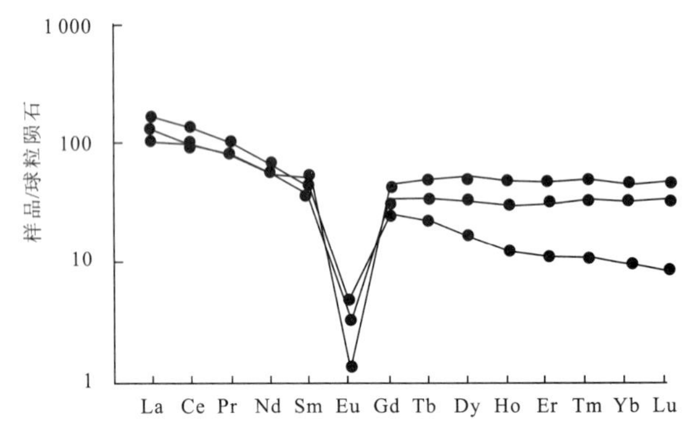

图 3-46　古近纪查纳弄巴岩体稀土元素配分曲线

5. 同位素年代学

本次工作对该岩石进行了单矿物锆石 U-Pb 同位素地质年龄测试，锆石均为长柱状，透明—半透明，属岩浆成因锆石，经$^{206}Pb/^{238}U$、$207Pb/^{235}U$ 直方图投点，结果 P5U-Pb5-1 样品中 1 号和 2 号点落在谐和线上。因此，60±6Ma 信息可大致代表查纳弄巴岩体的成岩时代，结合该岩体超动型侵入晚白垩世汤目拉复式岩体之中，故将其侵位时代置于古近纪。

四、各构造岩浆带侵入活动特点及其演化趋势

花岗岩类是图区内主要侵入岩，分布面积广，分属不同构造岩浆带。由于侵入岩的形成受控于区域构造发展演化，不同构造岩浆带中酸性侵入岩的岩性、岩石组合、岩石化学、岩石地球化学具有各自特点。同样，地质构造发展的阶段性和连续性导致不同构造岩浆带的岩浆活动和其形成的岩石呈现出阶段性和继承性。

(一)岩浆侵入活动规模及岩石类型组合

测区各构造岩浆带侵入活动规模及岩性主要表现见表 3-42、图 3-47。

1. 洛庆拉-阿扎贡拉构造岩浆带

该构造岩浆带中—中酸—酸性岩浆侵入活动规模巨大，各阶段岩浆侵入具有由活动中心(腹地)向外围扩散的特点，表现有 7 个阶段多次侵入，出露面积为测区各构造岩浆带之最。早泥盆世多居绒片麻状石英二长闪长岩岩体记录了区内中性岩浆侵入活动的初级阶段，其规模为本区最弱的一个阶段。早二叠世岩浆侵入活动强于早泥盆世，一次酸性岩浆二长花岗岩侵入形成巴索错岩体。

燕山早期的岩浆侵入活动较弱。早侏罗世布久复式岩体的岩浆侵入活动包括两次涌动侵入，由多当细粒黑云二长花岗岩和阿帮中细粒黑云二长花岗岩构成，规模从弱—强。晚侏罗世岩浆活动规模稍强，但只有一次中粗粒黑云二长花岗质酸性岩浆侵入形成次仁玉珍岩体。

表 3-42 测区侵入岩出露面积表

鲁公拉构造岩浆岩								
构造单元	地质年代	复式岩体	岩体	代号	岩石类型	出露面积(km²)		占侵入岩总面积(%)
那曲-沙丁中生代弧后盆地	古近纪	查纳弄巴		$Emc\eta\gamma$	中细粒(不等粒)二云二长花岗岩	11.34		0.2
	晚白垩世	汤目拉	拔阳拉	$K_2\xi\gamma$	中粗粒(不等粒)钾长花岗岩	223.26	1 111.92	20.2
			边坝区	$K_2\pi\eta\gamma$	斑状黑云二长花岗岩	431.45		
			档庆日	$K_2\eta\gamma b$	中粗粒黑云二长花岗岩	363.13		
			卡步清	$K_2\eta\gamma a$	中细粒黑云二长花岗岩	94.08		
	早白垩世	阿穷拉	会也拉	$K_1\eta\gamma$	中粗粒二长花岗岩	123.22	150.09	2.7
			擦秋卡	$K_1\gamma\delta$	中细粒黑云花岗闪长岩	26.87		

扎西则构造岩浆带							
构造单元		隆格尔 工布江达中生代断隆					
地质年代	复式岩体	岩体	代号	岩性	出露面积(km²)	占侵入岩总面积(%)	
古近纪		基日	错青拉拉廖	$E\eta\gamma$	中细粒黑云二长花岗岩	554.27	10.11

洛庆拉-阿扎贡拉构造岩浆带								
构造单元	地质年代	复式岩体	岩体	代号	岩石类型	出露面积(km²)		占侵入岩总面积(%)
那曲-沙丁中生代弧后盆地	古近纪	朱拉	芝拉侵入体	$E\pi\eta\gamma$	斑状黑云二长花岗岩	146.39	637.11	11.6
			白拉	$E\eta\gamma$	中细粒黑云二长花岗岩	490.72		
	晚白垩世	楚拉	杰拉	$K_2\xi\gamma$	中粗粒(不等粒)钾长花岗岩	147.23	587.83	10.7
			古菊拉	$K_2\eta\gamma$	中粗粒黑云二长花岗岩	440.60		
	早白垩世	洛庆拉	洛穷拉	$K\pi\eta\gamma$	斑状黑云二长花岗岩	892.25	2268.09	41.2
			冲果错	$K_1\eta\gamma b$	中细粒黑云二长花岗岩	1 038.95		
			麻拉	$K_1\eta\gamma a$	细粒黑云二长花岗岩	321.26		
			马久塔果	$K_1\gamma\delta$	细粒黑云花岗闪长岩	6.25		
			手拉	$K_1\eta\delta o$	细粒石英二长闪长岩	5.53		
			错高区侵入体	$K_1\delta o$	细粒石英闪长岩	3.85		
	晚侏罗世	次仁玉珍		$J_3\eta\gamma$	中粗粒黑云二长花岗岩	82.65		1.5
	早侏罗世		阿帮侵入体	$J_1\eta\gamma b$	中细粒黑云二长花岗岩	29.64	41.42	0.8
			多当	$J_1\eta\gamma a$	细粒黑云二长花岗岩	11.78		
	早二叠世	巴索错		$P_1\eta\gamma$	中细粒黑云二长花岗岩	58.21		1.1
	早泥盆世	多居绒		$D_1\eta\delta o$	片麻状石英二长闪长岩	6.25		0.1

白垩纪这一时期岩浆侵入活动在该区域处于鼎盛时期，早期阶段洛庆拉复式岩体分布面积之大，活动规模之强是其他任何一个岩体或复式岩体不可比拟，并以演化较完整为突出特点。由多次脉动、涌动侵入的中性细粒石英闪长岩—细粒石英二长闪长岩到中酸性细粒黑云花岗闪长岩至酸性细粒黑云二长花岗岩—中细粒黑云二长花岗岩—斑状黑云二长花岗岩从弱—强—弱，依次构成

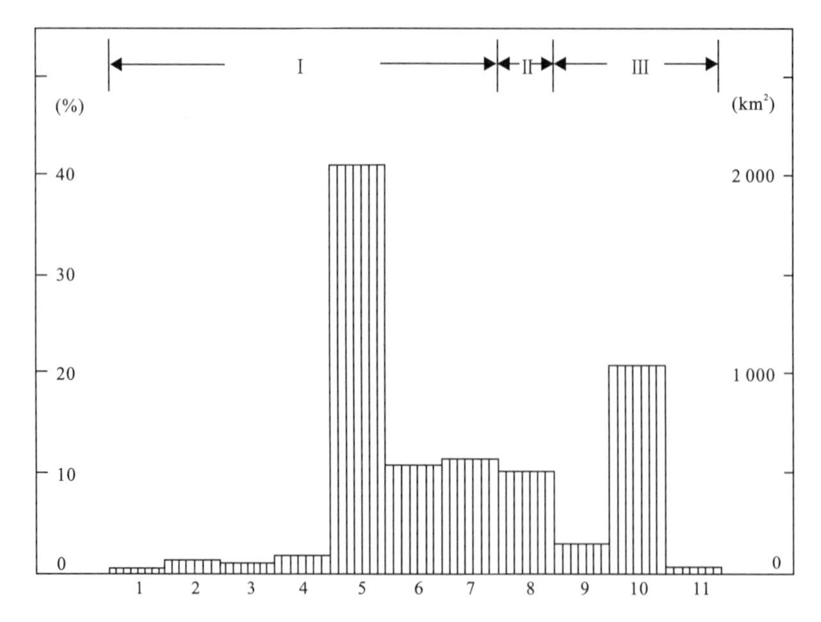

图 3-47　测区各构造岩浆带侵入岩面积比率图

Ⅰ.洛庆拉-阿扎贡拉构造岩浆岩带;1.多居绒岩体;2.巴索错岩体;3.布久复式岩体;4.次仁玉珍岩体;5.洛庆拉复式岩体;6.楚拉复式岩体;7.朱拉复式岩体;　Ⅱ.扎西则构造岩浆岩带;8.基日岩体;Ⅲ.鲁公拉构造岩浆岩带;9.阿穷拉复式岩体;10.汤目拉复式岩体;11.查纳弄巴岩体。

错高区侵入体——手拉、马久塔果、麻拉、冲果错、洛穷拉岩体。晚白垩世岩浆侵入活动相对较弱,两次脉动侵入形成由酸性—酸偏碱性的古菊拉中粗粒黑云二长花岩及杰拉中粗粒(不等粒)钾长花岗岩组成的楚拉复式岩体,活动规模由强到弱。

喜山期朱拉复式岩体为古近纪产物,该阶段两次岩浆侵入活动表现由中细粒黑云二长花岗岩到斑状黑云二长花岗岩,先后形成了白拉岩体和芝拉侵入体,活动规模从强到弱。

综上特征表明,测区内洛庆拉-阿扎贡拉构造岩浆带自华力西→燕山→喜山期,从早到晚岩浆侵入活动规模总体趋势经历了由弱→强→弱这样一个复杂的波浪式发展过程。

2. 扎西则构造岩浆带

扎西则构造岩浆带反映为古近纪一个阶段,一次中细粒黑云二长花岗质岩浆侵入形成错青拉拉廖岩体,隶属东邻边坝县幅基日复式岩体中最晚一次岩浆侵入活动的西延部分,集中分布在本区基日—勒浦一带的东图边,出露面积约 554.27km²,占区内侵入岩总面积的 10.1%。

3. 鲁公拉构造岩浆带

本构造岩浆带共有 3 个阶段 7 次侵入。早白垩世阿穷拉复式岩体侵入活动规模相对较弱,该阶段两次岩浆侵入由花岗闪长岩至二长花岗岩,岩浆成分从擦秋卡的中酸性岩体→会也拉酸性岩体,活动规模由弱→强。晚白垩世汤目拉复式岩体其强度规模较为壮观的一幕,共有四次岩浆侵入过程,开始由中细粒黑云二长花岗岩(卡步清岩体)、中粗粒黑云二长花岗岩(档庆日岩体),经最强一次斑状黑云二长花岗岩(边坝区岩体),至最后一次中粗粒(不等粒)钾长花岗岩(拔阳拉岩体)的侵入,活动规模由弱→强→弱。古近纪岩浆侵入活动为该构造岩浆带内最弱的一个阶段,反映一次二云二长花岗质岩浆侵入形成查纳弄巴岩体。

据上述,鲁公拉构造岩浆带从早白垩世→晚白垩世→古近纪,岩浆侵入活动特点总体上具由弱→强→弱的趋势较为明显。

(二)岩石矿物演化特征

浅色矿物斜长石、钾长石、石英是花岗岩类主要造岩矿物,只是其含量特征有所变化,见表3-43。从不同构造岩浆带中的各阶段花岗岩类论述得知,随着时代的更新,花岗岩类在酸性侵入岩中的比例愈来愈大,具体表现在每一个复式岩体内部从早到晚钾长石含量的增多,斜长石含量的减少,石英含量偏向增多,但明显程度不高,暗色矿物基本上具递减方式。白云母片状矿物为查纳弄巴岩体所独有,反映了该岩体的特殊性。

表 3-43 测区侵入岩矿物实际含量统计表

鲁公拉构造岩浆带

构造单元	地质年代	复式岩体	岩体	矿物平均含量(w_B/×10^{-2})						副矿物
				斜长石	钾长石	石英	黑云母	角闪石	白云母	
那曲-沙丁中生代弧后盆地	古近纪	查纳弄巴		28	34.5	26.5	3.5		6.5	榍石、磁铁矿、磷灰石、褐帘石、锆石
	晚白垩世	汤目拉	拔阳拉	19	50.5	26	3.5			磁铁矿、磷灰石、锆石
			边坝区	31.5	36.5	24	6			磁铁矿、磷灰石、榍石、锆石
			档庆日	32.5	33.5	23.5	8.5			褐帘石、榍石、磁铁矿、锆石
			卡步清	36.5	27	22	11.5			榍石、磁铁矿、磷灰石、褐帘石、锆石
	早白垩世	阿穷拉	会也拉	36	34	24.5	4.5	偶		磁铁矿、磷灰石、锆石
			擦秋卡	45	10	20	14	9.5		磁铁矿、磷灰石、榍石、锆石

构造单元	隆格尔-工布江达中生代断隆							
地质年代	复式岩体	岩体	矿物平均含量(w_B/×10^{-2})					副矿物
			斜长石	钾长石	石英	黑云母	角闪石	
古近纪	基日	错青拉拉廖	30	38	23	6	2	榍石、磁铁矿、褐帘石

洛庆拉-阿扎贡拉构造岩浆带

构造单元	地质年代	复式岩体	岩体	矿物平均含量(w_B/×10^{-2})					副矿物
				斜长石	钾长石	石英	黑云母	角闪石	榍石、磁铁矿、磷灰石
隆格尔-工布江达中生代断隆带	古近纪	朱拉	芝拉侵入体	30	35	25	8	1	磁铁矿、磷灰石
			白拉	32	33	23	9	2	磷灰石、锆石、榍石
	晚白垩世	楚拉	杰拉	17	52	26.5	3.8		磁铁矿、锆石、榍石
			古菊拉	35	32.5	25	6.5	偶	磁铁矿、锆石、磷灰石、褐帘石
	早白垩世	洛庆拉	洛穷拉	31	35	28	5		榍石、磁铁矿、磷灰石
			冲果错	34	32	26.5	5.5	0.5	榍石、磁铁矿、磷灰石、金红石
			麻拉	36	30	25.5	6	1	磁铁矿、榍石、磷灰石、锆石
			马久塔果	42	18	24	7	6	锆石、榍石、磁铁矿、磷灰石
			手拉	49	16	12	8	14	磁铁矿、榍石、磷灰石
			错高区侵入体	52	4	10	15	18	榍石、磁铁矿
	晚侏罗世	次仁玉珍		31	35	23.5	10		锆石、磷灰石、榍石
	早侏罗世	布久	阿帮侵入体	30	37	25	6		榍石、磁铁矿、褐帘石
			多当	35	33	23	8		磁铁矿、榍石、磷灰石、锆石
	早二叠世	巴索错		30	35	24	10		磁铁矿、磷灰石、榍石、锆石
	早泥盆世	多居绒		48.5	20.5	8.5	4	17.5	绿帘石、榍石、磷灰石

（三）岩石化学成分演化特征

三个构造岩浆带各地质时期岩石主要化学成分及特征参数变化见表 3-44。测区各侵入体均为 SiO_2 饱和—过饱和类型，每个复式岩体基本上从早期到晚期岩体呈递增趋势，岩浆演化愈好，SiO_2 含量变化愈明显，如洛庆拉、阿穷拉等复式岩体具较明显的演化规律，而其他复式岩体基本上是 SiO_2 含量在一个水平线上的钾、钠成分比例变化的演化。各复式岩体 TiO_2、Fe_2O_3+FeO、MgO +CaO 的含量与 SiO_2 含量呈反向演化趋势（图 3-48），而每一个复式岩体内部基本上从早期到晚期侵入体呈递减趋势，K_2O+Na_2O 总体呈递增方式，同时还较明显地反映出中性岩类 $Na_2O>K_2O$，酸性岩类 $K_2O>Na_2O$，MgO+CaO 在每一个复式岩体中具递减变化。

分异（DI）指数是反映岩浆分异演化的重要参数，它的变化规律与 SiO_2 的含量有明显的一致性（图 3-49），每个复式岩体内部基本上由早期到晚期岩体呈增大的表现，而固结（SI）指数具减小的趋势，AR、A/CNK 参数总体呈递增趋势，里特曼指数变化规律不强。

表 3-44　各岩体、复式岩体主要岩石化学及特征参数表

鲁公拉构造岩浆带																		
构造单元	复式岩体	岩体代号	样品数	氧化物平均含量（$w_B/\times10^{-2}$）										特征参数平均值				
				SiO_2	TiO_2	Al_2O_3	Fe_2O_3	FeO	MnO	MgO	CaO	Na_2O	K_2O	DI	SI	A/CNK	σ	AR
那曲-沙丁中生代弧后盆地		$Emc\eta\gamma$	3	76.58	0.17	12.50	0.41	0.85	0.03	0.18	0.55	2.64	5.20	93.43	1.93	1.14	1.83	4.03
	汤目拉	$K_2\xi\gamma$	2	74.61	0.24	12.78	0.71	1.36	0.04	0.28	1.18	2.46	5.08	89.25	2.83	1.09	1.79	3.35
		$K_2\pi\eta\gamma$	4	73.02	0.31	13.79	0.67	1.44	0.04	0.51	1.25	2.98	5.01	88.19	4.72	1.10	2.13	3.46
		$K_2\eta\gamma b$	2	72.46	0.31	14.30	0.37	1.57	0.05	0.50	1.31	2.76	5.33	87.60	4.63	1.13	2.21	3.21
		$K_2\eta\gamma a$	1	70.26	0.54	14.18	0.55	2.5	0.05	0.65	2.39	2.57	5.01	81.20	5.76	1.01	2.09	2.69
	阿穷拉	$K_1\eta\gamma$	1	76.09	0.16	12.45	0.29	1.13	0.03	0.23	0.69	2.61	5.31	92.49	2.40	1.10	1.89	4.03
		$K_1\gamma\delta$	2	62.93	0.48	17.21	1.94	2.55	0.1	2.13	6.16	2.59	2.23	58.38	18.59	0.96	1.15	1.52
构造单元		隆格尔-工布江达中生代断隆带																
复式岩体		岩体代号	样品数	氧化物平均含量（$w_B/\times10^{-2}$）										特征参数平均值				
				SiO_2	TiO_2	Al_2O_3	Fe_2O_3	FeO	MnO	MgO	CaO	Na_2O	K_2O	DI	SI	A/CNK	σ	AR
隆格尔-工布江达中生代断隆带	朱拉	$E\pi\eta\gamma$	1	75.45	0.14	13.11	0.53	0.75	0.05	0.25	1.33	2.79	4.98	90.22	2.69	1.06	1.86	3.33
		$E\eta\gamma$	3	70.50	0.46	14.06	0.75	2.09	0.07	1.03	2.31	3.16	4.53	81.89	8.32	0.99	2.18	2.95
	楚拉	$K_2\xi\gamma$	2	75.01	0.23	13.15	0.49	0.95	0.05	0.29	0.98	2.97	4.96	91.15	2.97	1.09	1.96	3.62
		$K_2\eta\gamma$	4	72.95	0.32	13.75	0.74	1.57	0.05	0.55	1.89	3.02	3.90	84.55	5.56	1.09	1.63	2.69
	洛庆拉	$K\pi\eta\gamma$	3	72.56	0.46	13.35	0.59	2.36	0.05	0.75	1.73	2.56	4.65	83.86	6.82	1.08	1.76	2.86
		$K_1\eta\gamma^b$	3	74.48	0.25	13.05	0.59	1.18	0.06	0.44	1.58	3.01	4.53	88.06	4.47	1.02	1.81	3.13
		$K_1\eta\gamma^a$	3	73.61	0.26	13.99	0.67	0.89	0.03	0.36	1.47	2.98	4.89	88.60	3.69	1.09	2.02	3.08
		$K_1\eta\delta o$	2	60.75	0.68	15.54	1.74	3.31	0.11	4.08	5.74	3.30	2.66	58.08	25.53	0.84	1.95	1.82
		$K_1\delta o$	1	53.70	0.85	15.87	3.85	5.60	0.19	5.07	8.43	1.82	2.12	38.60	27.46	0.77	1.36	1.39
		$J_3\eta\gamma$	1	73.11	0.28	13.90	0.43	1.57	0.05	0.64	1.39	2.67	5.00	86.67	6.21	1.13	1.95	3.01
	布久	$J_1\eta\gamma^b$	1	74.51	0.19	13.85	0.40	1.13	0.04	0.34	1.64	2.78	3.96	86.56	3.95	1.17	1.44	2.54
		$J_1\eta\gamma^a$	1	72.56	0.30	14.44	0.57	1.55	0.05	0.49	2.24	2.88	3.79	82.80	5.28	1.12	1.50	2.33
		$P_1\eta\gamma$	3	75.60	0.32	12.23	0.44	1.65	0.04	0.43	1.19	2.39	4.85	88.73	4.38	1.08	1.61	3.4
		$D_1\eta\delta o$	1	60.47	0.70	15.95	3.00	4.32	0.14	3.03	7.14	2.05	1.35	49.03	22.04	0.90	0.65	1.35

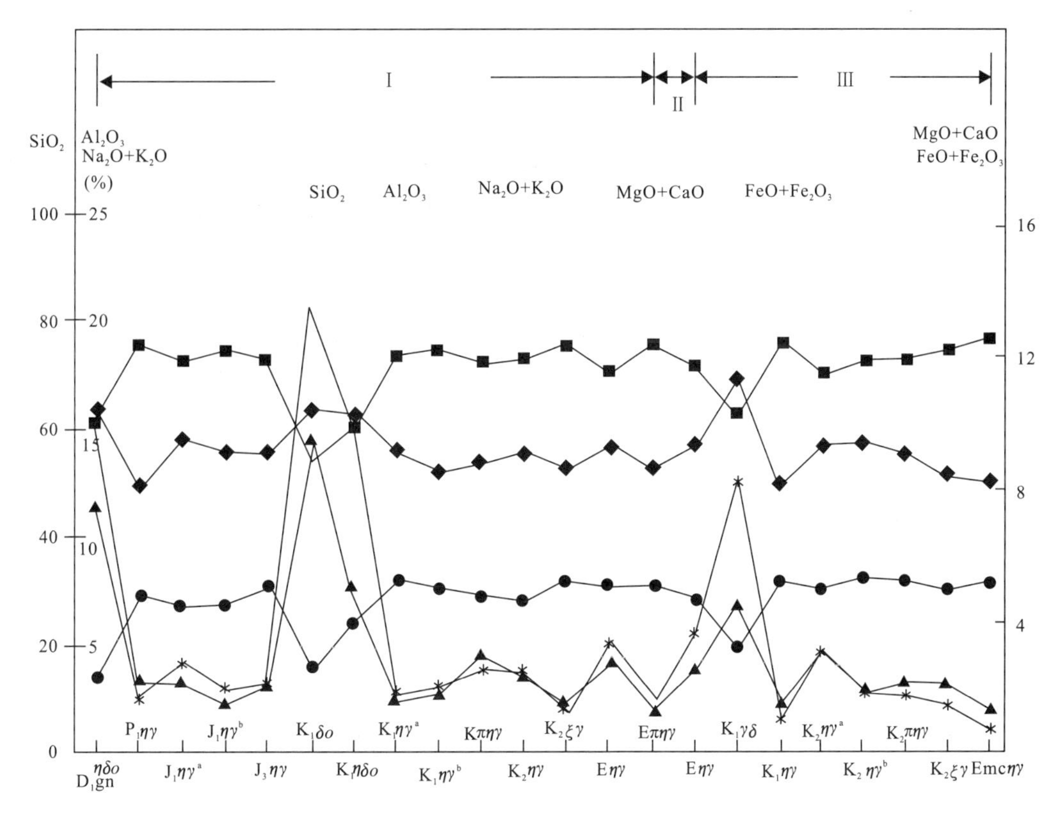

图3-48　测区各构造岩浆带侵入岩岩石化学成分演化变异图

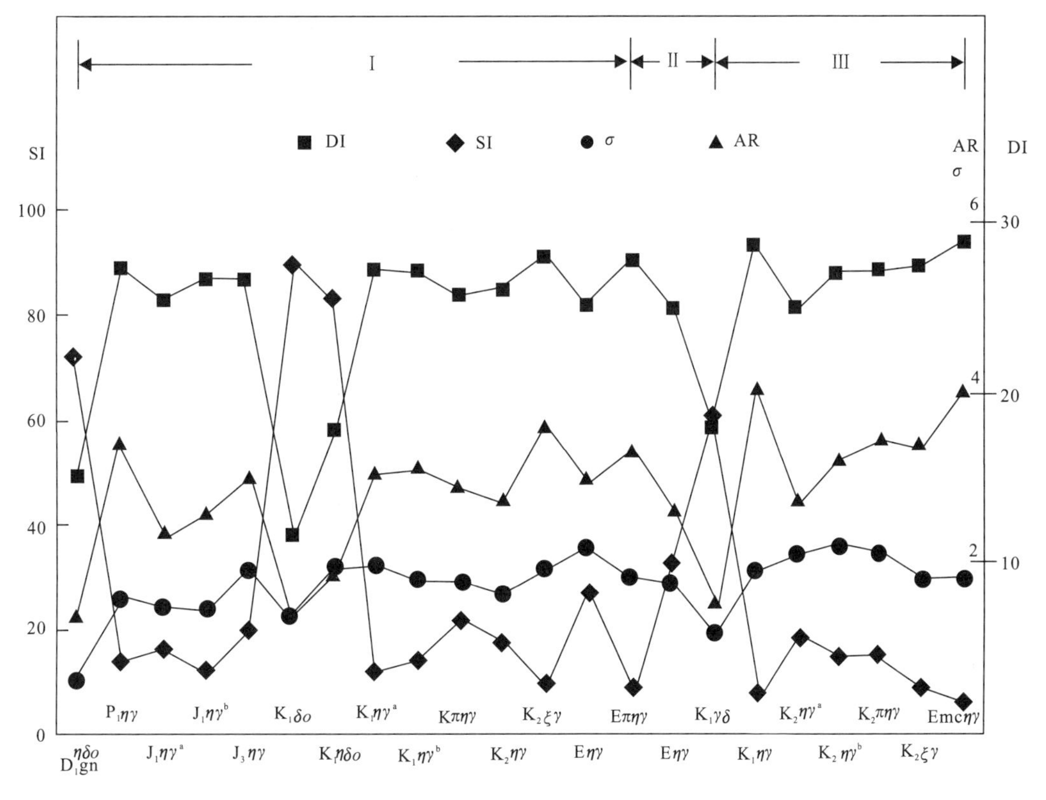

图3-49　测区各构造岩浆带侵入岩岩石化学参数变异图

(四)岩石地球化学演化特征

1.微量元素特征

据表 3 - 45 看出,多数微量元素在各岩体中不具明显的演化规律,与岩性的变化有关。与地壳背景值相比较,Rb、Th、Sc、Hf 元素含量在各侵入体中基本上具有富集趋势,其余诸元素含量相对贫化。

表 3 - 45　各岩体、复式岩体主要微量元素特征表

鲁公拉构造岩浆带

构造单元	复式岩体	岩体代号	样品数	微量元素组合及平均含量($w_B/\times10^{-6}$)										
				Rb	Ba	Th	Ta	Nb	Hf	Zr	Sn	Ni	Sr	Sc
那曲-沙丁中生代弧后盆地		$Emc\eta\gamma$	3	497	86.1	41.6	2.9	18.5	4.2	121	19.3	7.1	25.3	3.7
	汤目拉	$K_2\xi\gamma$	2	240	273	24.4	1.2	12.1	5.4	190	2.6	3.0	68	4.5
		$K_2\pi\eta\gamma$	4	374	229	30.1	3.3	16.6	5.0	169	11.2	7.9	93	4.8
		$K_2\eta\gamma^b$	2	471	214	30.0	3.4	21.4	4.4	146	15.3	5.8	110	3.4
		$K_2\eta\gamma^a$	1	246	633	31.2	1.3	15.6	8.0	295	3.4	5.4	194	6.0
	阿穷拉	$K_1\eta\gamma$	1	362	171	26	1.9	12.9	3.5	120	3.4	5.2	48	3.9
		$K_1\gamma\delta$	2	104	301	13.2	1.2	9.3	3.7	104	1.0	11.4	249	11.9

扎西则构造岩浆带

构造单元:隆格尔-工布江达中生代断隆带

复式岩体	岩体代号	样品数	微量元素组合及平均含量($w_B/\times10^{-6}$)										
			Rb	Ba	Th	Ta	Nb	Hf	Zr	Sn	Ni	Sr	Sc
基日	$E\eta\gamma$	2	235	281	29.8	2.5	16.8	4.5	138	4.7	4.8	119.2	2.5
		样品数	Be	Ba	Sn	Ti	Cr	Ni	V	Zr	Co	Sr	Nb
		3	2	567	9	2333	20	5	63	433	9	267	10

构造单元	复式岩体	岩体代号	样品数	微量元素组合及平均含量($w_B/\times10^{-6}$)										
				Rb	Ba	Th	Ta	Nb	Hf	Zr	Sn	Ni	Sr	Sc
隆格尔-工布江达中生代断隆带	朱拉	$E\pi\eta\gamma$	1	251	393	50.9	0.94	14.3	7.8	277	1.8	10.3	135	11.0
		$E\eta\gamma$	3	208	285	29.6	2.63	17.3	4.1	118	2.1	9.67	243.43	5.2
	楚拉	$K_2\xi\gamma$	2	262	274	40.2	2.0	19.6	4.2	139	3.8	3.4	70.3	3.1
		$K_2\eta\gamma$	4	112	499	13.1	0.98	10.5	5.1	159	1.6	5.0	209	5.6
	洛庆拉	$K\pi\eta\gamma$	3	304	408	45.4	1.6	17.3	6.0	214	3.9	7.7	91.4	7.2
		$K_1\eta\gamma^b$	3	223	404	25.4	1.7	13.1	4.2	118	3.4	4.7	156.4	4.0
		$K_1\eta\gamma^a$	3	229	518	21.1	1.4	13.0	4.6	152.7	4.1	5.0	135.8	2.9
		$K_1\eta\delta^o$	2	95	453	11.4	0.66	7.7	4.1	164	2.1	67.8	621	157
		$K_1\delta o$	1	71	344	15.6	0.81	10.6	4.3	144	2.8	28.1	509	42.1
		$J_3\eta\gamma$	1	303	426	37.8	2.1	13.0	4.1	141	7.6	6.8	98	5.7
	布久	$J_1\eta\gamma^b$	1	187	761	17.8	1.9	14.3	3.6	106	3.5	5.9	140	3.8
		$J_1\eta\gamma^a$	1	166	646	18.1	1.2	12.0	4.6	139	1.7	4.2	163	5.3
		$P_1\eta\gamma$	3	318.33	244.67	43.27	1.83	14.87	5.5	166.33	7.73	6.03	58.67	5.27
		$D_1gn\eta\delta o$	1	50	366	6.5	0.34	7.3	3.8	127	1.4	12.7	723	28.7

从表3-46MORB标准化值和微量蛛网图3-50中可以看出，各构造岩浆带不同时代的岩体、复式岩体均显示出高低相间的右倾斜式曲线，并以Rb、Th强烈富集构成该曲线的峰点为特征，K_2O、Ba、Ta、Nb、Ce皆有不同程度的轻富集，Hf、Zr、Sm、Y、Yb皆呈亏损状态而小于1，整个分布样式为一拖尾状的“M”型，类似于同碰撞花岗岩的地球化学分布型式，说明测区侵入岩的形成与碰撞作用有关。

表3-46　各岩体、复式岩体MORB标准化值特征表

鲁公拉构造岩浆带															
构造单元	复式岩体	岩体代号	样品数	MORB标准化平均值											
				K_2O	Rb	Ba	Th	Ta	Nb	Ce	Hf	Zr	Sm	Y	Yb
那曲-沙丁中生代弧后盆地		$Emc\eta\gamma$	3	12.99	124.17	1.72	52.04	4.10	1.85	2.43	0.47	0.36	0.95	0.82	0.07
	汤目拉	$K_2\xi\gamma$	2	12.70	59.88	5.46	30.44	1.78	1.21	3.64	0.60	0.56	1.04	0.40	0.04
		$K_2\pi\eta\gamma$	4	12.53	93.56	4.59	37.66	4.71	1.66	2.17	0.55	0.50	0.74	0.39	0.04
		$K_2\eta\gamma^b$	2	13.31	117.63	4.28	37.44	4.86	2.14	2.21	0.49	0.43	0.79	0.25	0.02
		$K_2\eta\gamma^a$	1	12.53	61.50	12.66	39.00	1.86	1.56	3.40	0.89	0.87	1.03	0.34	0.03
	阿穷拉	$K_1\eta\gamma$	1	13.28	90.50	3.42	32.50	2.71	1.29	2.00	0.39	0.35	0.76	0.47	0.05
		$K_1\gamma\delta$	2	5.57	25.88	6.01	16.50	1.64	0.93	1.44	0.41	0.30	0.43	0.25	0.03
扎西则构造岩浆带															
构造单元		隆格尔-工布江达中生代断隆带													
复式岩体		岩体代号	样品数	MORB标准化平均值											
				K_2O	Rb	Ba	Th	Ta	Nb	Ce	Hf	Zr	Sm	Y	Yb
基日		$E\eta\gamma$	2	10.94	58.63	5.62	37.25	3.57	1.68	1.64	0.50	0.40	0.50	0.37	0.04
洛庆拉-阿扎贡拉构造岩浆带															
构造单元	复式岩体	岩体代号	样品数	MORB标准化平均值											
				K_2O	Rb	Ba	Th	Ta	Nb	Ce	Hf	Zr	Sm	Y	Yb
隆格尔-工布江达中生代断隆带	朱拉	$E\pi\eta\gamma$	1	12.45	62.75	7.86	63.63	1.34	1.43	4.84	0.87	0.81	1.29	0.42	0.04
		$E\eta\gamma$	3	11.34	52.08	5.71	37.00	3.76	1.73	1.44	0.46	0.35	0.56	0.41	0.04
	楚拉	$K_2\xi\gamma$	2	12.39	65.50	5.47	50.19	2.86	1.96	2.08	0.47	0.41	0.70	0.30	0.03
		$K_2\eta\gamma$	4	9.76	27.99	9.97	16.41	1.40	1.05	1.99	0.56	0.47	0.53	0.25	0.03
	洛庆拉	$K\pi\eta\gamma$	3	11.64	75.92	8.17	56.75	2.24	1.73	2.82	0.67	0.63	0.90	0.39	0.04
		$K_1\eta\gamma^b$	3	11.34	55.83	8.09	31.71	2.38	1.31	1.76	0.46	0.35	0.53	0.30	0.03
		$K_1\eta\gamma^a$	3	12.22	57.25	10.37	26.34	1.95	1.30	2.04	0.51	0.45	0.60	0.20	0.02
		$K_1\eta\delta o$	2	6.64	23.75	9.07	14.25	0.94	0.77	1.99	0.45	0.48	0.62	0.21	0.02
		$K_1\delta o$	1	5.30	17.75	6.88	19.50	1.16	1.06	2.47	0.48	0.42	0.85	0.34	0.03
		$J_3\eta\gamma$	1	12.50	75.75	8.52	47.25	3.00	1.30	2.36	0.46	0.41	0.68	0.40	0.04
	布久	$J_1\eta\gamma^b$	1	9.90	46.75	15.22	22.25	2.71	1.43	2.35	0.40	0.31	0.70	0.23	0.02
		$J_1\eta\gamma^a$	1	9.48	41.50	12.92	22.63	1.71	1.20	2.51	0.51	0.41	0.78	0.29	0.02
		$P_1\eta\gamma$	3	12.13	79.58	4.89	54.09	2.62	1.49	3.19	0.61	0.49	0.99	0.49	0.05
		$D_1\eta\delta o$	1	3.38	12.50	7.32	8.13	0.49	0.73	1.63	0.42	0.37	0.67	0.28	0.03

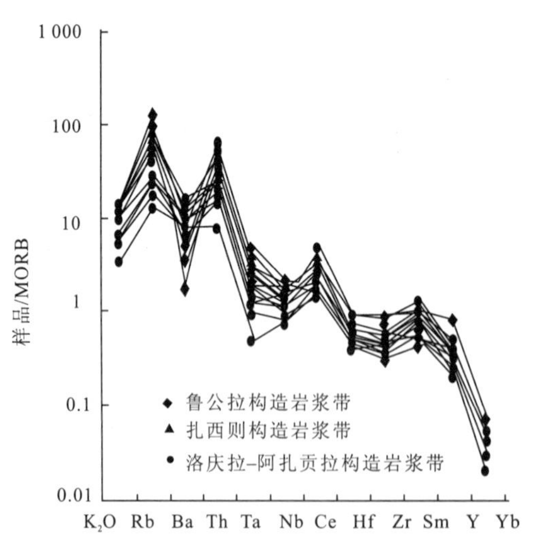

图 3-50　测区各构造岩浆带微量元素蛛网图

2. 稀土元素特征

各构造岩浆带不同时期的岩体、复式岩体均具有轻稀土富集重稀土亏损型，轻稀土含量约占稀土∑REE 的 75%～85%，稀土∑REE 在各复式岩体中基本上由低向高变化，LREE/HREE 比值具减小趋势，其中洛庆拉、楚拉、阿穷拉等复式岩体尤为显著，见表 3-47。与稀土∑REE 相比，δEu 值的变化则较清楚地反映岩浆活动、演化特点，各构造岩浆带内多数复式岩体内部从早期到晚期岩体 δEu 值基本上呈降低趋势，铕负异常增加，而且表现出每个复式岩体开始 δEu 较前一个复式岩体末 δEu 值大，反映岩浆演化具明显的阶段性变化（图 3-51）。各个时期侵入体 δCe 值均接近或略大于 1，说明铈基本无异常，同时反映了不同时代的侵入体均在弱氧化环境下形成。

表 3-47　各岩体、复式岩体稀土元素特征参数表

鲁公拉构造岩浆带													
构造单元	复式岩体	岩体代号	样品数	特征参数平均值									
				∑REE	LREE	HREE	LREE/HREE	δEu	δCe	Sm/Nd	La/Sm	Ce/Yb	Eu/Sm
那曲-沙丁中生代弧后盆地		Emcηγ	3	271.96	178.21	93.75	2.43	0.09	1.00	0.25	4.64	20.76	0.03
	汤目拉	$K_2\xi\gamma$	2	325.96	274.52	51.44	5.84	0.31	0.92	0.18	7.40	46.81	0.09
		$K_2\pi\eta\gamma$	4	213.65	166.52	47.13	3.94	0.36	0.90	0.20	6.14	29.37	0.11
		$K_2\eta\gamma^b$	2	199.60	167.24	32.36	5.19	0.33	0.96	0.22	5.15	58.61	0.10
		$K_2\eta\gamma^a$	1	302.35	258.02	44.33	5.82	0.47	0.93	0.18	6.69	50.21	0.14
	阿穷拉	$K_1\eta\gamma$	1	206.70	149.97	56.73	2.64	0.23	0.98	0.23	4.97	18.17	0.07
		$K_1\gamma\delta$	2	139.95	108.78	31.17	3.44	0.72	0.92	0.19	6.94	22.34	0.23

扎西则构造岩浆带												
构造单元	隆格尔-工布江达中生代断隆带											
复式岩体	岩体代号	样品数	特征参数平均值									
			∑REE	LREE	HREE	LREE/HREE	δEu	δCe	Sm/Nd	La/Sm	Ce/Yb	Eu/Sm
基日	Eηγ	4	223.74	179.68	44.06	4.04	0.44	0.92	0.19	7.03	36.31	0.13

续表 3-47

扎西则构造岩浆带													
构造单元		隆格尔-工布江达中生代断隆带											
构造单元	复式岩体	岩体代号	样品数	特征参数平均值									
				ΣREE	ΣLREE	ΣHREE	ΣLREE/ΣHREE	δEu	δCe	Sm/Nd	La/Sm	Ce/Yb	Eu/Sm
隆格尔-工布江达中生代断隆带	朱拉	$E\pi\eta\gamma$	1	415.36	360.19	55.17	6.53	0.40	0.93	0.17	7.83	58.58	0.12
		$E\eta\gamma$	3	160.88	113.06	47.82	3.08	0.45	0.89	0.23	5.35	22.31	0.14
	楚拉	$K_2\xi\gamma$	2	196.95	159.02	37.93	4.02	0.36	0.93	0.20	5.54	34.90	0.11
		$K_2\eta\gamma$	4	180.58	149.05	31.53	5.23	0.80	0.93	0.17	7.79	37.43	0.25
	洛庆拉	$K\pi\eta\gamma$	3	262.96	214.31	48.65	4.38	0.37	0.92	0.19	6.39	35.96	0.12
		$K_1\eta\gamma^b$	3	170.48	134.77	35.71	4.54	0.51	0.88	0.20	7.11	34.37	0.16
		$K_1\eta\gamma^a$	3	179.59	154.33	25.26	6.61	0.54	0.92	0.19	7.22	67.34	0.16
		$K_1\eta\delta o$	2	179.11	152.52	26.59	6.24	0.86	0.93	0.17	6.74	57.74	0.25
		$K_1\delta o$	1	235.30	192.52	42.78	4.50	0.79	0.92	0.19	5.88	33.05	0.24
		$J_3\eta\gamma$	1	222.01	174.24	47.77	3.65	0.40	0.95	0.19	6.92	27.49	0.13
	布久	$J_1\eta\gamma^b$	1	209.48	180.06	29.42	6.12	0.58	0.91	0.18	7.23	61.47	0.18
		$J_1\eta\gamma^a$	1	228.77	192.06	36.71	5.23	0.59	0.92	0.19	6.78	47.84	0.18
		$P_1\eta\gamma$	3	297.04	236.84	60.20	4.25	0.26	0.95	0.19	6.33	33.10	0.08
		$D_1\eta\delta o$	1	164.93	130.10	34.83	3.74	0.83	0.92	0.21	4.84	28.32	0.26

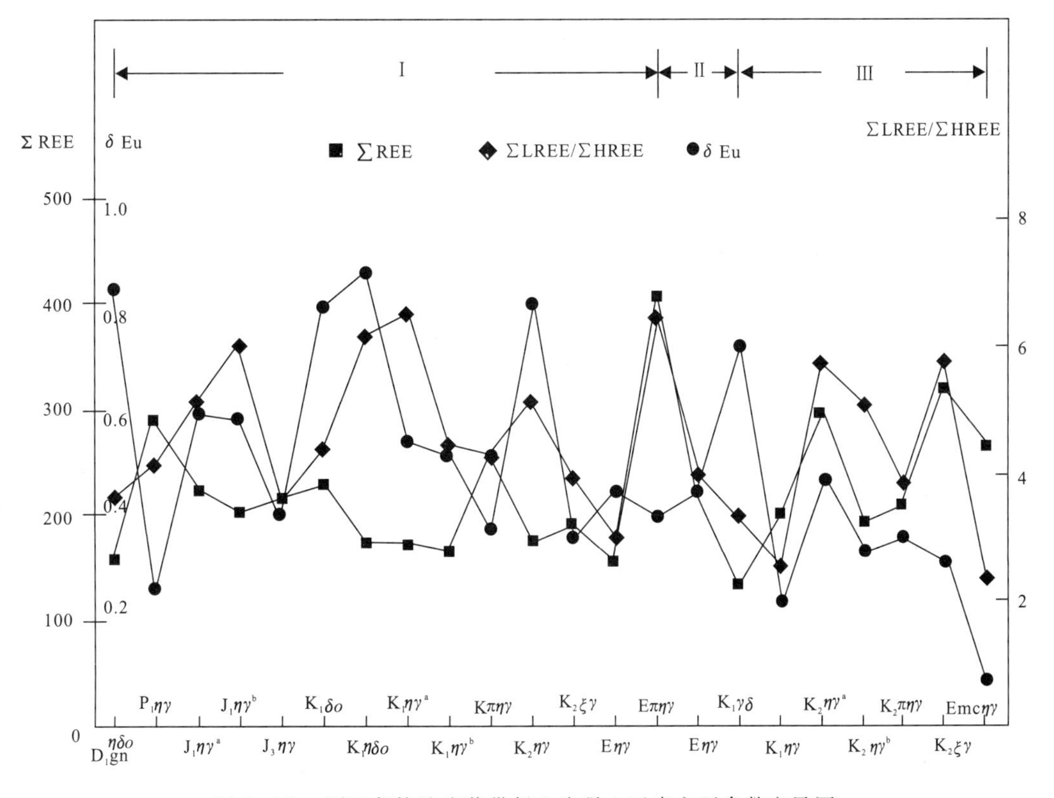

图 3-51 测区各构造岩浆带侵入岩稀土元素主要参数变异图

各岩体、复式岩体稀土配分曲线均向右倾斜式，δEu 处"V"型谷在多数复式岩体中由早期侵入的宽阔型向晚期侵入体的狭窄型逐渐演化，与上述分析岩浆活动的时间差扣合。

五、花岗岩类侵入岩体的就位机制探讨

侵入岩(特别是花岗岩)体的定位机制是当代岩浆岩的重要前沿,越来越受到国内外地质学家的重视。通过以上论述,可以反映出测区侵入岩各阶段侵入岩体的产状、分布、物质组分和结构构造等基本特征,而且也为我们认识各阶段岩浆的侵入过程提供了基础。

根据填图过程中所获得各个阶段侵入岩的构造资料,结合区域构造的分析来讨论岩浆如何从发源地运动到现在所占空间位置的问题。现按构造岩浆带从南往北的顺序就测区各时代侵入岩体的构造特征及就位机制讨论如下。

(一)洛庆拉-阿扎贡拉构造岩浆带侵入岩体就位机制

1. 早泥盆世多居绒岩体

该岩体出露于近东西向断裂带上,平面形态呈不规则的椭圆状或瘤状,岩性为灰色片麻状石英二长闪长岩,产于中—新元古代念青唐古拉岩群老变质地层之中。由于侵入体与围岩一道遭受了后期脆韧性构造运动和多期次变质、变形的强烈改造,岩石普遍发育与区域构造线一致的透入性片麻理。在岩体与围岩接触处,部分地段不仅保留了清晰的侵入界线,而且还记录了外接触带岩石具较明显的热接触变质晕带定向于岩体边缘外侧分布。据野外观察描述,多居绒侵入体内部组构十分发育,主要表现以长透镜状、似椭圆形状的围岩包体被压扁拉长作定向排列平行于接触面产状,其 $X/Z=3\sim7$。个别片岩包体被压弯扭曲成麻花状,反映为典型的强S型变形组构特征。据上述资料表明该岩体应为主动的强力就位机制。

早泥盆世,由于板块俯冲和碰撞作用导致地壳进一步增厚,加之区域挤压作用加强,从而促使熔融岩浆顺其产生的近东西向断裂上升侵位形成多居绒岩体。

2. 早二叠世巴索错岩体

各侵入体均呈大小不等的岩株状形式分布于嘉黎-易贡藏布断裂带之南侧,岩性为中细粒黑云二长花岗岩,与中—新元古代念青唐古拉岩群、前奥陶纪雷龙库岩组呈明显的侵入(局部断层)关系有关,或者被后期岩体所超动。侵入体基本上沿近东西向断裂大致呈不连续的串状展布,形态为不规则的扁豆状,所处位置皆在韧性剪切带中,因此后期叠加构造较为显著。岩体和围岩界面多呈平坦弧形,外接触带岩石具变形特征,部分侵入体与围岩的接触带上有多组平行的断裂带,带内岩石破碎、节理、裂隙、脉岩、包体大量分布,并平行于接触面作定向排列。受其影响,围岩捕虏体被挤压拉长,包体形态有大S形透镜状、不规则形长条状等,X/Z 为 $2\sim13$。岩体内部常发育有糜棱岩面理构造,镜下观察到的长英质矿物显示动态重结晶现象,变形拉长,定向性一致,尤其是石英集合体呈长透镜状、带状,显示流状、塑性变形特点,黑云母断续相连呈较明显的条带状构造。表明岩浆的侵入活动是受逆冲断裂控制所引起的,另一方面反映了岩浆在侵位和结晶过程中受到了区域构造应力作用。

根据巴索错岩体上述构造形式和同位素年龄资料,我们可以认为,该岩体形成时代可能与古特提斯大洋消减、板块俯冲作用期一致,在收缩环境中,一方面俯冲碰撞作用形成活动大陆边缘褶皱隆起,另一方面俯冲作用形成了区域性南北向挤压构造,导致上地壳重熔岩浆顺其产生的一系列近东西向断裂上升就位而成,属主动侵位机制。

3. 早侏罗世布久复式岩体

该复式岩体为一较典型的一环套一环的同心圆状岩体,从外向内,岩性分别为细粒黑云二长花

岗岩、中细粒黑云母二长花岗岩，二者为涌动关系。并见阿帮侵入体穿刺多当岩体与围岩直接接触，在平面图上组成明显演化顺序的内粗外细的套环状侵入体。与前奥陶纪雷龙库岩组、岔萨岗组呈侵入或断层关系，由于岩石定位时在塑性流变过程中，岩浆内压力和岩浆由深部向浅部运移时，相对围岩运动而形成的剪切共同作用下，以及受当时区域挤压应力场的作用所致，在岩石中出现片麻状构造或眼球状构造，矿物出现压扁、拉长现象，而这种片麻状、眼球状构造多发育在侵入体边缘，向内急剧消失，但分带性不明显，片麻理延长方向和围岩所产生的面理平行于岩体的接触面，显微镜下反映矿物出现变晶结构。

两岩体内部组构共同表现为暗色矿物组成的面理产状和同心环状的岩石结构分带趋势具有一致性，阿帮侵入体局部地段记录有暗色闪长质包体呈星点状无序分布。多当岩体常见有围岩捕虏体，形态呈浑圆状或次棱角状，显“S”组构，X/Z 为 2～5。围岩热接触变质作用较明显，5～10m 宽的角岩化变质石英砂岩、二云千枚岩常环绕侵入体外侧分布，同时带内流褶十分发育，远离侵入体则恢复正常。另外在岩体与围岩侵入接触上不仅能看到波状弯曲的界面，而且见有明显的细粒冷凝边。

从上述岩体组构特征及其与围岩及构造的关系，布久复式岩体应为主动的强力侵位机制。该复式岩体形成时代为早侏罗世，近南北向的挤压导致近东西向的剪切构造，促使地壳物质局部熔融产生的酸性岩浆多次涌动侵入，晚一次岩浆进入早一次形成的岩体中心，并将其推挤拓宽，从而形成同心环状岩体的空间格局，就位形式具热气球膨胀式。

4. 晚侏罗世次仁玉珍岩体

两侵入体均分布在洛庆拉-扎西则构造岩浆带的西北部，岩体形态较规整呈椭圆形、次圆形，它们或者与晚石炭—二叠纪来姑组呈明显的侵入关系，或者残留在后期侵入体内。各侵入体内部组构不发育，仅在靠近围岩接触带上见无明显压扁的透镜状黑云母与浅色矿物略具定向排列，在垂直面理断面上矿物定向，在平行面理的断面上矿物定向不明显，显示简单的 S 组构。大部分围岩捕虏体呈棱角状产出，基本未见变形组构，围岩受热变质作用产生角岩化。

根据年龄资料，次仁玉珍岩体的成岩时代正是板块向北俯冲的强烈阶段，由于东西向剪切和南北向挤压共同作用，岩浆顺其产生的近东西向逆冲断裂侵位而形成。另从岩体的分布地理位置及产出形态，并结合岩体内断裂构造较发育以及内部组构特征来分析，岩浆是在断裂扩张环境下被动侵位的。

5. 早白垩世洛庆拉复式岩体

该复式岩体空间上在同一构造单元中相伴而生，并构成洛庆拉-阿扎贡拉构造岩浆带之主体部分。由 6 个岩体组成洛庆拉复式岩体，演化顺序为错高区、手拉、马久塔果、麻拉、冲果错、洛穷拉，岩性分别为细粒石英闪长岩、细粒石英二长闪长岩、细粒黑云花岗闪长岩、细粒黑云二长花岗岩、中细粒黑云二长花岗岩、斑状黑云二长花岗岩。表现出早期中—中酸性岩体多分布在酸性岩体的外侧，或被麻拉岩体所包容，晚期酸性复式岩体中常出现岩石结构分带现象，从内向外由粗变细，侵入体之间呈涌动或脉动关系，在平面上组成具明显成分＋结构演化的套环状复式岩体。各岩体与中新元古代及前奥陶纪地层呈侵入关系或断层断触，部分侵入体残留在后期岩体之中。岩体与围岩或内部侵入体之间的界面多呈平坦弧形，围岩受热变质作用产生角岩化，变质晕带严格平行于岩体边界。侵入体延长方向大致与区域构造线方向协调一致，而且在接触带内侧所见到的黑云母暗色矿物组成强叶理构造作环形带状分布。闪长质暗色包体、围岩包体多出露在岩体边部，具扭曲拉长中强程度的变形组构定向性一致，向侵入体中心部位这种变形特征显然减弱。包体大小不等，其 $X/Z=2\sim12$，形态各异，岩性有各类片岩、变质砂岩、大理岩、板岩等，因烘烤等因素，色率明显高于寄主岩。

综合上述复式岩体在平面上的环形分布特征，暗色矿物定向排列所显示的环状构造和具环状的岩石类型、岩石结构分带现象，以及侵入体之间接触关系，并发育与就位近同时产生的近东西向、北西向及近南北向、北东向多组断裂构造和同期岩脉的充填可以推论洛庆拉复式岩体应为强力就位所致。区域资料表明，早白垩世晚期，雅鲁藏布江大洋正值退缩、消减时期初级阶段，而测区洛庆拉复式岩体形成时代恰与雅鲁藏布江局限洋盆消减、俯冲作用期一致。在收缩环境中，由于强烈的俯冲、碰撞作用形成了区域性多方位的挤压应力，使地壳物质部分熔融，产生的中—中酸性—酸性岩浆以热气球膨胀方式多次脉动、涌动侵入，后来的岩浆进入早一次膨胀的岩浆中心，不断向四周拓展，从而形成套环状的复式岩体。

6. 晚白垩世楚拉复式岩体

该复式岩体中多数侵入体呈 NW—SE 向分布，个别显近 SN 向，由古菊拉、杰拉岩体组成，岩性自南而北，从早到晚依次为中粗粒黑云二长花岗岩、中粗粒（不等粒）钾长花岗岩，空间上群居性不强，仅在楚拉一带见二者呈脉动关系。各侵入体形态异样，在其平面上表现为不甚规则的次圆状、称钩状、鲶鱼状、鞍状等多种图案。岩体与围岩有清晰的接触界线，围岩受岩体影响其产状常出现揉皱扭曲现象，并发生 50～100 余米宽的硅化、角岩化热接触蚀变带，该变质带严格平行于侵入体边界，拉杂侵入体外侧见有矽卡岩化大理岩，说明侵入岩浆具有较高的温度，另外在太昭侵入体旁侧不仅能看到明显的细粒冷凝边组构，而且其内尚有同期岩脉侵入。

多数侵入体内部组构较发育，具强—中等强度叶理构造，暗色矿物黑云母片状定向性一致组成较强的片理构造平行于接触面产状。复式岩体中断裂、节理较发育，岩石较破碎，早期岩体中暗色闪长质包体及围岩捕虏体具压扁拉长定向排列有序，包体形态有次棱角状、透镜状、鞋底状等，$X/Z=2\sim5$，岩性随围岩变化而变化，长轴方向与侵入体面理相协调。从上述岩体组构特征分析，本复式岩体早期岩浆熔融体具主动的强力就位特征，晚期岩浆熔融体属被动侵位特点，以脉动方式侵位。

楚拉复式岩体成岩年龄值 75±0.69Ma，伴随雅鲁藏布江洋盆开始闭合的过程中，一方面俯冲作用形成了区域性南北向挤压构造应力，另一方面促使板块下插速度不断增大，受其影响，上地壳熔融岩浆多次脉动以侧向位移方式强力定位。地质图上杰拉岩体像一头大尾小的竖立式“鲶鱼”，可能指示着岩浆由南向北运移的大致方向。

7. 古近纪朱拉复式岩体

多数岩体形态呈不规则的椭圆形，朱拉侵入体规模较大，在其平面上像一尾向东拖尾的“昌鱼”，长轴方向与区域面理产状一致为近东西向。各侵入体常被近东西向、北西向多组断裂刺破错开位移穿行而过，岩体内节理发育，岩石较碎裂。由白拉和芝拉组成的复式岩体，从早到晚岩性分别为中细粒黑云二长花岗岩和斑状黑云二长花岗岩，二者未见直接关系。与中—新元古代、前奥陶纪地层及早期侵入体均呈侵入接触，围岩热接触变质作用较明显。侵入体边缘常具窄的细粒冷凝边，暗色矿物和流动构造及围岩包体大致定向排列平行接触面产状，往内明显减弱，乃至消失。较早岩体中心部位尚有深源暗色包体稀疏分布，形态以椭圆状、饼状居多，定向性差，排列无序，X/Z 比值变化范围窄，多介于 1～3 之间。综合上述资料表明朱拉复式岩体就位机制具有主动—被动之间的过渡型侵位特征。

古近纪早期，随着雅鲁藏布江局限洋盆聚殓闭合，区内已全面进入陆内造山会聚发展初级阶段，由于陆-陆碰撞造山作用形成了区域性南北向的挤压和近东西向剪切共同应力，从而迫使重熔岩浆上升侵位造就朱拉复式岩体。

(二)扎西则构造岩浆带侵入岩体就位机制

该构造岩浆带仅出露1个侵入体隶属东邻边坝县幅古近纪基日复式岩体中最晚一次岩浆形成的错青拉拉廖岩体的西延部分。由于图廓线的分隔而呈不甚规则状的半个椭圆形,岩性为中细粒黑云二长花岗岩,与石炭—二叠纪来姑组、中—晚侏罗世拉贡塘组呈侵入接触。

围岩热接触变质作用较明显,在岩体北侧雄不玛—勒浦一带的围岩接触带上出露数百米宽的接触变质岩石,由外向内依次为斑点状板岩、红柱石角岩等。侵入体西端及其南侧围岩普遍被烘烤产生百余米的角岩化变质砂岩蚀变带,局部地段伴有边缘混合岩化的片麻岩、透辉大理岩,由此反映了侵入岩浆不仅具有较高的温度,而且还有一定的深度,另外在该侵入体与围岩侵入接触上亦有明显的细粒冷凝边,岩体内部组构主要表现具强—中等强度的面理,黑云母呈片状定向排列平行接触面产状,显同心环状展布,由外向内逐渐趋少。其中嘉黎区-甲贡-基日区域性大断裂从中穿行而过,使岩体错开位移,受其影响岩石较破碎,节理构造发育,后期岩脉纵横穿插,围岩浅源包体长轴方向与侵入体面理产状一致为NWW—SEE向,形态呈透镜状、次圆状、不规则状,$X/Z=2\sim8$,暗色闪长质包体小而稀疏,作无序分布。

综合上述特征表明,该岩体具主动的强力就位机制的特点。古近纪中—晚期强烈的俯冲,陆-陆碰撞造山作用形成了南北向的挤压和近东西向剪切共同应力,从而导致较深源的重熔岩浆上升侵位诞生了错青拉拉廖岩基。

(三)鲁公拉构造岩浆带

1.早白垩世阿穷拉复式岩体

各侵入岩体零星分布在嘉黎区-甲贡-基日区域性大断裂带上的北侧附近,组成二、三个不规则椭圆形。从早到晚由擦秋卡、会也拉组成的复式岩体,岩性依次对应为中细粒黑云花岗闪长岩、中粗粒二长花岗岩,二者未见直接关系。与石炭—二叠纪、中侏罗世、中—晚侏罗世地层呈侵入关系,接触面多呈弧形弯曲,围岩受岩体影响与区域产状不协调。外接触带岩石常具变形特征,围岩热接触变质作用较明显,常见千余米宽的红柱石角岩蚀变带。早期岩体内部组构较发育,以小透镜状、不明显的条带状暗色矿物和长条状斜长石、石英定向排列构成的面理构造表现出来的另有平行面理构造压扁拉长的闪长质深源包体、围岩捕虏体。紧靠接触带面理构造较为强烈,向内逐渐减弱,包体多沿岩体边部分布,具压扁拉长中等强度的变形组构,定向性一致,其X/Z在$1.5\sim8$之间。据观察点描述,会也拉岩体内部组构不发育,基本未见变形特征。根据上述构造形式,说明早期擦秋卡岩体应为主动的强力侵位机制,晚期岩体具被动就位特征。

早白垩世早期,由于板块俯冲和碰撞作用导致的重熔岩浆,沿测区发生的嘉黎区-甲贡-基日近东西向大断裂上侵就位造就阿穷拉复式岩体。

2.晚白垩世汤目拉复式岩体

由卡步清、档庆日、边坝区、拔阳拉四个岩体组成的复式岩体,岩性分别为中细粒黑云母二长花岗岩、中粗粒黑云二长花岗岩、斑状黑云二长花岗岩、中粗粒(不等粒)钾长花岗岩。其中较早岩体分布在汤目拉复式岩基的北部边缘或外侧等地,斑状黑云母二长花岗岩出露于档庆日岩体的东西两端,平面形态呈一不甚规则的莲耦,节节相接,相对较晚的钾长花岗岩侵入体零星展布在格拉、冷拉等地,形态呈不规则的似圆状,各岩体长轴方向与区域构造线方向一致为近东西向,侵位于侏罗纪和早白垩世地层及早期侵入体之中,围岩受热变质作用产生0.5~5km宽的斑点状板岩、大理岩化灰岩、红柱石角岩等蚀变带,但分带性较差,同时带内围岩产状常出现柔皱扭曲现象,远离侵入体则恢复正常。

各侵入体边部常具窄的细粒冷凝边，暗色矿物和流动构造作定向排列平行于岩体的边界，这种现象包体反映更为明显，靠近接触带包体压扁拉长显著，往内同样成分的包体变形减弱。围岩包体多分布在侵入体边部，形态有次圆状、透镜状、似椭圆状，还见一些不规则状、饼状等，$X/Z=2\sim6$，岩性随围岩变化而变化。暗色闪长质包体多见于侵入体中部，边坝区岩体有时见密集分布，定向性一致。

晚白垩世晚期正值板块向北俯冲的强烈阶段，由于东西向剪切和南北向挤压联合作用，岩浆顺其产生的逆冲断裂侵位形成，具体表现为早期岩浆固结成刚性侵入体后，与围岩产生滑动的边界，随着滑动位移增大，便形成一个虚脱的空间，后来岩浆即沿这个空间多次脉动侵入，与较早岩体接镶，从而形成中间老、东西两端较新的藕节状链式空间格局。

3. 古近纪查纳弄巴岩体

该岩体多产于北西向、近东西向断裂交会处，走向略显北西向，平面形态呈不规整的透镜，分布亦零散，与围岩呈断层或侵入关系，围岩热接触变质现象不明显，而具动力变形特征。内接触带旁侧常可见到次棱角状大理岩、变质砂岩捕虏体，细粒冷凝边偶而见之，深源包体极其罕见。在岩体与围岩断层接触时，断面两侧常形成 20～50m 宽的破碎带，带内岩石普遍具碎裂岩化，糜棱岩化亦较强烈，节理、破劈理纵横交切，因此后期叠加构造较明显，越靠近断面糜棱岩化越显著，S－C 组构愈强烈，反映出的运动方式为右旋走滑。显微尺度内，长英质矿物和片状矿物受应力影响常具弯曲现象，有的被错开位移，局部碎粒化现象明显，面理构造以片状矿物与浅色矿物组成较弱的片理构造平行接触面定向排列。

综上侵入体组构特征推知，查纳弄巴岩体经历了构造运动的改造和构造混杂，应为构造侵位机制。古近纪早期，该区域进入陆内碰撞的伸展环境，由于陆-陆碰撞作用形成了区域性多方位的挤压应力，使熔融岩浆尚未来得及固结成岩，便发生迁移混杂构造逆冲于冈-念陆壳之中，就位形式类似于构造岩片。

综上所述，测区各地质年代侵入岩的定位形式是丰富多彩的，受多种因素控制和影响，但起主导作用的是区域构造及演化，随着板块构造的俯冲、碰撞发展，其定位形式由主动向被动方向演变。通过对区内侵入岩定位机制的分析，为各岩体、复式岩体深入研究提供了可靠的资料，也为构造研究提供了素材。

六、侵入岩成因类型及形成环境探讨

花岗岩类是组成大陆地壳的主要岩类之一，研究和探讨其成因早已是地学界所关注的问题，但迄今为止，仍未有统一定论。本报告参照各家论点，结合区内具体情况，综合分析侵入岩地质特征、岩石学和岩石化学、岩石地球化学等特征，对三个构造岩浆带各时期花岗岩类的成因进行初步探讨。

（一）成因类型

1. 岩浆成因主要依据

区内侵入岩围岩岩性变化较大，变质程度高，侵入岩与围岩呈侵入接触，常见热接触变质带。侵入岩体边部常见细粒边，侵入岩中一般见有少量从深部上来的暗色包体，岩石中斜长石双晶普遍发育，具环带构造。

将测区花岗岩类各岩体、复式岩体岩石的标准矿物成分分别投影在 Ab－Or－Q 三角图解上，从图 3-52 中可以看出，投影点绝大部分落入岩浆低温共结槽内的低共熔点附近，个别落在低温槽边线附近。在 Na-K-Ca 原子重量百分比图解（图 3-53）中落入岩浆成因区或其附近下部偏 Ca 一侧，由此说明区内各阶段侵入岩均为岩浆成因，但本区一些中性和中酸性侵入岩在上升和就位过程中发生了同化混染和部分交代作用。

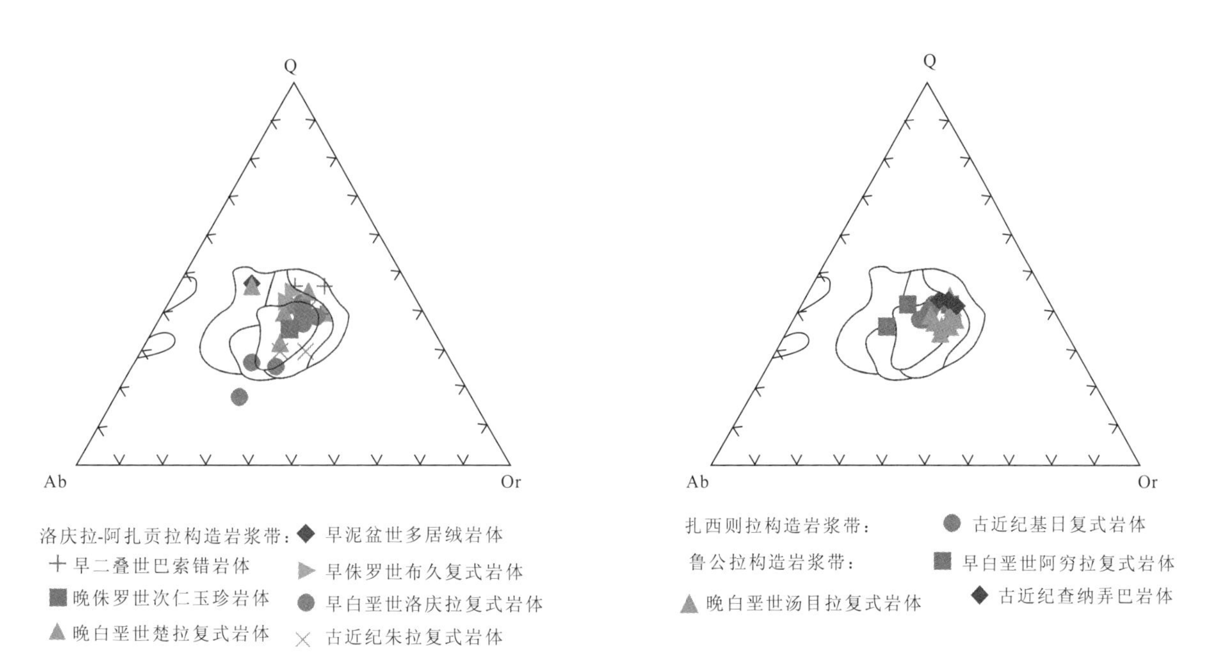

图 3-52　测区各岩体、复式岩体 Ab-Or-Q 等密曲线图

（据 H. G. F. Wimkler 等，1961）

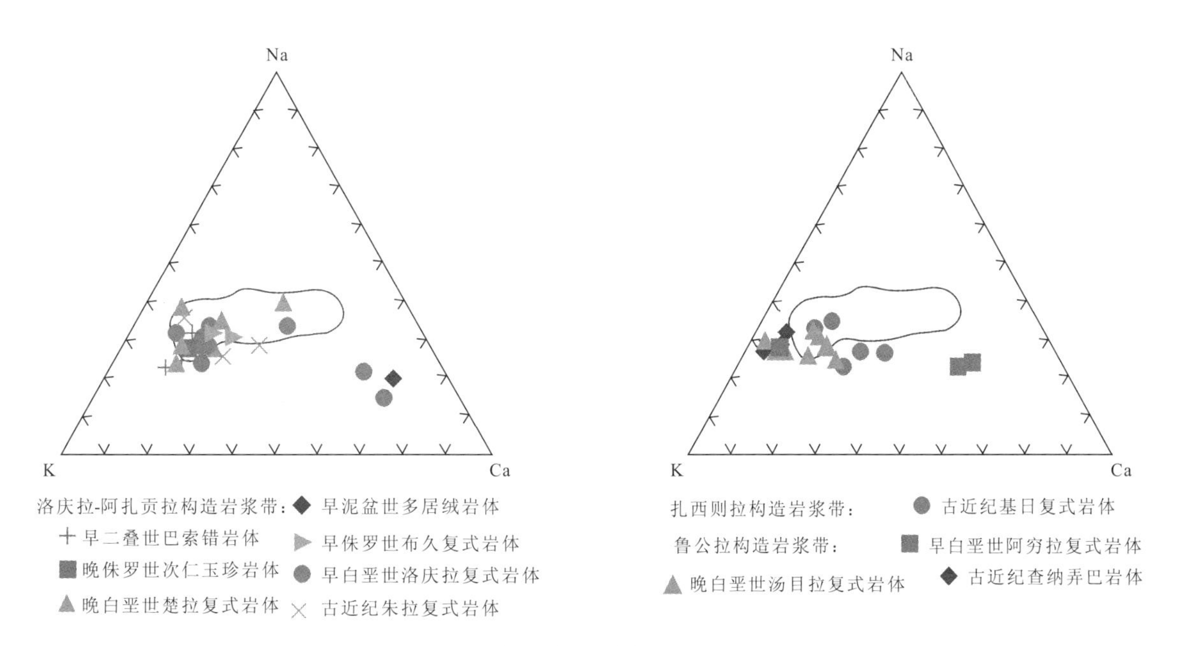

图 3-53　测区各岩体、复式岩体 K-Na-Ca 图解

（据 R. D. Raju 等，1972）

2. 岩浆成因类型

目前国内外对岩浆成因的花岗岩最常见的分类是划分为 I 型和 S 型两类，但随着地质学的研究深入，不少地区还划分有 I－S 型的过渡类型。

据中田节也、高桥正树(1977)的方法作 A－C－F 图解，投影结果如图 3－54 所示。测区多居绒岩体、布久复式岩体、朱拉复式岩体、基日复式岩体成分点无一例外的进入 I 型花岗岩区内，洛庆拉复式岩体、楚拉复式岩体、洛穷拉复式岩体、汤目拉复式岩体样品点不均匀分布在 I 型和 S 型两种不同成因类型的分界线两侧，巴索错岩体、次仁玉珍岩体、查纳弄巴岩体除个别样品偏差外，均投影于 S 型花岗岩区。

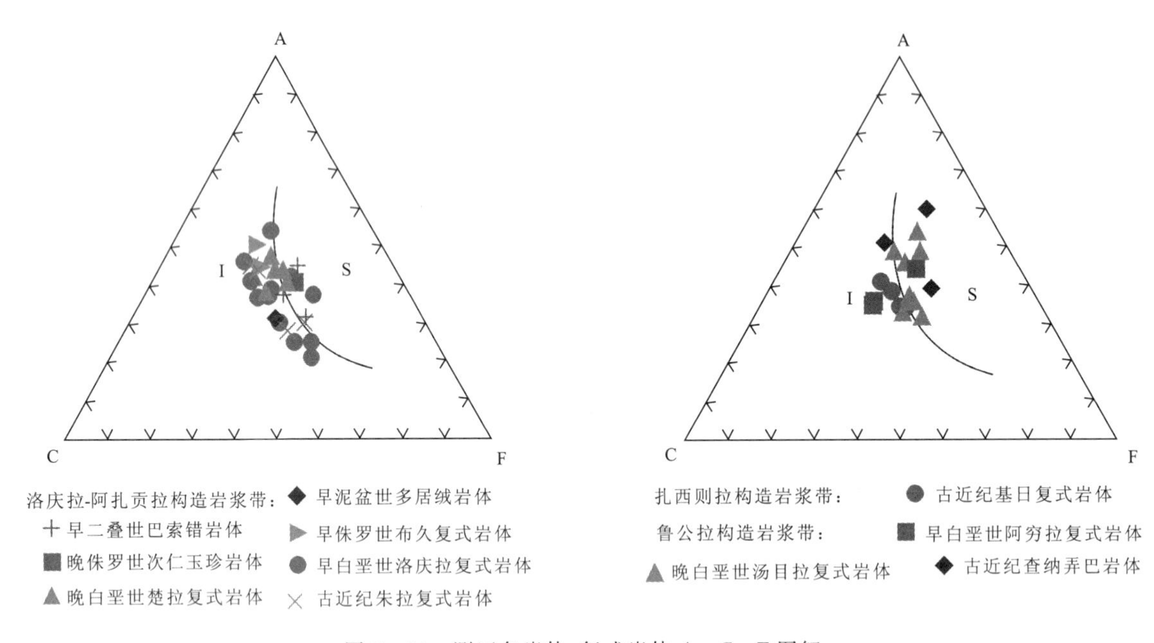

图 3－54　测区各岩体、复式岩体 A－C－F 图解
(据中田节也等，1977)

从各岩体、复式岩体岩石学、岩石化学、岩石地球化学等特征也反映出各自的特点。具 I 型花岗岩特征主要表现在岩石类型以石英二长闪长岩、二长花岗岩为主，岩石化学成分 Al/Na＋K＋12Ca 一般小于 1.1，AR＜3，里特曼指数大于 1.8。标准矿物透辉石分子含量高，地球化学上 Ba、Nb、Zr 等元素富集，稀土∑REE 低，δEu 值一般为 0.5～0.6，Sm/Nb、Eu/Sm 比值多在 0.17～0.23 之间。

具 I－S 型花岗岩特征的岩石类型以石英闪长岩、石英二长闪长岩、花岗闪长岩、二长花岗岩、钾长花岗岩为主。基本岩石化学成分及有关参数变化范围宽，地球化学上 Th、Sn 元素含量变化区间小，∑LREE/∑HREE 比值常在 3.5～5 之间，δEu 值多介于 0.37～0.54 之间，Sm/Nb 比值接近于 0.2。

S 型花岗岩岩石类型为二长花岗岩、二云二长花岗岩，SiO_2 含量高，CIPW 计算仅见刚玉标准分子。地球化学以富集 Rb、Sr、Sn、Ta 为特征。稀土∑REE 高，但∑LREE/∑HREE 比值低，Eu/Sm比值小，铕亏损强烈。

(二)成岩温度与压力

将测区侵入岩样品的标准矿物成分投影在 Ab－Or－Q－H_2O 相关图解上，从图 3－55 看出，区内侵入岩的成岩温压从老至新由南而北分别如下。

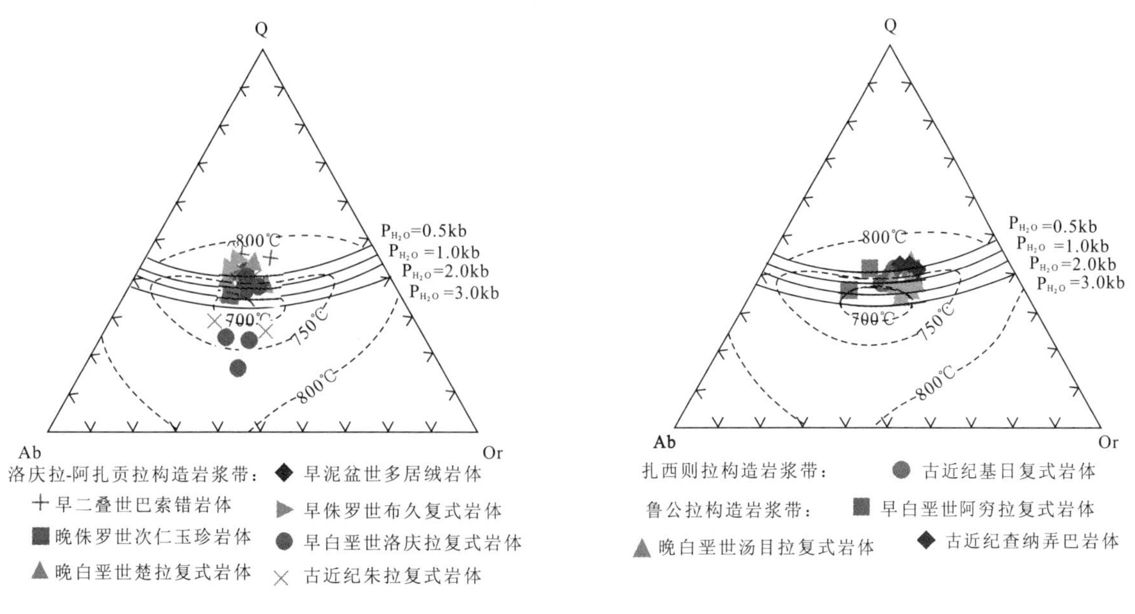

图 3-55 测区各岩体、复式岩体 Ab-Or-Q-H_2O 相关系图解

（据 O. F. Tuttle 等，1958；Luth 等，1964）

1. 洛庆拉-阿扎贡拉构造岩浆带

多居绒岩体成岩温度为 780～800℃，成岩压力为 2～3kb，形成深度为 23～26.4km。巴索错岩体成岩温度为 750～780℃，压力为 1.5～2.5kb，估算形成深度为 20～24.75km。布久复式岩体成岩温度为 760～780℃，压力为 1～1.5kb，其形成深度为 22～25km。次仁玉珍岩体成岩温度为 700～710℃，压力为 1～2kb，估算形成深度为 20～22km。洛庆拉复式岩体成岩温度为 720～770℃，初熔温度为 700～740℃，压力为 2～3kb，其深度为 21～26km。楚拉复式岩体成岩温度为 700～780℃，压力为 1～2.5kb，推算其形成深度为 20～24.5km。朱拉复式岩体成岩温度为 700～760℃，压力为 1～2 kb，形成深度为 20～22.08km。

2. 扎西则构造岩浆带

基日复式岩体成岩温度为 700～780℃，成岩压力为 2～2.5Kb，推测其形成深度为 21～26km。

3. 鲁公拉构造岩浆带

洛穷拉复式岩体成岩温度为 700～760℃，压力为 1～3 kb，所以其成岩深度为 21～24 km。汤目拉复式岩体成岩温度为 700～770℃，压力为 1.8～2.3kb，估计形成深度为 19～23 km。查纳弄巴岩体成岩温度为 720～760℃，压力为 1～2kb，形成深度为 18～21km。

（三）侵入岩体形成环境探讨

据上各方面资料反映，测区三个构造岩浆带岩石类型较复杂，既有 I 型花岗岩，又有 I-S 型花岗岩，另有 S 型花岗岩，所处位置为冈底斯岩浆弧带，与断裂带一样呈近东西向分布，其形成环境可能受其影响较大。将测区各时代花岗岩类 Nb、Y、Rb 含量分别投影在 Nb-Y 及 Rb-[Y+Nb]变异图上，由图 3-56 可知绝大部分样品投影点集中落入火山弧花岗岩区内，仅巴索错岩体、朱拉复式岩体、汤目拉复式岩体及查纳弄巴岩体中极少数投点位于火山弧和碰撞带及板内或洋中脊临界区，说明本区侵入岩的形成与碰撞作用有关。在 Batchelor(1985)多阳离子 R1 - R2 图解(图 3 - 57)中亦解读出各构造岩浆带不同时代花岗岩构造环境。

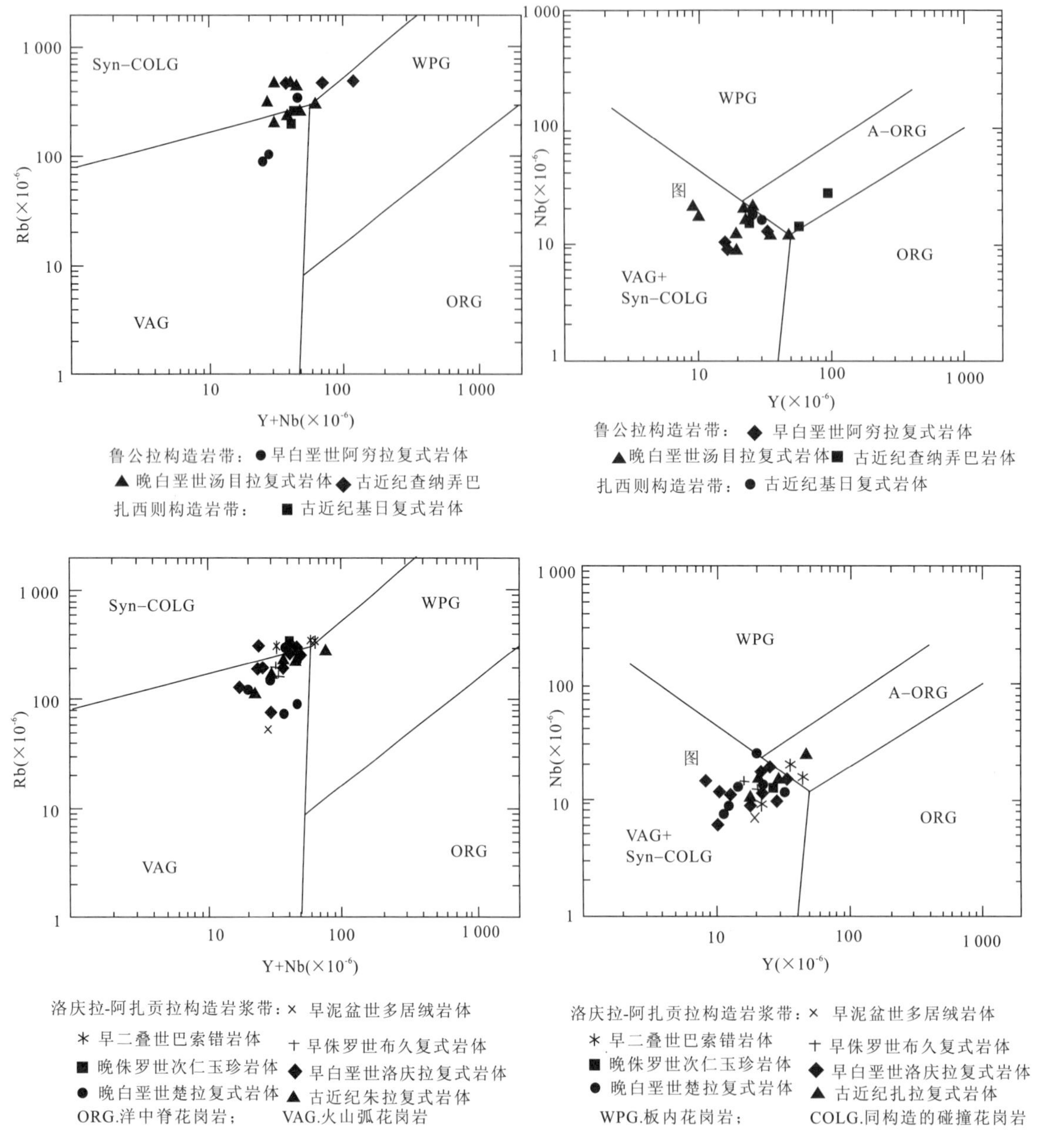

图 3 - 56　测区各岩体、复式岩体 Rb -(Y+Nb)及 Y - Nb 图解

(据 Pearce 等，1964)

1. 洛庆拉-阿扎贡拉构造岩浆带

早泥盆世多居绒岩体投影点落入地幔重熔花岗岩区，结合岩石地球化学特征，说明其形成环境与板内消减有关，是组成早期冈底斯岩浆弧带的成分之一。巴索错岩体一个成分点落入 6 区，另有两件样品偏差于图框外，这可能暗示了本区早二叠世花岗岩形成与碰撞作用有关。早侏罗世布久复式岩体和晚侏罗世次仁玉珍岩体经作图投点均落入 6 区，反映这两个阶段花岗岩的形成与碰撞造山作用有着密切的关系。早白垩世洛庆拉复式岩体具有 I - S 型花岗岩之特点，经投点早期闪长

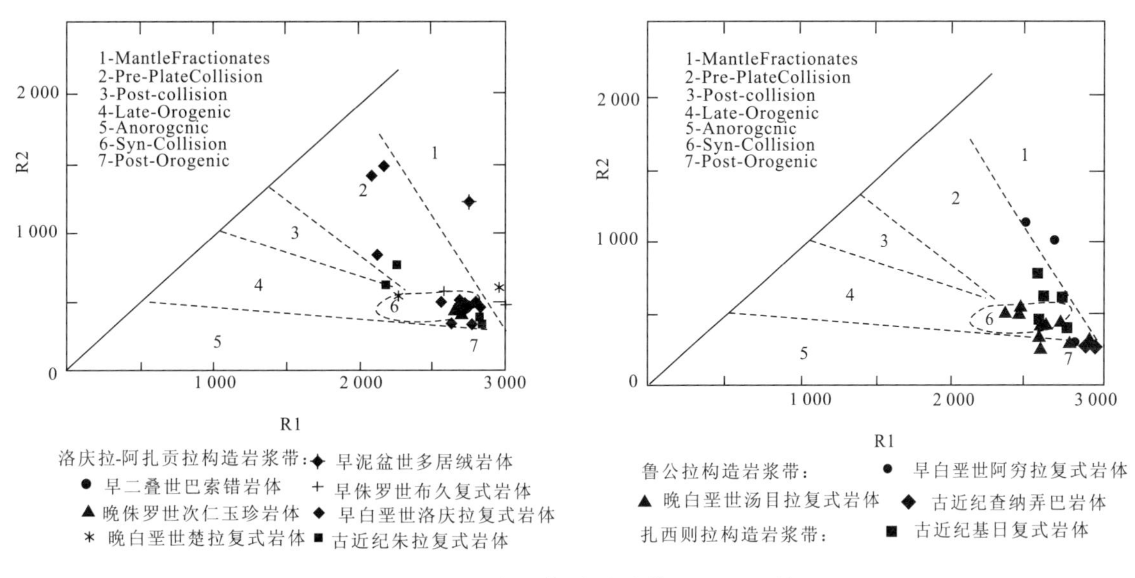

图 3-57　测区各岩体、复式岩体 R1-R2 图解
（据 R. A. Batchlor 等，1985）

岩类进入 2 区，属板内碰撞前消减俯冲的构造环境，较晚二长花岗岩投影于同碰撞花岗岩区，与碰撞造山作用有关，反映其形成环境具有二重性。楚拉复式岩体形成时代为晚白垩世，各成分点均落在 6 区或其边界线附近，更有一件样品投入深熔花岗岩区域内，从本区的实际情况分析，结合岩石地球化学特征，我们认为本构造岩浆带晚白垩世花岗岩属同碰撞花岗岩类，形成于碰撞造山阶段。个别样品显示出板内花岗岩特征，可能与当时的地壳较厚和陆内碰撞作用有关。古近纪朱拉复式岩体的成分点多投影于 6 区或其边界线附近，其形成与新特提斯洋闭合、碰撞有关。

2. 扎西则构造岩浆带

错青拉拉廖岩体为古近纪基日复式岩体中较晚的一个侵入体，样品的投影点落入 6 区或其边界，由此认为该阶段花岗岩应属同碰撞花岗岩，形成于碰撞造山阶段。

3. 鲁公拉构造岩浆带

阿穷拉复式岩体形成时代为早白垩世，通过 R1-R2 作图投点，早期岩体投影于深熔花岗岩区，属板内消减构造环境，晚次岩体落入碰撞后花岗岩区，与造山后有关，反映其形成环境具有双重性质特点。晚白垩世汤目拉复式岩体各成分均投影于 6 区或其边界线附近，代表了同碰撞造山阶段的 I-S 型花岗岩。查纳弄巴花岗岩无一例外的投影于 7 区碰撞后花岗岩域内，说明古近纪 S 型花岗岩的形成与后碰撞造山作用有着密切的关系。

综上所述，不同时代、不同就位机制、不同类型岩浆岩组合的形成无不受到区域地质构造发展演化的控制。地质构造活动是一种地质作用过程，而现存的岩浆岩则是这种作用过程的历史记录之一。空间上测区岩浆岩成带分布，构成了不同的构造岩浆带，时间上各时期岩浆活动从南往北具有更新的趋势，它们均是测区不同地质构造发展阶段岩浆运动的产物。各构造岩浆带从早期到晚期，SiO_2 含量具分阶段性变化，没有明显的间断，可推知区内侵入岩形成一个较为连续的成因系列。据彼德罗（Petro. Wl，1979）等人总结，挤压型板块边界在挤压条件下演化有连续变异的特点，测区侵入岩亦是在挤压作用条件为主的情况下侵位的。

第二节　脉岩

测区脉岩虽不很发育，但种类颇多，从深成到浅成，从基性—酸性均有出露。脉壁整齐，与围岩界线清楚，呈岩墙岩脉产出。脉岩的侵入时代与同类型岩体大致近等时或稍晚，表现在侵入相同地层。石英岩脉多分布在构造带中或附近，属热液成因，其他岩脉属岩浆成因。

一、基性岩脉

集中出露在图幅西北部的嘉黎区北侧，黄湾多—桑堆牙嘎一带。多受近东西向断裂控制，呈岩株、岩墙群产出，单脉规模相差悬殊。大者断续延长千余米甚至几千米，宽 50 至 200 余米，小者仅延伸数十米至 100m 左右，脉宽 10～30m。侵入于中侏罗世马里组和中—晚侏罗世拉贡塘组地层之中。走向近东西，大致平行岩层，产状陡立，岩性为辉长辉绿岩。

1. 岩石学特征

岩石以灰色为主，暗灰色居次。变余辉长辉绿结构，粒度 0.19mm×0.62mm，2.2mm×3.2mm，0.47mm×1mm，块状构造。斜长石约 45%，多较新鲜，聚片双晶单体较宽，NP′∧(010)=30°，为 An=50 的基性斜长石，在岩石中分布无序并组成格架。辉石约 20%，包含、半包含多颗斜长石晶体，显示嵌晶含长结构，据光性为普通辉石。黑云母约 10%，片状假象，彻底绿泥石化，并析出帘石等。绿帘石、碳酸盐岩石约占 10%，绿泥石含量约 10%。岩石中偶见极少量的斜长石斑晶，副矿物(钛)磁铁矿约 5%，呈不规则状、骸晶状，少数白钛矿化。

2. 岩石化学特征

辉长辉绿岩其岩石化学成分及 CIPW 标准矿物计算结果见表 3-48。从表中可以看出，该岩石 SiO_2 含量略大于同类岩石平均值，MgO 含量稍有偏低，Na_2O+K_2O 及 Fe_2O_3+FeO 亦较低，而 Al_2O_3、CaO 均较高，均属 $CaO+Na_2O+K_2O>Al_2O_3>Na_2O+K_2O$ 次铝型岩石化学类型。里特曼指数介于 1.8～3.3 之间，AR=1.3～1.39，A/CNK<1.1。从 SiO_2-[Na_2O+K_2O]直方图上(图 3-58)投点，两件岩石样品分别落入 A 区和 S 区分界线两侧附近，说明该类岩石具有碱性和亚碱

表 3-48　岩脉岩石化学成分、CIPW 标准矿物及特征参数表

岩体名称	样品编号	氧化物含量($w_B/\times10^{-2}$)													
		SiO_2	TiO_2	Al_2O_3	Fe_2O_3	FeO	MnO	MgO	CaO	Na_2O	K_2O	P_2O_5	CO_2	H_2O^+	Σ
辉长辉绿岩	P4GS13-1	49.76	1.19	19.62	1.35	5.55	0.11	3.51	8.94	3.42	1.21	0.18	2.15	2.84	99.83
	GS0416-2	50.16	1.24	20.18	1.64	5.50	0.13	3.53	10.08	3.11	0.87	0.19	0.83	2.40	99.85
	平均值	49.96	1.22	19.90	1.5	5.53	0.12	3.52	9.51	3.27	1.04	0.19	1.49	2.62	99.84

岩体名称	样品编号	CIPW 标准矿物($w_B/\times10^{-2}$)										特征参数值				
		ap	il	mt	Or	ab	an	Q	Di	Hy	Ol	DI	SI	A/CNK	σ	AR
辉长辉绿岩	P4GS13-1	0.41	2.38	2.06	7.54	30.51	36.49		7.53	12.64	0.43	38.05	23.34	0.85	2.52	1.39
	GS0416-2	0.43	2.44	2.46	5.32	27.23	39.88	1.48	8.80	11.96		34.04	24.10	0.83	1.91	1.30
	平均值	0.42	2.41	2.26	6.43	28.87	38.19	0.74	8.17	12.30	0.22	36.05	23.72	0.84	2.22	1.35

性岩系双重特征。在 CaO -[FeO+MgO]图解(图 3-59)中,成分点均投影于后碰撞花岗岩区内,表明该岩脉的形成与碰撞造山作用关系不密切。CIPW 计算中见一件样品出现饱和矿物长石及透辉石以及非饱和矿物橄榄石标准分子,说明 P4GS13-1 号样品属 SiO_2 不饱和类型。而另一件样品则不同,计算出过饱和石英、饱和矿物长石、透辉石的标准分子,反映其为 SiO_2 低度过饱和类型岩石,且 an>ab>or,mt 和 il 分子含量均较高,SI 值比地幔来源的弱分异岩石(SI=40)低,分异指数较同类岩石高。

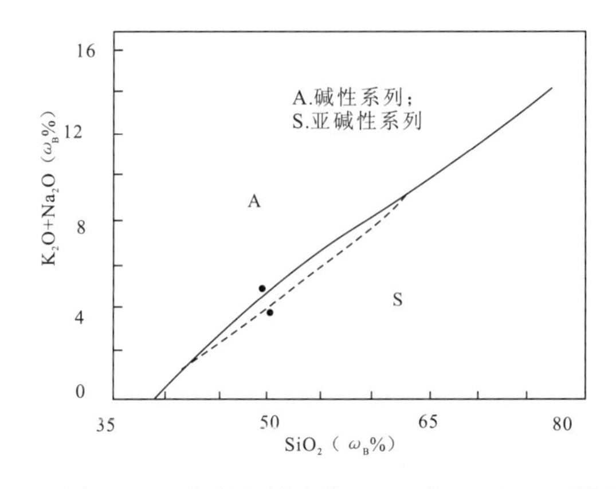

图 3-58 辉长辉绿岩脉 SiO_2 -[K_2O+Na_2O]图解
(据 T. N. Irvine 等,1971)
实线. Macdonald(1968) 断线. Irvine 等(1971)

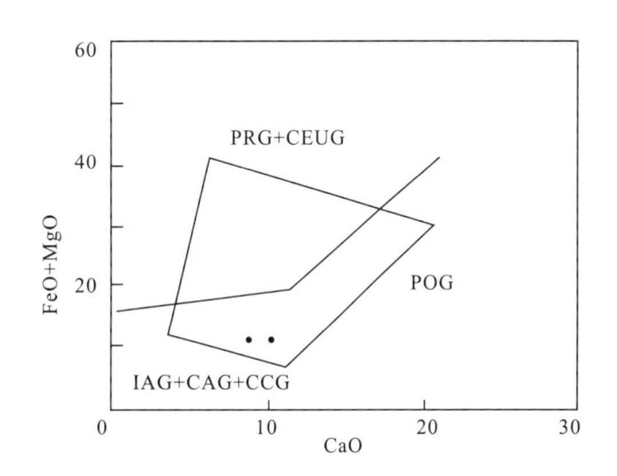

图 3-59 辉长辉绿岩脉 CaO -[FeO+MgO]图解
(仿 Maniar 等,1989)

3. 岩石地球化学特征

(1)微量元素特征

微量元素组合及含量见表 3-49。其分析结果与地壳平均值相比较,Rb、Th、Zr、Hf 元素含量相对富集,Sc 基本相当,Ba、Ta、Nb、Sn、Ni、Sr 各元素含量均表现为相对贫化。

表 3-49 岩脉微量元素特征表

岩体名称	样品编号	微量元素组合及含量(w_B/$\times10^{-6}$)										
		Rb	Ba	Th	Ta	Nb	Hf	Zr	Sn	Ni	Sr	Sc
辉长辉绿岩	P4DY13-1	52	209	4.6	0.92	9.6	3.7	109	0.79	22.2	362	30.6
	DY0416-2	36.6	163	4.4	1.1	11	4.3	118	1.4	22.3	358	30.9
	平均值	44.3	186	4.5	1.01	10.3	4.0	113.5	1.1	22.3	360	30.8
岩体名称	样品编号	MORB 标准化值										
		K_2O	Rb	Ba	Th	Ta	Nb	Ce	Hf	Zr	Sm	Y	Yb
辉长辉绿岩	P4DY13-1	3.03	13.00	4.18	5.75	1.31	0.96	0.87	0.41	0.32	0.43	0.31	0.03
	DY0416-2	2.18	9.15	3.26	5.50	1.57	1.10	0.87	0.48	0.35	0.41	0.28	0.03
	平均值	2.60	11.08	3.72	5.63	1.44	1.03	0.87	0.44	0.33	0.42	0.30	0.03

对两件样品微量元素 MORB 标准化值作蛛网图 3-60 所示。辉长辉绿岩脉显示出右倾曲线,其中的 Rb、Th 分别为 9.15~13 和 5.5~5.75 倍,并构成了该曲线的两个峰点,而 K_2O、Ba、Ta 具不同程度地高于洋中脊花岗岩标准值 1~3 倍之多,Nb、Ce 略小于或等于 1,Hf、Zr、Sm、Y、Yb 元素均小于 1,地球化学样式呈一拖尾状的"M"型,相似于同碰撞花岗岩的蛛网图曲线形式。

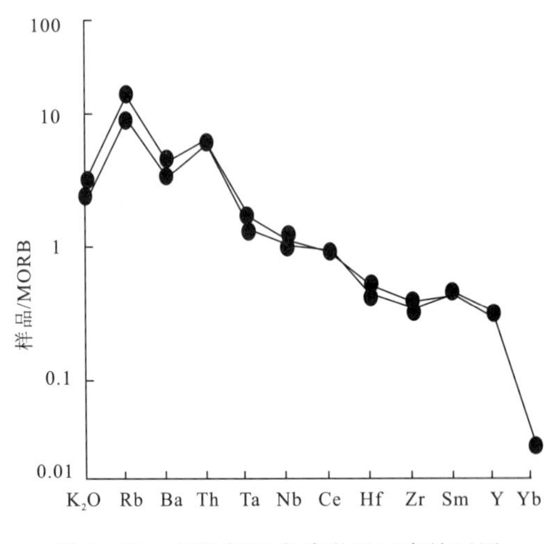

图 3-60　辉长辉绿岩脉微量元素蛛网图

(2)稀土元素特征

表 3-50 中反映,稀土∑REE 高于 K·图尔基安(1961)基性岩平均丰度值(85),却明显低于中性岩背景值(130),∑LREE/∑HREE>1,δEu=1.02,δCe<1。以上特征值充分说明该岩石属轻稀土富集重稀土亏损型,具不明显的弱正铕异常,铈显弱负异常,在稀土配分型式图上(图 3-61),曲线呈右倾斜式平坦型。这种曲线型式与大陆拉斑玄武岩的曲线型式相似,可能与区域上的局部伸展构造有关。Sm/Nd 和 Eu/Sm 比值与大陆玄武岩的比值参数扣合一致,Ce/Yb 比值≤13.3,指示岩浆部分熔融程度较低,具分离结晶程度较高的特点。

表 3-50　岩脉稀土元素含量及特征参数表

岩体名称	样品编号	稀土元素含量($w_B/\times10^{-6}$)														
		La	Ce	Pr	Nd	Sm	Eu	Gd	Tb	Dy	Ho	Er	Tm	Yb	Lu	Y
辉长辉绿岩	P4DY13-1	15.35	30.45	4.14	16.52	3.90	1.36	4.16	0.70	4.38	0.89	2.48	0.40	2.47	0.37	22.01
	DY0416-2	14.73	30.52	4.11	16.30	3.70	1.30	4.10	0.69	4.23	0.85	2.38	0.36	2.29	0.35	19.76
	平均值	15.04	30.49	4.13	16.41	3.80	1.33	4.13	0.70	4.31	0.87	2.43	0.38	2.38	0.36	20.89

岩体名称	样品编号	稀土元素含量($w_B/\times10^{-6}$)			特征参数值						
		∑REE	∑LREE	∑HREE	∑L/∑H	δEu	δCe	Sm/Nd	La/Sm	Ce/Yb	Eu/Sm
辉长辉绿岩	P4DY13-1	109.58	71.72	37.86	1.89	1.03	0.90	0.24	3.94	12.33	0.35
	DY0416-2	105.67	70.66	35.01	2.02	1.02	0.93	0.23	3.98	13.33	0.35
	平均值	107.63	71.19	36.44	1.96	1.03	0.92	0.24	3.96	12.83	0.35

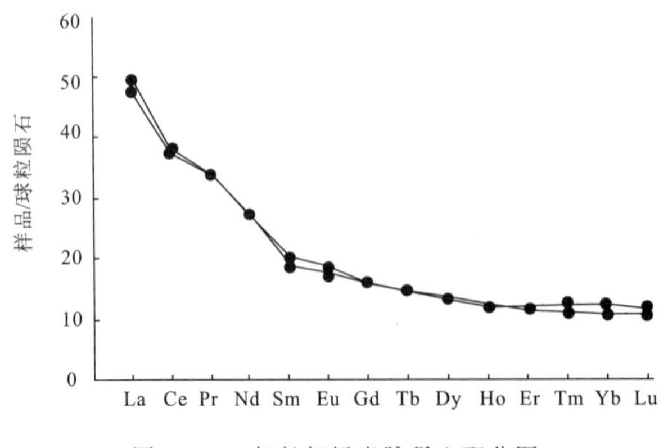

图 3-61　辉长辉绿岩脉稀土配分图

4. 形成环境及时代讨论

据岩石学、岩石化学、岩石地球化学表明，该类岩石具同碰撞造山构造环境，在 Zr/Y－Z 图解（图 3－62）中，两件样品的成分点均投影于板内玄武岩区内。因此，我们认为该岩脉可能形成于同碰撞的地壳相对稳定的板内环境，与区域构造的发展演化关系密切。

本次区调对该岩石进行了单矿物锆石 U－Pb 同位素地质年龄测定，结果见表 3－51。锆石为短柱状，透明—半透明，属岩浆成因锆石。图 3－63 反映，3 号点基本落在谐和线上，其他点靠近谐和线下方，因此，37±2Ma 可代表辉长辉绿岩脉的成岩年龄，故将其形成时代归属为古近纪较为适宜。

表 3－51 辉长辉绿岩单矿物锆石 U－Pb 同位素年龄分析数据表

样品信息			含量（$\times10^{-6}$）		普通铅含量（ng）	同位素原子比及误差（2σ）				表面年龄（Ma）		
No	点号	重量（ug）	U	Pb		（206/204）Pb	$^{206}Pb/^{238}U$	$^{207}Pb/^{235}U$	$^{207}/^{206}Pb$	$^{206}Pb/^{238}U$	$^{207}Pb/^{235}U$	207/206Pb
1	P4U－Pb 13－1	10	5980.2	478.3	1.366	167	.563 2	.455 92	.058 7	353	381	556
							.000 21	.011 05	.001 44	1	9	13
2	P4U－Pb 13－1	10	11847.6	356.1	1.071	119.2	.014 98	.111 98	.054 19	95	107	379
							.000 06	.008 8	.004 26	0	8	29
3	P4U－Pb 13－1	10	27279.6	512.6	1.071	178.9	.010 35	.075 36	.052 81	66	73	320
							.000 03	.002 3	.001 62	0	2	9

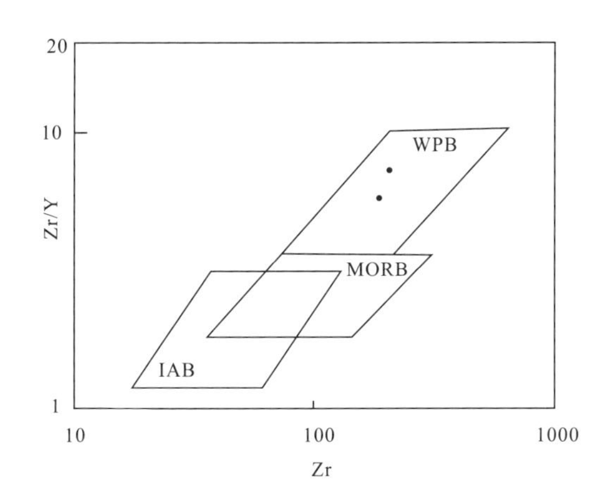

图 3－62 辉长辉绿岩脉 Zr/Y－Zr 判别图解
（据 Pearce，1982）
WPB. 板内玄武岩；MORB. 洋中脊玄武岩；
IAB. 岛弧玄武岩

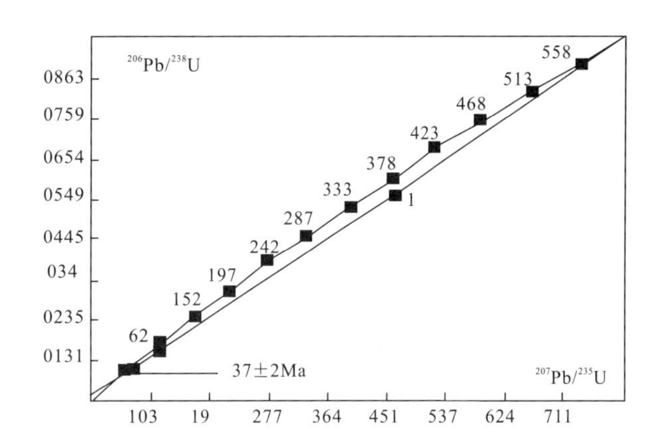

图 3－63 辉长辉绿岩脉锆石 U－Pb 同位素年龄谐和图

二、中性—中酸性岩脉

1. 闪长（玢）岩

沿易贡藏布河谷两侧分布于嘉黎县（达马）—尼屋—八盖区等地，在尼屋一带见成群出露，侵入地层为中—新元古代念青唐古拉岩群，前奥陶纪雷龙库岩组、石炭—二叠纪来姑组及早白垩世岩体中或其旁侧。呈岩床、岩墙产出，走向与岩层近一致，产状陡立，宽 50～150m，长 100～500m。岩石为灰绿—暗灰色。块状构造，少斑结构或无斑细粒半自形晶结构，粒度 0.09mm×0.41mm、0.17mm×2.9mm。斜长石 55%，半自形板状，聚片双晶较发育，个别粒度达 0.7mm×1.6mm 者为斑晶，轻—中度帘石化、高岭石化，分布无序。普通角闪石(20%)半自形柱状，见清楚的角闪石式解理，多较新鲜，暗褐绿—淡黄绿多色性，少数不同程度绿泥、帘石化，个别粒度较大为斑晶。黑云母约 10%，细小片状，绿色多色性，粒度 0.04mm×0.1mm，呈团块状产出。石英含量约占 2%，绿帘石不规则粒状，淡黄绿色，成堆出现，含量 10%。榍石(2%)不规则状，磷灰石(1%)细小针状。

2. 角闪石英二长闪长岩

出露于晚白垩世岩体中或其侵入体与围岩接触带附近，长百余米，宽 20～50m，呈单脉状产出，产状多变。

脉岩色调均为深灰色，块状构造，细粒半自形晶结构。岩石由斜长石(35%)、钾长石(20%)、石英(13%)、角闪石(25%)、绿帘石(5%)及少量磷灰石、磁铁矿等副矿物构成。粒度 0.4mm×0.58mm、0.5mm×3.6mm、0.7mm×3.2mm。斜长石半自形板状—不规则状，见聚片双晶，中等绢云母化、绿帘石化。钾长石多呈不规则状，常与石英规则交生形成文象结构并充填于斜长石隙间，或貌似附生在斜长石周围。石英少部分为单独不规则粒状，充填于长石粒间空隙，$\varphi<2mm$，多与钾长石交生形成文象钾长石。普通角闪石较自形，新鲜，褐绿—淡黄绿多色性，粒度大者尤如变斑晶。

3. 石英二长岩

出露在边坝县恩督格区之北，干永村近东西向断层北侧，侵入中侏罗世桑卡拉拥组地层之中，延伸百余米，宽约 15m，岩墙产状 5°∠65°，与区域面理构造协调一致。

岩石为灰色，变余细粒二长结构，块状构造。粒度 0.7mm×1.7mm、0.5mm×1.4mm。斜长石 35%，半自形板条状，可见聚片双晶，具较强烈绢云母、高岭石、碳酸岩化。正长石 45%，半自形板条状，发育简单双晶，未见聚片双晶，可隐约见有条纹结构。黑云母 10%，片状晶，绿泥石化较强烈，并析出铁钛质(白钛矿化)。石英 5%，不规则粒状，少数 $\varphi=0.4\sim0.5mm$，部分与钾长石形成文象结构，充填于长石间隙为较晚结晶。方解石约 2%，副矿物含量约占 3%，以(钛)磁铁矿为主，磷灰石次之。

4. 花岗闪长岩

仅出露在波密县八盖区冬村南东方向约 2km 处，呈透镜状产于嘉黎-易贡藏布断裂带中，侵入地层为前奥陶纪雷龙库岩组，脉宽 50m，长约 150m，产状 240°∠65°，高角度斜切岩层产状。

该岩为深灰色，中细粒花岗结构，块状构造。岩石由石英(20%)、斜长石(45%)、钾长石(10%)、角闪石(10%)、黑云母(15%)及少量磁铁矿、磷灰石等副矿物组成。粒度 1.2mm×2.7mm、0.4mm×3.6mm、1.1mm×1.4mm。斜长石多为半自形板状，具细密聚片双晶和环带结构。石英不规则粒状充填于长石粒间空隙。钾长石不规则粒状，填充于斜长石粒间，隐约见条纹。普通角闪石为自形—半自形长柱状，新鲜，绿—淡黄绿多色性。黑云母片状，暗褐—淡褐多色性，不同程度绿泥、绿帘石化，偶见锆石。

三、酸性岩脉

该类脉岩在测区内分布比较零散，不仅形态各异，而且规模不大。主要出露在燕山—喜山期各侵入体岩石中及其外接触带内和近东西向、北西向断裂带上，侵入于早白垩世及其以前的地层之中，其产状与区域面理构造大体一致。

1. 花岗斑岩

呈透镜状或岩墙出露，宽20～60m，长50～200m，产状陡立斜切岩层。颜色为灰色、青灰色，斑状结构、基质微粒结构、微花岗结构，块状构造。斑晶大小1.6mm×2.5mm、2.8mm×3.6mm、1.1mm×1.3mm，含量5%～20%，以斜长石为主，石英、黑云母次之，钾长石量少。基质矿物粒径0.05mm×0.17mm，含量80%～95%，主要为钾长石，斜长石、石英居次，少量黑云母、白(绢)云母。副矿物仅见磁铁矿和钛铁矿。

2. 二长花岗斑岩

呈岩墙、岩床产出，脉体宽5～60m，长10余米至数百米不等，产状多变。岩石为灰色、浅灰色，斑状结构、基质花岗结构，块状构造。斑晶大小0.5～3mm，石英斑晶(5%)较自形，可见近六边形切面，具熔蚀现象，斜长石斑晶(10%)为板状，亦见细密聚片双晶。钾长石斑晶(2%)板状，原生矿物为透长石，现已熔离为条纹长石。黑云母斑晶(5%)自形片状，全部绿泥石化，并析出铁钛质和碳酸盐。基质矿物粒径0.05～3mm，主要由长英质(70%)组成，含少量绿泥石化的黑云母及白(绢)云母，副矿物组合为磷灰石、磁铁矿、钛铁矿。

3. 花岗伟晶岩

脉宽2～5m不等，延伸30～50m，呈脉状出露，多产于晚白垩世斑状二长花岗岩侵入体之中。颜色为浅灰色，伟晶结构，块状构造。主要成分为钾长石、斜长石、石英，含量不等，次为白云母。

4. 细晶花岗岩

常凸出地表呈岩墙出露，一般长50～100m，少数延伸可达千余米，宽10～60m不等。岩石为灰色，细晶结构，粒径0.1～0.3mm，块状构造。主要成分为碱性长石(55%～60%)、斜长石(20%～25%)、石英(20%～25%)、黑云母(2%)。碱性长石以条纹长石为主，斜长石有强烈高岭土化、绢云母化。磁(褐)铁矿副矿物含量微。

5. 钾长花岗岩

呈脉状、透镜状产出，宽5～30m不等，长几十米至百余米，产状陡立。岩石呈浅肉红色，细粒花岗结构，粒度0.7mm×1.3mm、0.2mm×0.5mm，块状构造。矿物成分为微斜长石(53%)、石英(30%)、斜长石(10%)及少量黑云母(5%)。副矿物以磷灰石、磁铁矿为主，锆石次之。

第三节　火山岩

测区内火山岩极不发育，局限分布在图幅西南隅娘蒲区拉如寺南侧，可见宽度2.5m，延伸约15m，呈夹层出露于前奥陶纪雷龙库岩组中下部。岩性为变质玄武岩，产状南倾，倾角中等。

一、岩石学特征

暗绿色变质玄武岩呈夹层产于细粒石英岩和长石石英黑云母千枚片岩之间。变余斑状结构，粒度0.4mm×0.6mm，基质变余拉斑玄武结构，粒度0.02mm×0.15mm，杏仁状构造。斑晶含量15%，主要成分为橄榄石、辉石、斜长石，三者之间各占5%，常被蛇纹石、绿泥石、碳酸盐、绢云母交代取代，仅呈假象存在，斜长石残留了聚片双晶阴影。基质含量约85%，由斜长石(30%)组成格架，架间充填变质矿物方解石(30%)、黑云母(15%)、绢云母(5%)和磁铁矿(5%)，其中部分斜长石蚀变后仅存板条状假象。

二、岩石化学特征

主要元素分析结果、CIPW 标准矿物及特征值列于表 3-52 中。从表中可以看出，岩石化学以富 SiO_2、$CaO+MgO$，贫 Al_2O_3、Fe_2O_3+FeO、Na_2O+K_2O 及 TiO_2、P_2O_5 为特征，属 $CaO+Na_2O+K_2O>Al_2O_3>Na_2O+K_2O$ 正常类型硅过饱和岩石化学类型。CIPW 标准矿物中出现过饱和矿物石英标准分子，饱和矿物透辉石及 ab>or>an，次要分子 mt>il>ap，Hy 分子含量较高，标准矿物组合为 ab+or+an+Di+Q+Hy。A/CNK<1.1，里特曼岩石化学指数为 1.77。在 Na_2O+K_2O-FeOt-MgO 图解(图 3-64)中，成分点落入 C 区，另在 $TiO_2-K_2O-P_2O_5$ 三角图上(图3-65)投点进入 CT 区范围内，说明该玄武岩属钙碱性的大陆拉斑玄武岩。SI 指数与地幔来源的弱分异岩石(SI=40)很接近，DI 值较同类基性岩分异指数略高。

表 3-52 前奥陶纪雷龙库岩组火山岩化学成分、CIPW 标准矿物及参数表

岩体名称	样品编号	氧化物含量($w_B/\times10^{-2}$)														
		SiO_2	TiO_2	Al_2O_3	Fe_2O_3	FeO	MnO	MgO	CaO	Na_2O	K_2O	P_2O_5	CO_2	H_2O^+	H_2O^-	Σ
P21Gs14-3	玄武岩	50.18	0.79	13.01	2.91	4.15	0.11	7.65	8.07	1.86	2.01	0.28	5.26	3.41	0.48	99.69

岩体名称	样品编号	CIPW 标准矿物($w_B/\times10^{-2}$)									特征参数值				
		Q	an	ab	Or	Di	Hy	Il	mt	ap	DI	A/CNK	SI	AR	σ43
P21Gs14-3	玄武岩	5.69	23.31	17.3	13.06	14.89	19.3	1.65	4.1	0.71	59.36	0.654	41.25	1.45	1.49

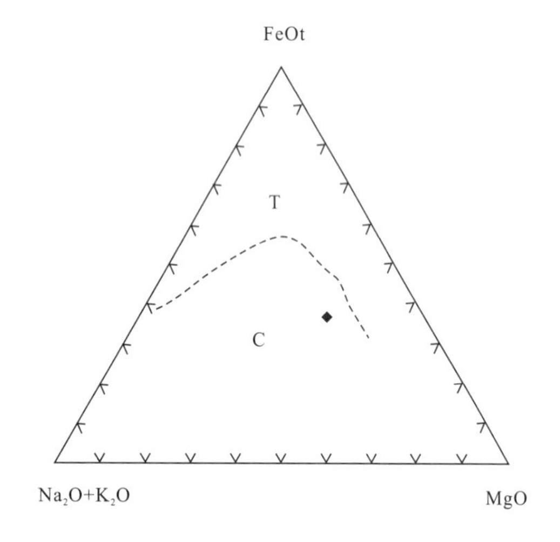

图 3-64 前奥陶纪雷龙库岩组火山岩 Na_2O+K_2O-FeOt-MgO 图解

(据 T. N. Irvine 等，1971)

T. 拉斑玄武岩系列区；C. 钙碱性系列区

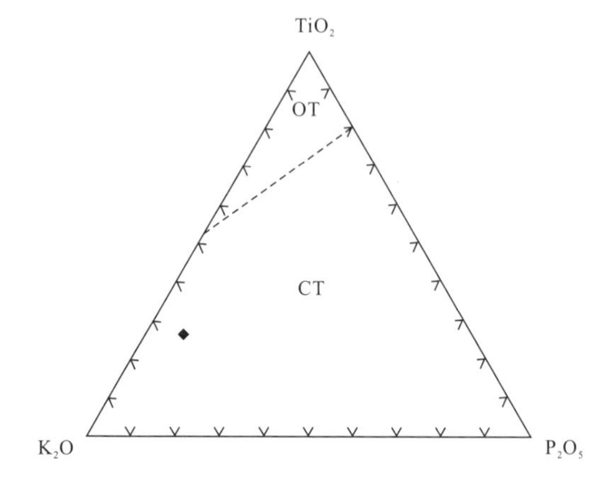

图 3-65 前奥陶纪雷龙库岩组火山岩 $TiO_2-K_2O-P_2O_5$ 图解

(据 T. H. Pearce 等，1975)

OT. 大洋拉斑玄武岩；CT. 大陆拉斑玄武岩

三、岩石地球化学特征

1. 微量元素特征

从变玄武岩微量元素丰度(表 3-53)及其地球化学分布型式(图 3-66)可以看出，Rb 具强烈

富集并构成该曲线的峰点，K_2O、Ba、Th 元素均大于洋中脊火山岩 10～20 倍，Sr、Y、Yb 元素比值均小于 1，其余各元素皆有不同程度的轻富集，地球化学分布样式具有向右倾斜的单隆起齿状曲线，类似于岛弧玄武岩蛛网图形特征。

表 3-53 前奥陶纪雷龙库岩组火山岩微量元素含量及参数表

岩体名称	样品编号	微量元素组合及含量($w_B/\times10^{-6}$)												
		Co	Ni	Cu	Cr	Sr	Rb	Zr	Hf	Nb	Th	Pb	Ta	Ba
P21Gs14－3	玄武岩	36.4	150	57.9	449	628	107	109	4.2	4.38	3.32	11.5	0.42	433

岩体名称	样品编号	MORB 标准化值														
		Sr	K_2O	Rb	Ba	Th	Ta	Nb	Ce	P_2O_5	Zr	Hf	Sm	TiO_2	Y	Yb
P21Gs14－3	玄武岩	0.30	13.40	53.50	21.65	16.60	2.33	1.25	4.77	2.33	1.21	1.75	1.38	5.27	0.43	0.33

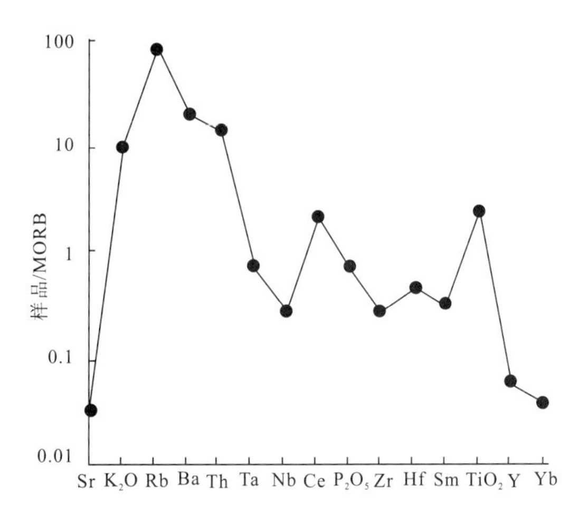

图 3-66 前奥陶纪雷龙库岩组火山岩微量元素蛛网图

2. 稀土元素特征

变玄武岩稀土元素含量及特征值见表 3-54，稀土模式配分曲线如图 3-67。稀土∑REE 明显小于 K·图尔基安(1961)基性岩平均丰度值(85)，十分接近于中性岩背景值(130)，∑LREE/∑HREE>1，为轻稀土富集重稀土亏损型，δEu、δCe 值均略大于 1，反映铈、铕无异常，配分型式为平缓的右倾斜式，与岛弧玄武岩稀土配分曲线相近。

表 3-54 前奥陶纪雷龙库岩组火山岩稀土元素特征表

岩体名称	样品编号	稀土元素含量($w_B/\times10^{-6}$)														
		La	Ce	Pr	Nd	Sm	Eu	Gd	Tb	Dy	Ho	Er	Tm	Yb	Lu	Y
P21Gs14-3	玄武岩	22.65	47.68	6.23	25.84	4.56	1.26	3.53	0.54	2.78	0.53	1.35	0.19	1.11	0.16	12.95

岩体名称	样品编号	特征参数值									
		∑REE	∑LREE	∑HREE	∑LREE/∑HREE	δEu	δCe	Sm/Nd	La/Sm	Ce/Yb	La/Yb
P21Gs14-3	玄武岩	131.36	108.22	23.14	4.68	0.93	0.95	0.18	4.97	42.95	20.41

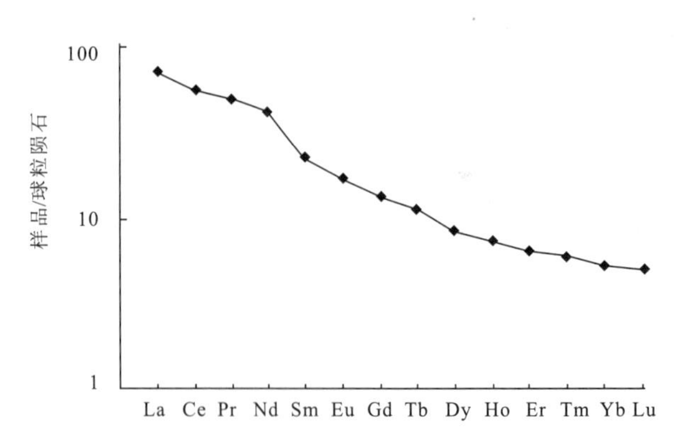

图 3-67　前奥陶纪雷龙库岩组火山岩稀土元素分配曲线

四、形成环境讨论

前奥陶纪雷龙库岩组原岩建造为碎屑岩夹泥质岩偶夹基性火山岩。岩石化学以富 SiO_2、CaO、MgO 为特征，稀土模式属轻稀土富集重稀土亏损型，地球化学分布型式及投图 Th－Hf/3－Ta、Th－Hf/3－Nb/16 结果(图 3-68)显示岛弧环境特征。可见，雷龙库岩组应形成于岛弧环境。

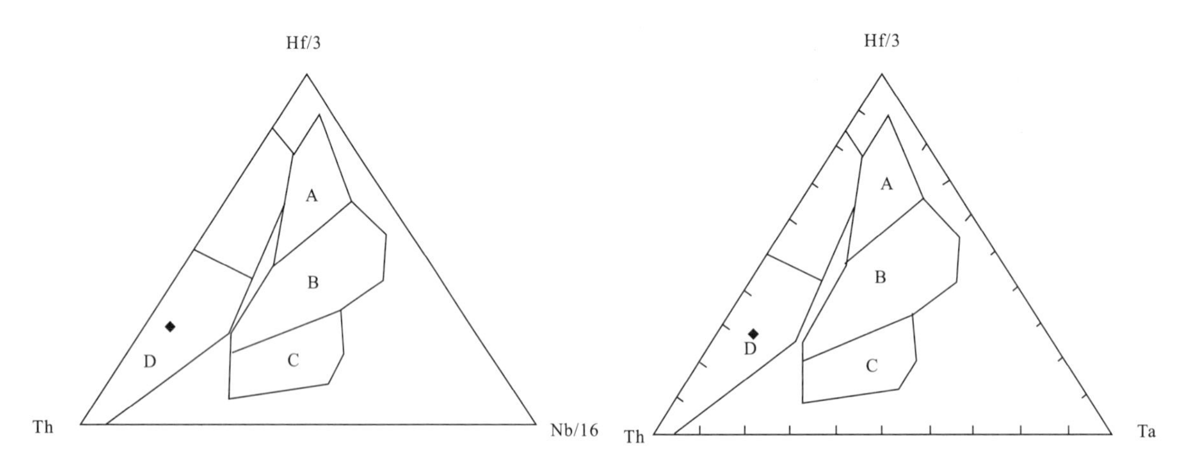

图 3-68　前奥陶纪雷龙库岩组火山岩玄武岩 Th－Hf/3－Nb/16 及 Th－Hf/3－Ta 判别图解

(Wood,1980)

A. N 型 MORB；B. E 型 MORB 和板内拉斑玄武岩；C. 碱性板内玄武岩；D. 火山弧玄武岩

第四章　变质岩

测区除晚白垩世八达组、宗给组、第四纪地层外，其他各时代地质体分别遭受不同程度和不同期次的变质作用改造。

本章所用变质矿物代号如表4-1所示。

表4-1　变质矿物代号表

矿物	代号	矿物	代号	矿物	代号	矿物	代号
黑云母	Bi	铁铝榴石	Alm	矽线石	Sil	方解石	Cal
白云母	Ms	蓝晶石	Ky	透辉石	Di	石英	Q
绢云母	Ser	钾长石	Kf	符山石	Vi	单斜辉石	cpx
绿帘石	Ep	斜长石	Pl	绿泥石	Chl	镁铁闪石	Cum
普通角闪石带	Hb	微斜长石	Mi	条纹长石	Pe	斜方辉石	Opx
堇青石	Crd	红柱石	And	硅灰石	Wo	正长石	Or
钙铝榴石	Gro	阳起石	Act	黝帘石	Zo	滑石	Tc

第一节　概述

一、变质单元划分

根据岩石组合特征，大地构造环境、变质程度、变质作用类型及原岩建造的差异性，将测区内划分为一个变质地区、两个变质地带、四个变质带，见表4-2。其中五岗-错高区变质带中原岩的结构、构造均已遭不同程度的改变，昂巴宗-格弄日变质带、莫姆阿尔-八盖变质带、擦曲卡-恩朱格区变质带原岩结构、构造基本保持不变。

二、变质岩类型划分

测区变质岩按其成因分类可分为区域变质岩、动力变质岩和接触变质岩三大类型。

(一)区域变质岩

根据Winkler(1976)的变质级别分类，测区区域变质岩可划分为极低变质岩、低级变质岩、中级变质岩三个类型。

1.极低级变质岩

分布于莫姆阿尔-八盖变质带、擦曲卡-恩朱格区变质带。三者均为区域低温动力变质作用的产物，表现为板岩-千枚岩级低绿片岩相。以出现绢云母和绿泥石等变质矿物为特征。常见岩石组合为板岩、千枚岩、变质砂岩、变粉砂岩、变质结晶灰岩和变泥质粉砂岩等。

表 4-2　测区变质单元、变质相带、变质期次划分一览表

变质地区	变质地带	变质岩带	受变质地层	变质作用类型	变质带	变质相系	变质期次
冈底斯-念青唐古拉变质地区	班戈八宿变质地带	擦曲卡-恩朱格变质带	K_1d J_2m、J_2s $J_{2-3}l$	区域低温动力变质作用	板岩-千枚岩级低绿片岩相	低压	燕山晚期
	拉萨-察隅变质地带	莫姆阿尔-八盖变质带	C_2P_1l P_2l	区域低温动力变质作用	板岩-千枚岩级低绿片岩相	低压	印支期
		昂巴字-格弄日变质带	$AnOc$ $AnOl$	区域低温动力变质作用	绿片岩相	中压	加里东期
		五岗-错高区变质带	$Pt_{2-3}Nq^a$ $Pt_{2-3}Nq^b$	区域热流变质作用	高绿片岩相-低角闪岩相	中压	泛非期

2. 低级变质岩

分布于昂巴宗-格弄日变质带，属区域低温变质作用的产物，表现为绿片岩相。岩石中以常见黑云母、绿帘石、铁铝榴石等特征矿物为标志，常见岩石有片岩、千枚岩、变质砂岩、变质火山岩、变粒岩、石英岩、结晶灰岩、大理岩。

3. 中级变质岩

中级变质岩出现在五岗-错高区域变质带。该类变质岩产生于区域热动力流变质作用，变形为中压相系低角闪岩相，岩石中以出现普通角闪石、蓝晶石、透辉石、矽线石为标志，常见岩石类型有片麻岩、片岩、变粒岩、斜长角闪岩和大理岩等。

（二）动力变质岩

根据断层发生的构造层次、岩石变质变形性质和特征，测区动力变质岩可划分为糜棱岩和碎裂岩两大类型，介于二者之间为过渡类型。糜棱岩主要见于五岗-错高区变质带中的念青唐古拉岩群的片岩组、片麻岩组中，兴哇一带的二叠花岗岩体与前奥陶纪雷龙库岩组中也有少量分布。碎裂岩各大区域性断裂处均有不同程度表现。

（三）接触变质岩

普遍见于冈底斯-念青唐古拉变质地区的花岗岩岩基内外接触带上，主要为红柱石角岩、红柱石板岩、红柱石片岩，以特征变质矿物红柱石的出现为标志划分为红柱石变质带（单相）。测区主要分布于擦曲卡、恩朱格区一带，其中在擦曲卡分布的接触变质岩面积最广。

三、变质作用类型

根据大地构造环境、变质作用物化条件，按照各变质期特征变质矿物，矿物共生组合及所反映的变质带、变质相特征，测区所受变质作用可分为区域动力热流变质作用、区域低温动力变质作用、接触变质作用和动力变质作用。

（一）区域动力热流变质作用

分布于冈底斯念青唐古拉变质地区的拉萨-察隅变质地带的五岗-错高区变质带。该变质作用是区域热流和构造应力共同产生的变质作用，这种变质作用形成的岩石普遍发育片理、片麻理及各种变晶结构。

（二）区域低温动力变质作用

分布于昂巴宗-格弄日变质带、莫姆阿尔-八盖变质带、擦曲卡-恩朱格变质带，均为单相变质带，它们是在强的构造应力及低温条件下形成的低级变质岩系，是区内分布最广的变质作用类型。该变质作用常伴随中浅层次的褶皱构造，岩石发育密集分布的板理、千枚理和片理，原岩主要为泥砂岩的沉积岩，成岩时代为古生代—中生代。

（三）动力变质作用

动力变质作用被限定专指产出断层岩的作用，定向形成狭窄带状断层岩。由于断层分为韧性断裂和脆性断裂，因而使岩石发生断裂的变质作用相应划分为韧性剪切和碎裂岩化作用两大类型。

1. 韧性剪切变质作用

韧性剪切变质作用以塑性流变和变结晶作用为主，形成机制与构造强应力和岩石高应变速率有关。该变质作用使岩石细粒化或近细粒化使之具有典型的糜棱结构、流动构造、碎斑构造。该类动力变质作用形成的岩石在测区主要分布于五岗-格弄日变质带中。

2. 脆性变质作用

沿测区各组区域性断裂带发生，构成狭窄带状碎裂岩，岩石基本不变质。

（四）接触变质作用

接触变质作用在普遍区内侵入体的内外接触带上，由于岩浆侵入，围岩温度急剧升高而发生变质作用，当温度持续升高到一定程度，围岩便可发生重熔，各种重熔岩浆岩间与侵入岩浆间混合常常可以在内外接触带上产生混合岩化作用。接触变质作用产生的岩石多呈规模不等，沿岩体与围岩接触界线呈带状产出。

第二节　区域动力热流变质作用及其岩石

该类变质作用形成的岩石是测区最为重要的变质岩石，为中新元古代结晶基底的重要组成部分，分布于五岗-错高区变质带。

五岗-错高区变质带属冈底斯-念青唐古拉变质地区，拉萨-察隅变质地带。北以澎布泽-八棚泽断裂为界，南边出图，整体上呈近东西向的带状分布。变质地层为中新元古代念青唐古拉岩群（$Pt_{2-3}Nq$），分为a、b两个岩组。

念青唐古拉岩群a岩组（$Pt_{2-3}Nq^{a}$）：以各种片麻岩为主，主要岩性为深灰色—灰色黑云母斜长片麻岩、浅灰色石榴二云母斜长片麻岩、浅灰色二云母二长片麻岩、灰色二云母斜长片麻岩、浅灰色黑云母二长片麻岩及深灰色黑云母斜长角闪岩。夹灰白色钾长透辉石大理岩、花岗质糜棱岩夹细粒透辉石大理岩、二云母石英片岩。厚度约5 865m。

念青唐古拉岩群 b 岩组($Pt_{2-3}Nq^{b}$):以浅灰色二云母石英片岩、浅灰色蓝晶石石榴石二云母片岩、深灰色糜棱岩化二云母片岩为主。厚度约 3 066.61m。

测区内念青唐古拉岩群分布于嘉黎县南部,大致呈近东西方向展布。其中,念青唐古拉岩群 a 岩组主要分布于工布江达县五岗、卡加曲—八棚择,向东沿尼屋藏布—野贡藏布等地。b 岩组在工布江达县娘蒲区—扎拉及错高一带广泛分布,其变质岩系特征见图 4-1。

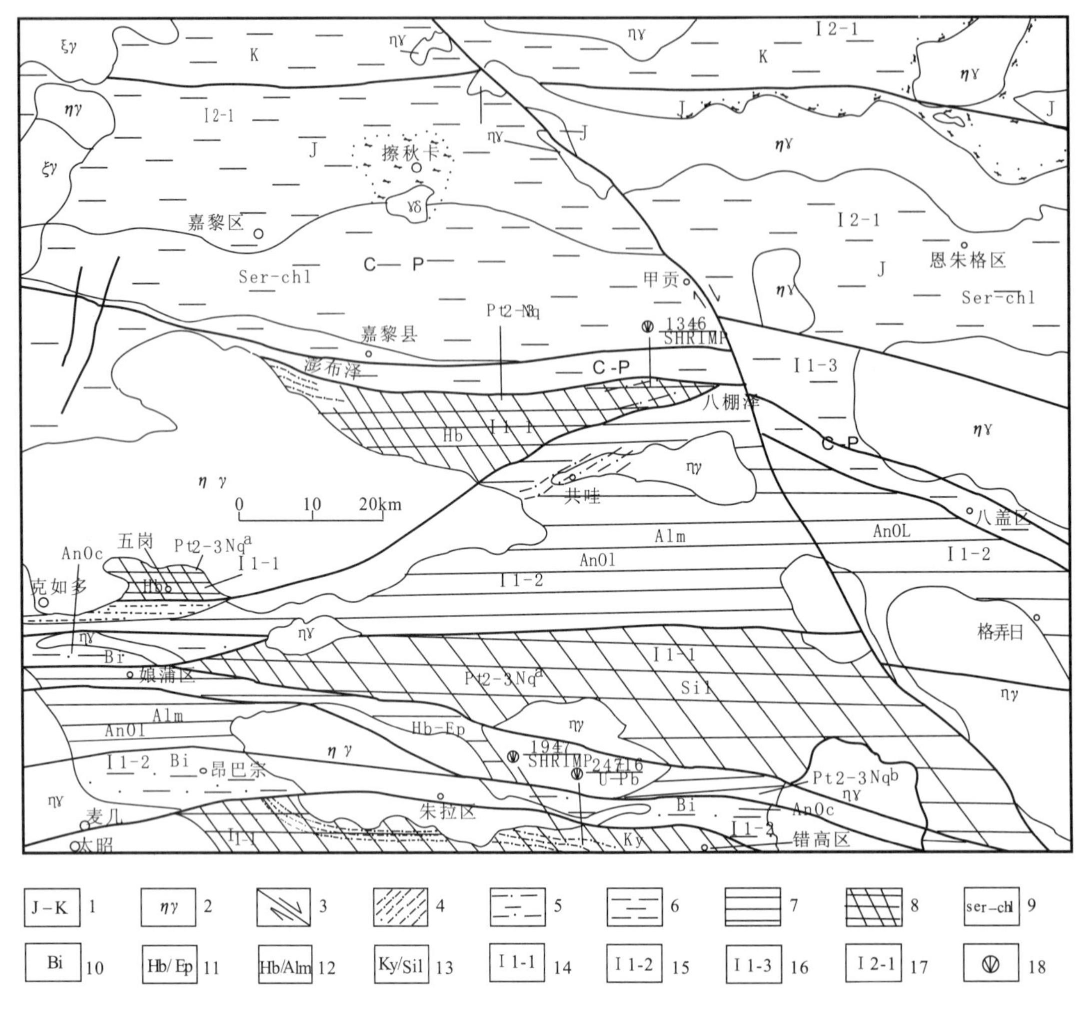

图 4-1　嘉黎县幅变质地质图

1.地层;2.岩体;3.地层;4.韧性剪切带;5.板岩-千枚岩级低绿片岩相;6.低绿片岩相;7.高绿片岩相;8.低角闪岩;9.绢云母—绿泥石带;10.黑云母带;11.普通角闪石—绿帘石带;12.普通角闪石带—铁铝铝石带;13.蓝晶石带—矽线石带;14.五岗-错高区变质带;15.昂巴宗-格日弄变质带;16.莫姆阿尔-八盖变质带;17.擦曲卡-恩朱格区变质带;18.同位素样品

念青唐古拉岩群由中新元古代克拉通裂谷型泥砂质复理石沉积及火山岩系组成,经区域动力热流变质作用形成绿片岩相-角闪岩相变质带。

一、变质岩石类型及岩相学特征

1.片麻岩类

主要有黑云母斜长片麻岩、二云母斜长片麻岩、石榴石二云母斜长片麻岩(图版Ⅲ,1)、黑云母二长片麻岩。现以 P22Bb11-1 样品镜下观察为例,岩石为糜棱岩化石榴石二云母斜长片麻岩,鳞片粒状变晶结构、糜棱结构，片麻状构造，由石英、斜长石、黑云母、白云母、铁铝榴石和少量磁铁矿及蚀变矿物组成。石英多呈粒状—长形粒状变晶，粒度小于 0.3mm，定向排列，具动态重结晶特征。斜长石多呈似眼球状—眼球状，粒度多为 0.7mm×1.1mm，弱绢云母、高岭土化。黑云母、白云母多为细小片状，粒度较大为 0.3mm×1.3mm，极少数甚至更大。较大者多呈透镜体状、云母鱼状，定向性强，显条带状，显糜棱面理。铁铝榴石镜下呈等轴粒状，正极高突起，淡玫瑰红色，均质性。斜长石 45%，石英 25%，黑云母 15%，白云母 10%，磁铁矿、金红石 1%。岩石因受韧性剪切变质作用，常发生糜棱岩化。

2. 片岩类

主要由糜棱岩化二云母片岩、石榴石二云母石英片岩、二云母石英片岩、绿泥绢云片岩、蓝晶石石榴石二云母片岩组成。现以 P23Bb23－1 样品镜下观察为例，岩石为糜棱岩化蓝晶石石榴石二云母石英片岩（图版Ⅲ，2），基质为鳞片粒状变晶结构的斑状变晶结构，片状构造。变斑晶由蓝晶石、石榴石、白云母组成，其中以铁铝榴石、白云母为主。铁铝榴石变斑晶呈近等轴粒状—眼球体状，粒度大者为 1.6mm×2.7mm，镜下正极高突起，淡粉红色，均质性。白云母变斑晶呈透镜体状、眼球体状，粒度多为 0.2mm×0.8mm。蓝晶石变斑晶多呈似眼球状，粒度大者为 1.5mm×3.2mm，镜下淡篮紫色，两组解理，沿解理纹平行消光，二轴（－）。变斑晶总体含量较多，约 25%，变基质由石英、白云母、黑云母、蓝晶石等矿物组成。黑云母、白云母呈细小鳞片状，定向性强，二者含量相当。石英具明显受力现象，部分变形拉长，定向排列，是波状消光，其余黑云母、白云母一起变形成片理或糜棱面理。主要矿物含量：石英 40%，白云母 10%，黑云母 10%，蓝晶石 1%，磁铁矿、磷灰石＜3%。

3. 角闪岩类

测区主要表现为黑云母斜长角闪岩，以 P22Bb10－1 薄片镜下观察为例描述。黑云母斜长角闪岩（图版Ⅲ，4）具有细粒粒状变晶结构，由普通角闪石、白云母（绢云母）、石英、黑云母及少量磁铁矿等组成。角闪石呈柱状—近等轴粒状，粒度多为 0.4mm±，较大者为 0.5mm×0.9mm。角闪石式解理，绿—淡黄绿多色性。极少数者轻度绿泥石化。白云母、绢云母为斜长石的变晶产物，集合体仍保留斜长石假象。石英呈不规则粒状，粒度多为 0.2mm±。黑云母片状，粒度多为 0.09mm×0.36mm，暗褐绿—淡褐绿多色性。交代角闪石，不同程度绿泥石化。主要矿物含量：普通角闪石 60%，石英 12%，白云母、绢云母 12%，黑云母 13%；次要矿物含量：磁铁矿＜2%。

4. 变粒岩

测区表现为角闪绿帘变粒岩、绿帘黑云角闪变粒岩，以 P21Bb8－1 为例描述。岩石具有（显微）鳞片粒状变晶结构，由石英、长石、黑云母、角闪石、绿帘石及少量榍石组成。石英多呈粒状变晶，粒度多为 0.09mm±，极少数达 0.22mm。长石为斜长石和微斜长石，多呈不规则粒状，粒度比石英略大，少数粒度达 0.4mm×0.89mm，也可看作小的变斑晶，较大的长石包含许多细小矿物，呈筛状变晶结构。黑云母颜色不深，呈不规则片状，粒度多为 0.04mm×0.17mm。角闪石为不规则柱状，断面呈菱形，多数粒度为 0.07mm，少数达 0.27mm，后者可作为变斑晶，具筛状变晶结构。角闪石颜色浅，为浅闪石质或阳起石质普通角闪石。绿帘石呈板状，粒度大者为 0.022mm，常具干涉色。

5. 石英岩类

测区表现为白云母石英岩，以 P23Bb22－1 为例描述。岩石具细粒粒状变晶结构，主要由石英组成，含少量白云母、黑云母、斜长石和磁铁矿。石英多呈不规则粒状变晶，粒度多为 0.26mm×0.36mm。白云母细小片状，较大者粒度达 0.15mm×0.58mm，常呈团块集合体产出。斜长石较少，粒度与石英相似。主要矿物含量:石英 85%,白云母 11%,黑云母 2%,斜长石 1%,磁铁矿 1%±。

6. 大理岩类

(1)钾长透辉石大理岩

岩石由方解石、微斜长石、少量榍石及蚀变矿物组成(图版Ⅲ,3)。方解石呈不规则近等轴粒度,粒度多为 0.3mm,闪突起明显高级白干涉色滴盐酸剧烈起泡。透辉石短柱状—粒状,具辉石式解理,正高突起,二轴(+),Ⅳ中等。近半数辉石已黝帘石、绿帘石化,但仍保留辉石假象。辉石分布均匀,粒度较大者为 0.4mm×0.7mm。微斜长石含量<25%,近等粒状—半自形板状,粒度稍大者达 0.7mm,常见格子双晶,有时见简单双晶。主要矿物含量:方解石 50%,透辉石<25%,微斜长石<25%;次要矿物含量:榍石<2%。

(2)透辉石大理岩

岩石呈细粒粒状变晶结构,条带状构造,岩石由钾长石、透辉石、斜长石、方解石、少量石英、榍石、角闪石及蚀变矿物绿帘石等组成。钾长石多为布规则粒状,少为半自形板状,粒度多为 0.4mm±,少数大者达 1mm,常见格子双晶,二轴(—)。透辉石呈不规则短柱状—近等轴粒状,粒度多为 0.25mm×0.42mm,少数较大者为 0.5mm×0.6mm,具辉石式解理,见有近四边形的八边形横截面,淡绿色调不显多色性,二轴(+),Ⅳ中等偏。部分绿帘石、方解石化。还见有极少量角闪石交代辉石。斜长石半自形板状—粒状,粒度与钾长石相似。见聚片双晶,双晶单位较宽,消光角较大,为中—基性斜长石。方解石与绿帘石共生,还呈脉状产出,多为辉石蚀变产物,也有单独产于长石隙间者。主要矿物含量:微斜长石 35%,斜长石 20%,透辉石 30%;次要矿物:石英<5%,普通角闪石<1%,磁铁矿<1%,榍石<2%,磷灰石<1%。

二、岩石化学特征、地球化学特征

(一)岩石化学特征

1. 黑云母斜长片麻岩

由表 4-3—表 4-6 可知:qz=(—29.69)~76.54,硅不饱和型至硅饱和型,t=0.24~1.62,铝过饱和型,al=31.13~37.45,alk=15.41~22.17,且 al—alk>0 属碱不饱和型。fm=26.71~37.98,c=15.48~13.67。K_2O=4.49~4.79%,Na_2O=2.46~2.99%,且 Na_2O<K_2O,即以富钾硅变化大、铝一般、钙中等、铁镁较高为特征。

2. 二云斜长片麻岩

由表 4-3—表 4-6 可知:qz=91.85~462.13,硅过饱和型,t=4.23~10.91,铝过饱和型,al=38.40~39.08,alk=18.42~19.88,且 al — alk>0,属碱不饱和型,fm=26.07~34.11,c=9.07~14.97,K_2O=2.07%~3.08%,Na_2O=1.04%~2.91%,且 Na_2O<K_2O,即以富硅、富钾、铁镁较高、铝也较高、钙中等为特征。

3. 石榴石二云母斜长片麻岩

由表 4-3—表 4-6 可知:qz=126.83,硅过饱和型,t=21.94,铝过饱和型,al=41.59,alk=15.75,且 al — alk>0,属碱不饱和型,fm=38.75,c=3.90,K_2O=3.92%,Na_2O=10.99%,且 Na_2O<K_2O,即以富硅、富铝、铁镁含量较高、钙相对不足为特征。

表 4-3 测区区域变质岩岩石化学分析结果表

序号	样品编号	样品名称	SiO_2	Al_2O_3	Fe_2O_3	FeO	MgO	CaO	Na_2O	K_2O	MnO	TiO_2	P_2O_5	CO_2	H_2O^+	Σ
1	P22Gs10-1	黑云母角闪岩	50.12	13.35	2.76	9.8	5.73	6.72	0.29	3.28	0.2	1.34	0.17	2.23	3.79	99.78
2	P22Gs1-1	黑云斜长片麻岩	65.26	15.62	1.23	3.08	2.02	3.13	2.46	4.79	0.04	0.63	0.31	0.15	1.04	99.76
3	P22Gs17-1	黑云斜长片麻岩	49.36	19.78	1.74	7.25	4.48	5.4	2.99	4.49	0.15	1.61	0.79	0.15	1.51	99.7
4	P22Gs14-1	二云母斜长片麻岩	81.04	8.25	0.8	2.62	0.99	1.07	1.34	2.07	0.05	0.75	0.07	0.09	0.97	99.81
5	P22Gs15-1	二云母斜长片麻岩	65.78	15.98	1.13	3.38	1.72	3.36	2.91	3.08	0.03	0.83	0.08	0.29	1.19	99.76
6	P22Gs2-1	石榴石二云母斜长片麻岩	66.07	15.53	1.94	4.55	2.12	0.8	0.99	3.92	0.1	0.74	0.15	0.12	2.76	99.79
7	P22Gs24-1	透辉石大理岩	38.79	10.41	1.02	3.43	1.54	28.83	0.56	1.55	0.22	0.56	0.1	12.24	0.57	99.82
8	P22Gs27-1	二云母石英片岩	74.29	10.83	1	3.8	1.63	0.71	0.76	4.08	0.08	0.68	0.1	0.29	1.55	99.8
9	P22Gs5-1	大理岩	26.49	7.91	0.8	2.35	1.29	35.55	0.68	1.51	0.13	0.38	0.07	22.16	0.5	99.82
10	P23Gs12-1	糜棱岩化二云母石英片岩	86.71	4.17	0.88	2.95	1.13	0.55	0.14	1.36	0.06	0.66	0.03	0.23	0.96	99.83
11	P23Gs14-1	黑云母花岗斑岩	62.7	15.81	2.73	3.03	2.64	5.76	2.23	2.28	0.1	0.53	0.22	0.15	1.56	99.74
12	P23Gs19-1	糜棱岩化石榴石二云母片岩	50.03	21.5	3.17	7.05	4.49	0.41	0.35	7.69	0.16	1.19	0.15	0.2	3.42	99.81
13	P23Gs2-1	石榴石二云母石英片岩	69.79	14.69	1.39	4.05	1.65	0.69	1.11	3.42	0.07	0.75	0.1	0.12	1.98	99.81
14	P23Gs22-1	白云母石英岩	94.13	2.55	0.5	0.37	0.26	0.1	0.16	0.82	0.01	0.22	0.03	0.11	0.62	99.88
15	P23Gs23-1	蓝晶石石榴石二云母石英片岩	68.33	15.9	2.32	3.88	1.43	0.78	0.78	3.01	0.08	0.77	0.14	0.14	2.27	99.83
16	P23Gs3-1	二云母石英片岩	86.73	6.1	0.54	1.48	0.49	0.56	1.21	1.07	0.04	0.6	0.05	0.06	0.93	99.86
17	P23Gs13-1	蓝晶石石榴石二云母片岩	61.87	18.25	2.07	7.55	2.84	0.54	0.32	2.87	0.11	1.04	0.09	0.15	2.09	99.79
18	P23Gs15-1	片麻状石英二长闪长岩	60.47	15.95	3	4.32	3.03	7.14	2.05	1.35	0.14	0.7	0.27	0.07	1.28	99.77
19	P21Gs14-3	变玄武岩	50.18	13.01	2.91	4.15	7.65	8.07	1.86	2.01	0.11	0.79	0.28	5.26	3.41	99.69

注:分析结果计量单位(Wt%)

表 4-4　测区区域变质岩稀土元素含量

序号	样品号	样品名称	La	Ce	Pr	Nd	Sm	Eu	Gd	Tb	Dy	Ho	Er	Tm	Yb	Lu	Y	Σ
1	P22Xt10-1	黑云母角闪岩	9.26	18.85	2.69	11.91	3.34	0.93	4.35	0.83	5.71	1.17	3.44	0.54	3.50	0.51	29.77	96.80
2	P22Xt1-1	黑云斜长片麻岩	85.86	157.00	17.46	60.00	9.23	1.51	6.76	0.97	5.11	0.93	2.29	0.30	1.76	0.25	21.3	370.73
3	P22Xt17-1	黑云斜长片麻岩	87.17	163.40	18.70	68.92	11.07	2.66	9.08	1.46	8.15	1.64	4.23	0.69	4.11	0.59	39.53	421.40
4	P22Xt14-1	二云母斜长片麻岩	54.08	104.40	12.35	45.61	8.65	1.35	6.97	0.82	3.74	0.59	1.22	0.15	0.87	0.13	12.39	253.32
5	P22Xt15-1	二云母斜长片麻岩	92.53	166.30	18.48	65.71	10.18	1.74	7.67	1.01	4.24	0.69	1.40	0.17	0.81	0.11	13.52	384.56
6	P22Xt2-1	石榴石二云母斜长片麻岩	72.49	135.70	15.87	59.24	10.42	1.89	9.43	1.62	10.50	2.24	6.74	1.16	8.00	1.23	54.06	390.59
7	P22Xt24-1	透辉石大理岩	33.01	64.49	7.85	28.00	5.37	0.96	4.73	0.78	4.53	0.92	2.52	0.41	2.50	0.36	22.67	179.10
8	P22Xt27-1	二云母石英片岩	54.38	142.70	12.80	45.32	8.62	1.23	7.44	1.09	5.79	1.07	2.59	0.41	2.30	0.33	24.11	310.18
9	P22Xt5-1	大理岩	16.46	30.11	3.50	13.01	2.36	0.51	2.16	0.34	1.88	0.36	0.90	0.14	0.78	0.12	8.09	80.72
10	P23Xt12-1	糜棱岩化二云母石英片岩	101.4	203.3	23.47	88.31	14.47	1.36	10.55	1.23	5.04	0.81	1.59	0.21	1.15	0.17	15.3	468.36
11	P23Xt14-1	黑云母花岗斑岩	33.65	65.47	7.97	29.59	5.17	1.33	3.89	0.55	2.7	0.52	1.31	0.19	1.15	0.17	11.7	165.36
12	P23Xt19-1	糜棱岩化石榴石二云母片岩	72.28	138.4	16.7	63.53	11.63	2.27	9.83	1.5	8.33	1.65	4.39	0.71	4.45	0.64	38.46	374.77
13	P23Xt2-1	石榴石二云母石英片岩	49.32	95.97	11.51	44.46	8.36	1.52	7.35	1.17	6.86	1.39	3.97	0.65	4.22	0.63	33.73	271.11
14	P23Xt22-1	白云母石英岩	15.25	27.24	3.53	12.79	2.35	0.4	1.93	0.26	1.24	0.22	0.51	0.07	0.4	0.07	4.59	70.85
15	P23Xt23-1	蓝晶石石榴石二云母石英片岩	33.26	59.46	9.7	36.89	6.81	1.34	5.6	1.02	6.65	1.36	3.89	0.63	3.95	0.61	32.61	203.78
16	P23Xt3-1	二云母石英片岩	29.8	54.86	7.3	26.83	4.96	0.93	4.22	0.69	4.03	0.8	2.19	0.36	2.23	0.33	19.69	159.22
17	P23Xt13-1	蓝晶石石榴石二云母片岩	65.6	134.6	16.2	60.97	11.33	1.37	9.59	1.55	9.29	1.97	5.54	0.94	6.05	0.89	53.79	379.68
18	P23Xt15-1	片麻状石英二长闪长岩	29.19	56.92	7.12	29.3	6.03	1.54	5.01	0.74	4.15	0.81	2.18	0.35	2.01	0.29	19.29	164.93
19	P21Xt14-3	变玄武岩	22.65	47.68	6.23	25.84	4.56	1.26	3.53	0.54	2.78	0.53	1.35	0.19	1.11	0.16	12.95	131.36

注:分析结果计量单位(ppm)

表 4-5 测区区域变质岩微量元素分析结果

序号	样品编号	样品名称	Ba	Be	Co	Cu	Ni	Sr	V	Zn	Li	Sc	Cr	Rb	Nb	Cs	Ta	Pb	Th	U
1	P22GsXtDy10-1	黑云母角闪岩	307	2.45	36.9	74.9	51.8	67.6	279	313	55.5	49.4	206	206	8.94	29.8	0.68	341	7.75	2.22
2	P22GsXtDy1-1	黑云斜长片麻岩	895	1.92	11.7	15.3	19.1	306	73	134	34.6	9.79	38.5	154	13.9	5.57	1.14	152	57.4	3.03
3	P22GsXtDy17-1	黑云斜长片麻岩	1150	3.92	24	47.8	31.1	490	130	176	40.6	19.3	67.3	256	18.7	9.71	1.42	61.5	41.1	2.81
4	P22GsXtDy14-1	二云母斜长片麻岩	709	0.89	9.5	9.01	27.2	70.6	65.7	88.8	8.38	5.58	51.7	107	14.8	2.74	0.98	69.2	29.4	1.65
5	P22GsXtDy15-1	二云母斜长片麻岩	753	0.94	15.7	12.9	21.2	331	86.9	102	24.6	9.04	24.1	180	8.81	7.07	0.7	90.2	61.1	2.05
6	P22GsXtDy2-1	石榴石二云母斜长片麻岩	944	3.99	19	62.3	38.8	118	103	98.2	21.3	23.4	94.5	164	15.3	9.96	1.11	47.9	33.1	2.29
7	P22GsXtDy24-1	透辉石大理岩	304	2.12	16.5	44.6	35.8	383	47.3	78.8	5.68	11.4	48.5	87.8	11.4	11.3	1.05	32.6	17.5	1.39
8	P22GsXtDy27-1	二云母石英片岩	638	4.53	16.9	18.8	58.6	49.9	105	91.6	75.7	12.7	60.3	329	16.8	39.8	1.42	35.9	27.1	2.33
9	P22GsXtDy5-1	大理岩	291	2.13	12.9	11.1	26.2	499	43.9	56	5.19	9.38	41.6	80.5	6	7.32	0.62	28.8	10.1	1.73
10	P23GsXtDy12-1	糜棱岩化二云母石英片岩	440	0.52	9.32	15.8	18.6	35.8	68.2	44.6	1.9	9.05	57.9	66.5	8.65	2.08	0.42	7.77	41.4	2.58
11	P23GsXtDy14-1	黑云母花岗斑岩	614	2.03	13.3	74.5	12.9	621	137	69.9	16.2	19.7	62.8	80	9.68	2.79	0.61	16.6	14.1	0.41
12	P23GsXtDy19-1	糜棱岩化石榴石二云母片岩	784	1.36	20.2	29.4	45.7	55	177	134	33.7	15	149	76.3	24.4	7.89	1.81	19	14.2	2.33
13	P23GsXtDy2-1	石榴石二云母石英片岩	484	1.53	12.3	10.3	29	128	98.8	55.5	10.8	15.3	79.4	162	15	6.92	1.13	24	20.4	2.29
14	P23GsXtDy22-1	白云母石英岩	244	0.35	2.92	5	6.08	14.5	18.5	20.4	2.39	1.63	14	32.9	2.63	0.69	0.21	8.1	4.86	0.46
15	P23GsXtDy23-1	蓝晶石石榴石二云母石英片岩	537	1.41	9.75	33.7	18.9	126	107	45	6.73	15	61.9	130	13.5	3.07	0.82	23.3	19	1.6
16	P23GsXtDy3-1	二云母石英片岩	341	1.05	4.64	7.05	7.77	99.7	41.3	35.7	2.5	4.94	33.4	44.7	11.2	1.54	0.78	21.9	13	1.25
17	P23GsXtDy13-1	蓝晶石石榴石二云母片岩	612	0.85	16.5	48.2	36.9	96.7	141	85.7	3.34	25.9	101	125	11.8	2.97	0.58	8.57	32.4	2.33
18	P23GsXtDy15-1	片麻状石英二长闪长岩	366				12.7	723				28.7		50	7.3		0.34		6.5	
19	P21GsXtDy14-3	变玄武岩			20.1	14.6	16.1	223					16.7	50.4	9.34	0.97		16.2	12.7	

注:分析结果计量单位(ppm)

表 4-6　念青唐古拉岩群尼格里值特征表

样品编号	al	fm	c	alk	k	mg	t	qz
P22Xt10-1	21.56	52.16	19.77	6.52	0.88	0.45	−4.73	11.52
P22Xt1-1	37.45	26.71	13.67	22.17	0.56	0.46	1.62	76.54
P22Xt17-1	31.13	37.98	15.48	15.41	0.50	0.47	0.24	−29.69
P22Xt14-1	38.40	34.11	9.07	18.42	0.57	0.34	10.91	462.13
P22Xt15-1	39.08	26.07	14.97	19.88	0.41	0.41	4.23	91.85
P22Xt2-1	41.59	38.75	3.90	15.75	0.72	0.37	21.94	126.83
P22Xt24-1	13.71	13.70	69.16	3.43	0.65	0.38	−58.88	−26.86
P22Xt27-1	37.70	38.04	4.50	19.76	0.78	0.38	13.43	253.82
P22Xt5-1	9.50	9.40	77.79	3.31	0.59	0.42	−71.60	−59.15
P23Xt12-1	27.53	54.59	6.61	11.26	0.86	0.35	9.65	828.14
P23Xt14-1	33.57	31.11	22.28	13.04	0.40	0.46	-1.75	74.16
P23Xt19-1	37.80	45.20	1.31	15.68	0.94	0.45	20.80	−23.60
P23Xt2-1	44.11	35.49	3.77	16.63	0.67	0.36	23.71	177.90
P23Xt22-1	44.55	32.13	3.18	20.14	0.77	0.36	21.22	2604.34
P23Xt23-1	46.65	35.84	4.17	13.35	0.72	0.30	29.13	172.83
P23Xt3-1	42.47	28.49	7.10	21.94	0.37	0.31	13.42	831.99
P23Xt13-1	41.85	47.55	2.26	8.35	0.86	0.35	31.24	92.17
P23Xt15-1	30.87	34.59	25.17	9.36	0.30	0.43	−3.66	66.13
P21Xt14--3	20.91	47.03	23.63	8.43	0.42	0.67	−11.14	35.38

4. 二云母石英片岩

由表 4-3—表 4-6 可知：qz=253.82～831.99，硅饱和型，t=9.65～13.43，铝过饱和型，al=27.53～42.47，alk=11.26～21.94，且 al−alk>0，属碱不饱和型，fm=28.49～54.59，c=4.50～7.10，K_2O=0.14%～1.21%，Na_2O=1.07%～4.08%，且 Na_2O<K_2O，P23Bb3-1 样品中 Na_2O>K_2O，以富钾、富铝、硅含量大、铁镁较高、钙含量相对较低为特征，局部地段富钠。

5. 石榴石二云石英片岩

由表 4-3—表 4-6 可知：qz=172.83～177.90，硅过饱和型，t=23.71～29.13，铝过饱和型，al=44.11～46.65，alk=13.35～16.63，且 al−alk>0，属碱不饱和型，fm=35.49～35.84，c=3.77～4.17，K_2O=3.01%～3.42%，Na_2O=0.78%～1.11%，且 Na_2O<K_2O，即以富钾、富铝、有一定含量的硅、铁镁相对中等、钙较小为特征。

6. 石榴石二云母片岩

由表 4-3—表 4-6 可知：qz=−23.60～92.17，硅不饱和—过饱和型，t=20.80～31.24，铝过饱和型，al=37.80～41.85，alk=8.35～15.68，且 al−alk>0，属碱不饱和型，fm=45.20～47.55，c=1.31～2.26，K_2O=2.87%～7.69%，Na_2O=0.32%～0.35%，且 Na_2O<K_2O，即以富钾、富铝、硅含量相对较少、铁镁相对中等、钙较小特征。

7. 黑云角闪岩

由表 4-3—表 4-6 可知：qz=11.52，硅饱和型，t=−4.73，铝正常系列，al=21.56，alk=6.52，且 al−alk>0 属碱不饱和型，fm=52.16，c=19.77，K_2O=3.28%，Na_2O=0.29%，且 Na_2O<K_2O，即以富钾、硅较少、弱铝、富铁镁、富钙为特征。

8. 白云母石英岩类

由表 4-3—表 4-6 可知：qz=2 604.34，硅过饱和型，t=21.22，铝过饱和型，al=44.55，alk=20.14，且 al−alk>0，属碱不饱和型，fm=35.84，c=4.17，K_2O=0.82%，Na_2O=0.16%，且 Na_2O<K_2O，即以富硅、富铝、富钾、钙含量、铁镁含量相对较高为特征。

9. 大理岩

由表 4-3—表 4-6 可知：qz=−56.75～−26.86，硅不饱和型，t=−71.60～−58.88，铝正常型，al=9.50～13.71，alk=3.31～3.43，且 al−alk>0，属碱不饱和型，fm=9.40～13.70，c=69.16～77.79，K_2O=1.51%～1.55%，Na_2O=0.56%～0.68%，且 Na_2O<K_2O，即以贫硅、贫铝、铁镁较少、富钾、富钙为特征。

10. 片麻状黑云石英闪长岩

由表 4-3—表 4-6 可知：qz=66.13～74.16，硅过饱和型，t=−3.66～−1.75，铝正常型，al=30.87～33.57，alk=9.36～13.04，且 al−alk>0，属碱不饱和型，fm=31.11～34.59，c=22.28～25.17，K_2O=0.82%～1.35%，Na_2O=2.05%～2.23%，且 Na_2O>K_2O，即以硅较高、富钠、铁镁、钙较高、铝相对一般为特征。

（二）地球化学特征及原岩恢复

1. 片麻岩类

5 件样品：2 件黑云斜长片麻岩，2 件二云斜长片麻岩，1 件石榴二云斜长片麻岩。

（1）黑云斜长片麻岩

在(al−fm)-(c+alk)-Si 图解（图 4-2）中均落入火山岩区；A-C-FM 图解（图 4-3）中落入正系列碱土铝硅酸盐岩组中，即杂砂岩区；Al+∑Fe+Ti-(Ca+Mg)图解（图 4-4）中落入粘土、泥岩、粉砂岩、长石砂岩和泥灰质砂岩区和中基性火山岩区；ACF 和 A′KF 图解（图 4-5）中落入杂砂岩区；w(MgO)/w(CaO)图解（图 4-6）中均落入正片麻岩区。

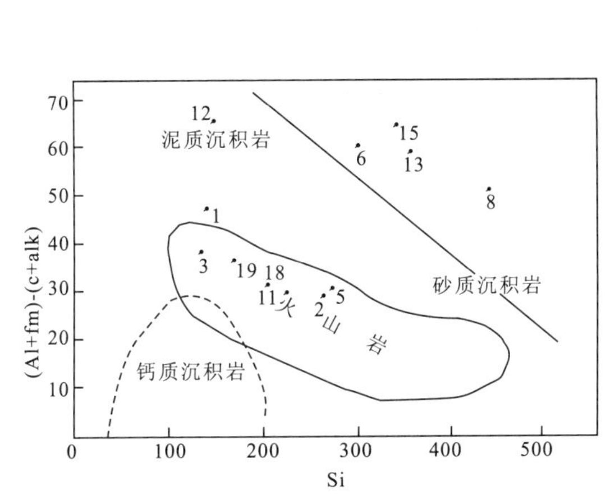

图 4-2　(al+fm)-(c+alk)-Si 图解

（据西蒙南，1953 年简化；巴拉绍夫，1972）

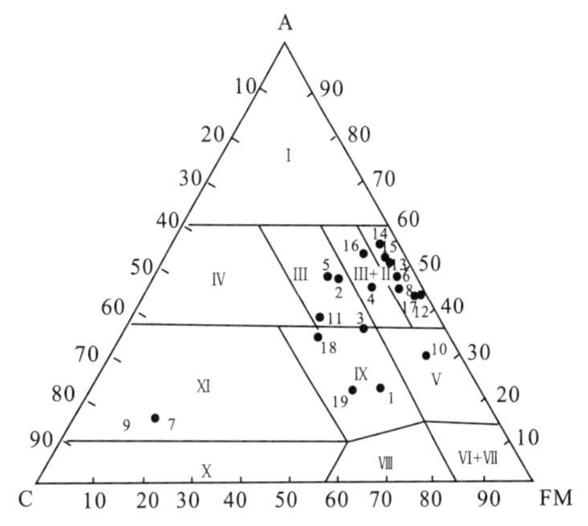

Ⅰ.正铝硅酸盐岩亚组；Ⅱ.铁镁侣硅酸盐岩亚组；Ⅲ.正系列碱土铝硅酸盐岩亚组；Ⅳ.钙铝硅酸盐岩亚组；Ⅴ.铝镁铁硅酸盐岩亚组；Ⅵ.铁硅酸盐岩亚组；Ⅶ.正系列镁质超基性岩组；Ⅷ.正系列碱土低铝超基性岩组；Ⅸ.正系列碱土铝基性岩组；Ⅹ.碱土钙质碳酸盐岩亚组；Ⅺ.碱土钙系列铝钙亚组

图 4-3　A-C-FM 图解

（据谢缅年科，1996）

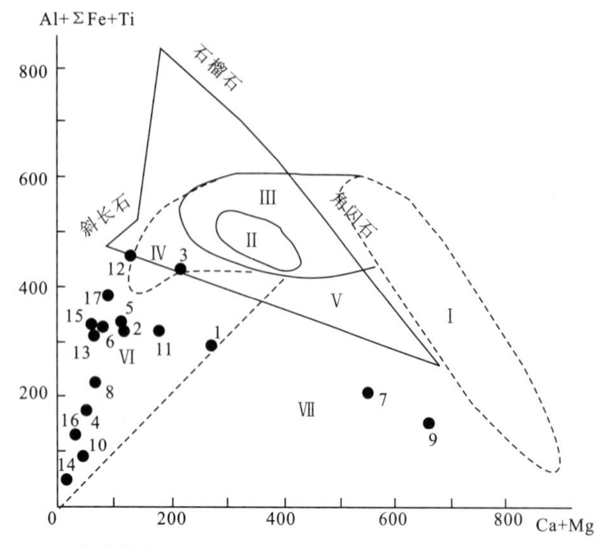

Ⅰ.超基性岩区；Ⅱ.基性岩的最大集中区；Ⅲ.基性岩及其变种区；Ⅳ.中性火成岩及砂泥质杂砂岩和泥质凝灰岩区；Ⅴ.凝灰质砂岩、基性单矿物砂岩及复矿物砂岩（基性成分杂砂岩）及钙质凝灰岩区；Ⅵ.粘土、泥岩、粉砂岩、长石砂岩和泥灰质砂岩区；Ⅶ.粘土质、白云质和钙质泥灰岩区

图 4－4　（Al＋∑Fe＋Ti)-(Ca＋Mg)图解

（据西蒙南，1953 简化）

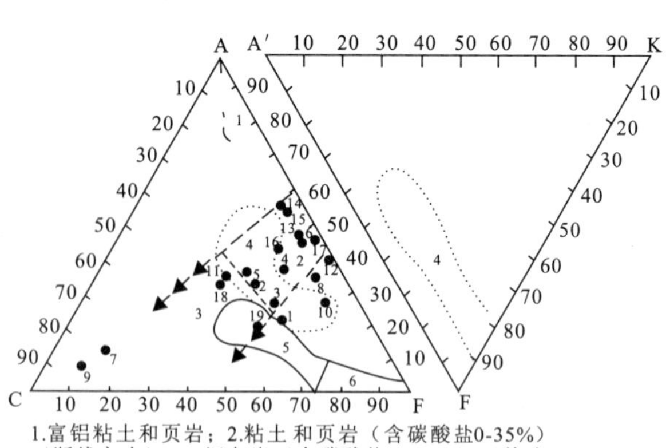

1.富铝粘土和页岩；2.粘土和页岩（含碳酸盐0-35%）（断线之内）；3.泥灰岩（含碳酸盐35-65%）（箭头线之间）；4.杂砂岩（点线之内）；5.玄武质岩和安山质岩（实线之内）；6.超镁铁质岩

图 4－5　ACF 和 A′KF 图解

（据温克勒，1976）

由表 4－4、表 4－7 可知：稀土总量 370.73～421.40ppm，轻重稀土之比为 5.07～8.35，(Ce/Yb)N＝10.30～23.12，轻稀土明显富集，重稀土亏损。δEu 为 0.56～0.79，铕具明显负异常。分馏程度轻稀土分馏明显，重稀土不明显，稀土分布型式为轻稀土富集，重稀土平坦，呈右倾“V”字型(图 4－7)。

微量元素(表 4－5)与维氏花岗岩值对比：Be、Sr、Li、Rb、Nb、U 花岗岩相当或相近，Ba、Co、Cu、V、Zn、Sc、Cr、Cs、Pb、Th 均高于花岗岩，大致具有花岗岩的特征。

综合上述分析，与薄片鉴定结果相符，黑云斜长片麻岩的原岩为二长花岗岩。

(2)二云斜长片麻岩

在(al－fm)-(c＋alk)- Si 图解(图 4－2)中 P22Bb15－1 样品落入火山岩区；A－C－FM 图解(图4－3)中均落入正系列碱土铝石盐酸盐岩亚组，即杂砂岩区；(Al＋∑Fe＋Ti)-(Ca＋Mg)图解(图 4－4)中均落入粘土、泥岩、粉砂岩、长石砂岩、泥灰岩区；ACF 和 A′KF 图解(图 4－5)中落入粘土和页岩区和杂砂岩区；w(MgO)/w(CaO)图解(图 4－6)中均落入邻幅片麻岩区，但其中 P22Bb15－1 样品靠近正片麻岩区。

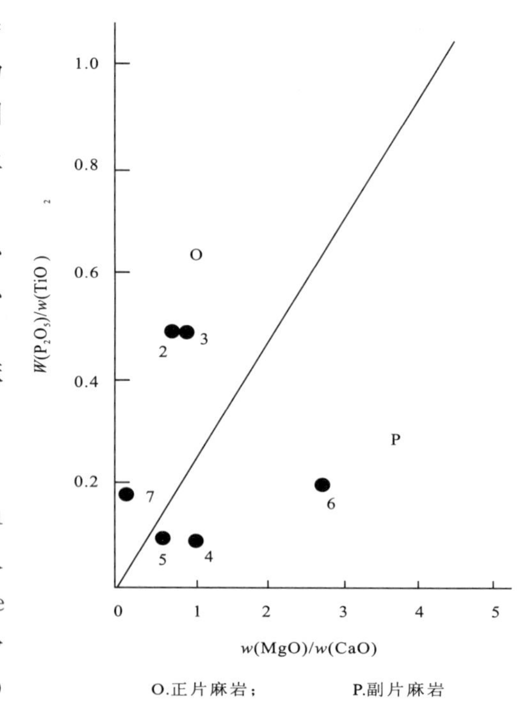

O.正片麻岩；　　P.副片麻岩

图 4－6　区分正、副片麻岩的图解

（据 Werner，1987）

（转引自 Passchieretal.，1990，简化）

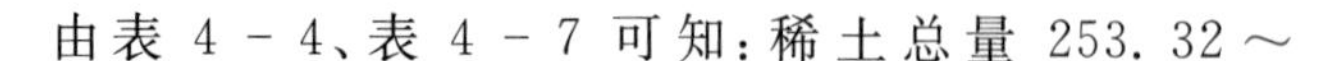

由表 4－4、表 4－7 可知：稀土总量 253.32～384.56ppm，轻重稀土之比为 8.42～11.98，$(Ce/Yb)_N$＝31.10～53.20，轻稀土明显富集，重稀土亏损。δEu 为 0.52～0.58，铕具明显负异常。轻重稀土分馏明显，稀土分布型式为右倾“V”字型(图

4－8)。

表 4－7　测区念青唐古拉岩群稀土特征值表

样品编号	Σ	ΣLREE	ΣHREE	ΣLREE/ΣHREE	δEu	δCe	(Ce/Yb)N	Eu/Sm
P22Xt10－1	96.8	46.98	49.82	0.94	0.75	0.88	1.40	0.28
P22Xt1－1	370.73	331.06	39.67	8.35	0.56	0.91	23.12	0.16
P22Xt17－1	421.4	351.92	69.48	5.07	0.79	0.91	10.30	0.24
P22Xt14－1	253.32	226.44	26.88	8.42	0.52	0.92	31.10	0.16
P22Xt15－1	384.56	354.94	29.62	11.98	0.58	0.90	53.20	0.17
P22Xt2－1	390.59	295.61	94.98	3.11	0.57	0.91	4.40	0.18
P22Xt24－1	179.1	139.68	39.42	3.54	0.57	0.92	6.68	0.18
P22Xt27－1	310.18	265.05	45.13	5.87	0.46	1.23	16.08	0.14
P22Xt5－1	80.72	65.95	14.77	4.47	0.68	0.89	10.00	0.22
P23Xt12－1	468.36	432.31	36.05	11.99	0.32	0.95	45.81	0.09
P23Xt14－1	165.36	143.18	22.18	6.46	0.87	0.91	14.75	0.26
P23Xt19－1	374.77	304.81	69.96	4.36	0.63	0.91	8.06	0.20
P23Xt2－1	271.11	211.14	59.97	3.52	0.58	0.92	5.89	0.18
P23Xt22－1	70.85	61.56	9.29	6.63	0.56	0.85	17.65	0.17
P23Xt23－1	203.78	147.46	56.32	2.62	0.64	0.77	3.90	0.20
P23Xt3－1	159.22	124.68	34.54	3.61	0.61	0.85	6.38	0.19
P23Xt13－1	379.68	290.07	89.61	3.24	0.39	0.95	5.77	0.12
P23Xt15－1	164.93	130.1	34.83	3.74	0.83	0.90	7.34	0.26
P21Xt14－3	131.36	108.22	23.14	4.68	0.93	0.93	11.13	0.28

注:标准化值为泰勒 1985 年球粒陨石

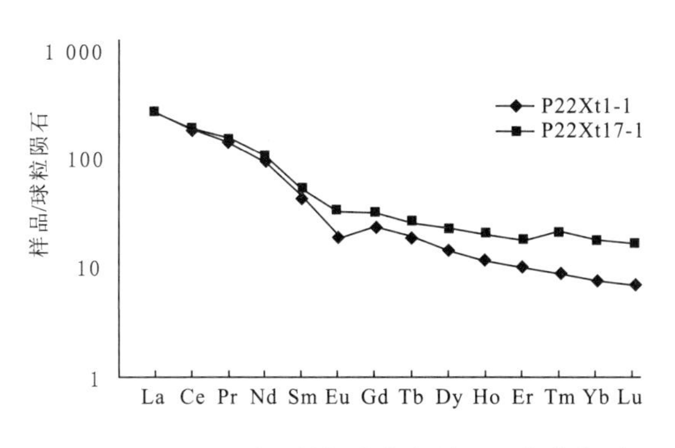

图 4－7　黑云斜长片麻岩稀土配分曲线图

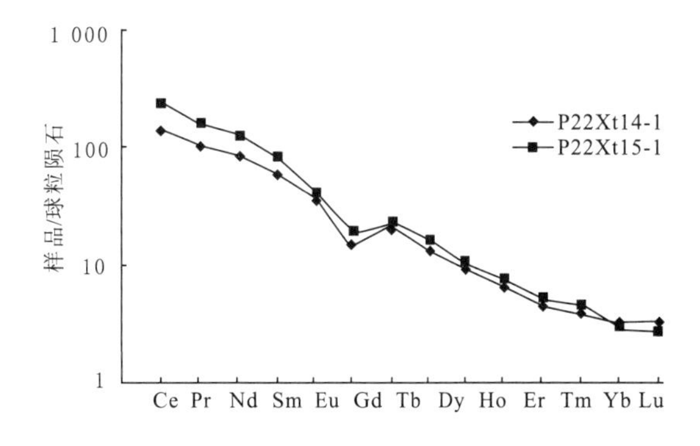

图 4－8　二云斜长片麻岩稀土配分曲线图

微量元素(表 4－5)与维氏花岗岩值对比:Ba、Sr、Zn、Gr、Nb、Li、Rb、Cs 元素含量与花岗岩相当或相近,Co、Ni、V、Sc、Pb、Th、U 元素含量高于花岗岩,Be、Cu、Li、Rb、Ta、U 元素值低于花岗岩。岩石具有花岗岩的特征。

二云斜长片麻岩原岩为花岗闪长岩与杂砂岩,以上分析与薄片鉴定结果相符。

(3)石榴石二云斜长片麻岩

该岩在(al－fm)-(c＋alk)- Si 图解(图 4－2)中落入砂质沉积岩区；A－C－FM 图解(图 4－3)中落入铁镁铝硅酸盐岩亚组，即杂砂岩区；Al＋∑Fe＋Ti -(Ca＋Mg)图解(图 4－4)中落入粘土、泥岩、粉砂岩、长石砂岩和泥灰质砂岩区；ACF 和 A′KF图解(图 4－5)中落入粘土和页岩区；$w(MgO)/w(CaO)$图解(图 4－6)中落入副片麻岩区。

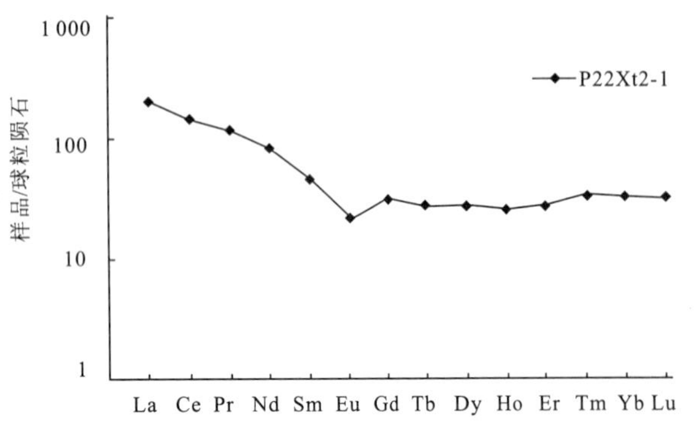

图 4－9　石榴石二云斜长片麻岩稀土配分曲线图

由表 4－4、表 4－7 可知：稀土总量 390.59ppm，轻重稀土之比为 3.11，$(Ce/Yb)_N$＝34.40，轻稀土明显富集，重稀土亏损。δEu 为 0.57，铕具明显负异常。轻稀土分馏明显，重稀土不明显，稀土分布型式为轻稀土富集，重稀土平坦，呈右倾“V”字型(图 4－9)。稀土配分型式与太古代后页岩的稀土配分型式(Nance 等，1976)相似。

石榴石二云母斜长片岩的原岩以泥岩、泥质砂岩为主，杂砂岩次之。

(4)黑云二长片麻岩

根据岩石中所保留的变余花岗结构，原岩应为二长花岗岩。

综上分析念青唐古拉岩群的片麻岩类，在测区原岩以二长花岗岩和花岗闪长岩为主，泥岩、泥质砂岩、杂砂岩次之。

在微量元素稀土元素 Rb -[Y＋Nb]图解(图 4－10)、Rb -[Yb＋Ta]图解(图 4－11)中，黑云斜长片麻岩、二云斜长片麻岩大地构造环境投点落入火山弧花岗岩区和同构造碰撞带花岗岩区。

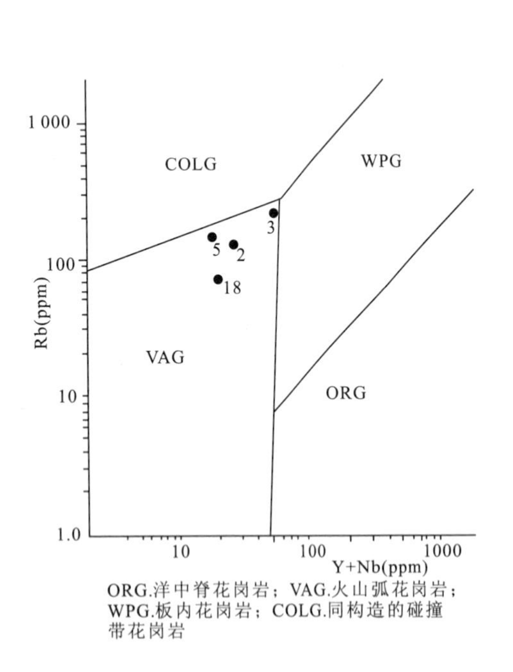

图 4－10　Rb -[Y＋Nb]图解

(据皮尔斯等，1984)

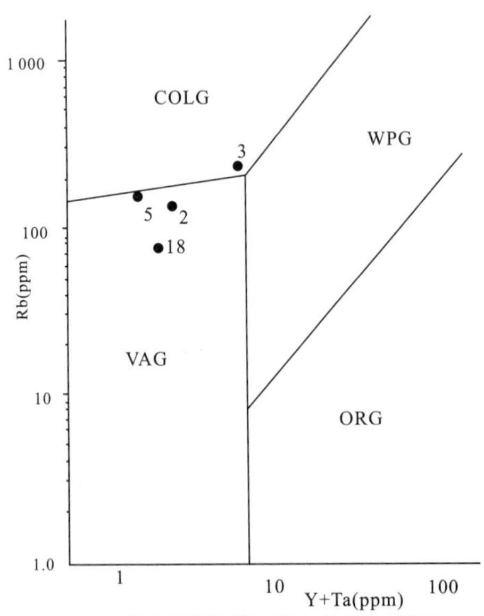

图 4－11　Rb -[Yb＋Ta]图解

(据皮尔斯等，1984)

2. 片岩类

7件样品：3件二云石英片岩样品，2件石榴石二云片岩，2件石榴石二云石英片岩。

(1)二云石英片岩

在(al+fm)-(c+alk)-Si图解(图4-2)中落入砂质沉积岩区；A-C-FM图解(图4-3)中分别落入铁镁铝硅酸盐岩亚组即粘土岩及杂砂岩区，正系列碱土铝硅酸盐岩亚组即杂砂岩区，铝镁铁硅酸盐岩亚组即凝灰质粉砂岩；在(Al+∑Fe+Ti)-(Ca+Mg)图解(图4-4)中均落入粘土、泥岩、粉砂岩、长石砂岩和泥灰质砂岩区；ACF和A'KF图解(图4-5)中落入杂砂岩。

由表4-4、表4-7可知：稀土总量为159.22～468.36ppm，轻重稀土之比为3.61～11.99，$(Ce/Yb)_N$=6.38，在微量元素稀土元素Rb-[Y+Nb]图解(图4-10)、Rb-[Yb+Ta]图解(图4-11)中，黑云斜长片麻岩、二云斜长片麻岩大地构造环境投点落入火山弧花岗岩区和同构造碰撞带花岗岩区。轻稀土明显富集，重稀土亏损。σEu为0.32～0.61，铕具明显负异常。分馏程度轻稀土分馏明显，重稀土不明显，稀土分布型式为轻稀土富集，重稀土平坦，呈右倾"V"字型(图4-12)。

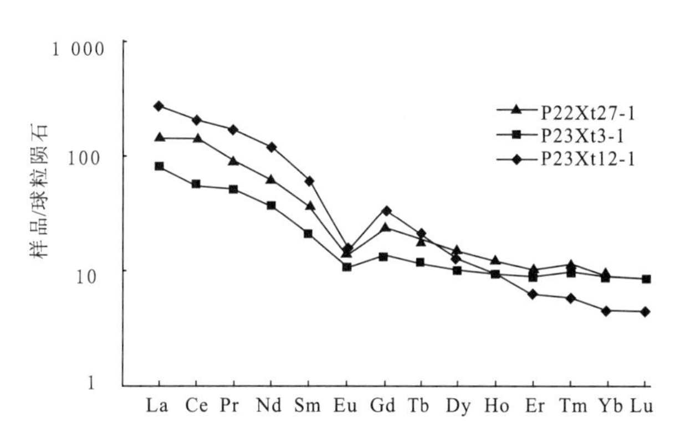

图4-12　二云石英片岩稀土配分曲线图

综上分析二云石英片岩以杂砂岩为主，粘土岩(泥岩)次之。

(2)石榴石二云石英片岩

在(al-fm)-(c+alk)-Si图解(图4-2)中落入砂质沉积岩区；A-C-FM图解(图4-3)中落入铁镁硅酸盐岩亚组即粘土岩及亚杂砂岩区，在(Al+∑Fe+Ti)-(Ca+Mg)图解(图4-4)中均落入粘土、泥岩、粉砂岩、长石砂岩和泥灰质砂岩区；ACF和A'KF图解(图4-5)中落入粘土岩和页岩区。

由表4-4、表4-7可知：稀土总量为203.78～271.11ppm，轻重稀土之比为2.62～3.52，$(Ce/Yb)_N$=3.90～5.89，轻稀土明显富集，重稀土亏损。σEu为0.58～0.64，铕具明显负异常。分馏程度轻稀土分馏明显，重稀土不明显，稀土分布型式为轻稀土富集，重稀土平坦，呈右倾"V"字型(图4-13)。

微量元素(表4-5)与维氏沉积岩值对比，Ba、Sr、Th高于沉积岩值。V、Sc、Cr、Rb、Nb、Cc、Pb与沉积岩质相当或较为接近，Be、Ca、Cu、Ni、Zn、Li均低于沉积岩值。总体具有沉积岩特征。

综上分析石榴石二云母片岩原岩以粘土岩、泥岩、亚杂砂岩为主，杂砂岩次之。

(3)石榴石二云母片岩

在(al+fm)-(c+alk)-Si图解(图4-2)中落入砂质沉积岩区；A-C-FM图解(图4-3)中落入铁镁硅酸盐岩亚组，即粘土岩及亚杂砂岩区；在(Al+∑Fe+Ti)-(Ca+Mg)图解(图4-4)中落入粘土、泥岩、粉砂岩、长石砂岩和泥灰质砂岩区；ACF和A'KF图解(图4-5)中落入粘土岩和页岩。由表4-4、表4-7可知：稀土总量为374.77～379.68ppm，轻重稀土之比为3.24～4.36，$(Ce/Yb)_N$=5.77～8.06，轻稀土明显富集。δEu为0.39～0.53，铕具明显负异常。分馏程度轻稀土分馏明显，重稀土不明显，稀土分布型式为轻稀土富集，重稀土较平坦，呈右倾"V"字型(图4-14)。

综上分析，石榴石二云母片岩原岩为粘土岩、杂砂岩，念青唐古拉岩群片岩类原岩主要为粘土和杂砂岩，为副变质岩。

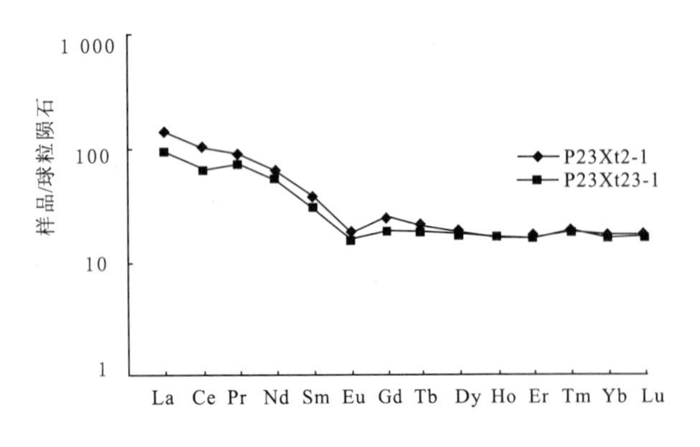

图 4-13 石榴石二云石英片岩稀土配分曲线图

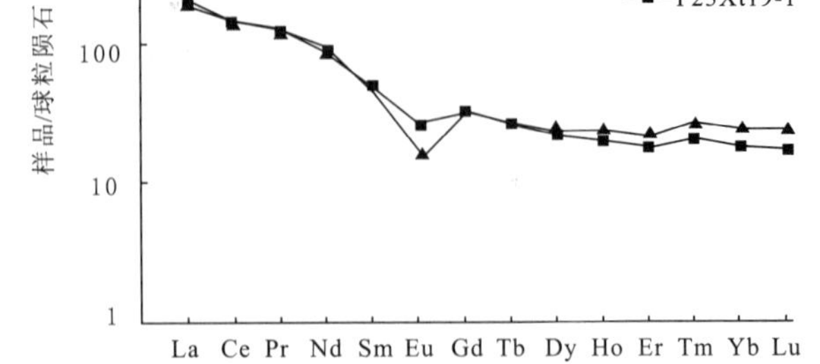

图 4-14 石榴石二云母石英片岩稀土配分曲线图

3. 角闪岩类

黑云角闪岩在(al＋fm)-(c＋alk)-Si 图解(图 4-2)中落入泥质沉积岩区(靠近火山岩)；在 A-C-FM 图解(图 4-3)中落入正系列碱土铝基性岩组，即基性火成岩；在(Al＋∑Fe＋Ti)-(Ca＋Mg)图解(图 4-4)中落入粘土、泥灰质砂岩；在 ACF 和 A'KF 图解(图 4-5)中落入杂砂岩区(靠近火山岩)；在 MgO-CaO-FeO 图解(图 4-15)中落入正斜长角闪岩区；在 TiO_2-Y/Nb 图解(图 4-16)中落入拉斑玄武岩区。

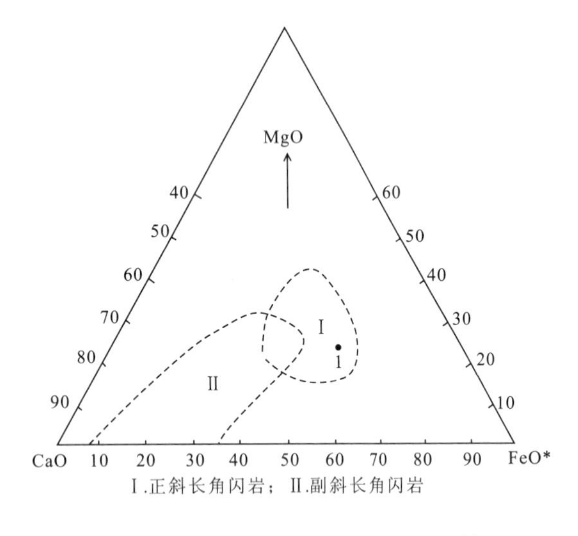

图 4-15 MgO-CaO-FeO 图解
(据温克勒等，1972)

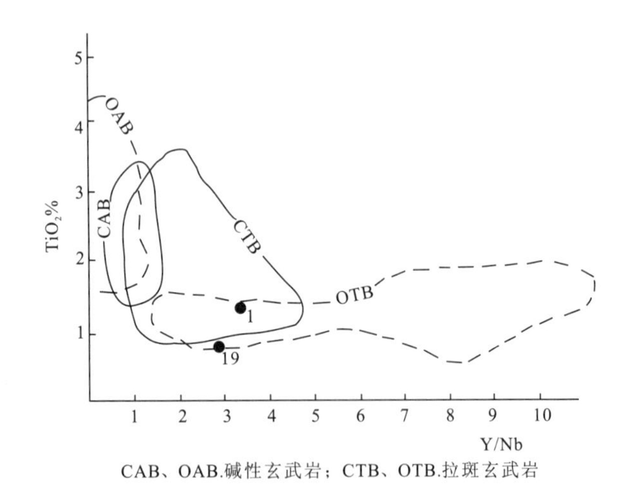

图 4-16 TiO_2-Y/Nb 图解
(据费劳德及温彻斯特，1975)

由表 4-4、表 4-7 可知：稀土总量为 96.8ppm，轻重稀土之比为 0.94，$(Ce/Yb)_N$＝1.40，轻稀土略显富集。σEu 为 0.75，铕具轻微负异常。轻重稀土分馏不明显，稀土分布型式为轻重稀土较平坦(图 4-17)。

微量元素(表 4-5)与维氏玄武岩比较，Be、Zn、Li、Sc、Rb、Cs、Pb、Th、U 高于维氏玄武岩值，Co、Cu、V、Cr 相近或相当于维氏玄武岩值，Ni、Sr、Nb 低于维氏玄武岩值。大体具有玄武岩特征。

综上认为黑云角闪岩原岩为玄武岩。黑云角闪岩在 TiO_2-10MnO-$10P_2O_5$ 图解(图 4-18)

中大地构造位置落入岛弧玄武岩区，表明所处位置构造强烈。

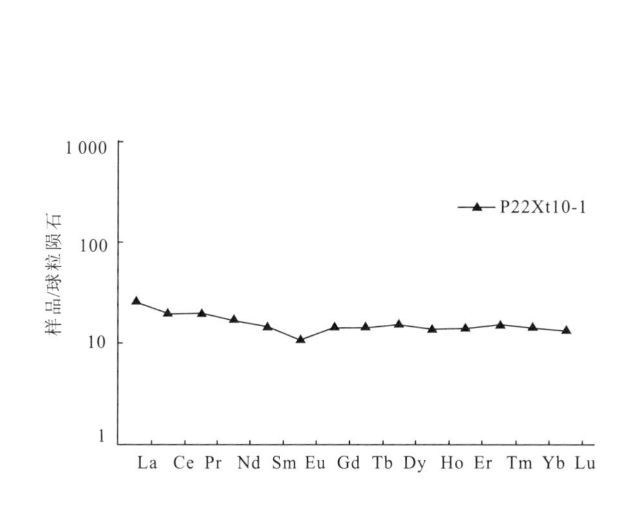

图 4-17　黑云母角闪岩稀土配分曲线图

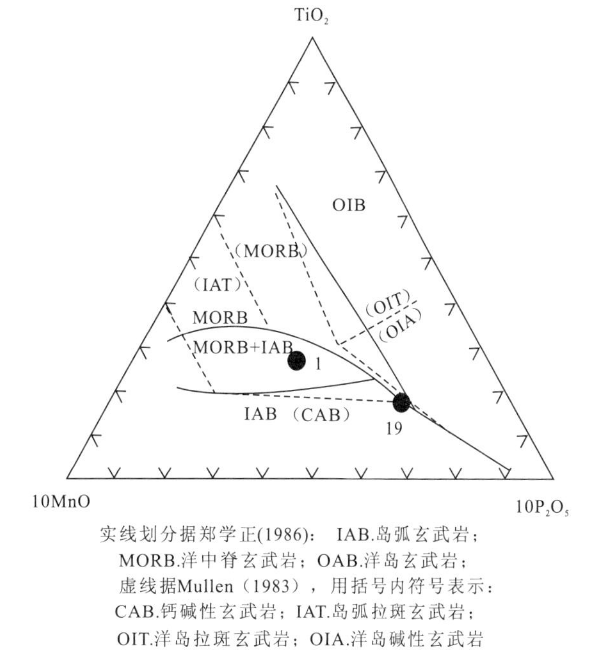

图 4-18　不同构造环境玄武岩 TiO_2-MnO-P_2O_5 判别图
（据郑学正，1995；Mullen，1983）

4. 石英岩、大理岩类

(1)白云母石英岩类

依据岩石中保留的变余砂状结构与岩石化学特征确定白云母石英岩原岩为石英砂岩，与薄片鉴定结果相符。

(2)大理岩类

透辉石大理岩在 A-C-FM 图解(图 4-3)中落入碱土钙系列铝钙质亚组即钙硅酸盐岩及石英岩区；在(Al+∑Fe+Ti)-(Ca+Mg)图解(图 4-4)中均落入粘土质、白云质和钙质泥灰岩区。透辉石大理岩的原岩为钙质泥灰岩。

5. 片麻状石英二长闪长岩

依据岩石中保留的变余花岗结构、片麻状构造，结合野外产状(图版Ⅴ，5)确定其为变质侵入体，原岩为石英二长闪长岩。

微量元素(表 4-5)与维氏花岗岩值相比，Co、V、Zn、Nb、U 接近或相当于维氏花岗岩值，Ba、Ni、Sc、Cr、Pb 大于维氏花岗岩值，Be、Cu、Sr、Li、Rb、Cs 少于维氏花岗岩值，总体具有花岗岩特征。

在微量元素与稀土元素图解 Rb-[Y+Nb](图 4-10)、Rb-[Yb+Ta](图 4-11)中大地构造位置均落入火山弧花岗岩。

(三)变质带、变质相划分

1. 变质带

根据念青唐古拉岩群变质泥岩中出现黑云母、铁铝榴石、蓝晶石特征变质矿物，变质基性岩出现的普通角闪石、绿帘石特征变质矿物，大理岩出现的透辉石特征变质矿物，变质泥岩划分为黑云母带、铁铝石榴石带和蓝晶石带；变质基性岩中可划分出普通角闪石带—绿帘石带、普通角闪石带、矽线石带(仅在路线出现)。

(1)黑云母带

以出现黑云母为特征，绢云母、绿泥石均可同时出现。

(2)铁铝榴石带

以首次出现铁铝榴石为特征，可出现黑云母。

(3)普通角闪石—绿帘石带

以同时出现共生的普通角闪石、绿帘石为特征，或只出现普通角闪石为特征。

(4)普通角闪石带

以首次出现普通角闪石为特征，可出现黑云母。

(5)蓝晶石带

以首次出现蓝晶石为特征，可出现铁铝榴石、黑云母。

(6)矽线石带

以首次出现矽线石为特征，可出现黑云母。

2. 变质相

依据上述变质带的划分及矿物共生组合特征(表 4-8，表 4-9，表 4-10)，以工布江达县娘蒲乡甘得中新元古代念青唐古拉岩群 a 岩组剖面(P22)与工布江达县措高乡多居绒中新元古代念青唐古拉 b 岩组剖面(P23)为代表，并适当结合辅助剖面、路线进行剖析，念青唐古拉岩群由南向北可划分为低绿片岩相、高绿岩相、低角闪岩相(图 4-19，图 4-20)。

高绿片岩相与低角闪岩相在工布江达县娘蒲乡甘德剖面(图 4-19)中呈断层接触，因此不能简单判断剖面上由北向南从低绿片岩相—高绿片岩相—低角闪岩相为三者的叠序关系，结合墨脱、通麦、当雄等地的区域资料，充分考虑 a 岩组、b 岩组剖面的空间位置关系，该变质带总体上呈由南向北的多相递进变质带。低绿片岩相为叠加在念青唐古拉岩群之上的韧性剪切带退变质的产物。

(1)低绿片岩相

该相只在变质泥质岩中表现为黑云带、绿泥石—绢云母带高绿片岩相。

Pl+Bi+Ms+Q	二云母斜长片麻岩
Bi+Ms+Q	二云母石英片岩
Ms+Bi+Pl+Q	白云母石英片岩
Ser+Chl+Q	绿泥白云石英片岩

(2)高绿片岩相

高绿片岩相在变质泥岩中表现为铁铝榴石带，在变质基性岩中表现为普通角闪石—绿帘石带。

PL+Hb+Bi+Ep+Q	绿帘黑云角闪变粒岩
Ald+Pl+Ms+Bi+Ep+Q	石榴石二云母石英片岩
Ald+Pl+Ms+Chl+Q	石榴石二云母片岩
Pl+Bi+Ms+Ald+Q	石榴石二云母斜长片麻岩

表 4-8　工布江达县娘蒲乡甘得中新元古代念青唐古拉岩群 a 岩组变质岩系特征表

层号	样品名称	结构构造	特征变质矿物	矿物共生组合	主要变质矿物特征	变质相带
1	黑云母斜长片麻岩	细粒鳞片状变晶结构，片麻状构造	黑云母	Pl+Kf+Bi+Ms+Ep+Chl+Q	黑云母退变质为绿泥石	黑云母带低绿片岩相
2	二云母石榴斜长片麻岩	细粒鳞片变晶结构	铁铝榴石	Pl+Bi+Ms+Ald+Q		铁铝榴石带高绿片岩相
4	绿帘石岩	不等粒变晶结构	绿帘石	Ep+Cal+Q	绿帘石常呈靛蓝异常干涉色，含许多方解石	绿帘石带高绿片岩相
5	钾长透辉石大理岩	细粒粒状变晶结构	透辉石	Cal+Di+Mi+Ep	短柱状—粒状，具辉石式解理，正高突起，二轴(+)2V 角中等	透辉石带低角闪岩相
6	黑云母斜长片麻岩	鳞片粒状变晶结构	黑云母	Pl+Kf+Bi+Ms+Q		黑云母带低绿片岩相
8	黑云母斜长角闪岩	粒状变晶结构	普通角闪石	Hb+Ms+Bi+Q	绿—淡黄绿多色性角闪石式解理	普通角闪石带低角闪岩相
10	黑云母斜长片麻岩	鳞片粒状变晶结构	黑云母	Pl+Kf+Bi+Ms+Q		黑云母带低绿片岩相
13	二云母斜长片麻岩	鳞片粒状变晶结构	黑云母	Pl+Bi+Ms+Q		黑云母带低绿片岩相
14	二云母斜长片麻岩	鳞片粒状变晶结构	黑云母	Pl+Kf+Bi+Ms+Ep+Q	黑云母退变质为绿泥石	黑云母带低绿片岩相
15	黑云母二长片麻岩	鳞片粒状变晶结构	黑云母	Pl+Pe+Bi+Ms+Ep+Q		黑云母带低绿片岩相
16	黑云母二长片麻岩	鳞片粒状变晶结构	黑云母	Pl+Bi+Ep+Q		黑云母带低绿片岩相
18	黑云母二长片麻岩	鳞片粒状变晶结构	黑云母	Pl+Kf+Bi+Ms+Ep+Chl+Q		黑云母带低绿片岩相
22	透辉大理岩	鳞片粒状变晶结构	透辉石	Pl+Kf+Hb+Di+Ep+Q	透辉石具事实解理，淡绿色调不显多色性，二轴	透辉石带低角闪岩相
25	二云母石英片岩	鳞片粒状变晶结构	黑云母	Bi+Ms+Q		黑云母带低绿片岩相
D1212	矽线石黑云母片岩	片状构造	矽线石	Sil+Bi+Pl+Q	矽线石呈纤状	矽线石带低角闪岩相

表 4-9　工布江达县娘蒲区中新元古代念青唐古拉岩群 b 岩组变质岩系特征表

层号	样品名称	结构构造	特征变质矿物	矿物共生组合	主要变质矿物特征	变质相系
5	微粒石英岩(结晶硅质岩)	显微粒状变晶结构	绢云母	Pl+Ser+Q		绢云母带低绿片岩相
6	黑云母石英片岩	显微-细粒鳞片变晶结构	黑云母	Bi+Ms+Q		黑云母带低绿片岩相
7	绿帘黑云角闪变粒岩	显微鳞片粒状变晶结构	绿帘石角闪石	Pl+Hb+Bi+Ep+Q	普通角闪石与绿帘石共生，角闪石不规则柱状，为浅闪石质或阳起石质普通角闪石	普通角闪石-绿带高绿片岩相
8	角闪绿帘变粒岩	柱粒变晶结构	绿帘石角闪石	Pl+Hb+Ep+Q	角闪石长柱状，角闪式解理，角闪石颜色浅，为透闪石质的普通角闪石	普通角闪石-绿带高绿片岩相

表 4-10　工布江达县多居绒中新元古代念青唐古拉岩群 b 岩组变质岩系特征表

层号	样品名称	结构构造	特征变质矿物	矿物共生组合	主要变质矿物特征	变质相系
1	糜棱岩化二云母片岩	鳞片粒状变晶结构、变余晶屑凝灰结构	黑云母	Pl+Bf+Bi+Ms+Q		黑云母带低绿片岩相
2	石榴石二云母石英片岩	鳞片粒状变晶结构，片状构造	铁铝榴石	Ald+Pl+Ms+Bi+Ep+Q	铁铝榴石为淡红色，均质性	铁铝榴石带高绿片岩相
3	二云母石英片岩	细粒鳞片粒状变晶结构	黑云母	Pl+Bi+Ms+Q		黑云母带低绿片岩相
4	绿泥绢云母片岩	鳞片变晶结构片状构造	绿泥石	Ser+Chl+Q		绿泥石带低绿片岩相
6	糜棱岩化绿泥白云石英片岩	鳞片变晶结构、斑状结构、糜棱结构	黑云母	Pl+Ms+Bi+Chl+Q		黑云母带低绿片相
7	花岗质糜棱岩	糜棱结构、碎基鳞片变晶结构	铁铝榴石	Pl+Ms+Bi+Chl+Ald+Ep+Q		铁铝榴石带高绿片岩相
10	糜棱岩化石榴石二云母斜长片麻岩	鳞片粒状变晶结构、糜棱结构、变余花岗结构	铁铝榴石	Pl+Bi+Ms+Ald+Q	铁铝榴石变斑晶等轴-似眼球状正极高突起淡粉红色，均质性	铁铝榴石带高绿片岩相
11	糜棱岩化二云母石英片岩	斑状变晶结构、基质鳞片粒状变晶结构、糜棱结构	黑云母	Pl+Bi+Ms+Chl+Q		黑云母带低绿片岩相
12	蓝晶石石榴石二云母片岩	鳞片粒状变晶结构，片状构造	蓝晶石	Ald+Ky+Bi+Ms+Q	近两组解理，淡蓝紫色，沿一组解理面平行消光，二轴(—)2V 大	蓝晶石带低角闪岩相
15	糜棱岩化石榴石二云母片岩	斑状变晶结构、糜棱结构、鳞片粒状变晶结构	铁铝榴石	Pl+Ms+Ald+Bi+Chl+Q		铁铝榴石带高绿片岩相
16	石榴石二云母石英片岩	斑状变晶结构	铁铝榴石	Ald+Bi+Ms+Pl+Q	铁铝榴石变斑晶等轴粒状，正极高突起，淡粉红色，均质性	铁铝榴石带高绿片岩相
17	糜棱岩化石榴石二云母石英片岩	斑状变晶结构、鳞片粒状变晶结构	铁铝榴石	Pl+Ald+Ms+Bi+Q	铁铝榴石变斑晶等轴半自形粒状，正极高突起，淡粉红色，均质性	铁铝榴石带高绿片岩相
18	灰白色细粒白云母石英岩	细粒粒状变晶结构	白云母	Ms+Bi+Pl+Q		白云母带低绿片岩相
19	糜棱岩化蓝晶石榴二云母石英片岩	斑状变晶结构、鳞片粒状变晶结构、糜棱结构	蓝晶石	Ald+Ky+Bi+Ms+Q	蓝晶石变斑晶似眼球状，淡蓝紫色，两组解理，沿一组解理纹平行消光，二轴(—)	蓝晶石带低角闪岩相

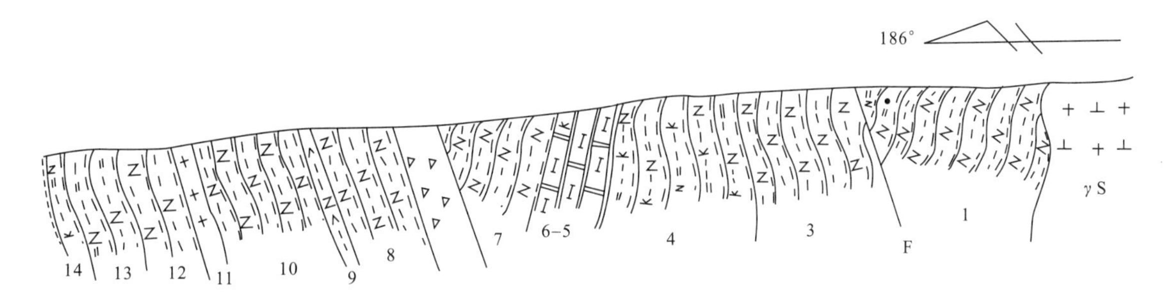

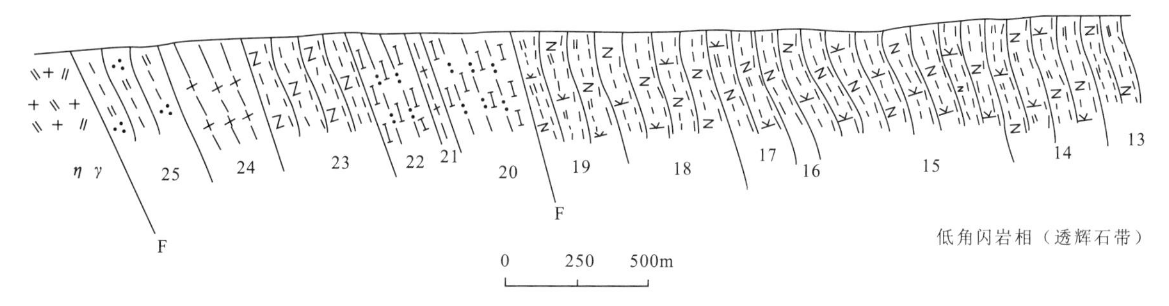

图 4-19　工布江达县娘蒲乡甘得中新元古代念青唐古拉岩群 a 岩组（$Pt_{2-3}Nq^{a}$）剖面（P22）

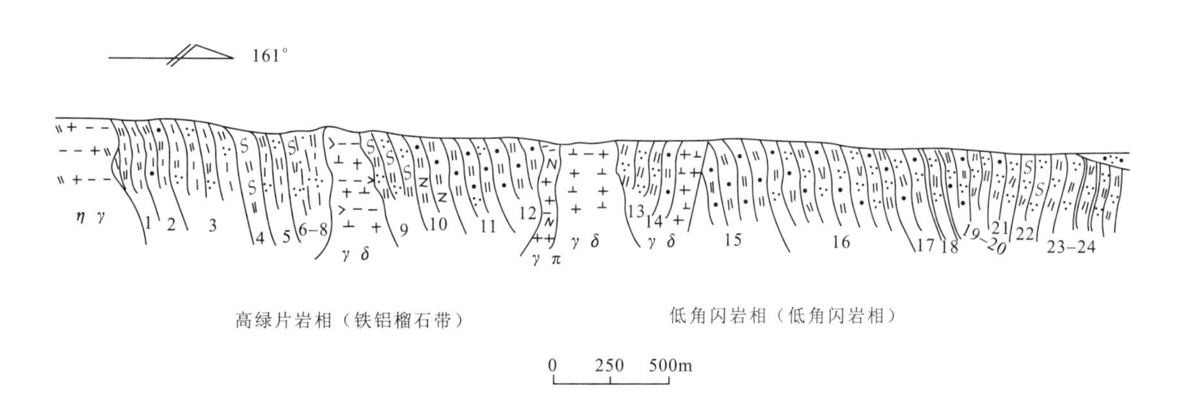

图 4-20　工布江达县措高乡多居绒中新元古代念青唐古拉 b 岩组（$Pt_{2-3}Nq^{b}$）剖面（P23）

矿物共生组合归纳为绿片岩相的 ACF 和 A'KF 相图（图 4-21）。

（3）低角闪岩相

低角闪岩相在变质泥岩中表现为蓝晶石带，变质基性岩中为普通角闪石—矽线石带。大理岩中为透辉石带，矿物共生组合为：

Ald＋Ky＋Bi＋Ms＋Q　　蓝晶石石榴石二云母片岩

Ald＋Ky＋Bi＋Ms＋Q　　蓝晶石石榴石二云母石英片岩

Cal＋Di＋Mi＋Ep　　钾长透辉石大理岩

Hb＋Ms＋Bi＋Q　　黑云母斜长角闪岩

Pl＋Kf＋Hb＋Di＋Ep＋Q　　透辉石大理岩

Sil＋Bi＋Pl　　矽线石黑云母片岩

该相系出现中压相系的蓝晶石标型矿物，同时也出现了矽线石矿物。矿物共生组合归纳为低角闪岩相的 ACF 和 A′KF 相图(图 4-22)。

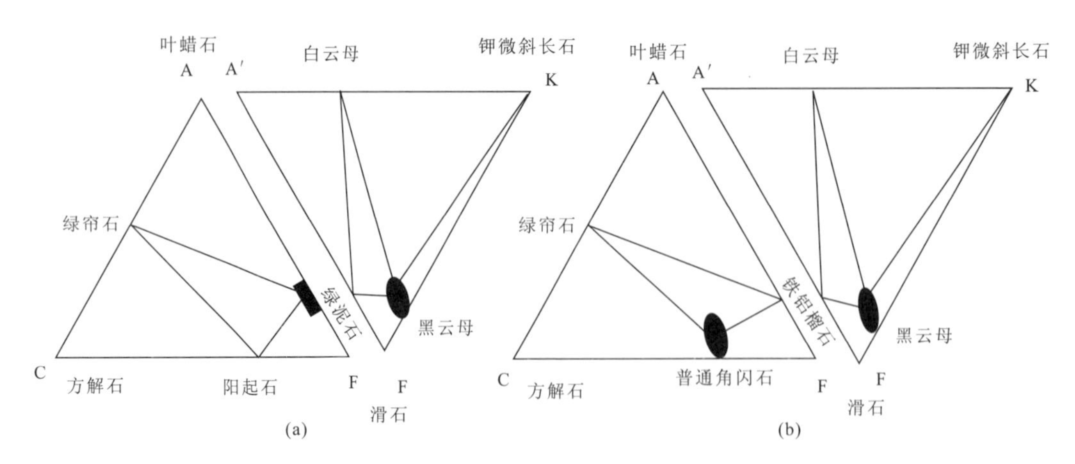

图 4-21　绿片岩相的 ACF 和 A′KF 相图

a. 黑云母带(低绿片岩相);b. 铁铝榴石带、普通角闪石—绿帘石带(高绿片岩相)

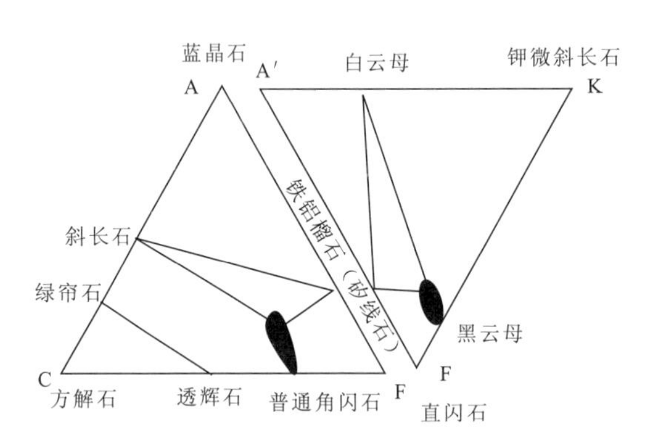

图 4-22　低角闪岩相的 ACF 和 A′KF 相图

3. 变质作用温压条件

据前人资料《1∶20 万通麦、波密幅区域地质矿产调查报告》(甘肃省区调队,1995),在相同层位的念青唐古拉岩群中由高绿片岩相岩石组合中的矿物对测定温压条件为 500～570kb,2～6℃;由低角闪岩相岩石组合中的共生的矿物对组成的温压计所估算的温压范围为 570～600kb,3～8℃,并且在本区也出现了中压相系的蓝晶石标型矿物,表明本区压力应为中压型。

第三节　区域低温变质作用及其岩石

该类变质岩是测区分布最为广泛,测区较为重要的一类变质岩石,分布于昂巴宗-格弄日变带、莫姆阿尔-八盖变质带、擦曲卡-恩朱格变质带。

一、昂巴宗-格弄日变质带

属冈底斯-念青唐古拉变质地区,拉萨-察隅变质地带,北以克如多-八棚泽断裂为界,南部以麦马-八松错断裂为界。在布久—格弄日一带呈“纺锤体”带状分布,昂巴宗—错高区一带呈近东西向带状分布。受变质地层为前奥陶纪雷龙库岩组、岔萨岗岩组。经加里东期或海西期区域低温动力变质作用，形成低绿片岩相—高绿片岩相的变质岩系。

前奥陶纪雷龙库岩相下部以灰色中厚层—薄层状细粒石英岩、灰黄色厚层夹中薄层二云母角闪石英岩、灰色—灰绿色巨厚层—中厚层片理化细粒石英岩为主，夹灰色中厚层—中薄状绿帘黑云角闪变粒岩、灰绿色细粒黑云母石英片岩、灰绿色长石石英黑云母千枚片岩及暗绿色玄武岩；上部为灰绿色细粒绿泥二云母石英片岩夹灰色中厚层状片理化含黑云母细粒石英岩、灰绿色细粒石榴石黑云母石英片岩、灰色黑云母角闪变粒岩。厚度 4 522.62m。

前奥陶纪岔萨岗岩组，下部以灰色中薄层细晶大理岩、灰色中薄层状结晶灰岩为主；上部为深灰色粉砂质绢云母千枚岩夹灰白色中薄层变质细粒石英砂岩、粉红色中厚层变质钙质胶结中细粒石英砂岩，总体以灰黄色粉砂质黑云母绢云母千枚岩夹深灰色中薄层状变质粉砂岩或灰白色薄层状变质中细粒石英砂岩为特征。厚度 2 991.60～6 083.34m。

(一)变质岩石类型及岩相学特征

前奥陶纪雷龙库岩组、岔萨岗岩组以石英岩片岩、变质砂、板岩、千枚岩、变粒岩为主，大理岩次之，变火山岩少量。(表 4-11，表 4-12，表 4-13，表 4-14)

表 4-11　娘蒲乡拉如前奥陶纪雷龙库岩组变质岩系特征表

层号	变质岩石名称	结构构造	特征变质矿物	矿物共生组合	主要变质矿物特征	变质相系
24	石榴黑云石英千枚片岩	显微鳞片变晶结构	铁铝榴石	Ald+Bi+Ms+Chl+Q	钙铁榴石变斑晶：粒度0.45mm，暗褐色，均质性筛状变晶结构	铁铝榴带高绿片岩相
23	含粉砂绿帘绿泥千枚岩	变余粉砂泥质结构	绿泥石	Chl+Ep+Cal		绢云母—绿泥石带板岩—千枚岩级低绿片岩相
22	黑云角闪变粒岩	鳞片变晶结构	透闪石质普通角闪石、绿帘石	Pl+Hb+Ep+Bi+Ms+Q	角闪石：浅色多色性弱，(透闪石质)绿帘石：常具异常干涉色	绿帘—角闪石带高绿片岩相
21	细粒黑云石英片岩	鳞片粒状变晶结构	黑云母	Bi+Ms+Chl+Q		黑云母带低绿片岩相
20	细粒石英岩	粒状变晶结构	绢云母	Pl+Ser+Q		绢云母—绿泥带板岩—千枚岩级低绿片岩相
19	石榴石黑云石英片岩	斑状变晶结构	铁铝榴石	Ald+Bi+Ms+Chl+Q	铁榴石变斑晶：等轴粒状，褐黑色均质性，含石英包裹体	铁铝榴石带高绿片岩相
15	绿泥二云石英片岩	粒状鳞片变晶结构	黑云母	Bi+Ms+Chl+Q	白云母淡绿色调无多色性	黑云母带低绿片岩相
14	粉砂质绢云母千枚板岩	变余粉砂质泥状结构	绢云母	Ser+Q		绢云母—绿泥石带板岩—千枚岩级低绿片岩相
13	变玄武岩	变余斑状结构	黑云母	Pl+Cal+Bi+Ser+Q		绢云母—绿带板岩—千枚岩级低绿片岩相
13	长石石英黑云母千枚片岩	显微粒状鳞片变晶结构，显微片理构造	黑云母	Pl+Bi+Ser+Ep		黑云母带低绿片岩相
11	二云角闪石英岩	细粒鳞片变晶结构	普通角闪石	Pl+Hb+Bi+Ms+Cal+Q	透闪石：不规则柱状，颜色淡，多色性、吸收性微弱	绿帘—角闪石带高绿片岩相
5	二云母片岩	显微—细粒鳞片粒状变晶结构	黑云母	Bi+Ms+Cal+Q		黑云母带低绿片岩相

表 4-12　错高乡马过洞前奥陶纪岔萨岗变质岩系特征表

层号	变质岩石名称	结构构造	特征变质矿物	矿物共生组合	主要变质矿物特征	变质相系
20	黑云石英片岩	显微鳞片粒状变晶结构	黑云母	Bi+Ms+Pl+Q	含少量帘石	黑云母带低绿片岩相
19	二云母石英片岩	显微鳞片变晶结构	黑云母	Bi+Ms+Q	含少量绢云母	黑云母带低绿片岩相
18	石榴石黑云母石英片岩	斑状变晶鳞片粒状变晶结构，变余层理构造	铁铝榴石	Ald+Bi+Ms+Q	含少量帘石	铁铝榴石带高绿片岩相
16	含黑云母细粒石英岩	细粒粒状鳞片变晶结构	黑云母	Bi+Ser+Chl+Q		黑云母带低绿片岩相
15	绢云母黑云母石英千枚片岩	显微粒状鳞片变晶结构	黑云母	Bi+Ms+Q	含少量帘石	黑云母带低绿片岩相
11	含砾绢云母千枚板岩	变余含砾泥质结构	绢云母	Ser+Cal+Q		绢云母—绿泥石带低绿片岩相
10	变质石英细—粉砂岩	变余细砂—粉砂结构	黑云母	Bi+Chl+Q		黑云母带低绿片岩相
6	钙质千枚岩	显微粒状变晶结构	绢云母	Ser+Cal+Q		绢云母—绿泥石带板岩—千枚岩级低绿片岩相
5	砂质结晶灰岩	粒状变晶结构	绢云母	Ser+Cal+Q		绢云母—绿泥石带板岩—千枚岩级低绿片岩相
4	细晶大理岩	粒状变晶结构	方解石	Cal+Ser+Q	含少量绢云母	绢云母—绿泥石带板岩—千枚岩级低绿片岩相

表 4-13　娘蒲乡拉如前奥陶纪岔萨岗岩组变质岩系特征表

层号	变质岩石名称	结构构造	特征变质矿物	矿物共生组合	主要变质矿物特征	变质相系
46	变质细粒石英砂岩	变余细粒砂状结构	黑云母	Bi+Ms+Chl+Q		黑云母带低绿片岩相
45	变质粉砂岩	变余粉砂结构	绢云母	Ser+Chl+Ep		绢云母—绿泥石带低绿片岩相
45	变质细砂岩	变余砂状结构	黑云母	Ser+Chl+Bi		黑云母带低绿片岩相
44	粉砂质绿帘绢云母千枚岩	变余粉砂质结构，变余层理构造	黑云母	Ser+Bi+Ep+Chl+Cal		黑云母带低绿片岩相
44	含粉砂绿泥绢云母千枚岩	变余含粉砂泥状结构	黑云母	Ser+Chl+Ep+Bi		黑云母带低绿片岩相
43	变细粒长石石英砂岩	变余细粒砂状结构	绢云母	Pl+Ser+Q		绢云母—绿泥石带板岩—千枚岩级低绿片岩相
41	细粒石英岩	变余细粒砂状、粒状变晶结构	绢云母	Pl+Ser+Q	含少量帘石、白云母、电气石	绢云母带低绿片岩相
40	粉砂质绢云母、黑云母千枚岩	变余泥质粉砂状结构	黑云母	Bi+Ser+Chl+Ep+Q		黑云母带低绿片岩相
37	粉砂质黑云母千枚岩	变余粉砂质泥状结构	黑云母	Bi+Ser+Ep+Cal+Q	长石、电气石微量	黑云母带低绿片岩相
35	细粒黑云母片岩	细粒粒状鳞片变晶结构	黑云母	Bi+Ms+Chl+Pl+Cal+Q		黑云母带低绿片岩相
27	黑云母石英千枚片岩	鳞片粒状变晶结构、变余粉砂状结构	黑云母	Bi+Ser+Pl+Ep+Chl+Cal+Q		黑云母带低绿片岩相

表 4-14　娘蒲乡节新前奥陶纪岔萨岗岩组变质岩系特征表

层号	变质岩石名称	结构构造	特征变质矿物	矿物共生组合	主要变质矿物特征	变质带变质相
13	绢云母石英千枚岩	显微鳞片粒状变晶结构	绢云母	Ser+Q		绢云母—绿泥石带
12	粉砂质绢云母千枚板岩	变余粉砂质泥状结构、显微鳞片变晶结构，显微千枚片理构造	绢云母 绿泥石	Ser+Chl+Q		板岩—千枚岩级低绿片岩相
10	变质细粒石英砂岩	细粒粒状变晶结构	绢云母	Ser+Cal+Q		板岩—千枚岩级低绿片岩相
10	含粉砂质绢云母板岩	变余粉砂泥状结构	绢云母 绿泥石	Ser+Chl+Q		板岩—千枚岩级低绿片岩相
9	结晶灰岩	微—细粒粒状变晶结构	方解石	Cal+Ms+Q		板岩—千枚岩级低绿片岩相
7	硅质条带结晶灰岩	粉晶—细晶结构	方解石	Cal+Q		板岩—千枚岩级低绿片岩相
2	硅质粉砂质板岩	变余粉砂质泥状结构	绢云母 绿泥石	Ser+Chl+Q		板岩—千枚岩级低绿片岩相
2	黑云母绢云母千枚板岩	变余砂质结构	黑云母	Bi+Ser+Cal+Q	含少量绿泥石	板岩—千枚岩级低绿片岩相

1. 石英岩类

主要由细粒石英、片理化细粒石英砂岩、含黑云母细粒石英岩、二云母角闪岩组成。该类岩石主要由石英、长石、绢云母、白云母、黑云母、普通角闪石及方解石组成，具鳞片变晶结构、细粒变晶结构。

(1)片理化细粒石英岩

岩石主要由石英组成，含少量长石、黑云母、白云母及磁铁矿等。具细粒粒状变晶。石英变晶状，边界参差状、齿状，颗粒之间呈紧密镶嵌状，因受构造变形，形态多为眼球状、长透镜体状，粒度为 0.1mm×0.3mm～0.3mm×0.8mm，含量>90%，石英定向排列，形成明显构造片理。除石英外还见少量长石，其粒度和形态与石英相似，含量<5%。黑云母、绢云母(白云母)细小片状，粒度多为 0.03mm×0.15mm，含量<5%。其中黑云母暗褐色—淡褐色性明显，云母定向性强烈，断续隐约呈条带状，条带与石英形成的构造片理一致。

(2)二云母角闪石英岩

岩石由石英、角闪岩、黑云母、白云母(绢云母)、方解石、长石及磁铁矿等组成，具细粒鳞片粒状变晶。石英呈粒状变晶，粒度多为 0.06～0.40mm，含量 75%，等轴状晶形，与周围矿物为紧密镶嵌状。长石粒度和形态与石英相似含量<5%。角闪石呈不规则柱状，多数粒度细小，较大者为 0.12mm×0.29mm，含量 8%，颜色淡，多色性、吸收性微弱，为透闪石。黑云母、白云母不规则片状，多数粒度较细小，较大者为 0.09mm×0.28mm，含量 7%，其中黑云母为淡褐色，白云母为淡绿色调，片状矿物总体上分布无定向性。方解石不规则粒状，粒度多小于 0.07mm，含量 2%。榍石粒度多为 0.03mm×0.06mm，磁铁矿多呈微粒状，集合体呈团块状，团块粒度多为 0.03mm，二者含量 3%。

2. 变质砂岩类

主要有变质细粒石英砂岩、变质石英粉砂岩、变质细砂岩、变质钙质胶结中细粒石英砂岩。该类岩石主要由石英、长石、绢云母、黑云母及方解石组成，具变余砂状结构。

3. 板岩类

主要有粉砂质板岩、粉砂质绢云母板岩、碳质粉砂质板岩、黑云母、绢云母千枚板岩、含砾绢云母千枚板岩，板岩主要由绢云母、黑云母、绿泥石、石英、方解石组成。具粉砂质结构、变余含砾泥质结构，显微鳞片变晶。含砾板岩中砾石为变形石英砾石，多为眼球状、长透镜状，粒度较大者为1.6mm×5.8mm，内部又细粒化、透镜体化，斑块状、波状消光明显，砾石和砾石内部透镜体长轴与千枚片理一致。

4. 千枚岩类

主要有绢云石英千枚岩、钙质千枚岩、粉砂质绿帘绢云母千枚岩、含粉砂绿泥绢云母千枚岩、粉砂质绢云母黑云母千枚岩、含粉砂绿帘绿泥千枚岩。千枚岩主要由石英、绢云母、绿帘、绿泥石、黑云母、方解石组成，含少量微量白钛矿。具有变余粉砂质泥状结构、鳞片变晶结构。

5. 片岩类

主要有二云母片岩、细粒黑云母石英片岩、长石石英黑云母千枚片岩、绿泥二云母石英片岩、石榴石黑云母石英片岩(图版Ⅲ,5)、石榴石黑云母石英千枚片岩、黑云母石英千枚片岩、黑云母石英片岩，均为变质泥砂质岩类。

石榴石黑云母石英千枚片岩由石英、黑云母、白云母、少量长石、绿泥石、磁铁矿组成。含少量铁铝榴石斑晶，铁铝榴石变斑晶粒度为0.45mm，暗褐色，均质性，筛选结构，石英粒状变晶，粒度多为0.1mm±，少数略显被拉长，沿片理定向排列，含量55%。黑云母呈片状，较大者粒度为0.04mm×0.29mm，暗褐—淡褐色，多色性、吸收性明显，含量20%。白云母片状粒度与黑云母相似，云母定向性强，形成明显的显微片理构造，受构造应力作用，片理发生了波状弯曲。磁铁矿呈微粒状，分部于集合体中，部分黑云绿泥石化。

6. 变质灰岩

主要由结晶灰岩和大理岩组成，岩石主要成分为方解石，其次可出现云母和石英，具微—细粒粒状变晶、粉晶—细晶结构。

7. 变质火山岩

变玄武岩主要由橄榄石斑晶、辉石斑晶、斜长石、方解石及少量黑云母、绢云母(白云母)磁铁矿组成(图版Ⅲ,6)。具变余斑状结构，杏仁状构造。橄榄石部分仍保留自形橄榄石假象，强烈蛇纹石、绿泥石、碳酸盐、绢云母化等，并折出磁铁矿，粒度为0.4mm×0.69mm，含量5%。辉石斑晶短柱状假象、斜长石斑晶板条状假象、粒度与橄榄石斑晶假象粒度相似，均强烈绢云母、碳酸盐化，含量分别为5%，其中斜长石残留聚片双晶阴影，基质为变余拉斑玄武结构，变余斜长石和斜长石假象为板条状，粒度多为0.02mm×0.15mm，含量为30%，组成格架，架间充填变质蚀变矿物为方解石(30%)、黑云母(15%)、绢(白)云母(5%)等及变余矿物磁铁矿(5%)。

(二)岩石化学特征、地球化学特征、原岩恢复

1. 岩石化学特征

由表4-3、表4-6可知：qi=35.38，硅过饱和 t=-11.14，铝正常，al=20.91，alk=8.43，al-atk>0，碱不饱和。fm=47.03，c=23.63，Na_2O=1.86，K_2O=2.01，且 Na_2O<K_2O，即以富钾、一

定的硅、富铁镁、富钙为特征。

2. 地球化学特征、原岩恢复

(1)变玄武岩

样品P21Bb14－3在A－C－FM图解(图4－3)中落入正系列碱土铝基性岩组即基性火山岩区;在ACF和A′KF图解(图4－5)中落入玄武岩区;在TiO_2－Y/Nb图解(图4－16)中落入拉斑玄武岩区。

由表4－4、表4－7可知:稀土总量为131.36ppm,轻重稀土之比为4.68,$(Ce/Yb)_N=11.13$,轻稀土明显富集,重稀土亏损。σEu为0.93,铕具弱负异常。轻重稀土分馏均明显,稀土分布型式为平稳的右倾斜式(图4－23)。

微量元素(表4－5)与维氏玄武岩值对比,Cu、Ni、Sr、Th、V、Pb相近于维氏玄武岩值;Cu、Nb低于维氏玄武岩值;Ba、Rb、Cr高于维氏玄武岩值,大体体现了岩石具玄武岩特征。

岩石化学图解中投图结果与薄片鉴定相符,原岩为玄武岩。在TiO_2－MnO－P_2O_5图解(图4－18)、Ce/Yb－Ta/Yb图解(图4－24)中,大地构造位置落入岛弧玄武岩区。

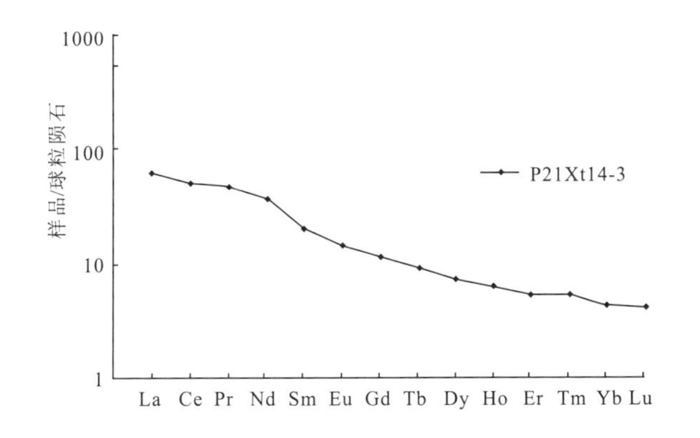

图4－23　变玄武岩的稀土配分曲线

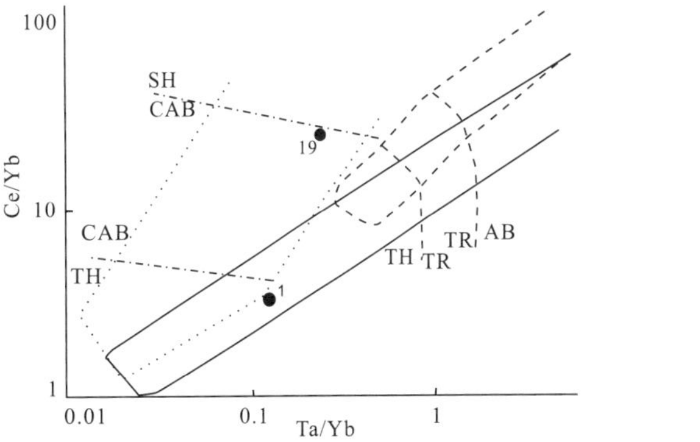

实线为洋脊玄武岩;虚线为板内玄武岩;点线为岛弧玄武岩;TH:拉斑玄武岩;AB:碱性玄武岩;TR:过渡类型玄武岩;SH:钾玄岩;CAB:钙碱性玄武岩

图4－24　不同构造环境玄武岩的Ce/Yb－Ta/Yb判别图
(据Pearce,1982)

(2)变质砂岩、变粉砂岩、石英岩、变粒岩、片岩

根据岩石中所残留的原岩结构和岩矿鉴定结果,其原岩为一套副变质岩,多为泥岩、砂岩或泥质砂岩。

(三)变质相、相系的划分

1. 变质带

根据变质基性岩和变质泥质岩中出现普通角闪石、绿帘石、黑云母、绢云母、绿泥石特征矿物,可划分出绢云—绿泥石带、黑云母带、绿帘—角闪石带、铁铝榴石带。

(1)绢云母—绿泥石带

以绢云母—绿泥石或其中之一最早出现,而缺失黑云母为特征。

(2)黑云母带

以黑云母首次出现,而缺失铁铝榴石等变质矿物为特征。

(3)铁铝榴石带

以铁铝榴石出现为特征,可以出现黑云母为特征。

(4)绿帘—普通角闪岩

以同时出现绿帘石、普通角闪石共生为特征,或是只出现普通角闪石为特征。

2. 变质相

根据上述变质带、矿物共生组合和温压条件分析,其变质相分别为千枚岩—板岩相、低绿片岩相、高绿片相。雷龙库岩组以高绿片岩相为主,矿物带主要为铁铝榴石带;岔萨岗岩组以低绿片岩相为主,矿物带为黑云母带、绢云母—绿泥石带。

(1)低绿片岩相

该相在变质泥岩、变质基性岩中均表现为黑云带,矿物共生组合为:

Bi+Ms+Pl+Q	黑云石英片岩
Bi+Ms+Q	二云石英片岩
Bi+Chl+Q	变质石英细粉砂岩
Bi+Ser+Chl+Ep+Q	粉砂质绢云母黑云母千枚岩
Pl+Bi+Ser+Ep	长石石英黑云千枚片岩
Bi+Ms+Chl+Q	绿泥二云母石英片岩
Pl+Cal+Bi+Ser+Q	变玄武岩

(2)高绿相片岩

在变质泥岩中表现为铁铝榴石带,在基性变质岩中表现为绿帘—普通角闪石带,矿物共生组合为:

Ald+Bi+Ms+Chl+Q	石榴石黑云母石英片岩
Ald+Bi+Ms+Chl+Q	石榴石黑云母石英千枚片岩
Pl+Hb+Bi+Ms+Cal+Q	二云母角闪石英岩
Pl+Hb+Ep+Bi+Ms+Q	黑云母角闪变粒岩

以上矿物组合归纳为低绿片岩、高绿片岩相的 ACF、A′FK 图解(图 4-25)。

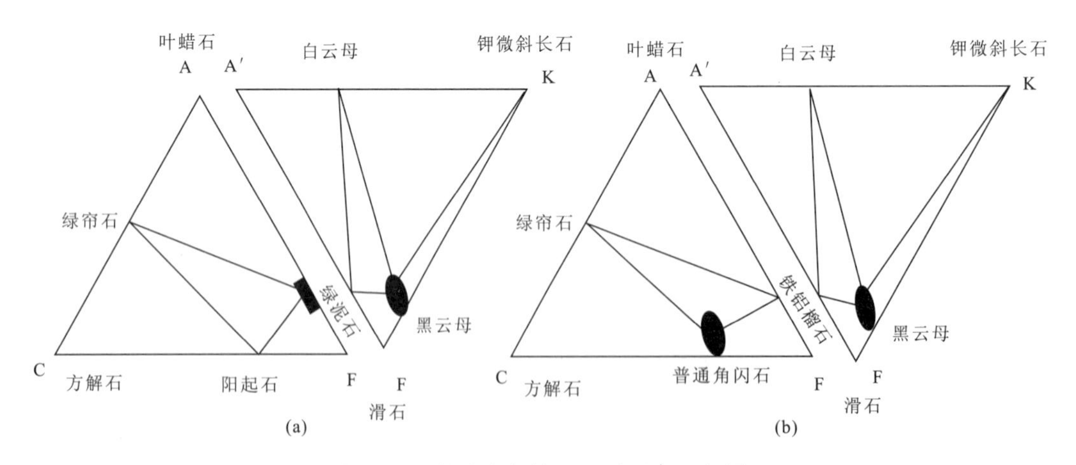

图 4-25 绿片岩相的 ACF 和 A′KF 相图

a. 黑云母带(低绿片岩相);b. 铁铝榴石带、普通角闪石—绿帘石带(高绿片岩相)

(3)板岩—千枚岩级低绿片岩相

该相只在变质泥砂质、变质灰岩中表现为绢云母—绿泥石带，矿物共生组合为：

Ser＋Q　　绢云母石英千枚岩
Ser＋Cal＋Q　　变质细粒石英砂岩
Ser＋Chl＋Q　　含粉砂质绢云母板岩
Pl＋Ser＋Q　　变细粒长石石英砂岩
Cal＋Ser＋Q　　结晶大理石
Ser＋Cal＋Q　　砂质结晶灰岩

二、莫姆阿尔-八盖变质带

属冈底斯-念青唐古拉变质地区，拉萨-察隅变质地带。北以嘉黎区-向阳日断裂为界，南为澎布泽-八棚泽断裂为界，呈带状近东西向展布，东、西均延入邻幅。受变质地层为石炭纪来姑组、二叠纪洛巴堆组。经印支期区域低温动力变质作用形成板岩—千枚岩级低绿片岩相的变质岩。

石炭纪来姑组下部以浅灰色、灰白色巨厚层—厚层状中粗粒—细粒石英砂岩、灰黄色中厚层中细粒岩屑石英砂岩、灰色厚层状细粒泥质岩屑石英杂砂岩为主，夹灰黑色绢云母千枚岩、深灰色粉砂质板岩；上部以灰白色厚层状变质细粒石英砂岩、深灰色粉砂质板岩为主，夹灰黄色变质复成分细砾岩、灰色含砾砂质板岩、少量灰黄色含磁石团块、白云石大理岩为特征。厚度＞3 266.88m。

二叠纪洛巴组在侧区分布于阿扎错一带，呈断片状夹于来姑组之间，岩性主要为一套浅海相的灰色—浅灰色中厚层状灰岩、生物灰岩、生物碎屑灰岩夹灰白色白云质灰岩和紫红色细晶灰岩。产珊瑚鲢类化石，厚度约 450m。

(一)变质岩石类型

莫姆阿尔-八盖变质带炭纪-二叠纪主要由变质砂岩类、板岩千枚岩类和大理岩类组成，具体特征见表 4－15。

1. 变质砂岩类

变质砂岩类主要有变石英砂岩、岩屑石英杂砂岩、石英杂砂岩、变复成分砾岩、变粉砂岩等。岩石由石英、长石、绢云母、方解石等矿物组成。具变余砂状结构、变余砾状结构、他形粒状变晶结构。上述不同种类砂岩是根据岩石中石英、长石和岩屑比例划分的，变质特征基本相同。

2. 板岩及千枚岩类

板岩及千枚岩类主要由一套砾板岩、粉砂质板岩、绢云母板岩状千枚岩、粉砂质绿泥绢云母千枚岩等组成。岩石由石英、绢云母和绿泥石、方解石组成，具有变余含砾砂质泥状结构、变余粉砂质结构、显微鳞片变晶结构，板状构造和千枚构造。

3. 大理岩类

大理岩类主要有细粒大理岩、大理岩化粒屑砂屑灰岩、大理岩化生物碎屑灰岩、大理岩化灰岩、中细粒石英砂质大理岩、白云质大理岩，具有粒状变晶结构、变余泥晶—粒状变晶结构、变余含细砂泥晶结构。

表 4-15　嘉黎区色东阿扎区黑日阿拉晚石炭—早二叠世来姑组和中二叠世洛巴堆组变质岩系特征表

层号	变质岩名称	结构、构造	矿物共生组合	主要变质矿物特征	特征变质矿物	变质带、变质相
1	中粒石英岩状砂岩	变余砂状结构	Kf+Pl+Ser+Q		绢云母	绢云母—绿泥石带板岩—千枚岩级低绿片岩相
3	绢云母板状千枚岩	显微鳞片变晶结构	Ser+Q		绢云母	同上
4	中细粒岩屑石英砂岩	变余砂状结构	Kf+Pl+Ser+Q		绢云母	同上
7	粉砂质绿泥绢云母千枚岩	显微鳞片变晶结构 变余粉砂结构	Ser+Chl+Q	绢云母定向性强 显微片理构造	绢云 绿泥石	同上
9	绢云母千枚岩	显微鳞片变晶结构 变余粉砂结构	Ser+Q		绢云母	同上
14	复成分细砾岩	变余砾状结构			绢云母	绢云母—绿泥石带板岩—千枚岩级低绿片岩相
16	含砾板岩	变余含砾砂质泥状结构	Ser+Chl+Cal+Q		绢云母 绿泥石	绢云母—绿泥石带板岩—千枚岩级低绿片岩相
19	岩屑石英杂砂岩	变余砂状结构	Ser+Q		绢云母	绢云母—绿泥石带板岩—千枚岩级低绿片岩相
21	变细粒石英砂岩	变余细粒砂状结构	Pl+Ser+Cal+Q		绢云母	绢云母—绿泥石带板岩—千枚岩级低绿片岩相
41	细粒石英砂岩	他形粒状变晶结构	Ser+Q		绢云母	绢云母—绿泥石带板岩—千枚岩级低绿片岩相
1	白云质大理岩	粒状变晶结构	Cal+Do+Q		方解石 白云石	绢云母—绿泥石带板岩—千枚岩级低绿片岩相
5	中细粒石英砂质大理岩	粒状变晶结构	Cal+Q		方解石	绢云母—绿泥石带板岩—千枚岩级低绿片岩相
7	大理岩化灰岩	变余泥晶粒状变晶结构	Cal+Q		方解石	绢云母—绿泥石带板岩—千枚岩级低绿片岩相
8	大理岩化生屑灰岩	生物碎屑结构	Cal+Q		方解石	绢云母—绿泥石带板岩—千枚岩级低绿片岩相
10	大理岩化砾屑砂屑灰岩	变余含细砂泥晶结构	Cal+Q		方解石	绢云母—绿泥石带板岩—千枚岩级低绿片岩相
12	细粒大理岩	不等粒粒状变晶结构	Cal		方解石	绢云母—绿泥石带板岩—千枚岩级低绿片岩相

(二)变质带、变质相系划分

1. 变质带

根据来姑组、洛巴堆组变质泥砂质岩中出现的绢云母、绿泥石特征变质矿物,莫姆阿尔-八盖变质带划分为绢云母—绿泥石带。以绢云母—绿泥石或其中之一的首次出现为标志,并以缺失黑云母及更高变质矿物为特征。

2. 变质相

根据上述绢云母—绿泥石带的确定及矿物共生组合及温压条件分析,该变质岩带应属板岩—千枚岩级低绿片岩相单相变质带,其矿物组合为:

Kf+Pl+Ser+Q	变岩屑石英砂岩
Kf+Pl+Ser+Q	变石英岩状砂岩
Pl+Ser+Cal+Q	变石英砂岩
Ser+Q	绢云千枚岩
Ser+Chl+Q	绿泥绢云母千枚岩
Ser+Chl+Cal+Q	含砾板岩
Cal+Q	大理岩化灰岩
Cal+DO+Q	白云质大理岩

三、擦曲卡-恩朱格变质带

属冈底斯-念青唐古拉变质地区,班戈-八宿变质地带。北部已出图,南部以嘉黎区-向阳日断裂为界,呈东西向展布。受变质地层为侏罗纪拉贡塘组、马里组、桑卡拉佣组,白垩纪多尼组。侏罗纪桑卡拉佣组在拨嘎日孜一带呈断片夹于嘉黎-易贡藏布断裂带中。经燕山晚期区域低温动力变质作用形成板岩—千枚岩级低绿片岩相变质岩。

侏罗纪马里组在测区出露不全,岩性主要由紫红色厚层状含铁质细砾岩、灰色复成分细砾岩及灰黄色中薄层中—粗粒岩屑石英杂砂组成。厚度>217.16m。

侏罗纪桑卡拉佣组岩性为一套滨海、浅海陆源碎屑岩与碳酸盐岩交替组成,灰色厚层生屑灰岩产双壳、菊石、海胆等化石。厚度 1 934～1 051.35m。

侏罗纪拉贡塘组岩性下部以深灰色粉砂质绢云母千枚板岩、黑色绢云母千枚板岩为特征,夹灰色薄层状细粒岩屑石英砂岩及深灰色薄层泥质粉砂岩;中部为灰色厚层状含粉砂结晶灰岩、灰黄色含粉泥质条带结晶灰岩;上部由灰色含粉砂绢云母千枚板岩—灰色薄层细粒岩屑石英砂岩及灰色中厚层细粒岩屑石英杂砂岩组成。局部板岩含黄铁矿结核和铁泥质结核。厚度 2 930～3 257.24m。

白垩纪多尼组分为两段,一段岩性下部以灰黑色绢云母千枚岩为主夹深灰色薄层—中层状岩屑石英杂砂岩、深灰色薄层状岩屑石英杂砂岩、暗灰色薄层状细粒石英砂岩;上部以灰黑色粉砂质绢云母千枚板岩为主,夹灰绿色薄层中层状细粒石英砂岩、灰绿色薄层细粒石英杂砂岩、灰绿色中薄层长石石英砂岩。厚度 5 526.85m。二段岩性下部由灰色薄层泥质粉砂岩、灰绿色薄层粉砂岩、灰色、灰白色中薄层—中厚层岩屑石英砂岩组成;上部以灰色中厚层细粒岩屑石英砂岩与灰色薄层泥质粉砂岩及灰黑色含粉砂绢云母千枚板岩韵律式互层为特征。

(一)变质岩石类型

擦曲卡-恩朱格变质带主要由变质砂岩类、板岩及千枚岩类和石英岩类、大理岩类组成。具体特征见表 4-16,表 4-17,表 4-18,表 4-19。

表 4-16　嘉黎县阿扎区扎木多中侏罗世桑卡拉佣组变质岩系特征表

层号	变质岩石名称	结构构造	变质矿物共生组合	特征变质矿物	变质相系
4	含白云质微晶灰岩	微—细晶结构	Co+Cal	方解石	绢云母—绿泥石带,板岩—千枚岩级低绿片岩相
5	岩屑石英杂砂岩	变余砂状结构	Ser+Chl+Q	绢云母 绿泥石	绢云母—绿泥石带,板岩—千枚岩级低绿片岩相
7	细砾复成分铁质砾岩	变余细砾状结构			绢云母—绿泥石带,板岩—千枚岩级低绿片岩相
8	泥晶灰岩	变余泥晶结构	Cal+Q	方解石	绢云母—绿泥石带,板岩—千枚岩级低绿片岩相
10	钙质粗粉砂岩	变余粉砂状结构	Pl+Ser+Q	绢云母	绢云母—绿泥石带,板岩—千枚岩级低绿片岩相
11	岩屑石英砂岩	变余砂状结构	Pl+Ser+Q	绢云母	绢云母—绿泥石带,板岩—千枚岩级低绿片岩相
12	变粉砂岩	变余粉砂结构	Ser+Q	绢云母	绢云母—绿泥石带,板岩—千枚岩级低绿片岩相
13	变岩屑细砂岩	变余细粒砂状结构	Ser+Q	绢云母	绢云母—绿泥石带,板岩—千枚岩级低绿片岩相
15	微晶灰岩	微—细晶结构	Ser	绢云母	绢云母—绿泥石带,板岩—千枚岩级低绿片岩相

表 4-17　嘉黎县阿扎区扎木多中侏罗世马里组变质岩系特征表

层号	变质岩石名称	结构构造	矿物共生组合	特征变质矿物	主要变质矿物特征	变质相系
1	含铁质细砾岩	细砾状结构				绢云母—绿泥石带,板岩—千枚岩级低绿片岩相
2	岩屑石英杂砂岩	变杂砂状结构	Ser+Chl+Q	绢云母 绿泥石	绢云母具定向性细粒鳞片状	绢云母—绿泥石带,板岩—千枚岩级低绿片岩相

表 4-18　测区侏罗纪拉贡塘组变质岩系特征

层号	变质岩石名称	结构构造	矿物共生组合	特征变质矿物	主要变质矿物特征	变质相系
1	粉砂质绢云母千枚板岩	显微粒状鳞片变晶结构、变余粉砂泥状结构	Ser+Chl+Q	绢云母 绿泥石	绢云母定向性强,形成明显的千枚片理构造	绢云母—绿泥石带板岩—千枚岩级低绿片岩相
1	变质砂质泥质岩	变余砂质泥状结构	Ser+Chl+Q	绢云母 绿泥石		绢云母—绿泥石带板岩—千枚岩级低绿片岩相
2	变细粒岩屑石英杂砂岩	变余细粒砂状结构	Pl+Ser+Chl+Q	绢云母 绿泥石		绢云母—绿泥石带板岩—千枚岩级低绿片岩相
2	绢云母千枚板岩	显微粒状鳞片变晶结构	Ser+Chl+Q	绢云母 绿泥石		绢云母—绿泥石带板岩—千枚岩级低绿片岩相
4	变质细粒长石石英砂岩	变余中细粒砂状结构,细粒粒状变晶结构	Pl+Ser+Chl+Q	绢云母 绿泥石		绢云母—绿泥石带板岩—千枚岩级低绿片岩相
5	变质细粒岩屑石英砂岩	变余细粒粒状结构	Pl+Ser+Chl+Q	绢云母 绿泥石		绢云母—绿泥石带板岩—千枚岩级低绿片岩相
9	含粉砂结晶灰岩	变余含粉砂泥晶结构	Cal+Co	方解石	碳酸盐矿物闪突起明显,高级白干涉色	绢云母—绿泥石带板岩—千枚岩级低绿片岩相

表 4-19　测区白垩世多尼组变质岩系特征表

层号	变质岩石名称	结构构造	矿物共生组合	特征变质矿物	主要变质矿物特征	变质相系
30	粉砂质绢云母千枚板岩	变余粉砂质泥状结构	Pl+Ser+Chl+Q	绢云母 绿泥石		绢云母—绿泥石带 板岩—千枚岩级低绿片岩相
30	变质细粒岩屑石英砂岩	变余细粒砂状结构	Pl+Ser+Chl+Q	绢云母 绿泥石		绢云母—绿泥石带 板岩—千枚岩级低绿片岩相
26	粉砂质千枚板岩	变余粉砂质泥状结构	Ser+Chl+Q	绢云母 绿泥石		绢云母—绿泥石带 板岩—千枚岩级低绿片岩相
24	变粉砂岩	变余粉砂质结构	Ser+Chl+Q	绢云母 绿泥石		绢云母—绿泥石带 板岩—千枚岩级低绿片岩相
22	细粒石英岩	细粒粒状变晶结构	Ser+Chl+Q	绢云母绿泥石		绢云母—绿泥石带 板岩—千枚岩级低绿片岩相
1	变质岩屑石英杂砂岩	变余砂状结构	Ser+Chl+Q	绢云母绿泥石		绢云母—绿泥石带 板岩—千枚岩级低绿片岩相
9	变质细粒石英砂岩	变余细粒砂状结构	Ser+Chl+Q	绢云母绿泥石		绢云母—绿泥石带 板岩—千枚岩级低绿片岩相
10	绢云母千枚岩	显微鳞片变晶结构	Ser+Chl+Q	绢云母绿泥石		绢云母—绿泥石带 板岩—千枚岩级低绿片岩相
21	细粒绿泥石石英岩	镶嵌粒状变晶结构	Ser+Chl+Q	绢云母绿泥石		绢云母—绿泥石带 板岩—千枚岩级低绿片岩相

1. 变质泥砂岩类

变质泥砂岩类主要有变质泥质岩、变粉砂岩(图版Ⅲ,7)、变细纱岩、变长石石英砂岩、变岩屑石英砂岩、变岩屑石英杂砂岩、变岩屑细砂岩复成分砾岩等,具变余粉砂结构、变余砂状结构、变余细粒粒状结构、变余砾状结构。上述不同种类砂岩是根据岩石中石英、长石和岩屑比例划分的,变质特征基本相同。

2. 板岩及千枚岩类

板岩及千枚岩类主要有粉砂质绢云母千枚板岩(图版Ⅲ,8)、粉砂质千枚板岩、粉砂质板岩、绢云母千枚板岩等,具有显微鳞片变晶结构、变余粉砂泥状结构、变余粉沙结构,板状构造和千枚状构造发育。

3. 石英岩岩类

石英岩主要有细粒绿泥石石英岩、细粒石英岩。具有镶嵌状变晶结构、细粒粒状变晶结构。

4. 大理岩类

大理岩类主要有泥晶灰岩、微晶灰岩、含白云质微晶灰岩等,具变余泥晶结构、微晶—细晶结构。

(二)变质带

根据马里组、桑卡拉佣组、多尼组、拉贡塘组变质泥砂质岩中出现的绢云母、绿泥石特征变质物,擦曲卡-恩朱格变质带划分为绢云母—绿泥石带。以绢云母—绿泥石或其中之一的首次出现为标志,并以缺失黑云母及更高变质矿物为特征。

(三)变质相

根据上述绢云母—绿泥石带的确定及矿物共生组合和温压条件分析,该变质岩带应属板岩—

千枚岩级低绿片岩相单相变质带，矿物共生组合为：

Pl+Ser+Q	变钙质粉砂岩
Pl+Ser+Q	变岩屑石英砂岩
Pl+Ser+Q	变长石石英砂岩
Pl+Ser+Q	变粉砂岩
Ser+Chl+Q	变砂质泥质岩
Ser+Chl+Q	绢云母千枚板岩
Co+Cal	含白云质微晶灰岩

第四节　动力变质岩及其岩石

动力变质作用是指在构造动力作用下各类岩石发生变形、变质的地质作用的总和。它产生于脆性断层和韧性剪切带之中，呈狭窄带状展布。动力变质岩变质程度随构造层次的加深而加深，与地热程度、压力成正比。变质相由绿片岩相至角闪岩相。脆性断裂作用产生于地壳浅部层次5～10km引起的岩石破碎，基本上岩石发生极低级变质或未变质，韧性剪切变质作用在地壳的中深层次 10～25km 发生岩石变形、变质作用，变质级别从低级别到中级、甚至可达高级。测区内脆性断裂产生的构造角砾岩、碎裂岩在区域性断裂处均有不同程度分布，具体描述见第六章。测区构造变形较强，韧性剪切带较为发育，因此韧性剪切变质作用与剪切带作用作为本节的重点来研究。

断裂带、断裂及韧性剪切带统称为剪切带。按照剪切带发育的物理环境和变形机制的不同，可将剪切带进一步划分为三种类型。

1. 脆性剪切带即断层和断裂带

该剪切带为地壳上部发生脆性变形的产物，一般为各种碎裂岩，其两侧岩石几乎不变形。

2. 脆性—韧性过渡型剪切带

该剪切带是介于脆性与韧性剪切带之间的一种剪切带，岩石具有一定的剪性变形。

3. 韧性剪切带

该剪切带是岩石在塑性状态下发生连续变形的狭窄高剪切应变带，带内变形和位移全由岩石的塑性流动或晶内变形来完成。

测区由于构造变形强烈，上述三种剪切带均有发育。

韧性剪切带以糜棱岩形式表现，糜棱岩形成深度一般为 15～25km，宏观呈狭窄带状展布，主要特征是岩石具细粒化、具定向构造，表现为眼球状构造、流动构造、条带状构造等。根据糜棱岩中细粒化基质的含量进一步划分为初糜棱岩、糜棱岩和超糜棱岩。

测区糜棱岩主要为初糜棱岩和糜棱岩两种，包括糜棱岩化二云母片岩、糜棱岩化二云母石英片岩、糜棱岩化石榴石二云母片岩、糜棱岩化蓝晶石石榴石二云母石英片岩、糜棱岩二长花岗岩、绿泥白云母石英片岩糜棱岩、花岗质糜棱岩。

测区的韧性剪切带主要叠加在中新元古代念青唐古拉岩群与前石炭纪雷龙库岩组之上。退变质作用明显，主要有多居绒-多戈-英达韧性剪切带、五岗（甘德）韧性剪切带、共哇韧性剪切带。在区域上呈狭窄带状，居宏观展布性。

一、多居绒-多戈-英达韧性剪切带

该韧性剪切带沿多居绒—多戈—英达一线呈带状展布，走向近东西向，韧性剪切带带宽1km±。韧性剪切带以糜棱岩形式表现，主要有糜棱岩化二云母片岩、糜棱岩化二云母石英片岩、糜棱岩化石榴石二云母片岩、糜棱岩化蓝晶石石榴石二云母片岩、花岗质糜棱岩、绿泥石白云母石英片岩糜棱岩。韧性剪切带的剪切面产状为190°～210°∠25°～67°。糜棱岩多以碎斑和碎基形式表现，片状白云母、绢云母定向性强，多呈条带状和条带状集合体，显示强烈片理化。碎斑中的石英沿剪切方向变形拉长，定向排列大致可指示剪切带为右行剪切。

糜棱岩化蓝晶石石榴石二云母石英片岩(P23Bb23-1)由变斑晶和变基质组成，具斑状变晶结构，变斑晶为石榴石、蓝晶石、白云母。蓝晶石变斑晶呈似眼球状，粒度大者为1.5mm×3.2mm，淡蓝紫色，两组节理，沿解理线平行消光，二轴(—)，含量2%。石榴石变斑晶呈等轴粒状—眼球状，粒度大者为1.6mm×2.7mm，正极高突起，淡粉红色均质性，为铁铝榴石，含量8%。白云母变斑晶呈透镜状、眼球状，粒度多为0.2mm×0.8mm，含量15%。变基质由石英、白云母、绢云母、黑云母及少量蓝晶石、磷灰石、磁铁矿组成，具鳞片变晶结构。石英呈不规则粒状变晶，粒度不等，大者为0.2mm×0.4mm，部分变形拉长，定向排列。黑云母、白云母呈细小鳞片状，定向性强，与石英一起形成片理、糜棱面理构造。变基质中石英含量40%，白云母(绢云母)10%，黑云母10%，蓝晶石1%，磁(褐)铁矿2%，磷灰石<1%，另外岩石中还有少许花岗岩碎斑、斜长石碎斑。

糜棱岩化石榴二云母片岩(P23Bb21-1)由变斑晶和变基质组成，具斑状变晶结构。变斑晶为铁铝榴石和白云母。铁铝榴石变斑晶呈等轴半自形粒状，粒度为0.5～2.5mm，正极高突起，淡粉红色，均质性，含量12%。白云母变斑晶多为眼球体—长透镜体状，粒度大者为0.7mm×3.2mm。岩石中还见有斜长石碎斑晶呈眼球体、透镜体状，粒度大者为1.2mm×2.5mm。变基质为鳞片粒状变晶结构，由白云母、绢云母、石英及少量黑云母、斜长石、磁铁矿等组成。石英呈不规则粒状变晶，部分被变形拉长，粒度大多为0.06mm，石英集合体少见，但呈透镜状、带状，显示动态重结晶和流状特点，含量30%。白(绢)云母呈细小片状，定向性强，多呈条带状集合体，显示强烈的片理和糜棱面理，粒度较大，含量20%。黑云母多数为显微片状，少数粒度达0.07mm×0.22mm，含量<10%。磁铁矿不规则显微条带，条带多小于0.02mm×0.43mm，含量2%，与白云母、黑云母条带共生。

花岗质糜棱岩(P23Bb7-1)由碎斑和碎基组成，具糜棱结构。碎斑由斜长石、白云母、石英组成，形态为眼球体、似眼球体状，粒度0.4mm×1.1mm～2.9mm×5.1mm，含量为18%。碎基主要由石英、斜长石、白云石、绿帘石组成，具鳞片粒状变晶结构。石英呈变晶状、长形粒状，定向排列，其间分布定向性较强的白云母、绢云母、绿泥石、黑云母形成具有流状外貌的糜棱面理，动态重结晶特征明显。

二、五岗(甘德)韧性剪切带

该韧性剪切带为念青唐古拉岩群、前奥陶纪雷龙库岩组的边界断层，沿克如多—甘德一线呈带状展布，走向近东西向，韧性剪切带宽0.5～2.5km，韧性剪切带的剪切面产状为345°～10°∠72°～78°。前奥陶纪雷龙库岩组韧性剪切不明显，韧性剪切带以花岗质糜棱岩形式表现，糜棱岩多以碎斑和碎基形式表现。石英与斜长石碎斑呈眼球体状、透镜状，长轴平行于糜棱面理，基质中部分矿物也有变形拉长现象，片状矿物与蚀变矿物定向排列形成条带状构造，显示动态重结晶的特征。

三、共哇韧性剪切带

该韧性剪切带在嘉黎县共哇一带分布，与岩体分布范围相当，走向近北东—南西走向，韧性剪切带宽2km±，韧性剪切带的剪切面产状为332°～339°∠45°～58°。韧性剪切带以黑云母二长花岗质糜棱岩形式表现，糜棱岩以碎斑、碎基形式表现。

黑云母二长花岗质糜棱岩(Bb0976－1)由碎斑和碎基组成，具有变余花岗结构、糜棱结构。碎斑成分为斜长石和钾长石，形态为似眼球体状、透镜体状，碎斑大小为0.7mm×1.4mm～2.9mm×3.6mm，碎斑含量约20％。碎基由石英、钾长石、斜长石、黑云母及幅矿物组成，长英质显示动态重结晶特征，变形拉长，定向排列，尤其是石英集合体呈长透镜状、带状，显示流状、塑性特征。黑云母细小片状断续相连呈条带状，甚至榍石等也被碎裂，颗粒断续相连呈线状排列，碎基整体显示强烈的糜棱面理，含量约80％。

第五节　接触变质岩及其岩石

测区广泛分布的燕山期的复式花岗岩基与围岩接触带上出现的红柱石角岩、红柱石板岩、红柱石绿泥二云母片岩、红柱石二云母石英片岩、红柱石绿泥绢云母石英千枚片岩、红柱石绢云母黑云母千枚片岩等接触变质岩，构成了接触变质带。

主要分布在测区北部擦曲卡、恩朱格一线中生代多尼组、马里组、拉贡塘组等地层与燕山期花岗岩体的外接触带上，基本平行于岩体与围岩的接触界线，呈几百米至几千米宽的带状，宏观上具有延展性。本次区调工作以边坝县金岭乡查拉松多P8、P9号剖面的接触变质岩进行剖析，变质岩系特征见表4－20。围岩为侏罗世马里组、桑卡拉佣组、拉贡塘组，岩体为早白垩汤目拉复式岩体。

表4－20　接触变质岩系特征表

岩名	结构、构造	特征变质矿物	矿物共生组合	主要变质矿物特征	变质带相、相系
红柱石板岩	斑状变晶结构，板状构造	红柱石 黑云母	And+Bi+Ser+Q	红柱石变斑晶呈半自形—自形柱状，包有炭质	低绿片岩相，低压相系
红柱石二云石英片岩	鳞片粒状变晶结构，片状构造	红柱石 黑云母	And+Bi+Ser+Q	红柱石多为不规则粒状与石英连结成片，呈透晶状，筛状变晶状，正突起，平行消光负延性	低绿片岩相，低压相系
红柱石绿泥二云母千枚片岩	斑状变晶结构，基质为鳞片粒状变晶结构，显微千枚片状构造	红柱石 黑云母	And+Bi+Ser+Chl+Q	红柱石不规则柱状，正中突起，平行消光，负延性	低绿片岩相，低压相系
红柱石绿泥绢云母石英千枚岩	鳞片粒状变晶结构，片状构造	红柱石 黑云母	And+Bi+Ser+Chl+Q	红柱石细柱状—不规则粒状，正中突起，平行消光，负延性	低绿片岩相，低压相系
红柱石绢云母黑云母石英千枚片岩	斑状变晶结构，基质为鳞片粒状变晶结构	红柱石 黑云母	And+Bi+Ser+Chl+Q	红柱石四方柱状，横切面为四方形，对称消光，二轴(－)包含石英颗粒，筛状变晶结构	低绿片岩相，低压相系

一、岩石类型

由红柱石板岩、片岩类组成。该接触变质带片岩类主要有红柱石二云母石英片岩、红柱石绿泥二云母千枚片岩、红柱石绿泥绢云母石英千枚片岩、红柱石绢云母黑云母石英千枚片岩。片岩类矿物成分为红柱石、黑云母、绢云母、白云母、绿泥石、石英，具斑状变晶结构，片状构造。红柱石板岩由红柱石、黑云母、绢云母和石英组成，具鳞片变晶结构，板状构造。

二、特征变质矿物

红柱石：呈半自形—自形柱状，不规则粒状、柱状、四方柱状，横切面四方形。

黑云母：作为红柱石变斑晶的包体和基质出现，暗褐—淡褐多色性、吸收性明显。

三、变质带、变质相划分

主要出现以红柱石为特征的红柱石带，递增变质带不发育，为一单相变质带。

红柱石带主要分布于岩体周边，接触变质岩为红柱石板岩、红柱石二云母石英岩片岩、红柱石绿泥二云母千枚片岩、红柱石绿泥绢云母石英千枚片岩。野外实测剖面实际控制只有几十米，但区域上具有宏观的延展性，宽度几米至几千米不等。特征变质矿物红柱石大量出现变斑晶个体，一般(2～4)mm×(10～20)mm，个别达8mm×25mm。依据红柱石带的矿物共生组合特征及温压条件分析，变质岩系属低压相系的低绿片岩相。其变质矿物组合为：And＋Bi＋Ser＋Q；And＋Bi＋Ser＋Chl＋Q。

第六节　变质期次

变质期是变质作用由发生、发展至终结全过程所经历的地质时期。测区曾经历了多期变质作用，变质期是根据主变质作用结束的时间来确定的。其主要依据是：

1)受变质地层的生成时代是确定变质期的首要基础；

2)确切的同位素年龄数据是划分不同变质期的论证资料；

3)区域性不连续界面，如区域性不整合、长期活动的断裂带是划分不同变质期的直接标志；

4)研究不同变质地层的变质相带、变质相系、变质作用类型及其界线是划分变质期的重要手段；

5)分析变质岩石组构、变质地层的构造形态、岩石组合及岩浆活动差异，也是鉴别变质期次的重要内容。

综合上述，测区可划分四次变质期，它们分别是泛非期、加里东或海西期、印支期、燕山期。其中以泛非期、加里东或海西期为主，印支期、燕山期则以盖层变质为主，分布范围最广(表4-2)。

一、泛非期

《1∶20万通麦、波密幅区域地质矿产调查报告》(甘肃省区调队，1995)在念青唐古拉岩群中获取全岩Sm-Nd等时线年龄2 296±63Ma、2 178±12 Ma、1 453±14 Ma，时代应为中新元古代，可与聂拉木群相对比，并大致与念青唐古拉地区的基底年龄(U-Pb1 250 Ma)相当(表4-21)，代表变质岩的成岩时代。中新元古代念青唐古拉岩群的变质作用过程是一个非常漫长的过程，不同时期的变质岩作用都有不同程度的记录。锆石U-Pb年龄中的一组年龄564Ma说明念青唐古拉岩群古老结晶岩显示新元古代有一次重要的构造热事件，伴随着岩浆的侵入，形成了大面积的片理、片麻理，形成低角闪岩相—麻粒岩相的高级变质岩系，为变质作用的峰期。

《1∶25万墨脱县幅区域地质调查报告》[①](成矿所，2003)在念青唐古拉岩群中获取的两组$^{40}Ar/^{39}Ar$年龄75.27±0.46Ma、96.13±0.54Ma(表4-21)，只记录了燕山晚期有一次构造热事件，岩石发生了变质。

① 成矿所.1∶25万(墨脱县幅)区域地质调查报告.2003.全书相同

表 4-21 前人获取的中新元古代念青唐古拉岩群同位素数据

序号	采样地点	样品名称	测试矿物	方法	年龄	资料来源	解释
1	通麦以南		锆石	U-Pb	564Ma	1:20万通麦幅、波密县幅区调报告	变质年龄，反映泛非期变质作用
2	排龙-通麦剖面第58层	斜长角闪岩	全岩	Sm-Nd	2 296±63Ma	1:20万通麦幅、波密县幅区调报告	原岩成岩年龄
3	冈戎勒-墨脱剖面第25层	斜长角闪岩	全岩	Sm-Nd	2 178±12Ma	1:20万通麦幅、波密县幅区调报告	原岩成岩年龄
4	冈戎勒-墨脱剖面第25层	黑云斜长角闪岩	全岩	Sm-Nd	1 453±14Ma	1:20万通麦幅、波密县幅区调报告	原岩成岩年龄
5	马尼翁	似斑状黑云石英二长闪长岩	长石	$^{40}Ar/^{39}Ar$	75.27±0.46Ma	1:25万墨脱幅区调报告	侵位年龄，反映燕山期
6	德兴桥头	黑云英云闪长岩	黑云母	$^{40}Ar/^{39}Ar$	96.13±0.54Ma	1:25万墨脱幅区调报告	侵位年龄，反映燕山期

念青唐古拉岩群中U-Pb年龄247±6Ma(表4-22)为变质年龄，至少还反应了它曾经历了印支早期的变质作用。

本次区调工作在念青唐古拉岩群中获取SHRIMP年龄194±7 Ma、67±2 Ma、126±5 Ma、134±6 Ma(表4-22)，代表铅重置年龄(后期变质年龄)，表明燕山期的构造热事件，岩石发生了变形变质。

表 4-22 本次区调新测中新元古代念青唐古拉岩群同位素数据

序号	采样地点	样品名称	测试矿物	方法	年龄	资料来源	解释
1	错高区P23剖面11层	石榴石二云母斜长片麻岩	锆石	SHRIMP	194±7Ma	1:25万嘉黎、边坝区调	铅重置年龄，反映印支期变质作用
2	索通D2003处	片麻状黑云二长花岗岩	锆石	SHRIMP	67±2Ma 126±2Ma	1:25万嘉黎、边坝区调	铅重置年龄，反映燕山期变质作用
3	错高乡D1390点处	片麻状石英二长闪长岩	锆石	U-Pb	247±16Ma	1:25万嘉黎、边坝区调	铅重置年龄，反映海西至印支期变质作用
4	D0975点处	糜棱岩化黑云母二长花岗岩	锆石	SHRIMP	134±6Ma	1:25万嘉黎、边坝区调	铅重置年龄，反映燕山期变质作用

综合以上分析得出结论：念青唐古拉的变质峰期(主变质期)为泛非晚期，大致在540 Ma±；念青唐古拉岩群的原岩至少经历了泛非期、印支期、燕山期变质作用；泛非期晚期形成了大范围的片理、片麻理，并形成了低角闪岩相—高角闪岩的变质岩相。

二、加里东期

该期为前奥陶纪雷龙库岩组、岔萨岗岩组的主变质期。岩石板理、千枚片理发育，绢云母+绿泥石、黑云母+白云母+绿泥石组合常见，属板岩—千枚岩级、黑云母级，低绿片岩相为主，局部可达铁铝榴石级的高绿片岩相，为区域低温动力变质作用的产物。测区雷龙库岩组、岔萨岗岩组均未找到化石，只能与甘肃区调队波密群、青海区调队松多群岔萨岗岩组、马布库岩组进行岩性组合与区域层位对比分析。波密群中常见 *Micrchystridium*、*Ooiclium*、*Veryhachium* 等典型寒武纪的藻类化石。松多群岔萨岗岩组绿片岩中测得Sm-Nd年龄466 Ma，罗布库岩中石英片岩可测得Rb-Sr年龄507.7 Ma，绿片岩中测得Sm-Nd年龄为1 516 Ma。

笔者认为507.7Ma、1 516Ma年龄数据代表了雷龙库、岔萨岗岩组的沉积物物源年龄，466Ma则可能代表了其变质年龄。结合生物资料，雷龙库、岔萨岗岩组的原岩年龄进一步推测为震旦—寒武纪，而其变质峰期可能是加里东期。

三、海西至印支期

该期是来姑组、洛巴堆组的主变质期。来姑组、洛巴堆组含有丰富的化石，岩石板理极为发育，紧闭的褶皱较发育，具明显的低温动力变质作用现象，变质级别为板岩—千枚岩级低绿片岩相，区域上表现为绿泥石—黑云母过渡级。角度不整合于石炭、二叠纪之上的中侏罗世马里组中只发育板理，为板岩—千枚岩级低绿片岩相，变质级别仅相当于绿泥石级，区域上二者变质程度有明显差异，且此角度不整合为区域性角度不整合。石炭—二叠纪地层来姑组、洛巴堆组的变质期次应早于中侏罗世，可能为海西至印支期。

四、燕山期

该期是中侏罗世马里组、桑卡拉佣组、中晚侏罗世拉贡塘组、早白垩世多尼组的主变质期。岩石中有部分微弱定向的显微鳞片状绢云母、微量绿泥石，发育页理、宽缓褶皱，属板岩—千枚岩级低绿片岩相区域低温动力变质作用类型。角度不整合于拉贡唐组、桑卡拉佣组、马里组、多尼组和边坝组之上的晚白垩世宗给组、八达组基本不变质，所以上述地层的变质期定为燕山中期。

第五章　地质构造及构造发展史

第一节　区域构造格架及构造单元特征

一、区域构造格架及构造单元划分

测区位于冈底斯—念青唐古拉—唐古拉东部，从北至南发育班公错-怒江结合带和雅鲁藏布江结合带。冈底斯-拉萨陆块中两个二级构造单元显示出地壳结构复杂、构造演化历史悠久的特点（图5-1）。近10年来，不同学者对该地区提出过多种不同的构造单元划分方案（表5-1）。众多方案中对中部和南部的两条结合带的性质出现两种不同认识，一种观点认为印度河-雅鲁藏布江结合带是中新生代特提斯的主洋盆，班公错-怒江结合带是与之对应的弧后盆地（潘裕生，1999；赵政璋等，2001）；另一种观点认为班公错-怒江结合带是开始于晚古生代延伸到中生代的特提斯的主洋盆，也是冈瓦纳大陆与劳亚-华夏大陆的结合带，印度河-雅鲁藏布江结合带是与之对应的弧后盆地（潘桂棠等，1996、2001、2002）。此外，随着对冈底斯-拉萨陆块认识的深入，该陆块内部二级构造单元的划分也越来越丰富多彩，长期以来被赋以微大陆、地体或单一岛弧、陆缘弧的冈底斯-拉萨陆块中发育着狮泉河蛇绿混杂岩（胡承祖，1990）、申扎古生代碳酸盐台地两侧的果芒错、纳木错蛇绿混杂岩（李金高等，1993；杨日红等，2003）、帕隆藏布残留蛇绿混杂岩（郑来林等，2003），表明冈底斯-念青唐古拉陆块不是简单的一个地体，而是存在西藏群岛及其之间的弧后盆地。同时，在冈底斯-念青唐古拉陆块东北部的石炭纪—二叠纪地层中发现大量中酸性火山岩，提供了冈瓦纳大陆北部在早石炭世已开始转化为活动大陆边缘的信息。本次区调也在隆格尔-工布江达中生代断隆带中新发现早二叠世和早侏罗世变质侵入体，也提供了海西—印支期存在岩浆弧的记录。因此，本报告在总结前人构造单元划分的基础上提出了研究区的构造单元划分方案（表5-2，图5-2）。

表5-1　测区构造单元划分方案

<table>
<tr><th>侯增谦等 1996</th><th colspan="2">潘桂棠等 1996</th><th colspan="2">赵政璋等，2001</th><th colspan="2">潘桂棠等，2002</th><th colspan="2">西南项目办，2002</th></tr>
<tr><td rowspan="4">冈底斯弧</td><td rowspan="4">冈瓦纳北缘晚古生代—中生代弧盆区</td><td>那曲侏罗纪弧后盆地</td><td rowspan="2">比如地体</td><td>那曲-洛隆燕山期凹陷</td><td rowspan="4">冈瓦纳北缘晚古生代—中生代冈底斯—喜马拉雅构造区</td><td>昂龙冈日-班戈-腾冲燕山期岩浆弧带</td><td rowspan="4">拉达克—冈底斯—拉萨—腾冲陆块</td><td>班戈-腾冲燕山期岩浆弧带</td></tr>
<tr><td>高黎贡山晚古生代前锋弧</td><td>纳木错-桑巴晚燕山花岗岩隆起带</td><td>狮泉河-申扎-嘉黎结合带</td><td>狮泉河-申扎-嘉黎结合带</td></tr>
<tr><td>措勤-念青唐古拉早二叠世—中生代岛链</td><td rowspan="2">旁多地体</td><td rowspan="2">工布江达基底隆起带</td><td>隆格尔-工布江达断隆带</td><td>隆格尔-工布江达断隆带</td></tr>
<tr><td>拉萨-波密-察隅中生代—新生代火山-岩浆弧</td><td>冈底斯-下察隅晚燕山—喜马拉雅期岩浆弧带</td><td>罕萨-冈底斯-下察隅燕山晚期-喜马拉雅期岩浆弧带</td></tr>
</table>

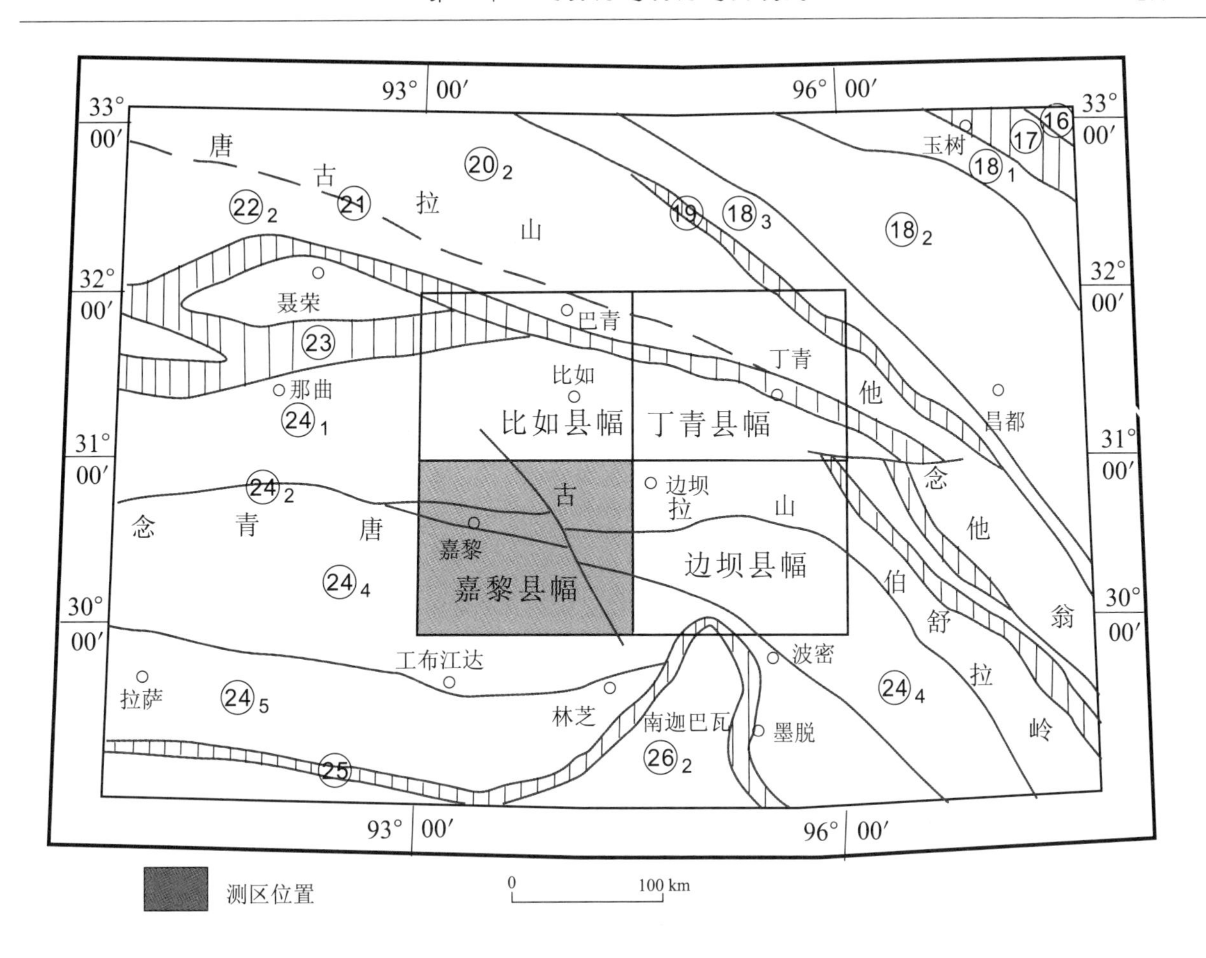

⑯五龙塔格-巴颜喀拉边缘前陆盆地褶皱带；⑰可可西里-金沙江-哀牢山结合带；⑱芒康-思茅陆块；⑱$_1$治多-江达-维西晚古生代—早中生代弧火山岩带（P—T_3）；⑱$_2$昌都-兰中新生代复合盆地；⑱$_3$开心岭-杂多-维登弧火山岩带（P—T_3）；⑲乌兰乌拉湖-澜沧江结合带；⑳$_2$北羌坳陷带；㉑双湖-昌宁结合带；㉒$_2$南羌塘坳陷带；㉓班公湖-怒江结合带（含日土、聂荣残余弧、嘉玉桥微陆块）；㉔拉达克-冈底斯-拉萨-腾冲陆块；㉔$_1$班戈-腾冲燕山晚期岩浆弧带；㉔$_2$狮泉河-申扎-嘉黎结合带；㉔$_4$隆格尔-工布江达断隆带；㉔$_5$罕萨-冈底斯-下察隅晚燕山—喜马拉雅期岩浆弧带（冈底斯火山-岩浆弧带）；㉕印度河-雅鲁藏布江结合带；㉖$_2$高喜马拉雅山结晶岩带

图 5-1　测区大地构造位置图

（据《青藏高原及其邻区大地构造单元初步划分方案》，2003）

表 5-2　本次区调构造单元划分表

一级构造单元	二级构造单元	三级构造单元
冈底斯-念青唐古拉板片	那曲-沙丁中生代弧后盆地	沙丁-卡娘中侏罗—早白垩世弧后盆地
		鲁公拉-边坝区白垩纪岩浆弧
	隆格尔-工布江达中生代断隆带	倾多晚古生代活动陆缘
		阿扎区中晚侏罗世至白垩纪断陷盆地
		共哇海西—印支期岩浆弧
		昂巴宗-八盖区前奥陶纪被动陆缘
		娘蒲区-通麦中新元古代结晶基底

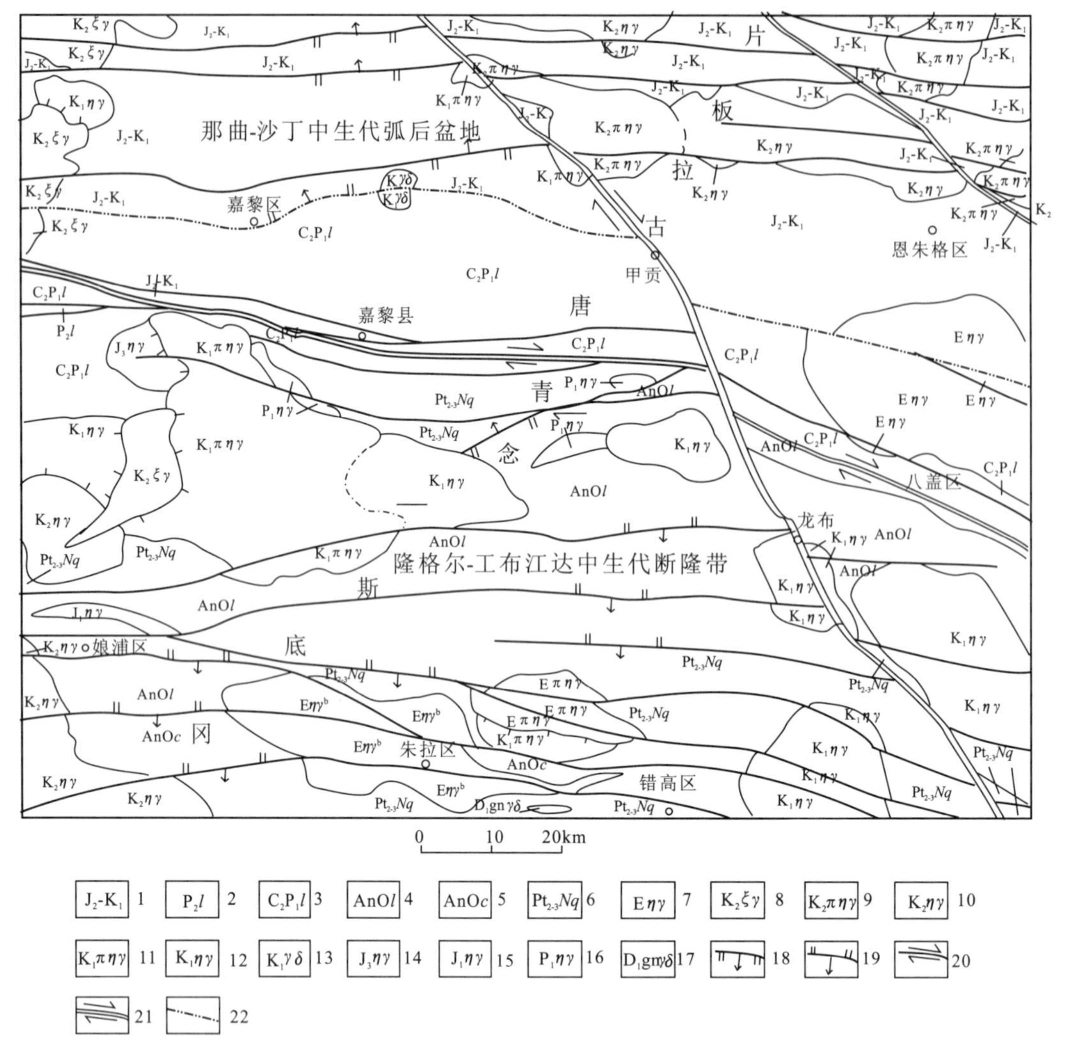

图 5-2　测区构造单元划分图

1. 中侏罗统至下白垩统；2. 中二叠世洛巴堆组；3. 晚石炭—早二叠世来姑组；4. 前奥陶纪雷龙库岩组；5. 前奥陶纪岔萨岗岩组；6. 中新元古代念青唐古拉岩群；7. 古近纪二长花岗岩；8. 晚白垩世钾长花岗岩；9. 晚白垩世斑状二长花岗岩；10. 晚白垩世二长花岗岩；11. 早白垩世斑状二长花岗岩；12. 早白垩世二长花岗岩；13. 早白垩世花岗闪长岩；14. 晚侏罗世二长花岗岩；15. 早侏罗世二长花岗岩；16. 早二叠世二长花岗岩；17. 早泥盆世片麻状花岗闪长岩；18. 正断层；19. 逆断层；20. 平移断层；21. 平移活动断层；22. 二级构造单元分界线

二、各构造单元地质构造基本特征

1. 那曲-沙丁中生代弧后盆地

那曲-沙丁中生代弧后盆地北侧以班公错-怒江结合带为界，南以嘉黎区-向阳日断裂带为界，出露地层有侏罗系—白垩系，中侏罗世马里组和桑卡拉佣组为由山麓洪积扇—河流相—内陆棚碎屑岩相—碳酸盐台地相的进积型沉积建造；中晚侏罗世拉贡塘组为灰色—灰黑色浊积岩的盆地沉积；早白垩世多尼组为含煤滨海沼泽碎屑沉积。

根据地层建造特征和岩浆活动特点可进一步划分出 2 个三级构造单元，各三级构造单元建造特征如下。

(1)沙丁-卡娘中侏罗—早白垩世弧后盆地

该弧后盆地广泛分布于测区北部嘉黎区—恩朱格区一带，由中侏罗世马里组、桑卡拉佣组，中晚侏罗世拉贡塘组和早白垩世多尼组组成。中侏罗世为由山麓洪积扇—河流相—陆棚碎屑岩相—碳酸盐台地相的进积型沉积建造；中晚侏罗世为灰色—灰黑色浊积岩的盆地沉积；早白垩世为含煤滨海沼泽碎屑沉积。

(2)鲁公拉-边坝区白垩纪岩浆弧

该岩浆弧分布于测区中西部鲁公拉至边坝区一带，东端延入东邻边坝县幅内。主要由早白垩世花岗闪长岩、二长花岗岩和晚白垩世二长花岗岩、斑状二长花岗岩和钾长花岗岩组成。其中，花岗闪长岩属偏铝质岩石，$Na_2O+K_2O<Al_2O_3<CaO+Na_2O+K_2O$，$CaO>Na_2O>K_2O$，表明岩石富钙、钠而贫钾。而二长花岗岩属过铝质岩石，$Al_2O_3>CaO+Na_2O+K_2O$，$K_2O>NaO>CaO$，反映岩石富钾贫钠、钙。里曼指数均小于3.3，属钙碱性岩，A/CNK多小于或接近于1.1，显I型花岗岩特征，ACF图解中，样品投入I型花岗岩区(图3-53)。二长花岗岩带SiO_2含量高，介于75.05%～74.49%、72.01%～74.61%之间，均为$Al_2O_3>CaO+Na_2O+K_2O$(过铝质岩石)，$K_2O>Na_2O$(具富钾贫钠特征)，里特曼指数接近或略大于2，在Wright的SiO_2-AR图中投影于碱性岩区，A/CNK比值参数均小于1.1，具I型花岗岩特征。A-C-F图解(图3-54)中大部分落入S型，少部分落入I型花岗岩区。

通过R1-R2作图投点(图3-57)，早白垩世岩体一部分投影于深熔花岗岩区，属板内消减构造环境，另一部分落入碰撞后花岗岩区，与造山后有关，反映其形成环境具有双重性质特点。晚白垩世岩体各成分均投影于6区或其边界线附近，代表了同碰撞造山阶段的I-S型花岗岩。

2.隆格尔-工布江达中生代断隆带

隆格尔-工布江达中生代断隆带以嘉黎区-向阳日断裂带为界与那曲-沙丁中生代弧后盆地相邻，南侧与雅鲁藏布江结合带相接。该构造区基底地层为中新元古代念青唐古拉岩群，由片麻岩、片岩、变粒岩、斜长角闪岩、石英岩及大理岩等组成。最早的盖层为前奥陶纪雷龙库岩组和岔萨岗岩组，雷龙库岩组岩性以细粒石英岩、二云母角闪石英岩为主，夹黑云角闪粒岩、黑云母石英片岩、黑云母千枚片岩及变质玄武岩。岔萨岗岩组岩性以灰色中薄层细晶大理岩、灰色中薄层状结晶灰岩、粉砂质绢云母千枚岩夹细粒石英砂岩、粉砂质黑云母绢云母千枚岩。主要盖层为石炭纪和二叠纪地层。其中，石炭纪—早二叠世地层(主要分布于边坝县幅)中发育大量的中酸性火山岩，如安山岩、流纹岩、英安岩等，晚石炭世—早二叠世地层中发育具冰水沉积特征的含砾板岩。具冰水沉积特征的含砾板岩的发育说明该区当时的气候和地理位置还是属于冈瓦纳大陆的一部分。

隆格尔-工布江达中生代断隆带在中生代表现为隆起区，并以发育高角度逆冲断层为主要特色。

隆格尔-工布江达中生代断隆带也是一条中新生代岩浆弧带，测区内最引人注目的是近东西展布的巨型花岗岩类岩基，如洛庆拉岩体、朱拉岩体、扎西则岩体等。同位素年龄值于157～35Ma之间变化，其时代为晚侏罗世—古近纪，与雅鲁藏布江结合带中的蛇绿混杂岩定位时间基本一致或更新，反映了受喜马拉雅板片向冈底斯-念青唐古拉板片俯冲的岩浆记录。

根据地层建造特征和岩浆活动特点可进一步划分出5个三级构造单元，各三级构造单元建造特征如下。

(1)倾多晚古生代活动陆缘

该活动陆缘分布于测区中部麻塘一带，主体分布在东邻边坝县幅倾多一带，北部以嘉黎区-向阳日断裂为界，南部以嘉黎-易贡藏布断裂为界。以晚古生代石炭—二叠纪陆棚碎屑岩沉积和碳酸盐台地沉积为主，其地层中有较多的火山活动纪录。早石炭世诺错组火山岩岩石类型为安山岩、英安岩、火山碎屑岩，变安山玄武岩岩石化学属正常类型，DI=25.62，A/NKC=0.76，微量元素富Cr、Sr、Ba、Ti，在$\lg t-\lg\delta$图解中，投点位于造山带火山岩范围。稀土元素分配型式为轻稀土富集型，铕具较明显的亏损，反映诺错组是古特提斯洋中近边缘部分的沉积物的消减残留，是古特斯洋的一部分。晚石炭世至早二叠世来姑组中火山岩，A/NKC＝0.77～1.11，铕强烈亏损，说明它们属于陆壳变沉积岩重熔的产物，在构造作用下，陆壳物质重熔经构造作用上升喷出。它与深—浅海相沉积物共生，反映为裂谷环境。提供了冈瓦纳大陆北部在早石炭世已开始转化为活动大陆边缘的信息。

(2)阿扎区中晚侏罗世至白垩纪断陷盆地

该断陷盆地分布于测区中西部阿扎区—徐达一带，呈断夹片沿嘉黎-易贡藏布断裂带分布，中晚侏罗世为山麓洪积扇—河流相—陆棚碎屑岩相—碳酸盐台地相的进积型沉积建造；晚白垩世为山间盆地粗碎屑沉积建造。

(3)共哇海西—印支期岩浆弧

该岩浆弧分布于测区中部共哇—索通一带。位于嘉黎-易贡藏布断裂带南侧，出露地层主要为中新元古代念青唐古拉岩群、前奥陶系、石炭—二叠系。本次工作中发现10多个早泥盆世、早二叠世和早侏罗世中酸性侵入岩体，岩性为片麻状或糜棱岩化二长花岗岩和片麻状石英闪长岩等，经U-Pb法年龄测定，侵位时代分别属于早二叠世、早侏罗世。加上前人《1∶20万通麦、波密幅区域地质矿产调查报告》(甘肃省区调队，1995)发现的索通早泥盆世片麻状二长花岗岩体，这些岩体中微量元素蛛网图中显示Rb、Th峰和Nb、Ta谷，以富Rb、Th等大离子亲石元素和亏损Nb、Ta、Y等高场强元素为特征。Nb负异常可能与地壳混染有关，Sr、Ba的亏损反映有分离结晶作用的存在，说明岩石形成与长期较稳定的条件有关，具正常大陆弧特征。Nb-Y及Rb-[Y＋Nb]判别图中，样品皆落入火山弧和同碰撞区。R1-R2图解中，投入1区(地幔分异)和6区(同碰撞区)(图3-57)。此外，在多居绒-英达韧性剪切带侵入体中锆石U-Pb法获得了247±16Ma年龄，剪切带片岩中锆石U-Pb法SHIMP谐和线年龄为194±7Ma。五岗韧性剪切带中花岗质糜棱岩锆石U-Pb法年龄集中在179～189Ma之间。八棚择韧性剪切带中构造片麻岩锆石U-Pb法测试年龄为252～253Ma(表5-4)。众多岩体侵入和铅重置年龄的出现，说明测区海西至印支期发生了较重要的岩浆活动、构造变形和构造热事件。测区进入到岩浆弧发育阶段，提供了特提斯洋海西—印支期俯冲碰撞的岩浆记录。

(4)昂巴宗-八盖区前奥陶纪被动陆缘

该被动陆缘分布于测区西部嘉黎-易贡藏布断裂带南侧的贡巴一带，主体分布于西邻嘉黎县幅昂巴宗—八盖区一带，主要以被动大陆边缘沉积建造为主，偶夹基性火山岩(玄武岩)。其中的玄武岩夹层的岩石化学以富SiO_2、CaO、MgO为特征，稀土模式属轻稀土富集重稀土亏损型，地球化学分布型式及投图Th-Hf/3-Ta、Th-Hf/3-Nb/16结果显示岛弧环境特征，反映了最早期的板内岩浆活动。

(5)娘蒲区-通麦中新元古代结晶基底

该结晶基底分布于测区东南侧的波木—通麦一带，为中新元古代念青唐古拉岩群，由片麻岩、片岩、变粒岩、斜长角闪岩、石英岩及大理岩等组成。原岩主要为粘土质岩石、碎屑岩及碳酸盐岩等，可能属含火山岩的类复理石建造，并伴随深成侵入和中基性火山喷发作用。

第二节　构造层次划分与构造相

为了描述测区不同构造单元、不同构造层的基本构造面貌，这里引入构造层次和构造变形相的概念。构造层次是构造变形过程中由于地壳物理化学条件的变化所产生的构造分带现象。Mattauer(1980)首次使用“构造层次”的概念，他把显示一种主导变形机制的不同区段称为构造层次，并将地壳划分为上中下三个构造层次。

构造变形相是岩石在一定构造变形环境中的构造表现，即一定变形温压环境中在一定的变形机制作用下形成的变形构造组合。显然，构造变形相与构造层次存在紧密联系，不同构造层次的构造变形相各不相同。

测区跨越多个不同的构造单元。不同构造单元经历了不同的地质演化历程，造就了各不相同的构造变形相，形成一幅复杂多样的构造面貌(图5-3)。从时间角度，反映在不同构造层中的主期

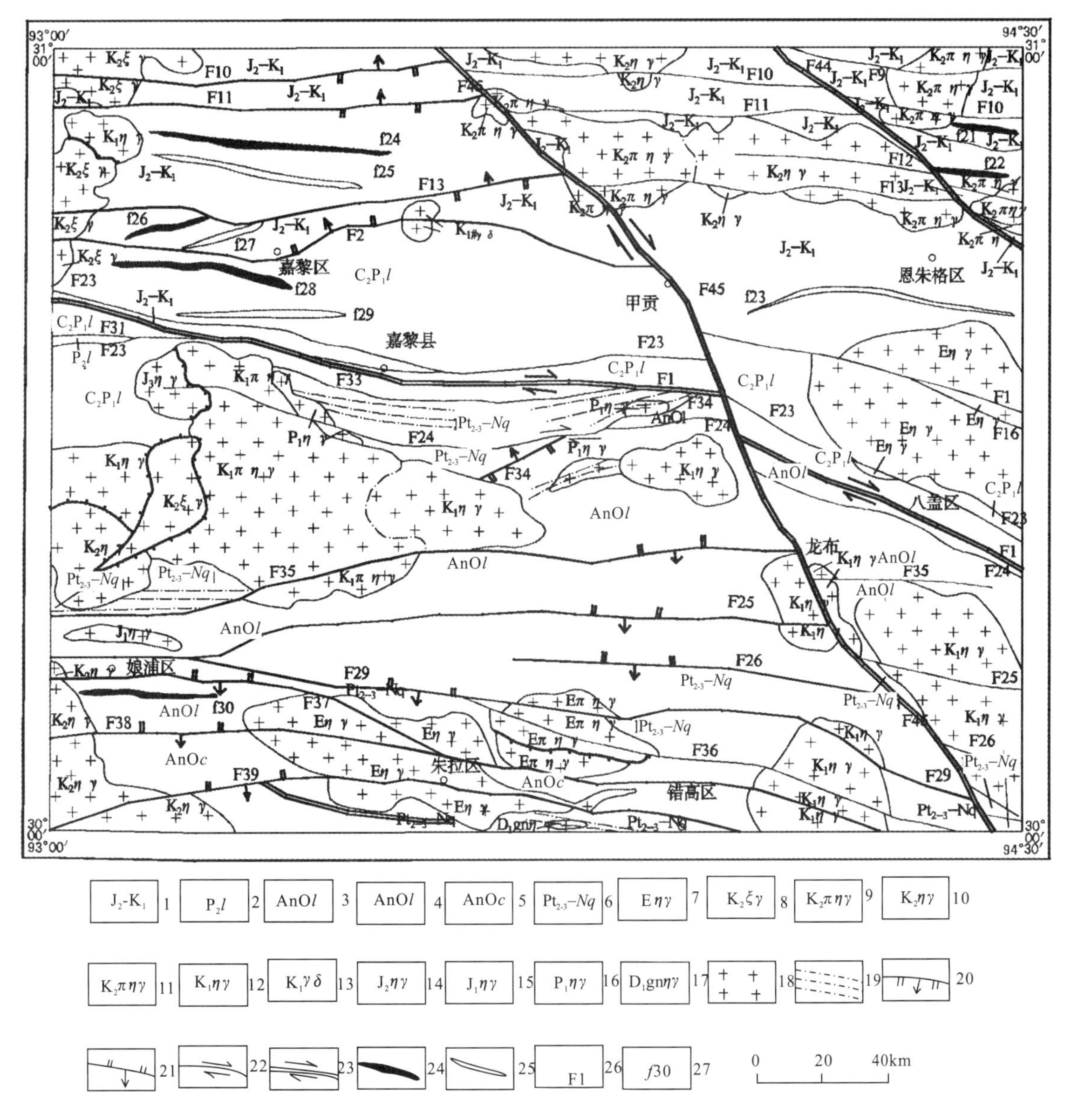

图5-3　测区构造纲要图

1.中侏罗统至下白垩统；2.中二叠世洛巴堆组；3.晚石炭—早二叠世来姑组；4.前奥陶纪雷龙库岩组；5.；前奥陶纪岔萨岗岩组 6.中新元古代念青唐古拉岩群；7.古近纪二长花岗岩；8.晚白垩世钾长花岗岩；9.晚白垩世斑状二长花岗岩；10.晚白垩世二长花岗岩；11.早白垩世斑状二长花岗岩；12.早白垩世二长花岗岩；13.早白垩世花岗闪长岩；14.晚侏罗世二长花岗岩；15.早侏罗世二长花岗岩；16.早二叠世二长花岗岩；17.早泥盆世片麻状花岗闪长岩；18.花岗岩类；19.韧性剪切带；20.正断层；21.逆断层；22.平移断层；23.平移活动断层；24.背斜轴迹；25.向斜轴迹；26.断层编号；27.褶皱编号

构造变形特征迥异，其中中新元古代念青唐古拉岩群、南迦巴瓦岩群和前石炭纪嘉玉桥岩群变质岩系内部总体表现为透入性的韧性剪切变形，是测区深层次—中深层次构造变形的反映；前奥陶纪雷龙库岩组和石炭—二叠纪苏如卡组则总体表现为一套绿片岩相条件下的构造混杂变形，反映一套中层次—中浅部构造层次的构造变形组合；测区中部广泛分布的石炭纪至二叠纪地层则表现为中浅部构造层次的变形，北部的中侏罗世希湖组、中晚侏罗世至早白垩世地层则以中浅层次极低级变质条件下的褶皱变形为特色；零星出露的晚白垩世宗给组和八边组则表现为浅表层次的褶皱-冲断变形。燕山—喜山期的表层脆性断裂构造影响全区，对不同时期不同层次的构造变形发生叠加改造。从空间上看，同一地层岩石单位由于所处的构造部位的不同，其构造变形相也往往存在有明显差异。不同构造单元的构造层、构造层次及变形变质环境划分见表 5-4。

表 5-4　测区不同构造层次变形、变质特征表

<table>
<tr><th>构造层年代</th><th>主要岩牲组合</th><th>变质矿物组合</th><th>变质相</th><th>变形特征</th><th>变质期次</th><th>变质作用类型</th><th colspan="2">构造层次</th></tr>
<tr><td>K_2</td><td>复成分砾岩、粗碎屑岩及页岩夹微晶白云岩</td><td></td><td>未变质</td><td>宽缓等厚褶皱脆性断层</td><td></td><td></td><td rowspan="4">沉积盖层</td><td>浅层次</td></tr>
<tr><td>J_2—K_1</td><td>岩屑石英砂岩、粉砂岩、细砾岩、石英砂岩、石英杂砂岩、粉砂质板岩、灰岩、白云质灰岩等</td><td>绢云母为主，绿泥石少量</td><td rowspan="2">低绿片岩相</td><td>斜歪、倒转褶皱层间劈理，轴面劈理，板理—千枚理级韧性剪切带</td><td>燕山期</td><td rowspan="3">区域变质动力变质</td><td rowspan="2">中浅层次</td></tr>
<tr><td>C—P</td><td>石英砂岩、岩屑石英砂岩、绢云母板岩，粉砂质板岩、含砾板岩、生物碎屑灰岩、大理岩、结晶灰岩</td><td>绢云母、绿泥石为主，偶见黑云母</td><td>开阔、平缓褶皱，层间为近垂直的轴面劈理，脆性断层为主，韧性剪切带不发育</td><td rowspan="2">印支—海西</td></tr>
<tr><td>AnO</td><td>粉砂质绢云千枚岩、变质石英砂岩、石英岩、绿帘石角闪变粒岩，黑云母石英片岩、石榴石黑云母石英片岩、变质玄武岩</td><td>绿帘石、黑云母、绿泥石、绢云母、白云母为主，普通角闪石、石榴石、透闪石少量</td><td>绿片岩相</td><td>歪斜、倒转褶皱，局部褶叠层，千枚理级韧性剪切带</td><td>中层次</td></tr>
<tr><td>Pt_{2-3}</td><td>石榴石二云石英片岩、蓝晶石石榴石云母片岩、黑云斜长片麻岩、石榴石二云斜长片麻岩、绿帘石岩、黑云母角闪岩、黑云母二长片麻岩、透辉石麻粒岩</td><td>普通角闪石、铁铝石榴石、黑云母、白云母为主，绿泥石、蓝晶石、绿帘石、透辉石、透闪石少量</td><td>高绿片岩相至角闪岩相</td><td>紧闭褶皱、无根褶皱、钩状褶皱，透入性面理—糜棱面理、构造片理、构造片麻理级韧性剪切带</td><td>泛非期</td><td>区域变质动力变质热流变质</td><td>结晶基底</td><td>中深—深层次</td></tr>
</table>

第三节　构造单元边界及主干断裂特征

一、嘉黎区-向阳日断裂(F2)

嘉黎区-向阳日断裂是测区内二级断裂构造，是冈底斯-念青唐古拉板片内那曲-沙丁中生代弧后盆地与隆格尔-工布江达中生代断隆带的分界断裂，测区内出露长度 145km，两端延出图外，其中向西在门巴区幅与狮泉河-申扎-嘉黎断裂带相连，应是该断裂的北分支断裂。断裂总体呈近东西向延伸，向东逐渐转为北西向，走向上表现为舒缓波状。总体倾角较陡，倾向以向北(图版Ⅴ,1)为主，局部向南倾。

断裂北侧大面积出露中侏罗世桑卡拉佣组、中晚侏罗世拉贡塘组、早白垩世多尼组和早白垩世至晚白垩世花岗岩体，断裂南侧则大面积出露石炭纪至二叠纪地层及晚侏罗世至古近纪花岗岩体。

它控制着中侏罗世至早白垩世弧后盆地的规模和范围，是一条控盆断裂，也是一条区域性边界断裂。

断裂带宽一般大于30m，为脆性破碎带，以碎裂岩、碎粉岩及构造透镜体为主，在西邻嘉黎县幅内常见中侏罗世桑卡拉佣组灰岩呈断夹片夹于断裂带中。

断裂在地形地貌上表现明显，多表现为沟谷、凹地、鞍部、山隘等负地形，发育断层崖、对头沟等构造地貌，局部地段发育温泉。

总体来看，该断裂显示出多期次活动，至少经历了两次以上构造作用。主要断层效应为北盘下降，早期为压性，中期为张性。在晚新生代高原隆升过程中无明显差异升降，主要表现为平移运动。

二、嘉黎-易贡藏布断裂(F1)

嘉黎-易贡藏布断裂是测区内二级断裂构造，曾作为具有重要构造意义的狮泉河-申扎-嘉黎断裂带的东延部分，并被部分学者作为板块结合带对待。本次区调对该断裂带的空间展布、几何结构、活动规律、与区域构造的关系及其在晚新生代高原隆升过程中的作用进行了深入研究。

在几何展布方面，该断裂为一宽3～7km的断裂带，由多条近平行断裂组成(图5-4)，从易贡藏布上游村雄曲进入嘉黎县幅后呈近东西向(95°)沿村雄曲、徐曲河谷延伸，经阿扎、老嘉黎县向东至雷公拉北被北西向断裂甲贡-龙布断裂右行平移错开近7km，然后断裂方向发生明显变化，呈南东东向(115°)沿易贡藏布、迫隆藏布河谷延伸。测区内出露长度150km，两端延出图外，倾向变化大，次级断裂大部分向北倾斜，少数向南倾斜，倾角一般大于60°。

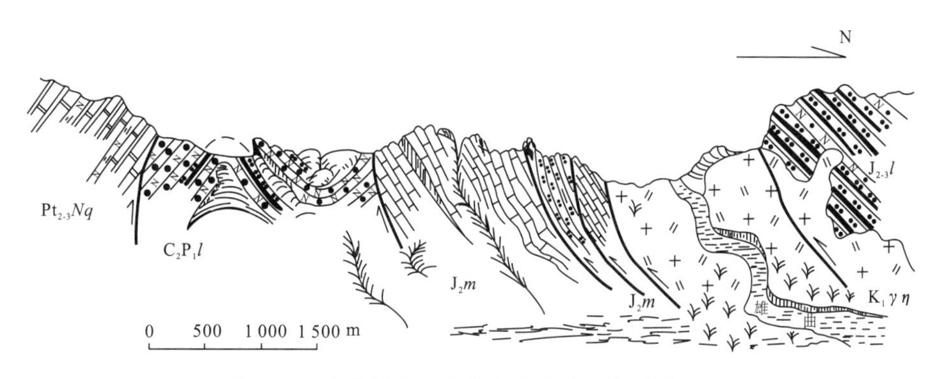

图5-4 嘉黎县徐达嘉黎断裂带景观信手剖面图

关于断裂带的性质，国内外大部分专家承认它是喀喇昆仑-嘉黎右旋剪切带的一部分，是由块体挤出所形成的大型走滑带，但北京大学张进江与中国科学院地质与地球物理研究所丁林(2003)通过调查认为嘉黎断裂带为一正断层系，在申扎附近及尼玛以南，该断层带北盘为上升盘，并由古生代浅变质岩石(如板岩和千枚岩)组成；南盘为下降盘，主要由非变质的第三纪火山岩组成。该构造带形成典型的正断层地貌，如其北侧的高山和南侧的谷地，高山的北坡发育清晰的断层面，断面上的倾向擦痕及阶步、多块体下滑形成的书斜式构造、岩脉的切割以及破劈理与断面的关系等，均证明该断层系为具倾向运动的正断层。另外，最近几年青藏高原1∶25万区域地质调查工作中，在狮泉河、纳木错西断裂带内发现蛇绿岩，从而又提出了嘉黎断裂带跟雅江结合带和怒江结合带一样属于板块碰撞缝合带性质的观点。

对于在青藏高原隆升过程中所起的作用方面，早期的“逃逸模式”的提出者Tapponnier等认为青藏高原块体沿北侧的阿尔金-祁连山断裂和南侧喀喇昆仑-嘉黎断裂以刚体形式向东挤出，嘉黎断裂带是青藏高原主体向东挤出的南边界带，嘉黎断裂带的挤出量可达印度板块向北推挤量的

50%,嘉黎断裂带的水平位移速度为10～20mm/a。而地壳增厚模式的倡导者England等人则认为青藏高原南部较大的北向会聚速度分量在喀喇昆仑-嘉黎断裂带附近基本消逝,这表明青藏高原所承受的南北挤压主要由该断裂以南的拉萨地块和喜马拉雅地块的缩短和隆升所吸收。嘉黎断裂带对印度板块和欧亚板块会聚所引起的构造变形的调节只达到会聚总量的20%,其水平运动速率只有2～3mm/a,远远达不到逃逸模式所认为的水平。

通过本次工作,我们对嘉黎-易贡藏布断裂有如下认识。

1)嘉黎-易贡藏布断裂是区域性大断裂狮泉河-申扎-嘉黎断裂带的一个分支,另一主要分支断裂为嘉黎区-向阳日断裂。早期活动(K_2之前)主要在北分支,并继承作为冈底斯-念青唐古拉板片内那曲-沙丁中生代弧后盆地与隆格尔-工布江达中生代断隆带的分界断裂,也是冈底斯-腾冲地层区内二级地层分区中拉萨-察隅地层分区与班戈-八宿地层分区的界线,嘉黎-易贡藏布断裂总体表现以平移活动为主,但其在晚新生代高原隆升过程中活动更为明显。

2)从活动性质来看,断裂带经历了多期活动,表现在断裂带上多条平行断裂的活动性质各异(图5-4、图5-5),并出现不同时代地层(主要有中二叠世洛巴堆组、中侏罗世马里组、桑卡拉佣组、中晚侏罗世拉贡塘组和晚白垩世宗给组)呈断夹块断陷于断裂带中,特别是中侏罗世桑卡拉佣组灰岩呈断夹片沿村雄曲和徐达曲分布引人注目(图版Ⅴ,2),其主要活动有两次,一是中晚侏罗世—早白垩世,西部以南北拉张的裂谷盆地为主,并有裂型蛇绿岩发育,在嘉黎县(达马)以西表现为该时期断陷盆地沉积。但进入易贡藏布一带因方向发生变化,此时期表现为剪切性质,未见裂谷及蛇绿岩套。另一次是晚新生代高原隆升隆升过程中大规模走滑平移。

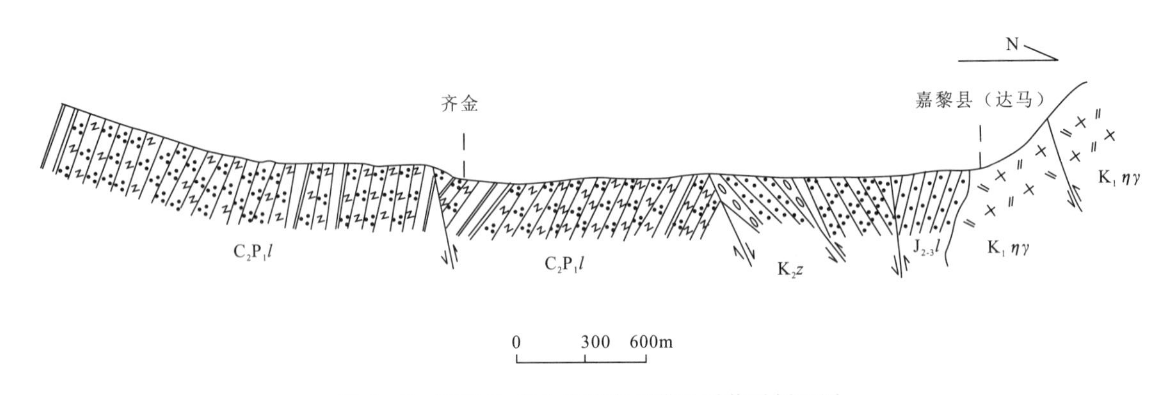

图5-5　嘉黎县-齐金嘉黎断裂带地质信手剖面图

3)通过对断裂两侧的地面高程、山顶面高程分析和裂变径迹样品测试,在晚新生代高原隆升过程中,既有升降运动,也有平移运动,但与平移相比,升降运动较为微弱,南盘相对北盘差异隆升100～150m。但平移运动极为显著,断裂两侧现今地层构造格局有明显区别。其中,中新元古代念青唐古拉岩群和前奥陶纪地层仅在断裂南盘出现。石炭至二叠纪地层特征也差异较大,特别是断层北盘倾多一带出现较强烈的火山活动。通过地层特征和火山活动特点对比,倾多一带的石炭至二叠纪地层与当雄一带的石炭至二叠纪地层具有更多的相似性。嘉黎-易贡藏布断裂的右行平移活动距离可能达200km以上。

4)嘉黎-易贡藏布断裂是一条长期活动的断裂带,新构造活动特征如下。

a.沿断裂发育多处温泉和钙华点(图版Ⅴ,3);

b.地貌上表现为负地形,总体沿易贡藏布河谷延伸;

c.是区域性地震带,也是测区中小型地震集中分布带。

第四节　中深—深层次韧性剪切流动构造

中深—深层次韧性剪切流动构造广泛发育于测区的基底中深变质岩系，即中新元古代念青唐古拉岩群中，全部出露于测区嘉黎-易贡藏布断裂带南侧。其构造变形以塑性流动褶皱及韧性剪切变形为特点。岩石在固态流变—熔融柔流机制下，以 Sn 为变形面理，形成不协调褶皱、叠加褶皱（图 5-6、图 5-7）、肠状褶皱、无根褶皱（图版Ⅴ，4）等，透入性面理置换早期面理形成新生片麻理，在剪切机制下，发育糜棱岩带，出现 S-C 组构、布丁构造、杆状构造、钩状构造、长英质旋转碎斑及压力影。同构造变质达角闪岩相强度。

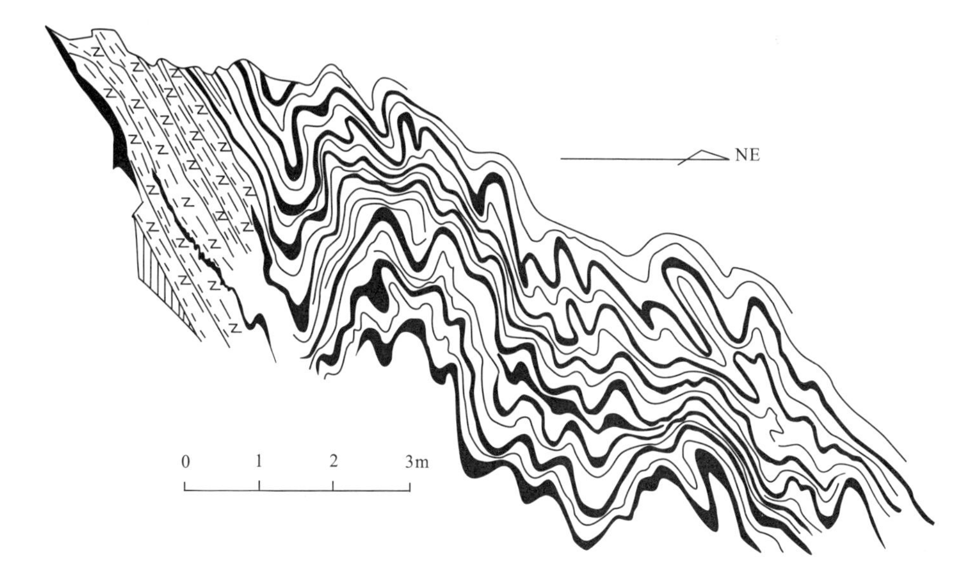

图 5-6　片麻岩中不协调褶皱素描
（据 D1416）

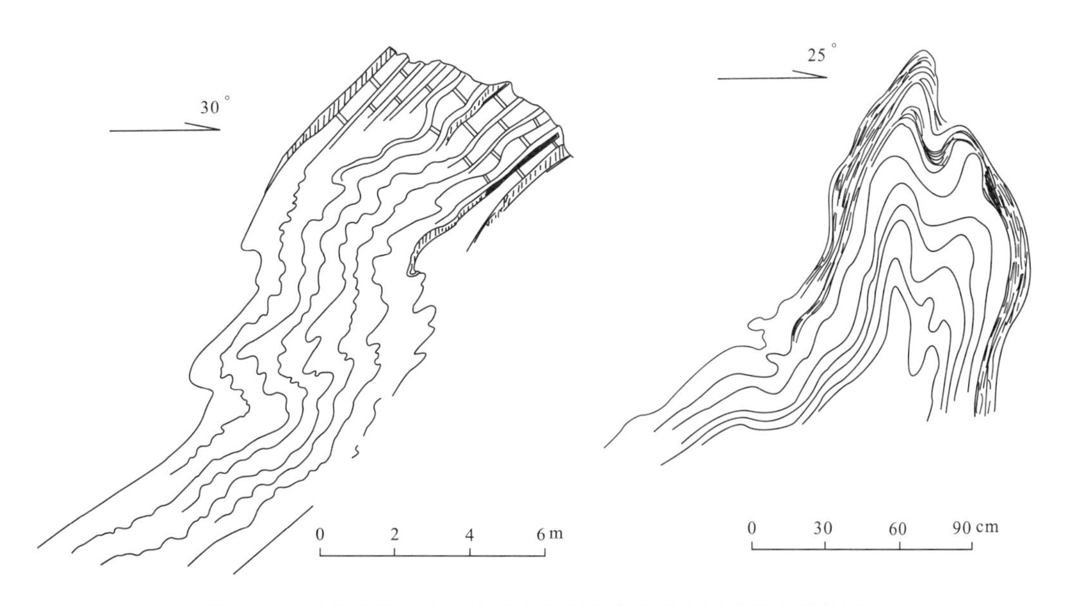

图 5-7　嘉黎县徐达南念青唐古拉岩群中大理岩褶皱形态素描图
（据 D1384）

一、多居绒-英达韧性剪切带

该韧性剪切带沿多居绒—多戈—英达一线呈带状展布，发育于中新元古代念青唐古拉岩群b岩组中。走向近东西向，韧性剪切带带宽1km±。韧性剪切带以糜棱岩形式表现，主要有糜棱岩化二云母片岩、糜棱岩化二云母石英片岩、糜棱岩化石榴石二云母片岩（图版Ⅳ，1）、糜棱岩化蓝晶石石榴石二云母片岩、花岗质糜棱岩、绿泥石白云母石英片岩糜棱岩。韧性剪切带糜棱面理总体向南倾斜，倾角一般50°～70°，局部可缓至25°。

糜棱岩多以碎斑和碎基形式表现，片状白云母、绢云母定向性强，多呈条带状和条带状集合体，显示强烈片理化。碎斑中的石英沿剪切方向变形拉长，定向排列大致可指示剪切带为右行剪切。韧性剪切带被后期的脆性断裂和早白垩世及古近纪二长花岗岩侵入体切断。但早泥盆世侵入体也发生了明显韧性剪切变形（图版Ⅴ，5；图版Ⅳ，2），早泥盆世侵入体中获得了247±16Ma（U－Pb法，宜昌地质矿产研究所，样品号1390－2）年龄，剪切带片岩中锆石U－Pb法SHIMP谐和线年龄为194±7Ma（样品号P23－11，表5－3，图5－8；图版Ⅵ，2）。说明韧性剪切带主要形成于海西期至印支期。

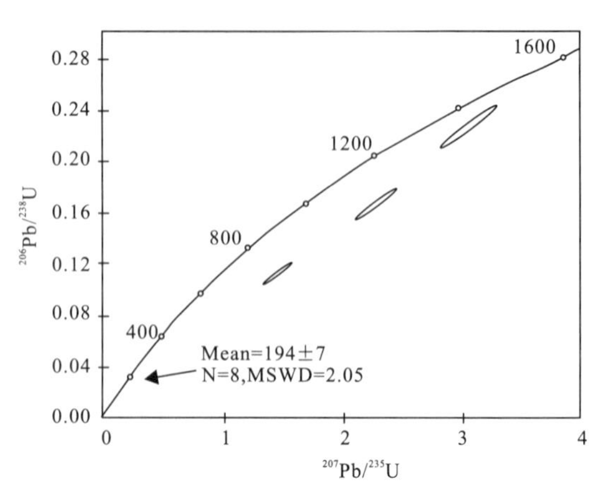

图5－8　工布江达县多居绒弱眼球状二云钠长片岩锆石U－Pb SHRIMP年龄谐和图（据样品P23－11）

表5－3　嘉黎县幅锆石U－Pb SHRIMP年龄测试分析结果表

测点	U ppm	Th ppm	$^{232}Th/^{238}U$	$^{204}U/^{206}Pb$	误差%	$^{207}U/^{206}Pb$	误差%	$^{208}U/^{206}Pb$	误差%	$^{206}U/^{238}Pb$	误差%	$^{248}U/^{254}Pb$	误差%	$^{254}U/^{238}Pb$	误差%	年龄/Ma
2003－1－1.1	379	334	0.91	——	0	0.053	3.3	0.257	4.7	0.041	1.1	0.810	1.9	7.45	0.4	120
2003－1－2.1	734	361	0.51	——	0	0.051	2.6	0.159	2.1	0.037	0.8	0.459	0.3	6.91	1.5	124
2003－1－3.1	216	289	1.38	——	0	0.063	5.6	0.463	3.3	0.022	1.9	1.237	0.3	7.25	0.5	68
2003－1－1.2	810	597	0.76	——	0	0.051	2.3	0.241	1.6	0.039	0.9	0.686	1.4	7.05	1.3	124
2003－1－4.1	109	88	0.83	——	0	0.082	6.7	0.337	5.7	0.022	6.1	0.733	0.6	7.56	0.6	67
2003－1－5.1	375	30	0.08	——	0	0.060	2.5	0.027	6.6	0.158	5.0	0.074	0.7	7.30	0.5	465
2003－1－6.1	806	422	0.54	2.6E－4	45	0.052	3.1	0.170	1.9	0.037	1.0	0.487	0.3	7.03	0.3	123
2003－1－6.2	3 253	2 360	0.75	——	0	0.052	1.6	0.234	0.8	0.046	1.4	0.668	1.7	7.38	2.4	138
2003－1－7.1	566	178	0.33	——	0	0.056	2.7	0.133	2.5	0.042	1.4	0.291	0.3	7.28	0.9	125
2003－1－8.1	439	314	0.74	——	0	0.052	3.0	0.236	2.1	0.045	1.0	0.657	0.3	7.50	0.4	132
2003－1－9.1	386	280	0.75	4.2E－4	50	0.054	3.2	0.256	2.3	0.040	1.3	0.671	0.3	7.28	0.5	123
2003－1－1.1	210	279	1.37	——	0	0.067	8.6	0.477	3.4	0.021	2.0	1.229	0.3	7.25	0.5	65
2003－1－2.1	172	245	1.48	——	0	0.067	5.6	0.501	3.3	0.023	2.2	1.313	0.3	7.45	0.5	67
0975－1－1.1	331	234	0.73	——	0	0.047	6.4	0.239	2.4	0.041	1.2	0.654	1.8	7.22	0.4	126
0975－1－2.1	199	233	1.21	——	0	0.057	4.1	0.390	2.4	0.045	1.4	1.076	0.3	7.56	0.5	128
0975－1－3.1	949	581	0.63	——	0	0.048	2.1	0.193	2.0	0.042	0.6	0.569	0.2	7.10	0.4	137
0975－1－4.1	553	87	0.16	——	0	0.048	3.2	0.057	3.7	0.045	1.8	0.143	0.6	7.67	1.7	125
0975－1－5.1	654	414	0.66	——	0	0.050	2.2	0.196	3.8	0.048	3.8	0.576	1.1	7.81	3.1	138

续表 5-3

测点	U ppm	Th ppm	$^{232}Th/^{238}U$	$^{204}U/^{206}Pb$	误差%	$^{207}U/^{206}Pb$	误差%	$^{208}U/^{206}Pb$	误差%	$^{206}U/^{238}Pb$	误差%	$^{248}U/^{254}Pb$	误差%	$^{254}U/^{238}Pb$	误差%	年龄/Ma
0975-1-6.1	581	258	0.46	——	0	0.047	3.2	0.146	4.1	0.042	2.4	0.410	2.9	7.18	1.6	140
0975-1-7.1	270	114	0.43	——	0	0.057	3.4	0.162	3.0	0.045	1.2	0.385	1.0	7.57	0.4	129
0975-1-8.1	2 747	727	0.27	——	0	0.047	1.0	0.081	1.2	0.056	4.0	0.243	4.4	7.41	2.7	158
0975-1-9.1	460	145	0.33	——	0	0.123	0.8	0.133	1.0	0.262	1.7	0.294	0.4	7.04	1.8	876
0975-1-10.1	2 748	1 488	0.56	——	0	0.045	1.1	0.141	3.5	0.056	2.1	0.502	1.9	7.17	0.2	184
0975-1-11.1	2 734	4 387	1.66	——	0	0.050	3.7	0.599	2.0	0.065	4.8	1.420	2.9	8.71	4.4	141
P23-11-1.1	573	410	0.74	——	0	0.054	2.1	0.233	1.5	0.069	1.2	0.653	0.5	7.68	0.4	193
P23-11-2.1	309	268	0.90	——	0	3.146	49.2	13.800	63.6	0.010	95.2	0.754	3.9	9.36	10.9	0
P23-11-3.1	497	529	1.10	——	0	0.054	2.3	0.342	1.5	0.072	1.2	0.964	0.3	7.93	1.4	193
P23-11-4.1	2 544	2 961	1.20	1.1E-5	65	0.053	2.1	0.390	2.5	0.077	1.7	1.042	0.3	8.31	2.3	182
P23-11-5.1	384	958	2.58	——	0	0.053	2.7	0.818	1.8	0.061	0.9	2.326	0.3	6.95	0.3	205
P23-11-6.1	432	4	0.01	1.5E-4	20	0.052	2.7	0.009	8.0	0.061	1.4	0.008	1.8	7.28	0.3	189
P23-11-7.1	460	831	1.87	7.4E-5	63	0.053	2.4	0.604	1.2	0.069	1.2	1.665	1.5	7.36	0.3	205
P23-11-8.1	970	53	0.06	2.3E-5	36	0.093	0.7	0.030	1.6	0.249	0.5	0.051	2.8	7.31	1.5	689
P23-11-9.1	233	85	0.38	2.0E-4	38	0.054	3.5	0.118	3.4	0.057	2.8	0.341	1.3	7.08	1.3	184
P23-11-10.1	1 978	365	0.19	9.3E-5	25	0.051	1.9	0.061	3.3	0.040	2.3	0.167	0.3	7.99	3.2	109
P23-11-11.1	1 281	3 571	2.88	——	0	0.053	3.6	0.955	3.9	0.071	3.8	2.529	0.2	7.85	0.2	198
P23-11-12.1	1 543	1 782	1.19	——	0	0.097	0.5	0.371	2.2	0.549	1.4	1.048	6.2	7.86	0.8	1322
P23-11-13.1	491	358	0.75	——	0	0.099	0.8	0.374	0.6	0.360	1.7	0.673	0.8	7.31	1.9	999

二、五岗韧性剪切带

该韧性剪切带在念青唐古拉岩群中，被后期脆性断裂F35切割，沿克如多—甘德一线呈带状展布，走向近东西向，韧性剪切带宽0.5～2.5km，韧性剪切带剪切面产状345°～10°∠72°～78°。韧性剪切带以花岗质糜棱岩（图版Ⅳ，3）形式表现，糜棱岩多以碎斑和碎基形式表现。石英与斜长石碎斑呈眼球体状、透镜状，长轴平行于糜棱面理，基质中部分矿物也有变形拉长现象，片状矿物与蚀变矿物定向排列形成条带状构造，显示动态重结晶的特征。根据花岗质糜棱岩中锆石U-Pb法测试结果，大部分年龄集中在179～189Ma之间（表5-5中样品P22U-Pb15-1和P22U-Pb16-1），说明韧性剪切带主要形成于印支期。

三、共哇韧性剪切带

该韧性剪切带在嘉黎县共哇一带分布，发育于早二叠世黑云母二长花岗岩体中，走向近北东—南西走向，韧性剪切带宽2～3km，韧性剪切带的剪切面产状为332°～339°∠45°～58°。韧性剪切带以黑云母二长花岗质糜棱岩（图版Ⅳ，4）形式表现，糜棱岩以碎斑、碎基形式表现，碎斑成分为斜长石和钾长石，形态为似眼球体状、透镜体状，碎斑大小为0.7mm×1.4mm～2.9mm×3.6mm，碎斑含量约20%。碎基由石英、钾长石、斜长石、黑云母及幅矿物组成，长英质显示动态重结晶特征，变形拉长，定向排列，尤其是石英集合体呈长透镜状、带状，显示流状、塑性特征。黑云母细小片状断续相连呈条带状，甚至榍石等也被碎裂，颗粒断续相连呈线状排列，碎基整体显示强烈的糜棱面理，含量约80%。黑云母二长花岗质糜棱岩中锆石U-Pb法测试年龄较为分散（61～122Ma）（表5-5中样品U-Pb0967—1），且与其他年龄相差较大，显示为燕山期，是否代表该韧性剪切带形成年龄有待进一步研究。

表 5-5 嘉黎县幅锆石 U-Pb 法年龄测试分析结果表

样品号	点号	含量/×10⁻⁶		普通铅含量(ng)	同位素原子比及误差(2σ)			表面年龄(Ma)	
		U	Pb		$^{206}Pb/^{204}Pb$	$^{206}Pb/^{238}U$	$^{207}Pb/^{235}U$	$^{206}Pb/^{238}U$	$^{207}Pb/^{235}U$
P22U-Pb15-1	1	18 388.1	725.6	1.452	235.2	0.028 24	0.19461	179	180
						0.000 13	0.012 3	0	11
	2	41 834	1 474.3	2.298	331	0.028 32	0.199 27	180	184
						0.000 15	0.017 58	1	16
P22U-Pb16-1	1	13 338.5	591.6	1.653	163.7	0.029 7	0.020 536	188	189
						0.000 18	0.018 93	1	17
	2	18 986.2	878.4	1.813	255.4	0.037 39	0.269 18	236	242
						0.000 15	0.032 68	0	29
U-Pb0967-1	1	87 024.7	1 480.1	1.525	543.2	0.051 3	0.127 67	96	122
						0.000 09	0.010 97	0	10
	2	27 177.6	1 095.9	8.611	37	0.009 57	0.119 09	61	114
						0.000 27	0.033 89	1	32
U-Pb0978-1	1	10 333.7	602.1	1.742	161.8	0.039 94	0.283 1	252	253
						0.000 19	0.038 33	1	34

四、八棚择韧性剪切带

该韧性剪切带分布于嘉黎县八棚择以西，发育于中新元古代念青唐古拉岩群和早二叠世二长花岗岩中，被后期脆性断裂嘉黎-易贡藏布断裂(F1)和 F34 切割，走向近东西向，韧性剪切带宽 3～5km，韧性剪切带的剪切面产状为 165°～180°∠70°～85°。韧性剪切带以糜棱岩化二长花岗岩(图版Ⅳ,5)和构造片麻岩形式表现，糜棱岩化二长花岗岩具有变余花岗结构、糜棱结构，碎斑由钾长石、斜长石组成似眼球状—透镜体状，碎基由石英及细粒钾长石、斜长石、黑云母等组成，长英质略显拉长，但定向不明显，片状矿物呈条带状，形成弱糜棱面理。构造片麻岩中锆石 U-Pb 法测试年龄为 252～253Ma(表 5-5 中样品 U-Pb0978-1)，显示为海西期，糜棱岩化二长花岗岩中锆石 U-Pb 法 SHIMP 谐和线年龄为 134±6Ma(样品号 0975，表 5-4，图 5-9；图版Ⅵ,3)。结合岩体年龄，该剪切带可能形成于海西至燕山早期。

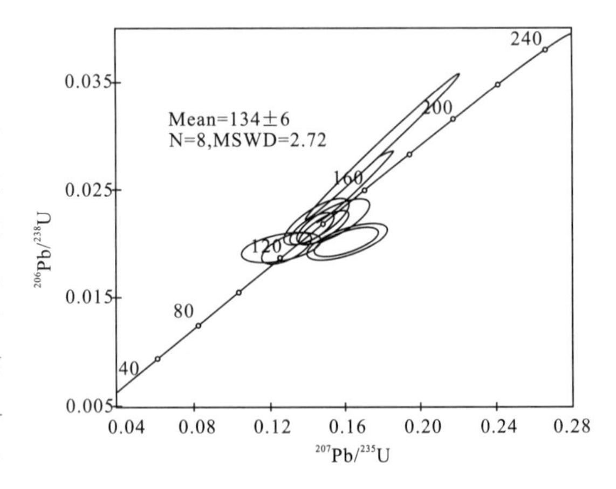

图 5-9 嘉黎县尼屋北糜棱岩化二长花岗岩锆石 U-Pb SHRIMP 年龄谐和图（据样品 0975）

综合上述测区 4 条韧性剪切带寄居母岩年龄和 U-Pb 同位素年龄结果，大多数韧性剪切带都转入了早泥盆世或早二叠世侵入岩体，且均有海西期至印支期铅重置年龄(个别达燕山期)，说明测区海西至印支期发生了较重要的构造变形和构造热事件。

第五节　中—中浅层次褶皱-断裂构造

测区中—中浅构造层次的褶皱-断裂构造变形遍布全区，对前期的深层次韧性剪切流动变形及构造混杂变形发生不同程度的叠加改造，并对前期的深层次韧性剪切流动变形发生不同程度的叠加改造。测区中—中浅层次的主要褶皱及断裂构造见表5-6、表5-7。

表5-6　嘉黎县幅主要褶皱构造特征一览表

编号	褶皱名称及基本型式	规模	褶皱基本特征	位态分类	发育时代
f21	生大弄东西向背斜	长>12km，长宽比4∶1	褶皱层由$J_{2-3}l$、K_1d^1组成，核部最老地层为$J_{2-3}l$，翼部最新地层为K_1d^1。北翼地层产状10°∠50°，南翼地层产状一般180°～190°∠50°～60°。轴面走向东西向，近直立。转折端呈圆弧形。枢纽向西倾伏	直立倾伏褶皱	燕山期
f22	查拉松多东西向背斜	长>11km，长宽比4∶1	褶皱层由$J_{2-3}l$组成，为层内褶皱。北翼地层产状350°～10∠25°～50°，南翼地层产状一般170°～190°∠30°～51°。轴面走向东西向，近直立。转折端呈圆弧形。枢纽呈波状起伏	直立水平褶皱	燕山期
f23	恩朱格区东西向向斜	长48km，长宽4∶1	褶皱层由J_2m、J_2s、$J_{2-3}l$组成，核部地层为$J_{2-3}l$，北翼地层为J_2m、J_2s，南翼被断层和岩体切断。总体为东西向延伸并作弧形弯曲的短轴向斜构造。北翼地层产状160°～190°∠40°～60°，南翼地层产状330°～10°∠20°～40°，轴面走向近东西，向北倾，倾角70°～80°。转折端呈圆弧形。枢纽呈波状起伏	斜歪水平褶皱	燕山期
f24	打呢东西向背斜	长约25km，长宽比大于10∶1	褶皱层由$J_{2-3}l$组成，为层内褶皱。总体为一东西向延伸线性背斜构造。北翼地层产状一般340°～25°∠35°～70°，南翼地层产状一般160°～200°∠50°～80°，局部地段倒转。轴面走向近东西，向北东倾，倾角65°～80°。转折端呈圆弧形至尖棱状。枢纽向西和向东均倾伏	斜歪倾伏褶皱	燕山期
f25	呀钦东西向向斜	长约20km，长宽比约10∶1	褶皱层由$J_{2-3}l$组成，为层内褶皱。总体为一东西向延伸线性向斜构造。北翼地层产状160°～200°∠50°～80°，局部地段倒转。南翼地层产状340°～10°∠23°～50°，轴面走向近东西，向北东倾，倾角65°～80°。转折端呈圆弧形至尖棱形。枢纽向西和东均扬起	斜歪倾伏褶皱	燕山期
f26	桑青松多北东向背斜	长约10km，长宽比大于5∶1	褶皱层由$J_{2-3}l$组成，为层内褶皱。总体为一北东向延伸短轴背斜构造。北西翼地层产状一般330°∠41°，南东翼地层产状一般150°～170°∠34°～50°。轴面走向北东，近直立。转折端呈圆弧形。枢纽向南西和向北东均倾伏	直立倾伏褶皱	燕山期
f27	通得北东向向斜	长约10km，长宽比约5∶1	褶皱层由$J_{2-3}l$组成，为层内褶皱。总体为一北东向延伸短轴向斜构造。北西翼地层产状150°～170°∠34°～80°。南东翼地层产状330°～350°∠37°～60°。轴面走向北东，近直立。转折端呈圆弧形。枢纽向南西和向北东均扬起	直立倾伏褶皱	燕山期
f28	奔达真布东西向背斜	长约20km，长宽比大于5∶1	褶皱层由C_2P_1l组成，为层内褶皱。总体为一东西向延伸短轴背斜构造。北翼地层产状一般0°～25°∠26°～45°，南翼地层产状一般160°～190°∠20°～40°。轴面走向东西，近直立，发育与层面近直交的轴面劈理。转折端呈圆弧形。枢纽向南西和向北东均倾伏	直立倾伏褶皱	海西—印支期
f29	阿扎区东西向向斜	长约10km，长宽比约5∶1	褶皱层由C_2P_1l组成，为层内褶皱。总体为一东西向延伸短轴向斜构造。北翼地层产状170°～190°∠20°～40°。南翼地层产状340°～0°∠23°～25°。轴面走向东西，近直立，发育与层面近直交的轴面劈理。转折端呈圆弧形。枢纽向西和东均扬起	直立倾伏褶皱	海西—印支期
f30	拉如东西向背斜	长约10km，长宽比约5∶1	褶皱层由AnOl组成，为层内褶皱。总体为一东西向延伸短轴背斜构造。北翼地层产状一般0°～25°∠50°～70°，南翼地层产状一般180°～200°∠50°～85°。轴面走向东西，近直立。转折端呈圆弧形。枢纽向南西和向北东均倾伏	直立倾伏褶皱	加里东—海西期

表 5-7　嘉黎县幅主要断裂构造特征一览表

编号	断裂名称	断裂产状	断裂规模		构造岩	断层性质及相关构造	切错岩石地层单元	断层时代
			长	宽				
F1	嘉黎-易贡藏布断裂	倾向NE或SW，倾角>70°	>150km	50～200m	碎裂、构造角砾及构造透镜体发育，局部地段有钙华	多期活动，右行平移为主，SW盘有上升现象，发育断层温泉，现代地震活动带	$Pt_{2-3}Nq$、AnOl、C_1n、C_2P_1l、$J_{2-3}l$、$E\eta\gamma$	为长期活动边界断裂，最新活动时间为第四纪
F2	嘉黎区-向阳日断裂	倾向N或S，倾角>65°	>145km	30～100m	碎裂岩、碎粉岩及构造透镜体发育，局部地段有钙华	多期活动，南盘上升，右行平移，发育断层温泉	C_2P_1l、P_2l、J_2s、$J_{2-3}l$、$J_3\gamma\delta$、$K_1\pi\eta\gamma$、$K_1\gamma\delta$、$K_2\xi\gamma$、$E\eta\gamma$	为长期活动边界断裂，最新活动时间为第四纪
F9	雄中-中亦松多断裂	5°～30∠40°～76°	>25km	20～100m	碎裂岩、断层泥、构造透镜体	逆断层	$J_{2-3}l$、K_1d、K_1b、K_2z	燕山期
F10	哄多-额拉断裂	总体倾向N，局部倾向S，倾角55°～80°	>145km	10～100m	碎裂岩、断层泥、构造透镜体	逆断层	$J_{2-3}l$、K_1d、K_2z、K_2b、$K_2\pi\eta\gamma$、$K_2\eta\gamma$、$K_2\xi\gamma$	燕山期
F11	共野-霞公拉断裂	5°～35°∠55°～75°	>145km	50～150m	碎裂岩、碎粉岩、构造透镜体	逆断层	$J_{2-3}l$、K_1d、K_2z、$K_2\pi\eta\gamma$、$K_2\eta\gamma$、$K_2\xi\gamma$	燕山期
F12	先俄-阿拢断裂	总体向N倾，局部向S倾，倾角50°～80°	>45km	2～10m	碎裂岩、碎粉岩、	逆断层为主	$J_{2-3}l$、K_1d、$K_2\pi\eta\gamma$、$K_2\eta\gamma$	燕山期
F13	擦曲卡-阿拉日断裂	总体向N倾，局部向S倾，倾角50°～80°	>145km	50～3 000m	碎裂岩、构造冲断体	逆断层，发育次级小断层，局部有断层温泉	J_2m、$J_{2-3}l$、K_1d、$K_1\gamma\delta$、$K_2\eta\gamma$、$K_2\eta\gamma$	形成于燕山期，喜山期有活动
F16	岗林-错尤拉断裂	向S倾，倾角不详	13km	不详	碎裂岩	逆断层	C_2P_1l、P_2l、P_3x、$K_1\pi\eta\gamma$、$E\eta\gamma$	燕山期—喜山期
F23	泽拉错-宗颇断裂	总体10°～25°∠58°～85°，局部向S倾	>148km	50～100m	碎裂岩、构造角砾岩	正断层，后期右行平移	C_2P_1l、J_2s、$J_{2-3}l$、$K_1\eta\gamma$、$E\eta\gamma$	燕山期—喜山期
F24	日卡-索通断裂	西段：180°～200°∠47°～85°；中段：20°～30°∠45°～56°，东段近直立	>132km	3～50m	碎裂岩	多期活动，以右行平移为主，东段晚期右行平移切割早期韧性剪切带	$Pt_{2-3}Nq$、AnOl、$D_1gn\eta\gamma$、$P_1\eta\gamma$、$J_3\eta\gamma$、$K_1\eta\gamma$、$E\eta\gamma$	燕山期—喜山期复活
F25	笨达-冲果俄断裂	180°～190°∠65°～76°	>147km	50～200m	碎裂岩、构造角砾岩、构造透镜体	多期活动，以逆断层为主，东端被F1截断	$Pt_{2-3}Nq$、AnOl、AnOc $J_1\eta\gamma$、$K_1\pi\eta\gamma$、$K_1\eta\gamma$、$E\eta\gamma$	燕山期，喜山期复活
F26	扎拉-者新断裂	西段：185°∠58°～67°，东段：340°∠82°	>75km	50～100m	碎裂岩、构造角砾岩	多期活动，以逆断层为主，东端被F1截断	$Pt_{2-3}Nq$、$K_1\pi\eta\gamma$、$K_1\eta\gamma$、$E\eta\gamma$	燕山期，喜山期复活
F29	雪拉-麦索拉断裂	5°∠60°～82°	>125km	5～100m	碎裂岩、构造角砾岩	以逆断层为主，西端与F25相连	$Pt_{2-3}Nq$、$K_1\eta\gamma$、$E\eta\gamma$、$E\pi\eta\gamma$	燕山期，喜山期复活
F30	新卡断裂	10°∠75°	28km	50～100m	碎裂岩	正断层，东端与F23相连，西端与F1相连	C_2P_1l、J_2m、J_2s、$J_{2-3}l$	燕山期

续表 5-7

编号	断裂名称	断裂产状	断裂规模		构造岩	断层性质及相关构造	切错岩石地层单元	断层时代
			长	宽				
F31	轮我拉断裂	180°∠58°	>15km	10～50m	碎裂岩、碎粉岩	正断层，东端与F32相连	C_2P_1l、P_2l	海西至印支期
F32	黑日阿拉断裂	10°∠65°	>32km	30～50m	碎裂岩、碎粉岩	正断层	C_2P_1l、P_2l	海西至印支期
F33	昂纳-鼓弄断裂	西段：205°∠56°；东段：355°∠78°	54km	约100m	碎裂岩、构造片麻理	南盘上升，西端被 $K_2\xi\gamma$ 截断，东端被F1截断	$Pt_{2-3}Nq$、C_2P_1l	海西期
F34	曲果黎-嘎仁穷打断裂	350°∠68°	35km	约30m	碎裂岩、构造片麻理	逆断层，西端被 $K_1\eta\gamma$ 截断，东端被F1截断	$Pt_{2-3}Nq$、$AnOl$、$P_1\eta\gamma$	海西至印支期
F35	通果-普都断裂	10°∠66°	>141km	50～100m	碎裂岩，发育挤压构造透镜体	逆断层	$Pt_{2-3}Nq$、$AnOl$、$K_1\eta\gamma$、$K_1\pi\eta\gamma$、$K_2\eta\gamma$	多期活动，主要为燕山期
F36	得灭-黑青弄古断裂	185°∠80°	>77km	10～100m	碎裂岩、构造片麻理	韧性剪切至右行平移	$Pt_{2-3}Nq$、$K_1\eta\gamma$、$E\eta\gamma$	多期活动，泛非期—喜山期
F37	拉如-阿帮断裂	185°∠80°	>125km	2～10m	碎裂岩、断层角砾岩	逆断层，东端与F38相交	$Pt_{2-3}Nq$、$AnOl$、$K_2\eta\gamma$、$E\eta\gamma$	燕山期—喜山期
F38	低弄-根田断裂	总体向北倾，倾角50°～70°	>60km	10～100m	碎裂岩、断层角砾岩、强板劈理化带	逆断层	$Pt_{2-3}Nq$、$AnOl$、$AnOc$、$K_2\eta\gamma$、$E\eta\gamma$	燕山期—喜山期
F39	朗达-朱拉区断裂	总体向南倾，倾角56°～85°	>104km	20～100m	碎裂岩、断层角砾岩	逆断层	$Pt_{2-3}Nq$、$AnOc$、$K_1\delta o$、$K_2\eta\gamma$、$E\eta\gamma$	燕山期—喜山期
F44	色拉贡巴-汤目拉断裂	215°∠85°	>48km	3～200m	碎裂岩、断层角砾岩，有硅化、黄铁绢英岩化	右行平移	切错最新地层 K_1d，切错最新岩体 $E\eta\gamma$	喜山期
F45	甲贡-龙布断裂	走向NW，近直立	>138km	10～50m	碎裂岩	右行平移	切错最新地层 K_1d，切错最新岩体 $K_2\eta\gamma$	喜山期，现代活动断层

一、褶皱构造

1.前奥陶纪地层区中层次褶皱构造特点

测区前奥陶纪地层出露于嘉黎-易贡藏布断裂南侧，为中层次韧脆性褶皱、断裂-脆性断裂变形。其中褶皱构造未见大型褶皱，主要以小型层间褶皱为主，如拉如东西向背斜(表5-6、图5-3中f30)。褶皱较为紧闭，局部岩性段(主要是绢云母千枚岩)发育不协调褶皱(图5-10)和褶劈理(图5-11)，似褶叠层。岩层中S0较为清晰，S1(千枚理、片理为主，少数板理)也普遍发育，但未完全置换。显微构造显示片状矿物定向性良好(图版Ⅳ,6)，显示出中层次韧脆性变形特征。

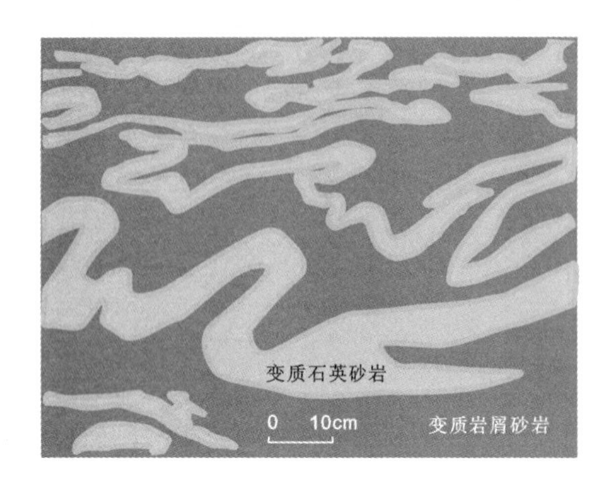

图 5-10　雷龙库组中变质砂岩中不协调小褶皱照片素描图

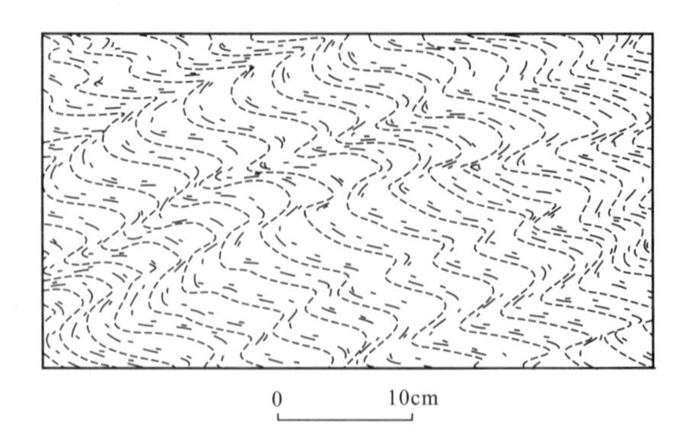

图 5-11　前奥陶纪岔萨岗岩组中的绢云母千枚岩褶劈理化素描图

2. 石炭纪—二叠纪地层区褶皱构造特点

测区石炭纪—二叠纪地层均出露于嘉黎区-向阳日断裂南侧，为中浅层次褶皱-脆性断裂变形。其中褶皱构造未见大型褶皱，主要以小—中型层内褶皱为主，如奔达真布东西向背斜(表 5-6、图 5-3中 f28)和阿扎区北东西向向斜(f29)。褶皱主要发育于来姑组中，两翼较为开阔，轴面近直立，并常发育与层面近垂直的轴面劈理(图 5-12)。岩层中 S0 清晰，S1(板理)普遍发育，但未完全置换。显示出中浅层次变形特征。

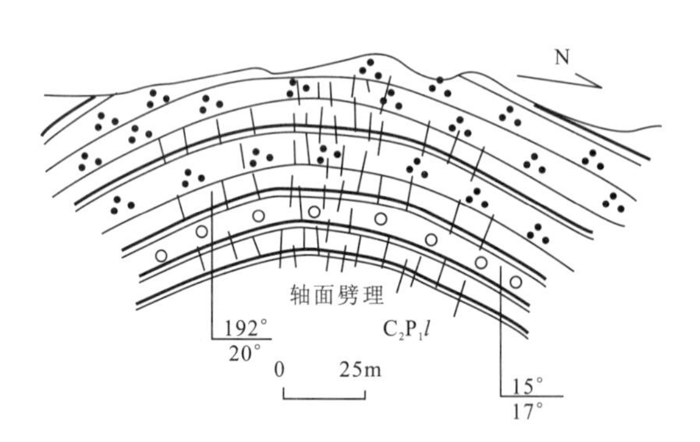

图 5-12　晚石炭—早二叠世来姑组中奔达真布背斜及其轴面劈理

3. 中侏罗世—早白垩世地层区褶皱构造特点

测区中侏罗世—早白垩世地层主要出露于嘉黎区-向阳日断裂北侧，为中浅层次褶皱-脆性断裂变形。其中褶皱构造以中—大型褶皱为主，层内褶皱也很发育，如恩朱格区东西向向斜(表 5-6、图 5-3 中 f23)、打呢东西向背斜(f24)、呀钦东西向向斜(f25)和桑青松多北东向北背斜(f26)。褶皱总体特点为两翼较为开阔至紧闭，一般背斜的北翼即向斜的南翼较陡，轴面以斜歪为主，向南倾斜，倾角 70°～90°，以板理—千枚理为主的劈理发育，劈理常顺层发育或平行轴面发育，局部地段可发育褶劈理(图 5-13)。岩层中 S0 较为清晰，S1(千枚理、板理)也普遍发育，总体未完全置换，局部地段已发生置换。显微构造显示板岩片状矿物定向性良好(图版Ⅳ,7)，而砂岩中片状矿物定向不明显(图版Ⅳ,8),显示出中浅层次变形特征。

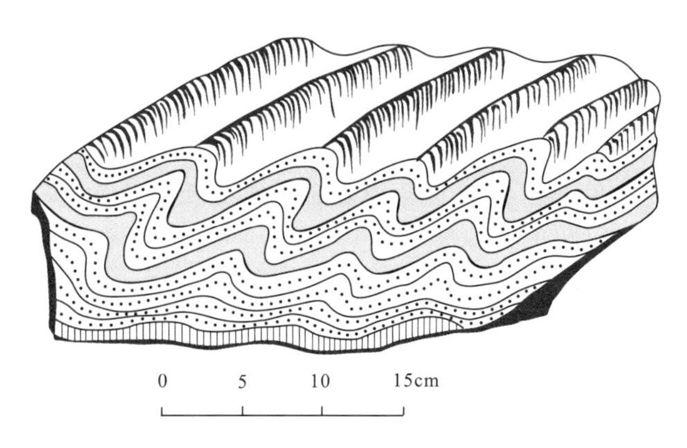

图 5-13 晚侏罗世拉贡塘组细砂岩夹板岩中发育的褶劈理素描图

二、断裂构造

测区断裂构造特别发育,除各构造单元以断裂构造为边界外,区内大部分地层的界线也以断裂为边界,显示出测区"断隆带"构造特色。除表 5-7 对主要断裂特征进行了描述外,对一些重要断裂特征描述如下。

1. 哄多-额拉断裂(F10)

哄多-额拉断裂是发育于那曲-沙丁中生代弧后盆地内部的三级断裂构造,测区内出露长度 145km,两端延出图外。断裂总体呈近东西向延伸,走向上表现为舒缓波状。总体倾角较陡(>55°),倾向以向北倾为主,局部向南倾。

断裂大部分地段发育于早白垩世多尼组内部,向东延伸进入中晚侏罗世拉贡塘组地层中,断裂带宽一般大于 10m,为脆性破碎带,以碎裂岩、碎粉岩及构造透镜体为主。

断裂在地形地貌上表现明显,多表现为沟谷、凹地、鞍部、山隘等负地形,发育断层崖、对头沟等构造地貌,局部地段发育断层泉(图 5-14)。

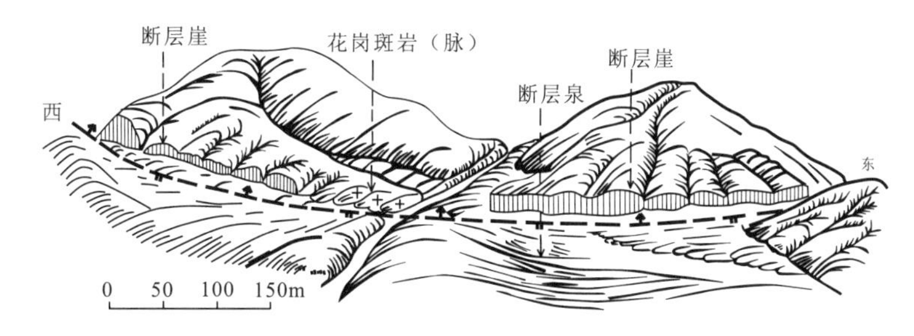

图 5-14 哄多-额拉断层形成的断层崖、断层泉、十字形沟谷景观素描示意图

(据 D1364)

总体来看,该断裂显示出多期次活动,至少经历了两次以上构造作用。主要断层效应为北盘上升,为逆断层。

2. 共野-霞公拉断裂(F11)

共野-霞公拉断裂是发育于那曲-沙丁中生代弧后盆地内部的三级断裂构造,测区内出露长度

145km,两端延出图外。断裂总体呈近东西向延伸,走向上表现为舒缓波状,局部发育断夹片。倾向以向北倾为主,倾角 55°～75°。

断裂切割地层主要有中晚侏罗世拉贡塘组和早白垩世多尼组,其中白垩纪地层主要分布在北盘(上盘),断裂带宽一般大于 50～150m,为脆性破碎带,以碎裂岩、碎粉岩、构造角砾岩及构造透镜体为主。

在东段生大弄一带,由中晚侏罗世拉贡塘组灰岩组成的断夹片构造变形强烈,小褶皱和板劈理发育,显示强烈的挤压特征。

断裂在地形地貌上表现明显,多表现为沟谷、凹地、鞍部、山隘等负地形,发育断层崖、对头沟等构造地貌。

主要断层效应为反映强烈挤压特征的北盘上升,为逆断层。

3. 擦曲卡-阿拉日断裂(F13)

擦曲卡-阿拉日断裂是发育于那曲-沙丁中生代弧后盆地内部的三级断裂构造,测区内出露长度 145km,两端延出图外。断裂总体呈近东西向延伸,走向上表现为舒缓波状,并发育多个断夹片。总体倾角较陡(>50°),倾向以向北倾为主,局部向南倾。

断裂西段主要发育于中晚侏罗世地层中,东段主要发育于晚白垩世二长花岗岩岩体中。其中西段断裂带为宽 2～4km,由 2～3 条断裂组成的断裂带。断裂带南北两侧由中晚侏罗世拉贡塘组组成,而断裂带断夹片主要由中侏世马里组和桑卡拉佣组组成,断层破碎带和断夹片内岩石变形均显示较强的挤压变形特征(图版Ⅴ,6;图 5－15),断夹片构造组合显示为楔状冲断体构造。此外,沿断裂带普遍发育较两侧围岩较强的变质带,灰岩常常大理岩化,局部地段可见构造片理(甲贡乡那靓)。

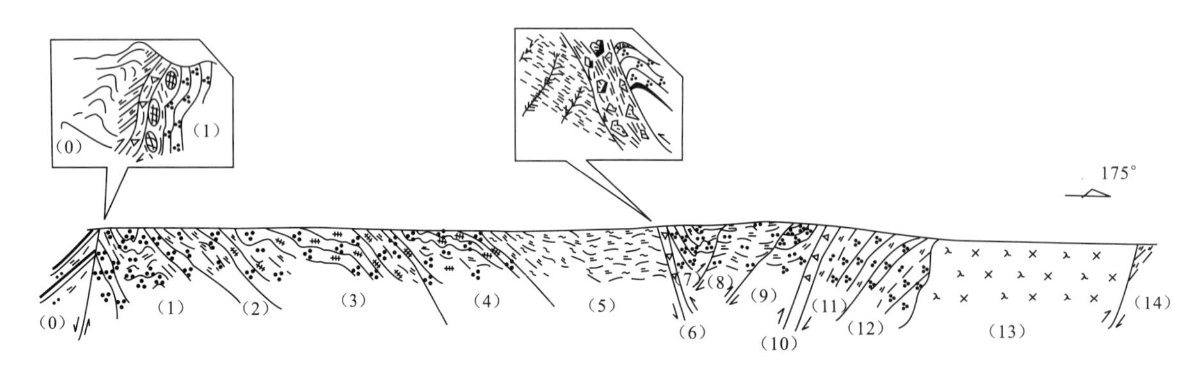

图 5－15　擦曲卡-阿拉日断裂结构剖面(P4)素描图

在同多弄巴—日阿沙一带,沿断裂带或其附近发育辉长辉绿岩体(脉),本次区调对该岩体中锆石进行了 U－Pb 同位素地质年龄测定,结果见表 3－51。锆石为短柱状,透明—半透明,属岩浆成因锆石。图 3－63 反映,3 号点基本落在谐和线上,其他点靠近谐和线下方,因此 37±2Ma 可代表辉长辉绿岩脉的成岩年龄,反映了该断裂带古近纪的强烈活动和断裂切割较深的构造特性。

断裂在地形地貌上表现明显,多表现为沟谷、凹地、鞍部、山隘等负地形(图版Ⅴ,7),发育断层崖(图 5－16)、对头沟等构造地貌,局部地段发育温泉和钙华。

总体来看,该断裂显示出多期次活动,至少经历了两次以上构造作用。主要断层效应为反映强烈挤压特征的北盘上升,为逆断层。但辉长辉绿岩体的发育可能发映了古近纪的张裂活动,而断层地貌的发育和温泉存在反映其也有现代活动。

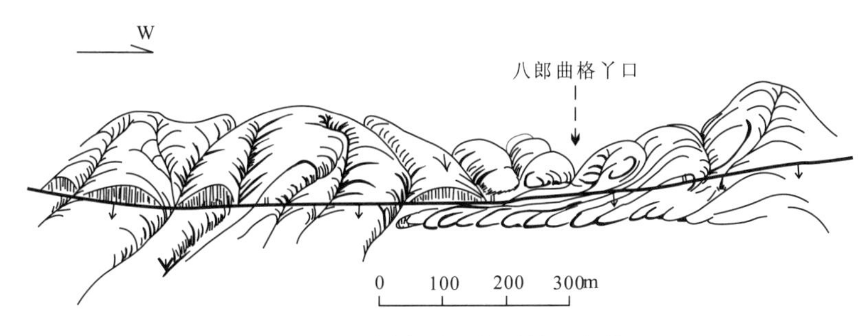

图 5-16　同多弄巴断裂景观素描

4. 通果-普都断裂(F35)

通果-普都断裂是发育于隆格尔-工布江达中生代断隆带内部的三级断裂构造，测区内出露长度 141km，西端延出图外。断裂总体呈近东西向延伸。总体向北倾斜，倾角 66°。

断裂西段为中新元古代念青唐古拉岩群(北盘)与前奥陶纪雷龙库岩组(南盘)的边界，东段大部分地段延伸于前奥陶纪雷龙库岩组中，断裂带宽一般大于 50～100m，为脆性破碎带，西段呈明显角度切割中新元古代念青唐古拉岩群中五岗韧性剪切带。地貌上负地形表现不明显，在沙虑以西分支成两条，北分支进入中新元古代念青唐古拉岩群中，并见二长花岗岩体逆冲于中新元古代念青唐古拉岩群变质岩之上(图 5-17)，断层效应主要表现为北盘上升，为逆断层。

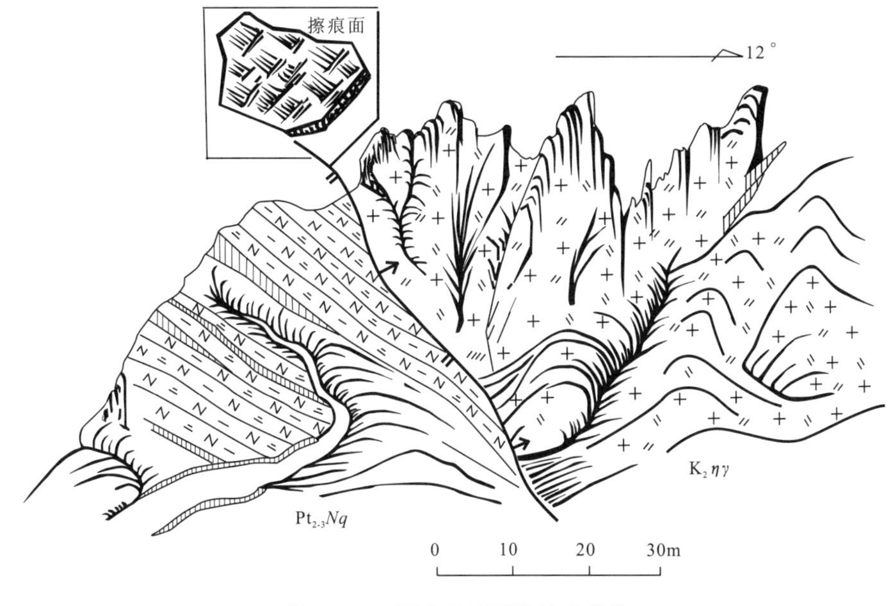

图 5-17　同多弄巴断裂景观素描

5. 笨达-冲果俄断裂(F25)

笨达-冲果俄断裂是发育于隆格尔-工布江达中生代断隆带内部的三级断裂构造，测区内出露长度 145km，两端延出图外。断裂总体呈近东西向延伸，走向上表现为舒缓波状，变化较大，并多次与其他断裂发生分支或相交。倾向总体向南倾，倾角 65°～76°。

断裂西段为中新元古代念青唐古拉岩群(南盘)与前奥陶纪岔萨岗岩组(北盘)的边界，中段为中新元古代念青唐古拉岩群（南盘）与前奥陶纪雷龙库岩组（北盘）的边界，东段主要发育于早白垩世二长花岗岩岩体中。其中西段断裂带为宽100～200m、由多条断裂组成的断裂带。断裂带由脆性破碎的碎裂岩、构造角砾岩和构造透镜体等组成，西段可见切割中新元古代念青唐古拉岩群中的韧性剪切带（图5-18）。主要断层效应为反映强烈挤压特征的北盘上升运动（图5-19），为逆断层。断裂在地形地貌上表现较为明显，多表现为沟谷、凹地、鞍部、山隘等负地形，发育断层崖、对头沟等构造地貌。

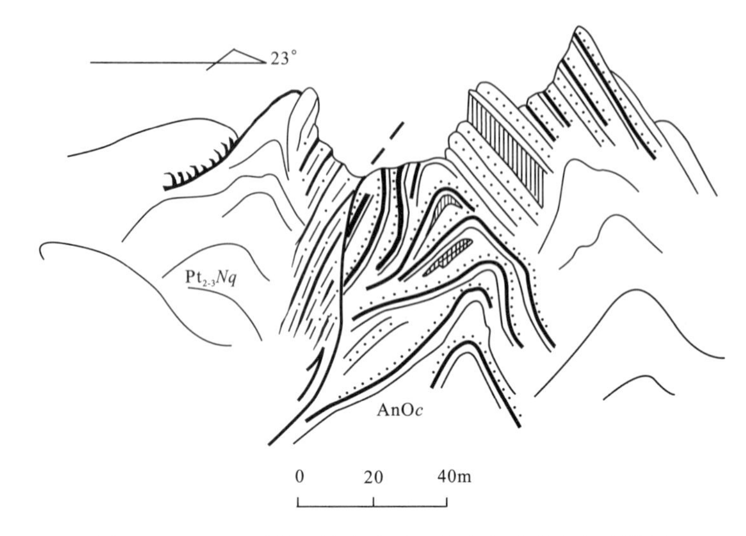

图5-18　麦日弄沟糜棱岩逆冲于板岩夹砂岩之上素描图
（据D1423）

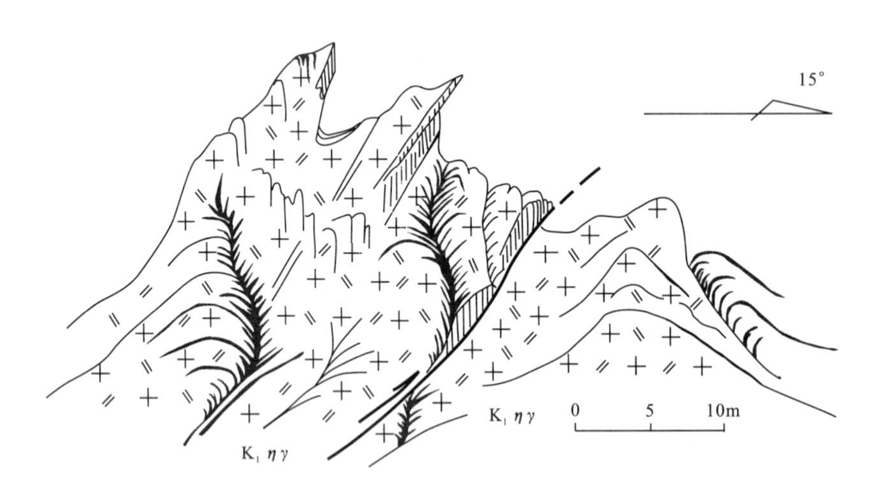

图5-19　早白垩世二长花岗岩体中断层地貌景观素描图
（据D1312）

6. 雪拉-麦索拉断裂（F29）

雪拉-麦索拉断裂是发育于隆格尔-工布江达中生代断隆带内部的三级断裂构造，测区内出露长度125km，向西与F25相连，向东延出图外。断裂总体呈近东西向延伸，走向变化不大，但多次与其他断裂发生分支或相交。倾向总体向北倾，倾角60°～80°。

断裂发育在中新元古代念青唐古拉岩群内部，除西段为中新元古代念青唐古拉岩群内a岩组与b岩组边界外，其他地段主要从a岩组内部通过，并切割古近纪和早白垩世花岗岩岩体。断裂带由脆性破碎的碎裂岩、构造角砾岩和构造透镜体等组成，西段可见切割中新元古代念青唐古拉岩群中的片麻理和片理。主要断层效应为反映强烈挤压特征的北盘上升，为逆断层。但对花岗岩体切割显示右行平移效应。

7. 得灭-黑青弄古断裂(F36)

得灭-黑青弄古断裂是发育于隆格尔-工布江达中生代断隆带内部的三级断裂构造，测区内出露长度77km，向西与F29相连，向东南延出图外。断裂总体呈近东西西向延伸，走向变化较大。倾向总体向南倾，倾角80°。

断裂发育在中新元古代念青唐古拉岩群内部，为中新元古代念青唐古拉岩群内a岩组与b岩组边界，并切割古近纪和早白垩世花岗岩岩体。断裂带由脆性破碎的碎裂岩、构造角砾岩等组成，可见切割中新元古代念青唐古拉岩群中的片麻理和片理。主要断层效应为反映北盘上升，为正断层。但对花岗岩体切割显示右行平移效应。

8. 拉如-阿帮断裂(F37)

拉如-阿帮断裂是发育于隆格尔-工布江达中生代断隆带内部的三级断裂构造，测区内出露长度125km，两端延出图外。断裂总体呈近东西向延伸，走向上表现为舒缓波状，并多次与其他断裂发生分支或相交。倾向总体向南倾，局部向北倾，倾角68°～80°。

断裂为中新元古代念青唐古拉岩群b岩组(北盘)与前奥陶纪地层(南盘)的边界，中段和东段主要发育于古近纪和早白垩世二长花岗岩岩体中。断裂带宽2～10m，主要由脆性破碎的碎裂岩、构造角砾岩和构造透镜体等组成，西段可见切割中新元古代念青唐古拉岩群中的韧性剪切带。主要断层效应为反映强烈挤压特征的北盘上升运动，为逆断层。但对古近纪和早白垩世花岗岩体切割显示右行平移效应。

断裂在地形地貌上表现较为明显，多表现为沟谷、凹地、鞍部、山隘等负地形，发育断层崖、对头沟等构造地貌。

9. 朗达-朱拉区断裂(F39)

朗达-朱拉区断裂是发育于隆格尔-工布江达中生代断隆带内部的三级断裂构造，测区内出露长度104km，两端延出图外。断裂总体呈近东西向延伸，为向北突出的弧形，走向上表现为舒缓波状。倾向总体向南倾，局部向北倾，倾角56°～85°。

断裂为中新元古代念青唐古拉岩群b岩组(南盘)与前奥陶纪岔萨岗岩组(北盘)的边界，西段和中段主要发育于古近纪和晚白垩世二长花岗岩岩体中。断裂带宽20～100m，主要由脆性破碎的碎裂岩、构造角砾岩组成，西段可见切割中新元古代念青唐古拉岩群中的多居绒-英达韧性剪切带。主要断层效应为反映南盘上升运动，为逆断层。但对古近纪和早白垩世花岗岩体切割显示右行平移效应。

第六节　构造变形序列

综合测区上述的不同形式的构造变形，其构造变形序列概括于表5-8。

表 5-8　嘉黎县幅主要构造变形序列简表

序列	时代	沉积建造及变形特征	演化阶段	地壳运动	变质作用	侵入活动
D13	中晚更新世—全新世	冰蚀谷、河流大峡谷发展阶段	高原隆升阶段	共和运动	未变质	
D12	早更新世	河流大峡谷初级发育阶段 内陆盆地面发育		昆黄运动		
D11	新近纪	主夷平面形成		青藏运动 C 幕		
D10	古近纪	雅鲁藏布江结合带变形变质 地面抬升以及山顶面的形成	板片俯冲汇聚陆内改造阶段	青藏运动 A、B 幕		
D9	晚白垩世	内陆盆地发育		喜山运动		$E\eta\gamma$
D8	早白垩世末	近东西向褶皱和断裂发育	岩浆弧及弧后盆地阶段或多旋回洋陆转换阶段	晚燕山运动		$K_2\eta\gamma$ $K_2\xi\gamma$
D7	中晚侏罗世至早白垩世	希湖组为代表的大陆斜坡沉积 中晚侏罗至早白垩世 那曲一沙丁弧后盆地发育阶段。 雅鲁藏布江结合带蛇绿混杂岩发育阶段		中燕山运动	低级变质	$K_1\eta\gamma$ $K_1\pi\eta\gamma$ $J_3\eta\gamma$ $J_3\pi\eta\gamma$ $K_1gn\eta\gamma$
D6	三叠世末期早侏罗世	孟阿雄群为代表的台地沉积		印支运动至早燕山运动	低级变质	$J_1gn\eta\gamma$
D5	石炭纪至二叠纪	苏如卡组构造混杂与怒江蛇绿岩发育阶段 前奥陶系和石炭至二叠系变质变形 石炭至二叠纪活动陆缘发育阶段		海西运动	低级 ↑ 中级	$P_1gn\eta\gamma$
D4	前石炭纪	以嘉玉桥岩群为代表的活动陆缘发育阶段和构造混杂与变形变质		加里东运动	中低级变质	$D_1gn\eta\gamma$
D3	前奥陶纪	以雷龙库岩组和岔萨岗岩组为代表的被动大陆边缘发育阶段				
D2	中新元古代末	5～6 亿年 念青唐古拉岩群和南迦巴瓦峰岩群北西西—南东东向构造片麻理或片理的形成、透入性的韧性剪切及相关的剪切褶皱。	泛非期基底形成阶段	泛非运动	中级 ↑ 高级	
D1	中新元古代	念青唐古拉岩群和南迦巴瓦峰岩群区域片理、片麻理的形成				

第七节　构造演化

根据沉积作用、变质作用、岩浆活动、构造变形和地球物理资料，测区地质构造演化过程划分为如下几个阶段(图 5-20)。

一、元古宙泛非期基底形成阶段

测区念青唐古拉岩群以深层次塑性流动褶皱及韧性剪切变形为特点。二者之间以断层接触，并以断层形式与变质变形相对较弱的前奥陶纪地层接触。

念青唐古拉岩群的原岩组合和沉积环境有相似之处，下部均为碎屑岩＋火山岩组合；火山岩从成分上看都具双峰式特征，即以酸性和基性岩为主，中性岩少或缺乏，玄武岩的地球化学特征表明形成于一个拉张(裂谷)环境。上部为碎屑岩夹碳酸盐沉积。

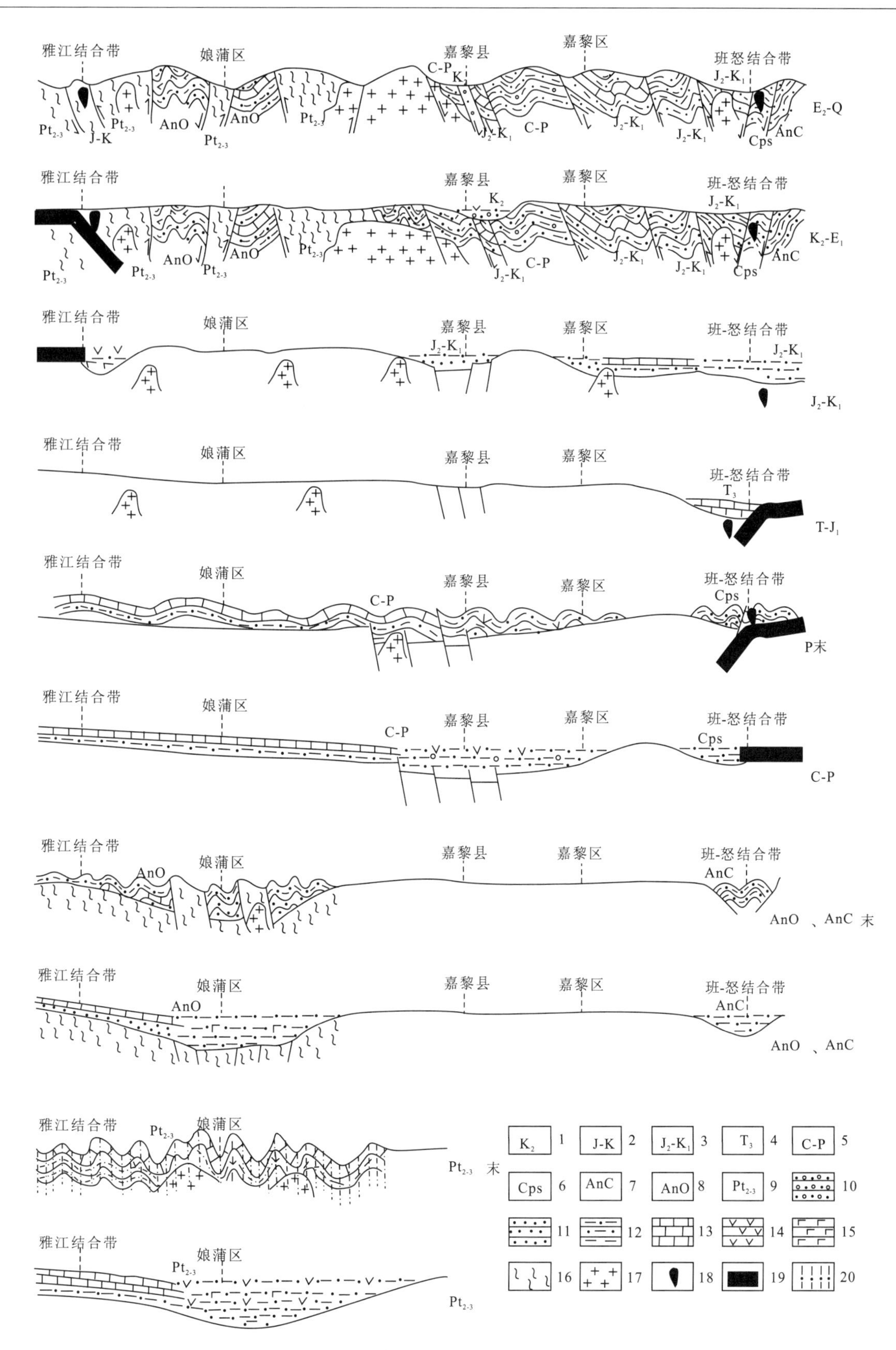

图 5－20　嘉黎县幅构造演化模式示意图

1.晚白垩世宗给组；2.雅鲁藏布江蛇绿混杂岩组；3.中上侏罗统—下白垩统；4.晚三叠世孟阿雄组；5.石炭系至二叠系；6.石炭纪—二叠纪苏如卡组；7.前石炭纪嘉玉桥群；8.前奥陶纪雷龙库组、岔萨岗组；9.中新元古界；10.砂砾岩；11.砂岩；12.细碎屑岩；13.碳酸盐岩；14.安山岩；15.玄武岩；16.片麻岩、片岩等结晶岩；17.中酸性侵入岩；18.蛇绿岩；19.洋壳；20.韧性剪切带总之，形成于印度古陆南缘的前寒武纪沉积—火山岩系(念青唐古拉岩群)记录如下一个演化过程：中元古代早期印度古陆南缘发生大陆裂谷作用，形成了具双峰式火山岩特征的火山积岩—碎屑岩(复理石)沉积组合；当拉张到一定阶段后拉张作用停止，海平面下降，测区北部处于碳酸岩台地而南部位于潮间带上，两者之间的过渡位置不明。这些沉积物于新元古代末期经历了一次大规模的构造运动，南迦巴瓦岩群发生了达角闪岩相的变质作用并伴有花岗岩(鲁霞片麻岩套)侵入，念青唐古拉岩群中也有花岗岩(古乡片麻岩套)侵入。这次构造热事件标志着测区结晶基底基本形成，也意味着测区的构造演化进入了一个新的篇章。

在念青唐古拉岩群中已获得的 Sm－Nd 模式年龄值为 2 296±63Ma、2 178±12Ma、1 453±14Ma，锆石 U－Pb 等时代年龄值为 1 250Ma，分别相当于早元古代和中元古代。念青唐古拉岩群中分布有早泥盆世(403.2±68.7Ma)的花岗岩侵入体(古乡片麻岩套)，说明念青唐古拉岩群于早泥盆世经历了一次岩浆热事件，花岗岩侵位后测区又发生了一次变质作用形成片麻岩套。本次工作中在嘉黎县幅 P23 实测剖面中念青唐古拉岩群 b 岩组片岩中碎屑锆石的 U－PbSHIMP 年龄测试中获得两个年龄分别为 1 283Ma 和 679 Ma。可能代表了念青唐古拉岩群较早期的构造热事件。

二、古生代至早白垩世多旋回洋陆转换阶段(岩浆弧及弧后盆地阶段)

1. 前奥陶纪冈底斯-念青唐古拉板片内的被动陆缘发育阶段

测区内最早的盖层沉积发育在冈底斯-念青唐古拉板片的隆格尔-工布江达中生代断隆带中，初步定为前奥陶纪地层。与下伏念青唐古拉岩群为断层接触关系。下部雷龙库岩组岩性以细粒石英岩、二云母角闪石英岩为主，夹黑云角闪粒岩、黑云母石英片岩、黑云母千枚片岩及变质玄武岩。该套地层变质程度属于中低级区域动力质作用，变质程度为绿片岩相。其原岩为硅质岩、石英砂岩、细粒石英杂砂岩及细粒—粉砂质泥岩。代表了裂谷盆地边缘斜坡浊流沉积环境。上部岔萨岗岩组岩性以灰色中薄层细晶大理岩、灰色中薄层状结晶灰岩、粉砂质绢云母千枚岩夹细粒石英砂岩、粉砂质黑云母绢云母千枚岩为主。其原岩为砂质灰岩和泥质岩及粉砂质泥岩、细粒石英砂岩、粉砂岩，总体反映了碳酸盐台地→陆棚砂泥质沉积环境。

值得注意的是，前奥陶纪雷龙库岩组偶夹基性火山岩(玄武岩)。岩石化学以富 SiO_2、CaO、MgO 为特征，稀土模式属轻稀土富集重稀土亏损型，地球化学分布型式及投图 Th－Hf/3－Ta、Th－Hf/3－Nb/16 结果(图 3－68)显示岛弧环境特征。

2. 石炭纪至二叠纪冈底斯-念青唐古拉板片内活动陆缘发育阶段

测区主要盖层为石炭纪和二叠纪地层。可分 5 种沉积相，即：滨浅海碎屑岩相、浅海陆棚碎屑岩相、浊积岩相、含砾板岩相及碳酸盐岩台地相。总体反映了冈瓦纳大陆北缘浅海陆棚-碳酸盐岩台地沉积环境。晚石炭世—早二叠世地层中发育具冰水沉积特征的含砾板岩。具冰水沉积特征的含砾板岩的发育说明该区当时的气候和地理位置还是属于冈瓦纳大陆的一部分。其中石炭纪—早二叠世地层中发育大量的中酸性火山岩，如安山岩、流纹岩、英安岩等，其中早石炭世诺错组火山岩岩石类型为安山岩、英安岩、火山碎屑岩，变安山玄武岩岩石化学属正常类型，DI＝25.62，A/NKC＝0.76，微量元素富 Cr、Sr、Ba、Ti，在 $\lg t-\lg\delta$ 图解中，投点位于造山带火山岩范围。稀土元素分配形式为轻稀土富集型，铕具较明显的亏损。反映诺错组是古特提斯洋中近边缘部分的沉积物的消减残留，是古特斯洋的一部分。晚石炭世至早二叠世来姑组中火山岩中，A/NKC＝0.77～1.11，铕强烈亏损，说明它们属于陆壳变沉积岩重熔的产物。它与深—浅海相沉积物共生，反映为裂谷环境。此外，在中新元古代念青唐古拉岩群中发现多处早泥盆世和早二叠世变质侵入体，岩性为片麻状二长花岗岩和片麻状花岗闪长岩。微量元素蛛网图中显示 Rb、Th 峰和 Nb、Ta 谷。以富 Rb、Th

等大离子亲石元素和亏损 Nb、Ta、Y 等高场强元素为特征。Nb 负异常可能与地壳混染有关。Sr、Ba 的亏损反映有分离结晶作用的存在，说明岩石形成与长期较稳定的条件有关，具正常大陆弧特征。Nb－Y 及 Rb－[Y＋Nb]判别图中，样品皆落入火山弧和同碰撞区。R1－R2 图解中，投入 1 区（地幔分异）和 6 区（同碰撞区）。因此，石炭—二叠世基性至中酸性火山岩的发现提供了冈瓦纳大陆北部在早石炭世已开始转化为活动大陆边缘的信息。而同时期变质侵入体的发现可能提供了特提斯洋盆早期俯冲作用的地质记录。

3. 三叠纪至早侏罗世冈底斯-念青唐古拉板片岩浆弧发育阶段

此时期是班公错-怒江结合带两侧板片俯冲碰撞和蛇绿岩发育主体阶段，与此相对应，在冈底斯-念青唐古拉板片的北端发育了以孟阿雄群为代表的碳酸盐台地沉积。此外，在索通、娘蒲一带发现多个早侏罗世变质侵入体，岩性为弱糜棱岩化二长花岗岩、花岗闪长岩和英云闪长岩，微量元素蛛网图中显示 Rb、Th 峰和 Nb、Ta 谷。以富 Rb、Th 等大离子亲石元素和亏损 Nb、Ta、Y 等高场强元素为特征。Nb 负异常可能与地壳混染有关。Sr、Ba 的亏损反映有分离结晶作用的存在，说明岩石形成与长期较稳定的条件，具正常大陆弧特征。Nb－Y 及 Rb－[Y＋Nb]判别图中，样品皆落入火山弧和同碰撞区。R1－R2 图解中，投入 1 区（地幔分异）和 6 区（同碰撞区）。可能代表了与班公错-怒江结合带俯冲碰撞的岩浆弧记录。

在多居绒-英达韧性剪切带早泥盆世侵入体中获得了 247±16Ma（U－Pb 法，宜昌地质矿产研究所，样品号 1390－2）年龄，剪切带片岩中锆石 U－Pb 法 SHIMP 谐和线年龄为 194±7Ma（样品号 P23－11，图 5－8，图版Ⅵ，2）。五岗韧性剪切带中花岗质糜棱岩锆石 U－Pb 法测试结果大部分年龄集中在 179～189Ma 之间（表 5－5 中样品 P22U－Pb15－1 和 P22U－Pb16－1）。八棚择韧性剪切带中构造片麻岩锆石 U－Pb 法测试年龄为 252～253Ma（表 5－5 中样品 U－Pb0978－1）。

综合测区韧性剪切带中 U－Pb 同位素年龄结果，早二叠世、早侏罗世二长花岗岩体的发现和多组海西期至印支期铅垂置年龄（个别达燕山期），说明测区海西至印支期发生了较重要的岩浆活动、构造变形和构造热事件。测区进入到岩浆弧发育阶段，提供了特提斯洋海西—印支期俯冲碰撞的岩浆记录。

4. 中晚侏罗世至早白垩世雅鲁藏布江洋盆发育扩张与冈底斯-念青唐古拉板片岩浆弧与弧后盆地发育阶段

从区域来看，雅鲁藏布江洋开始扩张于三叠纪，至三叠纪末洋盆已初具规模，侏罗纪、白垩纪时继续扩张，测区仅在拉月一带出露雅鲁藏布江蛇绿混杂岩的基质部分，就是雅鲁藏布江洋盆的沉积记录。

与雅鲁藏布江洋盆扩张相对应，测区南部（即隆格尔-工布江达中生代断隆带）以陆地为主，其中发育晚侏罗世至古近纪中酸性侵入岩，相当于与雅鲁藏布江洋盆扩张、俯冲碰撞的岩浆记录。测区北部（即那曲-沙丁中生代弧后盆地）发育弧后盆地，出露地层有中上侏罗统—下白垩统，中侏罗世希湖组为浅海—半深海相砂板岩夹火山岩和硅质岩；中晚侏罗世为灰色—灰黑色浊积岩的盆地沉积；早白垩世为含煤碎屑沉积，显示为弧后盆地沉积特点。

测区内晚白垩世宗给组与下伏地层早白垩世边坝组、多尼组及中晚侏罗世拉贡塘组之间的角度不整合接触界线，代表了测区特提斯洋的彻底闭合和进入陆内构造演化阶段的开始。

与角度不整合相对应，测区内变质作用也以该时限为界，早白垩世及其更早的地层，普遍发生变质。而此后地层，除雅鲁藏布江结合带因动力作用发生变质外，其他地层均未发生变质。

雅鲁藏布江洋在区域上向北俯冲所形成的岩浆弧中花岗岩类的最早时代为 120～90Ma，但在测区扎西则岩体中出现 157.13±9Ma（Rb－Sr）（《1∶20 万通麦、波密幅区域地质矿产调查报告》

(甘肃省区调队,1995))的年龄,本次区调在嘉黎县幅阿扎错南次仁玉珍岩体中得到157.7±1.4Ma(K－Ar)的年龄,比区域资料早,表明雅鲁藏布江洋的俯冲作用可能在晚侏罗世就已经开始。

通过对东邻边坝县幅索通早泥盆世片麻状二长花岗岩中锆石U－Pb SHIMP谐和线分析(表5－4中样品2003－1,图5－21;图版Ⅵ,1),有5个样品集中在126±5Ma附近,有4个样品集中在67±2Ma附近;对测区尼屋北西的早二叠世弱片麻状二长花岗岩中锆石U－Pb SHIMP谐和线分析(表5－4中样品0975,图5－9),有8个样品集中在134±6Ma附近,说明早白垩世和晚白垩世测区发生了较重要的构造热事件,重置了岩体中的铅同位素。

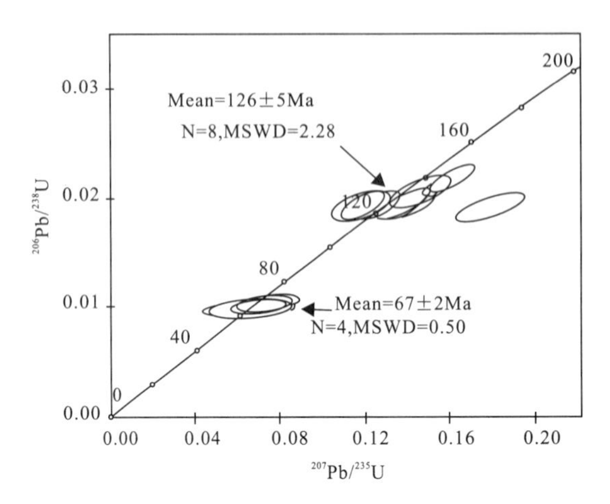

图5－21 波密县索通片麻状花岗岩锆石 U－PbSHRIMP年龄谐和图 (据样品2003－1)

三、晚白垩世至古近纪板片俯冲汇聚与冈底斯-念青唐古拉板片陆内改造阶段

随着印底板片不断向北俯冲碰撞,雅鲁藏布江洋盆逐渐收缩,测区进入陆内汇聚和陆内改造阶段。早白垩世晚期边坝组沉积后,冈底斯-念青唐古拉板片全部脱离海相进入到陆内盆地发育与火山、岩浆弧发育阶段。测区大量发育了晚白垩世至古近纪碰撞期或碰撞后中酸性侵入岩和晚白垩世宗给组火山岩。

火山岩岩石化学及地球化学特征反映了碰撞造山环境。与区域上雅鲁藏布江构造带俯冲消减时代相一致。

该时期碰撞后印度板块不断向北俯冲、挤压,在冈底斯-念青唐古拉板片形成一系列向南逆冲的叠瓦状断层,地壳的增厚导致雅鲁藏布江蛇绿混杂岩和两侧围岩发生高压变质作用。

古近纪时期测区未见沉积,从区域上看为内陆内改造阶段,总体高程有限,发生过两期构造变形和地面抬升事件。

四、晚新生代高原隆升阶段

在18～23Ma时,南迦巴瓦变质岩系开始折返,经历了快速剥露过程,标志着测区的应力场性质发生了根本变化,从挤压转向伸展。在伸展作用的大背景下,冈底斯-念青唐古拉板片在13～17Ma时,形成了大量的壳幔混源的花岗岩,近东西向断层由正逆活动转变为大规模走滑平移,特别是嘉黎-易贡藏布断裂累计位移距离已达200多千米,使断层的性质发生了变质。测区构造发展进入了一个崭新的构造发展阶段。从大量的古地貌和古地理调查和研究资料来看,测区保存两级夷平面,一级夷平面(山顶面)的准平原阶段为渐新世;二级夷平面即主夷平面的形成时代在中新世。裂变径迹资料和地面高程、山顶高程统计资料显示，上新世初(5.0MaBP)发生了青藏运动，测区隆升加快，经过早更新世末的昆黄运动、中晚更新世之交的共和运动，测区经历了高原隆升、两江水系溯源和大切割、冰川发育等过程，逐渐形成了现代高山峡谷地貌。

第八节　新构造运动及地貌变迁

一、研究现状

青藏高原隆升及其对周围环境的影响是青藏高原研究中的重要内容之一。自中国科学家施雅风、刘东生等1964年首次在希夏邦马峰北坡海拔5 000m以上的上新世地层中发现高山栎化石以来，关于高原在新近纪末期以来发生强烈上升的观点已在学术界深入人心。青藏高原隆升的影响已不仅限于中国及高原周围地区，许多学者把新生代以来全球气候变冷及大范围的环境变化(如非洲撒哈拉沙漠扩大)也归因于青藏高原及世界上其他山地高原的隆升(Raymo *et al.*，1992)。但是，关于高原上升的过程及地貌演化则存在不同观点。有人把高原上升看作是一个渐进过程，只是在新生代晚期有过明显的速度加快，而对加速上升发生的时间仍存在着重大分歧。比如Harrison等主张青藏高原在8.0Ma之前，大体上已达到现代高程的高度，并因此强化或激发了印度洋季风(Harrison *et al.*，1992)；Coleman等则主张青藏高原在14Ma前已达到最大海拔高度，以后因地壳减薄，发生东西向拉伸塌陷，一方面产生地堑谷，高原平均高度开始下降(Coleman *et al.*，1995)。我国学者崔之久(1996)、李吉均、施雅风等(1998，2001)近30年来的研究提出了自己独创性的观点。经20世纪90年代攀登计划的执行，进一步取得新的资料，特别是从青藏高原及周边地区对新生代沉积盆地的天然剖面、湖泊岩芯以及高山冰帽上钻取冰芯进行的研究，大大丰富了人们对青藏高原隆升过程和古环境变化的认识。

关于青藏高原在新生代发生突然隆升的原因，自1973年鲍威尔提出印度大陆向西藏高原俯冲导致西藏双陆壳结构和均一海拔厚度假说以来，其成为地质学家的关注目标，相继推出了一系列观点和认识，对青藏高原的隆升过程提出了不同的地球动力学模式，主要有：双层地壳或注入模式(Dewet *et al.*，1989)、薄粘滞体模式(England *et al.*，1982)、滑移线场模式(Topponner *et al.*，1976)、多地体拼合模式(常承法等，1982)、滑-推覆模式(许志琴，1988)、不同构造层的冲断和叠覆模式(李廷栋，1988)、双向俯冲模式(曾融生等，1992)、叠加压扁热动力模式(潘裕生，1998)，这些模式的研究都从不同角度对高原隆升过程和新构造运动的时限、特点及表现形式作了论述。

青藏高原分阶段隆升的观点正被越来越多的地质学家所接受。根据近20年来关于青藏高原地质、地球物理和区域环境变化研究的显著进展，研究者逐渐认识到，青藏高原的隆升是一个复杂的过程，隆升与夷平交替在青藏高原上起主导作用。争论的焦点主要集中在青藏高原于什么时间开始快速隆升以及青藏高原何时达到其最大高度。黄汲清(1987)、李吉钧、施雅风、崔之久(1995)、钟大赉(1998)等对青藏高原的新构造运动的阶段进行了划分，将青藏高原新构造运动划分为40Ma±、20Ma±的喜马拉雅运动、3.4Ma的青藏运动A幕、2.5Ma的青藏运动B幕、1.7Ma的青藏运动C幕、0.7Ma的昆黄运动和0.15Ma的共和运动。这些研究成果和认识为测区新构造运动和高原隆升过程的研究开拓了思路，提供了对比研究的丰富资料和可供借鉴的工作方法。

测区对新构造运动及隆升阶段研究缺乏资料，但东南部邻近藏东大拐弯地区，新构造运动及高原隆升的研究资料较为丰富。特别是1993—1996年间“青藏高原形成演化、环境变迁与生态系统研究”的国家攀登计划项目在测区东南部所做的裂变径迹研究成果具有代表性，其主要认识如下。

1. 平面上，从北到南，即从念青唐古拉山至南迦巴瓦峰方向，无论是锆石还是磷灰石的 FT 年龄都显示，抬升的时限愈来愈新，暗示喜马拉雅山抬升最新。磷灰石 FT 年龄大部分落在 3Ma 左右，且呈面状分布，表明该地区在 3Ma 以来发生了整体抬升。

2. 锆石 FT 年龄的平面分布显示冈底斯花岗岩带大多数年龄都大于 10Ma，而南迦巴瓦峰地区则落在 3Ma。说明冈底斯花岗岩抬升到地下 5～6km 时要比南迦巴瓦峰地区早 10Ma 以上，对比南迦巴瓦峰地区的锆石和磷灰石的 FT 年龄十分接近，显示南迦巴瓦地区的抬升速率较快。

3. 延伸进入测区的扎西则花岗岩体和阿扎贡拉花岗岩体的锆石和磷灰石 FT 年龄相似，表明二者之间无明显差异升降运动。而二者与南侧的南迦巴瓦峰地区的锆石和磷灰石 FT 年龄相差较大，表明其间有明显的差异升降，说明在其之间的印度河-雅鲁藏布江结合带或嘉黎-易贡藏布断裂带在高原隆升过程中具有重大控制作用。

二、新构造运动的表现

1. 夷平面

详见本节第五部分——层状地貌结构与高原隆升阶段性。

2. 河流阶地

新构造运动是阶地形成的主要因素之一，测区两大水系的支流阶地均很发育，阶地发育与水系发展、新构造运动和侵蚀基准面变化有关。总体来看，在支流下游地区，阶地发育级别较多，阶地海拔高程大。虽然各支流或同一河流的不同地段的阶地发育不尽相同，或者同一级别阶地海拔高度也不一样，但总体来看两大水系的阶地特点基本一致，通过光释光年龄测定高阶地 OSL 年龄显示均为晚更新世。说明现代河谷的发展主要是共和运动的产物。

在边坝县拉孜区与边坝区之间海拔 4 500m 的沙曲与麦曲的分水岭上，零散分布着主要由花岗岩类冰川漂砾组成的冰碛物，本次区调对该冰碛物进行了年龄测定，年龄为 705ka(ESR)，相当于中更新世早期，应为青藏高原倒数第三期冰期产物。从地貌和冰川漂砾成分分析，物源应来自函马达腊一带的岩体，而目前这一带的水系向西流向了麦曲，说明其发生了河流袭夺。而目前袭夺后的麦曲与分水岭高差达 200m，反映了中更新世以来该地区水系下切和构造隆升联合作用的幅度。

3. 洪冲积扇

测区洪冲积扇特别发育，特别是水系支流的上游地区，洪冲积扇更为明显。一些沟谷两侧均有分布，其发育时间主要为晚更新世和全新世，洪冲积扇的发育状况与山体新构造上升运动关系密切。

4. 温泉活动特征

温泉是被地下热源加热的深部地下水，热泉、沸泉、间歇喷泉及泉华等一定程度反映了一定时期和阶段深部热储及变异状态，一定程度上也反映了活动断裂和新构造运动的特点。根据测区大地热流值的局部热异常和天然流量的不均衡性特征，热泉活动受控于形成时期、埋藏深度和体积不等的不同岩浆囊，其形成和发展与印度板块向北俯冲和陆内聚敛作用有关。与测区雅鲁藏布江活动构造带之东西向引张关系密切。

测区隶属雅鲁藏布-狮泉河水热活动带。晚新生代以来，测区地热活动显示强烈。最为著名的温泉是通麦长青温池(目前已经被易贡藏布水体淹灭)，在其他地区温泉也很发育，不过大多数水温较低，有开发价值的不多，温泉是活动断裂的良好指示信息，如长青温泉是通麦-通灯断裂通过地，在嘉黎-易贡藏布断裂带上也常见温泉出露。

5. 地震活动特征

地震是现代地壳活动最直观的一种形式。它往往在活动构造带的一端、转折部位或两条和多条活动构造相交接的交叉地域发生，这些部位是最有利于岩石圈应力集中和释放的构造部位。

测区地震属地中海-南亚地震系中东段的板块活动类型。而嘉黎断裂带是现代地震最为活跃的地震带，解放后我国的三次 8 级以上的地震有两次发生在该断裂带上，一是 1950 年 8 月 15 日察隅 8.6 级和 1951 年 11 月 18 日当雄 8.0 级地震。同时，测区正位于嘉黎断裂带通过区，地震频度和强度均较高，有历史记载的地震记录上百条，不过大多数密集分布在边坝县幅崩果—通麦一带(图 5－22)。嘉黎县幅有历史记载的地震不多(图 5－23)。晚新生代以来的测区隆升显著，断裂的长期活动和青藏高原与印度洋的巨大高差，加速了雅鲁藏布江的溯源侵蚀，加大了测区的地貌反差，一方面造就了高山峡谷地形，易于发生泥石流、滑坡和崩塌等地质灾害；另一方面由断层活动引起的地震进一步诱发各种地质灾害，使测区成为地质灾害频发地段，对人类活动和经济发展造成损失。

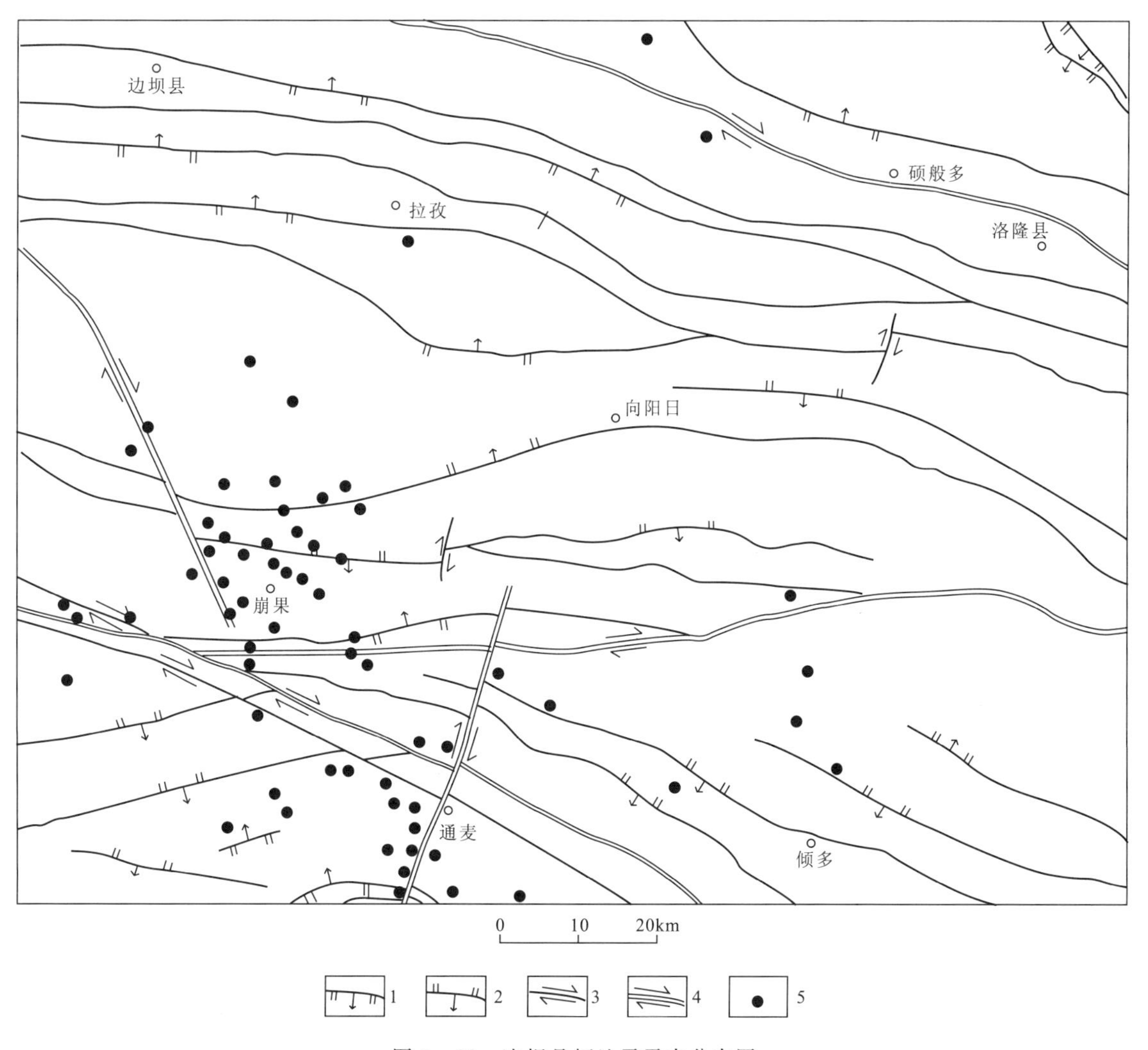

图 5－22　边坝县幅地震震中分布图

(震级 4 级以上，时间 19791.1—2005.9.1；资料来源于 internet)

1. 正断层；2. 逆断层；3. 平移断层；4. 平移活动断层；5. 地震震中

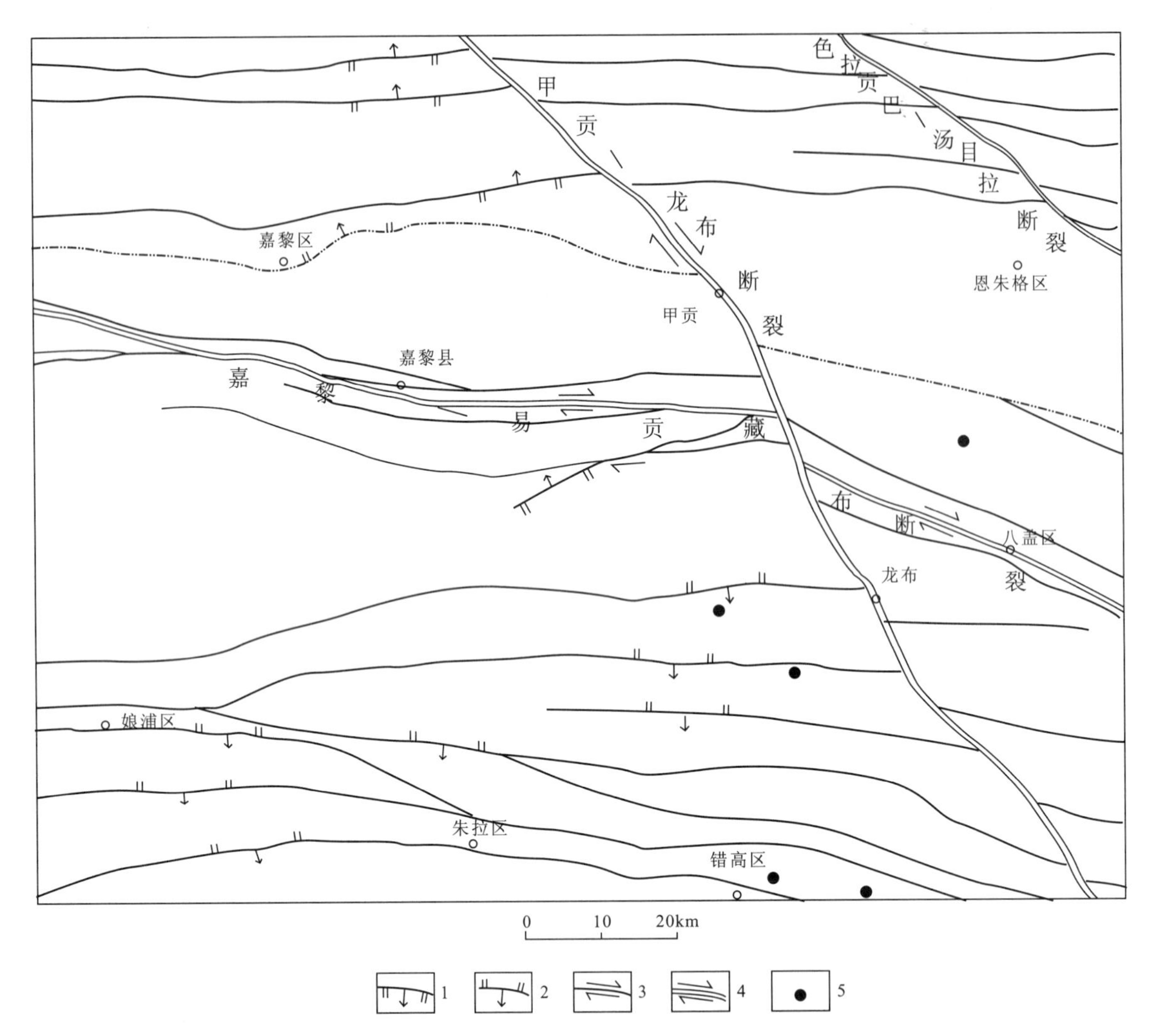

图 5-23　嘉黎县幅地震震中分布图

(震级 4 级以上,时间 19791.1～2005.9.1;资料来源于 internet)

1.正断层;2.逆断层;3.平移断层;4.平移活动断层;5.地震震中

三、主要活动断裂

1.嘉黎-易贡藏布断裂(F1)

嘉黎-易贡藏布断裂是一条长期活动的断裂带,新构造活动特征如下。

1)沿断裂发育多处温泉和钙华点(图版Ⅳ,3);

2)地貌上表现为负地形,总体沿易贡藏布河谷延伸;

3)是区域性地震带,也是测区中小型地震集中分布带(图 5-22)。

通过对断裂两侧的地面高程、山顶面高程分析和裂变径迹样品测试结果,在晚新生代高原隆升过程中,既有升降运动,也有平移运动,但与平移相比,升降运动较为微弱,南盘相对北盘差异隆升 100～150m。但平移运动极为显著,断裂两侧现今地层构造格局有明显区别。其中,中新元石代念青唐古拉岩群和前奥陶纪地层仅在断裂南盘出现。石炭至二叠纪地层特征也差异较大,特别是断层北盘倾多一带出现较强烈的火山活动。通过地层特征和火山活动特点对比,倾多一带的石炭至二叠纪地层与当雄一带的石炭至二叠纪地层具有更多的相似性。嘉黎-易贡藏布断裂的右行平移活动距离可能达 200km 以上。

2. 甲贡-龙布断裂(F45)

该断裂分布于边坝县甲贡—波密县龙布—林芝县久日错布一带，呈北西向，区内出露长约 138km，南北两端均延出图外。断层总体近直立。

该断裂带也是一条现代强烈活动的断裂，地貌上显示主要沿沟谷、鞍部等负地形延伸，断裂错断了其他所有近东西向断层，特别是将嘉黎-易贡藏布断裂带错开近 8km，显示右行平移运动，平移距离 6～10km。

3. 哑龙松多-硕般多断裂(F8)

该断裂分布于洛隆县哑龙松多—必农希—硕般多区一带，呈北西西向，区内出露长约 104km，两端延出图外。断层面总体向南南西倾斜，倾角 61°～68°。

该断裂带也是一条长期活动的断裂，现在活动也较为明显，在地震震中分布图上显示近代有两次地震震中沿该断裂分布。地貌上显示主要沿沟谷、鞍部等负地形延伸，并有多处温泉分布。

4. 宗本-则普断裂(F18)

该断裂分布于波密县宗本—则普—冻错一带，呈近东西向延伸，区内出露长约 120km，西端在易贡错北与嘉黎-易贡藏布断裂相连，东端延出图外。断层面总体向北倾斜，倾角 70°。

该断裂带也是一条长期活动的断裂，早期以逆冲为主，现在活动也较为明显，在地震震中分布图上显示近代有多次地震震中沿该断裂或在其附近分布。地貌上显示主要沿沟谷、鞍部等负地形延伸，并有多处温泉和线状排列的断层湖分布。

5. 通麦-通灯断裂(F42)

该断裂分布于波密通麦—通灯一带，呈北北东向，区内出露长约 31km，南端延出图外。断层产状总体近直立。

该断裂带也是一条现代强烈活动的断裂，在地震震中分布图上显示近代有 6 次以上地震震中沿该断裂带或其附近分布。地貌上显示主要沿沟谷、鞍部等负地形延伸，并有多处温泉分布，著名的通麦长青温池温泉就分布在该断裂带上，断裂错断了包括嘉黎-易贡藏布活动断裂在内的其他断层，显示左行平移运动，平移距离 500～1 000m。

6. 色拉贡巴-汤目拉断裂(F44)

该断裂分布于比如县色拉贡巴—边坝县汤目拉—波密县易贡错一带，呈北西向，区内出露长约 101km，北端延出图外，南端至易贡错一带与嘉黎-易贡藏布断裂相交而消失。断层总体近直立。

该断裂带也是一条现代强烈活动的断裂，在地震震中分布图上在崩果一带显示近代有 10 次以上地震震中沿该断裂带或其附近分布。地貌上显示主要沿沟谷、鞍部等负地形延伸，在边坝县汤目弄巴一带见有多处冰蚀湖也沿该断裂分布，并有多处温泉分布，断裂错断了其他断层，显示右行平移运动，平移距离 2～4km。

四、裂变径迹记录与新构造运动

岩石中矿物的裂变径迹是研究热演化史的一种重要方法，已经被广泛应用于研究隆升过程。如在刘顺生等对拉萨、康马和忠乌 3 个岩体的磷灰石裂变径迹年龄研究，江万等对曲水和日喀则岩体抬升速率的研究，丁林等对东喜马拉雅构造结南迦巴瓦地区磷灰石裂变径迹的研究显明东喜马拉雅构造结存在 3Ma 以来的整体快速抬升。袁万明等应用裂变径迹方法研究了西藏拉萨地块南缘多金属矿区成矿时代、冈底斯构造带和雅鲁藏布江构造带的裂变径迹年龄和热演化历史，指出冈底斯带南部存在 2 次构造事件，分别为 37.2～18.5Ma 和 18.5～8Ma，获得的隆升速率为 0.18mm · a^{-1}。吴珍汉等冈底斯典型岩体进行裂变径迹等热历史研究也给出了高原腹地隆升速率。不同地区的裂变径迹研究结果支持青藏高原多阶段、不等速、空间上不均一隆升的观点。

（一）样品与实验方法

实验采用外探测器法对样品进行裂变径迹分析。有关实验条件为：磷灰石裂变径迹蚀刻条件为体积分数 7%的 HNO_3 溶液，室温，40s；外探测器采用低铀含量白云母，径迹蚀刻条件为体积分数 40%的 HF 溶液，室温，20min；Zeta 标定选用国际标准样及美国国家标准局 SRM612 铀标准玻璃，Zeta SRM612＝352.4±29；样品送中国原子能科学研究院 492 反应堆进行辐照；径迹统计有 Olympus 偏光显微镜，在放大 1 000 倍浸油条件下完成。

（二）实验结果

11 个样品的磷灰石裂变径迹年龄见表 5-9，所有的裂变径迹年龄均在 4.0～11.7Ma 时间范围内。反映研究区高原隆升的时间相对集中。

表 5-9　测区磷灰石裂变径迹测定结果表

样号	矿物（粒数）	高程/m	岩性	标准径迹密度 /$\times 10^6 cm^{-2}$	自发径迹密度 /$\times 10^5 cm^{-2}$	诱发径迹密度 /$\times 10^6 cm^{-2}$	P(x2)/%	r	t/Ma（±1σ）
0571-1	22	4 680	二长花岗岩	1.187(2 717)	0.203(62)	0.4849(1 481)	73.1	0.691	8.8±1.4
0850-1	22	3 635		1.081(2 702)	0.134(25)	0.617(1 154)	42.6	0.609	4.1±0.9
0860-1	14	4 063		1.075(2 681)	0.270(37)	0.638(874)	8.5	0.950	8.0±1.5
0864-1	22	5 159		1.069(2 672)	0.109(24)	0.508(1 117)	42.9	0.895	4.0±0.9
0867-1	21	4 460		1.063(2 657)	0.233(49)	0.735(1 544)	22.5	0.927	5.9±1.0
0868-1	22	4 624		1.057(2 642)	0.205(45)	0.886(1 950)	73.6	0.816	4.3±0.7
0870-1	17	4 992		1.051(2 627)	0.192(28)	0.612(893)	1.0	0.693	5.3±1.5
0900-1	22	4 946		1.045(2 612)	0.782(172)	1.226(2 697)	70.3	0.916	11.7±1.4
0903-1	8	4 452		1.039(2 597)	0.222(10)	0.720(324)	94.1	0.672	5.6±1.9
0898-1	22	5 185		1.033(2 582)	0.286(63)	0.641(1 410)	57.7	0.977	8.1±1.3

（三）裂变径迹年龄的平面分布特征

磷灰石裂变径迹年龄的平面分布显示（图 5-24），以嘉黎断裂带为界，北构造单元 FT 年龄绝大多数大于 8.1Ma（仅一个低海拔高度的样品的 FT 年龄为 5.6Ma），而嘉黎断裂带南侧的构造单元中的 FT 年龄大多数小于 5.9 Ma。

矿物中的裂变径迹实际上是矿物晶格遭受的辐射损伤。裂变径迹数的多少，与积累的时间成正比，裂变径迹的稳定性主要受温度控制，磷灰石裂变径迹的封闭温度为（110±10）℃。当温度超过 110℃时，原有裂变径迹发生退火而消失，直到温度低于 110℃后才重新形成裂变径迹，“时钟”亦重新启动，由于地温梯度的存在，通常位于深部(>110℃)的样品裂变径迹被退火，年龄归零；随着抬升，年龄逐渐变大。本区用于测量裂变径迹的样品均取自白垩纪花岗岩体，裂变径迹年龄均小于岩体(磷灰石形成)年龄。表明样品形成后曾遭受构造热事件的影响，即裂变径迹年龄反映的是构造热事件的时代。

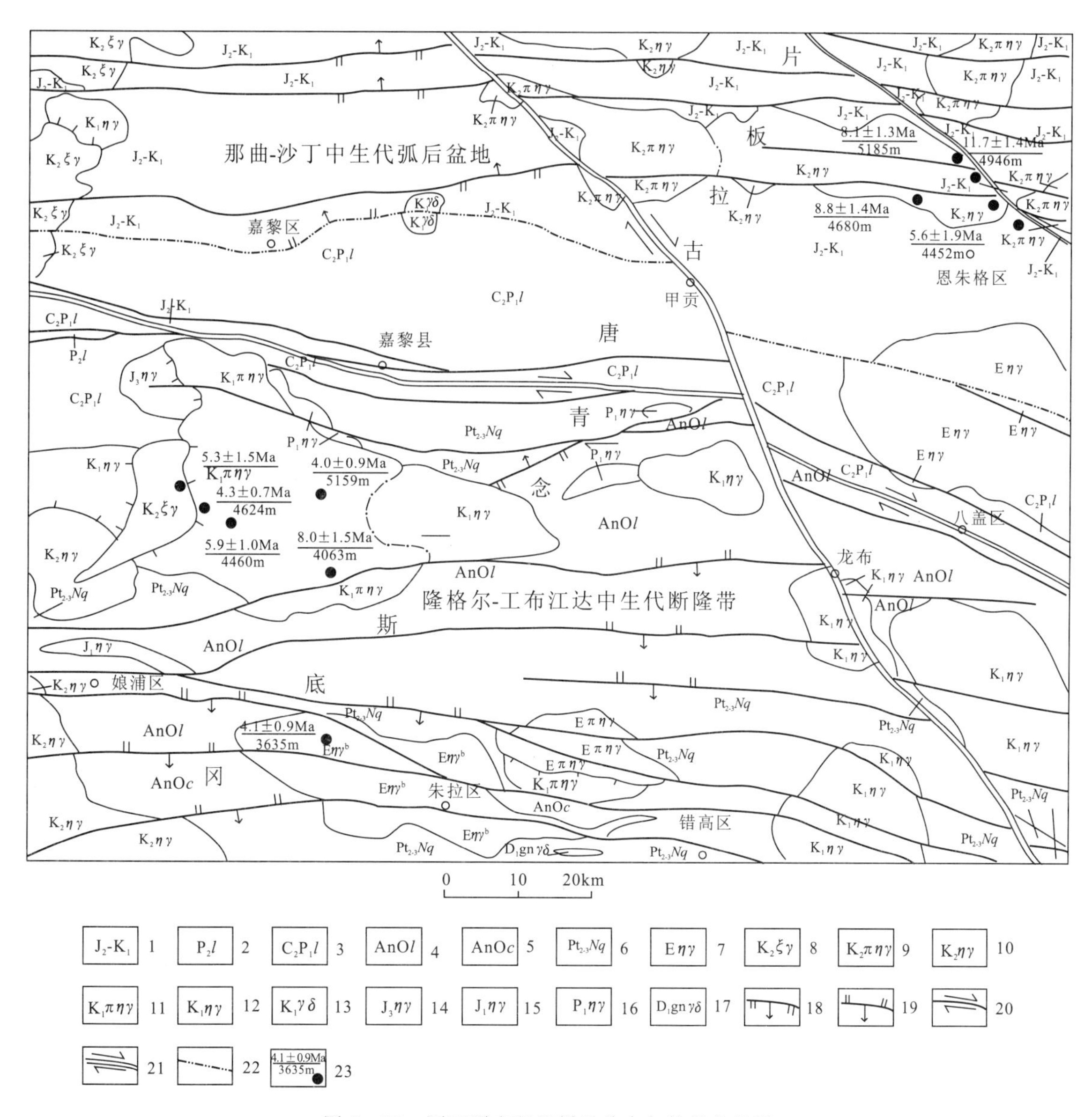

图 5-24　测区裂变径迹样品分布与构造位置图

1.中侏罗统至下白垩统；2.中二叠世洛巴堆组；3.晚石炭—早二叠世来姑组；4.前奥陶纪雷龙库组；5.前奥陶纪岔萨岗组；6.中新元古代念青唐古拉岩群；7.古近纪二长花岗岩；8.晚白垩世钾长花岗岩；9.晚白垩世斑状二长花岗岩；10.晚白垩世二长花岗岩；11.早白垩世斑状二长花岗岩；12.早白垩世二长花岗岩；13.早白垩世花岗闪长岩；14.晚侏罗世二长花岗岩；15.早侏罗世二长花岗岩；16.早二叠世二长花岗岩；17.早泥盆世片麻状花岗闪长岩；18.正断层；19.逆断层；20.平移断层；21.平移活动断层；22.二级构造单元分界线；23.裂变径迹样品位置及年龄和高程

(四)结论

1.断裂带北侧的磷灰石裂变径迹年龄较大，反映其抬升作用较慢，通过样品高程差和年龄差计算的抬升速率为0.07～0.09mm/a，也属较低水平。而断裂带南侧的磷灰石裂变径迹年龄明显较小,6个样品中有5个样品的磷灰石裂变径迹年龄在4.0～5.9Ma之间,仅有一个样品年龄为8.0Ma。说明嘉黎断裂带南盘有明显抬升作用,这与通过地面和山顶面高程统计的分析结果基本一致。

2.断裂带南侧6个样品中有5个样品的磷灰石裂变径迹年龄在4.0～5.9Ma之间,反映研究区在上新世有较强烈的抬升作用,这与钟大赉、丁林等研究的青藏运动第一幕3.4～2.5Ma的时间略早,而与赵志丹等研究拉萨和山南岩体的磷灰石裂变径迹3.2～8.3Ma相当。此外,样品磷灰石裂变径迹年龄与样品高程没有规律,一方面反映当时该地区抬长速率较快,另一方面可能反映当时已有一定地貌反差,并且这种地貌反差被继承性发展到现在。

五、层状地貌结构与高原隆升阶段性

青藏高原是地球表面规模最大、时代最新的大陆碰撞造山带。研究青藏高原新生代以来隆升过程是全球地质科学家的重大理论和实践问题,地貌演化的研究可以为其提供丰富的资料。构造运动与地貌演化存在密切关系,构造塑造地貌,地貌反映构造,构造地貌成为青藏高原地貌学与大陆动力学研究的重要内容。在众多高原隆升证据中地貌标志(夷平面、剥蚀面和河流阶地等)极为重要。前人在构造地貌和层状地貌结构方面做过许多研究。如吴珍汉等根据当雄及邻区层状地貌面的形成、裂解与演化良好地反映了青藏高原腹地挤压缩短与地壳增厚期后区域构造活动和地貌环境变迁的动力学过程;潘保田、柏道远等通过研究青藏高原上夷平面、剥蚀面和河流阶地等地貌面的特征、变形、成因和形成年代,对青藏高原隆升年代、幅度和过程进行了探讨;季建清等、王二七等对雅鲁藏布江大峡谷的成因和雅鲁藏布江的演化进行了研究。本文通过对念青唐古拉东段山顶海拔高程和地面海拔高程的统计分析,建立了研究区层状地貌结构,为高原隆升过程研究提供了佐证。

研究区位于念青唐古拉山东段,地理坐标:东经93°00′～96°00′,北纬30°00′～31°00′。北西部为切割相对较小的高原丘陵地貌,南东部为切割巨大的藏东高原高山峡谷地貌,总体地貌景观以高原高山峡谷地貌为主。其东南部属于著名的三大山脉(念青唐古拉山脉、喜马拉雅山脉、横断山脉)会聚的雅鲁藏布江大拐弯地区的一部分。山岭海拔一般在5 500～6 000m,局部地区达6 500～7 000m。河谷谷底一般3 000～4 000m,最低仅2 000 m。念青唐古拉山主脊分水岭以北为怒江水系,以南为雅鲁藏布江水系。巨大的地貌反差和地貌递变带,是研究高原隆升过程中地貌响应的理想地区。

现代高原地貌的形成是成山运动以来构造隆升和水系切割等内外动力地质作用共同作用的结果。高原隆升引起侵蚀基准面的下降,有利于河流下蚀作用,致使地貌反差加大,趋向于形成峡谷地貌;构造稳定时期,河流下蚀作用减弱,侧蚀作用加强,沉积作用也相对加强,趋向于削高补低,长期结果可形成准平原,短期结果可形成宽谷、曲流河或平缓洼地等。多次的构造隆升和相对稳定阶段交替,可形成多层次地貌结构,反过来,研究地貌层次结构可以反演高原隆升过程。测区地貌层次结构明显,为研究高原隆升过程提供了良好的基础。测区地貌层次结构明显,为研究高原隆升过程提供了良好的基础。

(一)数据采集

1.山顶海拔高程资料

在1∶10万地形图按公里网(每个网格4km^2)读取山顶高程点数,为使数据分布均匀,选取每个网格读数不超过2个,超过者采取最高的2个数据。共统计数据5 545个。山顶高程往往反映形成较早的夷平面面貌,故读取数按两条近东西向区域性断裂带分为3个区,嘉黎区-向阳日断裂带以北为北区，嘉黎区-向阳日断裂带与嘉黎-易贡藏布断裂带之间为中区，嘉黎-易贡藏布断裂带以南为南区(图5-25)，分区统计有利于了解两条区域性近东西向断裂带在高原隆升过程中的差异升降现象。

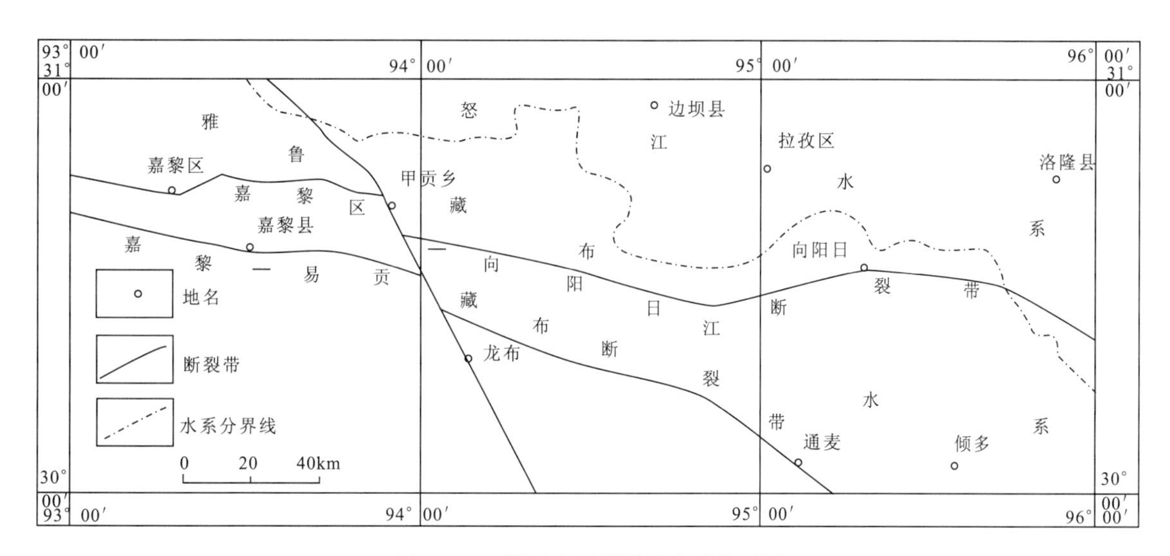

图5-25　测区主要断裂及水系分区图

2. 地面海拔高程资料

在1∶10万地形图上按公里网交点读取海拔高程点数，所读数据分布非常均匀，共统计数据8 078个。地面高程往往反映形成相对较晚的破坏较小的面状地貌，其特征与水系的演化发展密切相关，故读取数按水系先分2组，北为怒江水系，南为雅鲁藏布江水系，然后将雅鲁藏布江水系以嘉黎-易贡藏布断裂带为界分为两部分。前一分组有利于了解两大水系的溯源侵蚀特征及其对地貌的控制作用，后一分组有利于了解嘉黎-易贡藏布断裂带在高原隆升过程中的差异升降现象。

(二)数据处理与作图分析

数据统计之后，为使数据分布曲线圆滑，按照一定的数学模型对每一数据进行概率分析，然后计算出每一高程点出现的频率。数学模型主要运用了概率统计的方法，将2 000～7 000m之间每隔10m的高程点统计出来，统计过程如下：将所有读得的高程数据放在文档里面，用编制的C语言程序逐个的读数据，每读取一个数据，其频度就加一，相应的其邻近的高程点依次按0.2的概率进行频度累加，加到零为止。例如，当程序读到3 500的时候，3 500的频度加1，同时3 490的频度加0.8，3 480加0.6，依此类推，同样3 510的频度加0.8，3 520的频度加0.6，依此类推。当读到一个数据的时候，同时有九个高程点的频度在增加，这样做可以减小由于读取高程时由估读所引起的误差，并且可以使最终所得的数据曲线更加平滑，有利于对图形加以分析。

应用上述方法，我们对各个分区做了频度图形分析，发现频度统计图反差不大，难以明显表现区域特征，因此我们将其改进为频率分析图，使所有的数据有一个整体的比较性，也能更加客观的反映事实。

将各高程点平滑连线后能得到各个分区的山顶海拔高程分布图(图5-26)和地面海拔高程分布图(图5-27)。

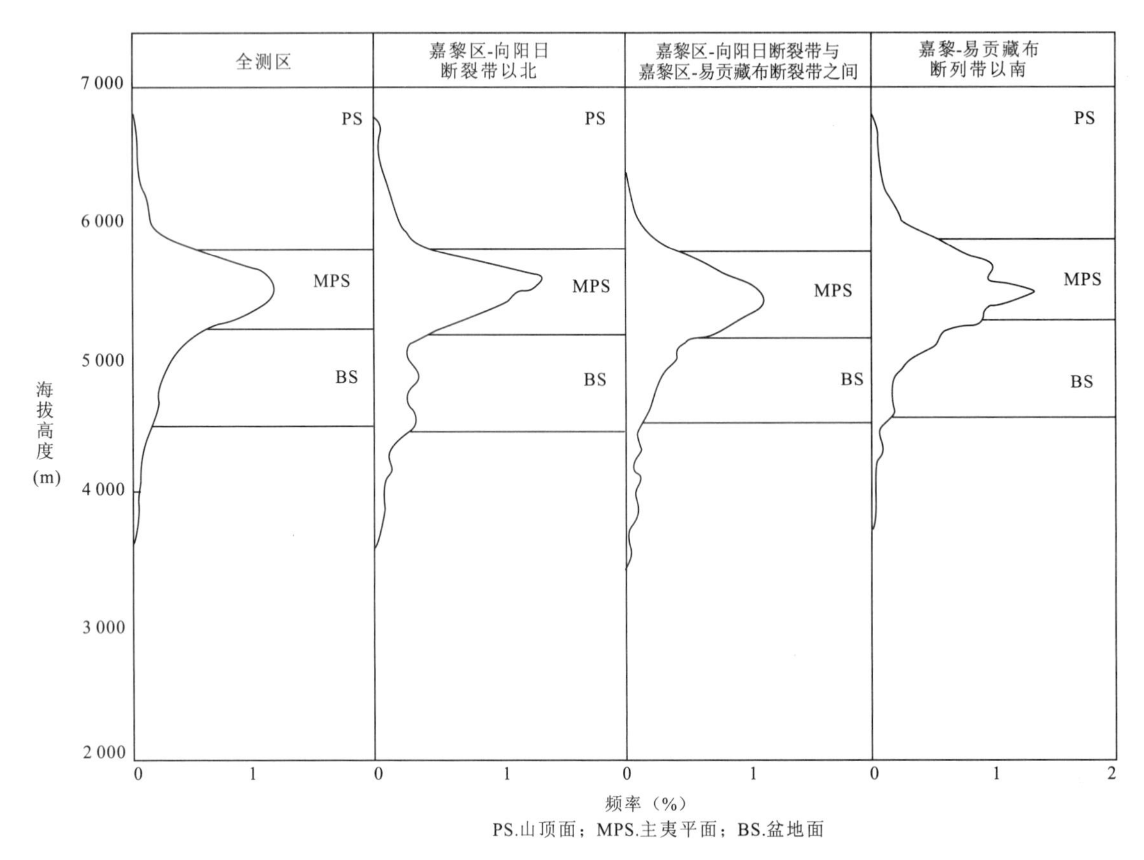

图 5-26 测区山顶海拔高程分布图

（三）层状地貌结构及其特征

综合研究区山顶海拔高程分布图(图 5-26)和地面海拔高程分布图(图 5-27)分析,研究区存在 4 个层状地貌。最高层状地貌为山顶面,虽然在山顶海拔高度分布图中出现频率不高,但念青唐古拉主脊众多山峰海拔一般达 6 500～7 000m,应是区域上定义的山顶面。第二个层状地貌为主夷平面,山顶海拔高度分布图中出现频率最高,不同构造单元其高程略有差异。嘉黎区-向阳日断裂带以北地区夷平面高程 5 180～5 800m,最大频率点为 5 600m。中部地区夷平面高程 5 150～5 800m,最大频率点为 5 400m。嘉黎-易贡藏布断裂带以南地区夷平面高程 5 300～5 900m,最大频率点为 5 550m。第三个层状地貌为盆地面,在山顶海拔高度分布图中出现频率次高。不同分区其高程略有差异,嘉黎区-向阳日断裂带以北地区盆地面高程 4 450～5 180m,中部地区盆地面的高程 4 500～5 150m,南部的嘉黎-易贡藏布断裂带以南地区盆地面的高程 4 560～5 300m。在地面海拔高程分布图上盆地面出现频率最高,怒江水系区的高程为 4 520～5 300m,最大频率点为5 000m;雅鲁藏布江水系区中嘉黎-易贡藏布断裂带以北为 4 600～5 300m,最大频率点为5 120m;雅鲁藏布江水系区中嘉黎-易贡藏布断裂带以南为 4 730～5 450m,最大频率点为 5 220m。第四个层状地貌为局部侵蚀面,仅在地面海拔高程分布图上显示为次高频率区,怒江水系区的高程为3 600～3 850m,雅鲁藏布江水系区为 3 400～3 950m,其中嘉黎-易贡藏布断裂以北为 3 400～4 030m,嘉黎-易贡藏布断裂带以南为 3 300～3 900m。

根据两种高程统计分析结果得到的层状地貌结构在野外工作过程中有明显地貌显示(图 5-28),山顶面主要分布于嘉黎-易贡藏布断裂带以南和嘉黎区-向阳日断裂带以北,由近东西向两

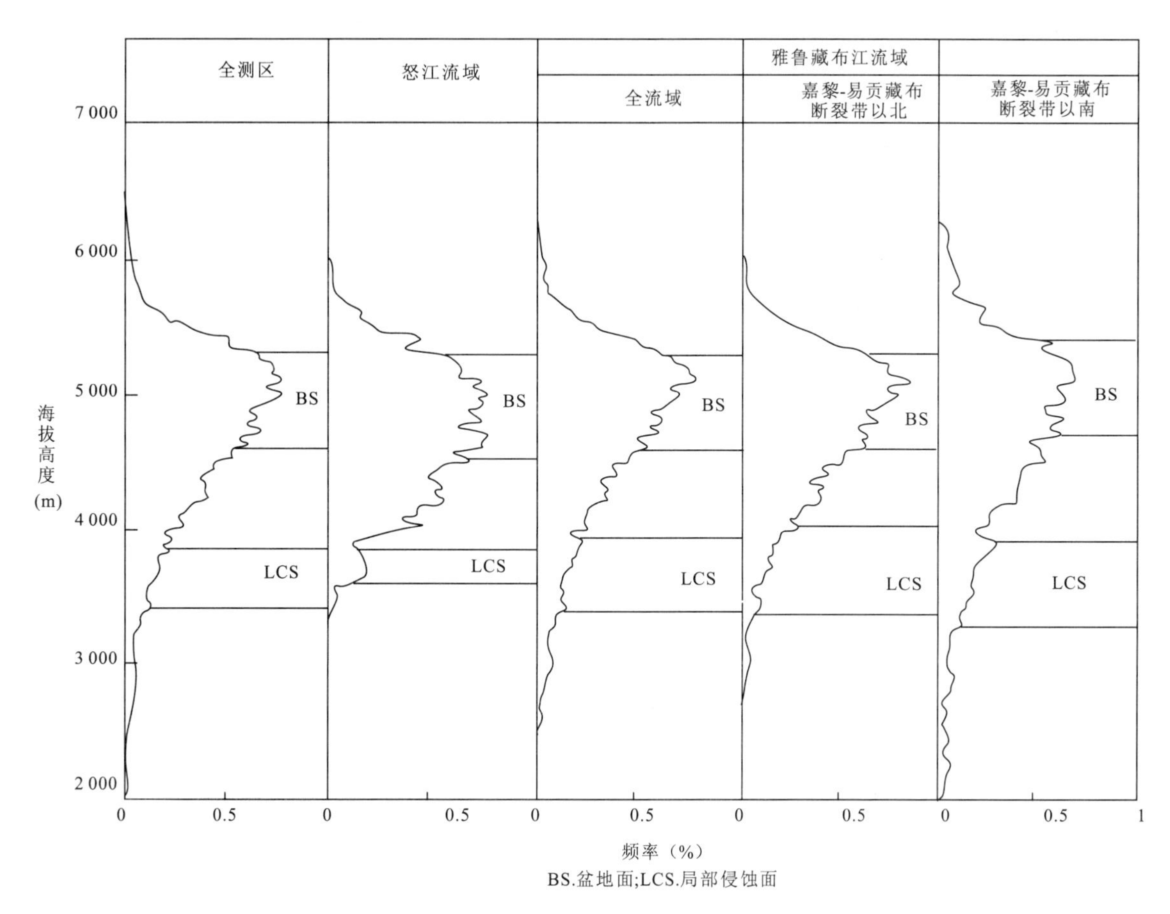

图 5-27　测区地面海拔高程分布图

条山链构成。最高峰海拔 6 956m，一般 6 500～6 900m。主夷平面也主要以次级山顶包络面形式分布于主山脊的两侧，但山顶较为尖棱，少见平顶山。盆地面多分布于沟谷两侧，常为较为圆缓的小山包或山谷谷肩。局部侵蚀面为河流和冰川形成的宽谷和滩地。

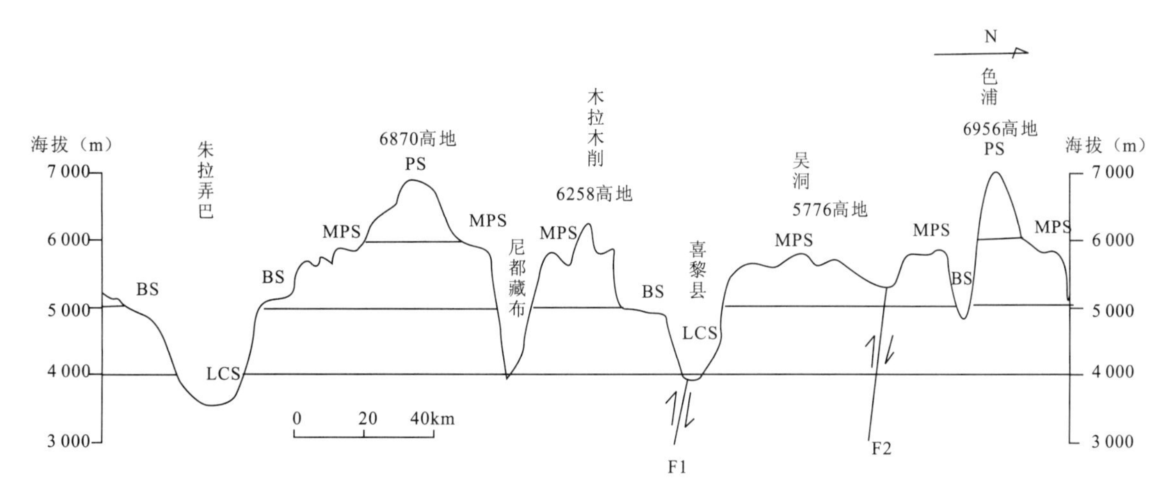

PS.山顶面；MPS.主夷平面；BS.盆地面；LCS.局部侵蚀面；F1.嘉黎-易贡藏布断裂带；F2.嘉黎区-向阳日断裂带

图 5-28　朱拉弄巴—色浦层状地貌剖面图

（四）主要成果与认识

1. 总体来看，北部两分区（即嘉黎区-向阳日断裂带两侧）的主夷平面高程和盆地面高程差异不明显，反映嘉黎区-向阳日断裂带在高原隆升过程中差异升降较小，但嘉黎-易贡藏布断裂带以南地区的主夷平面高程比盆地面高程略高，且跨度较大，说明嘉黎-易贡藏布断裂带南北两侧有明显差异升降现象。南盘总体隆升高 100～150m。而局部侵蚀面高程显示怒江水系区与雅鲁藏布江水系区的高程基本一致，说明两条水系进入研究区的时间和侵蚀强度相当，而以嘉黎-易贡藏布断裂带为界的南侧比北侧的局部侵蚀面高程还低 100～150m（与主夷平面和盆地面的高程差异相反），是雅鲁藏布江水系由南向北溯源的反映。

2. 四级层状地貌结构的建立，说明研究区在高原隆升过程中强烈隆升阶段与构造稳定阶段相结合，其形成时代可以与区域上 5 次高原隆升事件之间的相对构造稳定时期对应，山顶面形成于两次地面抬升之间，时代相当于渐新世晚期；主夷平面形成于第二次地面抬升到青藏运动之间，相当于中新世；盆地面形成于青藏运动与昆黄运动之间，相当于上新世晚期至早更新世早期，在边坝县拉孜北海拔 4 560m 的分水岭上冰碛物中测得 ESR 年龄为 705ka（中国地质调查局海洋地质实验测试中心测试，样品号 P17ESR001），应是盆地面解体后的沉积纪录；局部侵蚀面形成于昆黄运动与共和运动之间，相当于中更新世。

3. 盆地面在研究区内相当发育，比主夷平面低 500～700m，在山顶海拔高程分布图和地面海拔高程分布图中频率均相当明显，其地貌景观相当于现代高原腹地的内陆盆地景观，虽然盆地面本身高差变化范围较大（700～800m），但其高程不受现代河谷谷底高程影响（现在谷底高程 2 000～4 700m，而盆地面均在 4 500～5 300m），说明在雅鲁藏布大峡谷地区在峡谷形成以前经历了较长时期的内陆盆地发育阶段。盆地面发育反映当时地貌反差较小，地势平坦，以短程河流和内陆盆地发育为特色。因野外工作过程中在盆地面上未发现沉积物，盆地面发育时代有待进一步研究。其特征可能与同是高原边缘的青藏高原东北缘临夏早更新世盆地、阿拉克湖早更新世盆地发育阶段相当。

第六章　结束语

本图幅是我国实施青藏高原南部空白区基础地质调查与研究项目的 1∶25 万区域地质调查图幅之一。图幅工作三年中，在中国地质调查局和西南中心的领导下，在西藏自治区地质调查院各级领导的支持和关怀下，通过图幅队全体工作人员的共同努力，取得一批可喜成果。

1. 对嘉黎-易贡藏布断裂带的空间展布、断层结构和活动规律取得重要认识，嘉黎-易贡藏布断裂是区域性大断裂狮泉河-申扎-嘉黎断裂带的一个分支，另一主要分支断裂为嘉黎区-向阳日断裂。早期活动（K2之前）主要在北分支，并继承作为冈底斯-念青唐古拉板片内那曲-沙丁中生代弧后盆地与隆格尔-工布江达中生代断隆带的分界断裂，也是冈底斯-腾冲地层区内二级地层分区中拉萨-察隅地层分区与班戈-八宿地层分区的界线，嘉黎-易贡藏布断裂带经历了多期活动，表现在断裂带上多条平行断裂的活动性质各异，其主要活动有两次，一是中晚侏罗世—早白垩世西部为南北拉张的裂谷盆地，并有裂谷型蛇绿岩发育，在嘉黎县（达马）以西表现为张性断陷盆地沉积。但进入易贡藏布一带因方向发生变化，此时期表现为剪切性质，未见裂谷及蛇绿岩套。另一次是晚新生代高原隆升过程中大规模走滑平移。通过地层特征和火山活动特点对比，倾多一带的石炭至二叠纪地层与当雄一带的石炭至二叠纪地层具有更多的相似性。嘉黎-易贡藏布断裂的右行平移活动距离可能达 200km 以上。

2. 对分布于嘉黎断裂带南侧娘蒲乡至错高乡一带的原蒙拉组地层进行了解体，经野外工作和室内综合研究可划分为四套岩性组合、变形和变质相具明显差异的地层，分别划为四套地层：片麻岩夹大理岩组合为中新元古代念青唐古拉岩群 a 岩组、片岩夹片麻岩组合为中新元古代念青唐古拉岩群 b 岩组、变质砂岩、石英岩夹绢云母片岩组合为前奥陶纪雷龙库岩组、砂板（千枚）岩夹灰岩组合为前奥陶纪岔萨岗岩组。并在雷龙库岩组中发现了变玄武岩。变玄武岩岩石化学以富 SiO_2、CaO、MgO 为特征，稀土模式属轻稀土富集重稀土亏损型，地球化学分布形式及投图 Th－Hf/3－Ta、Th－Hf/3－Nb/16 结果显示岛弧环境特征，反映了测区沉积盖层中最早期的板内岩浆活动。

3. 在从蒙拉组解体后的四套地层中共发现变质侵入体 10 多个，经 U－Pb 法年龄测定，侵位时代分别属于早泥盆世、早二叠世和早侏罗世。微量元素蛛网图中显示 Rb、Th 峰和 Nb、Ta 谷。以富 Rb、Th 等大离子亲石元素和亏损 Nb、Ta、Y 等高场强元素为特征。Nb 负异常可能与地壳混染有关。Sr、Ba 的亏损反映有分离结晶作用的存在，说明岩石形成于长期较稳定的条件，具正常大陆弧特征。Nb－Y 及 Rb－[Y＋Nb]判别图中，样品皆落入火山弧和同碰撞区。R1－R2 图解中，投入 1 区（地幔分异）和 6 区（同碰撞区）。与此同时，测区存在石炭—二叠世多期火山活动。此外，在多居绒-英达韧性剪切带侵入体中锆石 U－Pb 法获得了 247±16Ma 年龄，剪切带片岩中锆石 U－Pb 法 SHIMP 谐和线年龄为 194±7Ma。五岗韧性剪切带中花岗质糜棱岩锆石 U－Pb 法年龄集中在 179～189Ma 之间。八棚择韧性剪切带中构造片麻岩锆石 U－Pb 法测试年龄为 252～253Ma。众多岩体侵入、火山活动和铅重置年龄的出现，说明测区海西至印支期发生了较重要的岩浆活动、构造变形和构造热事件。测区进入到岩浆弧发育阶段，提供了特提斯洋海西—印支期俯冲碰撞的岩浆记录。

4. 通过填图和实测剖面查明了不同构造层次中的构造变形样式，中新元古代念青唐古拉岩群以深层次构造组合类型无根褶皱、柔皱和韧性剪切变形为主要特征，前奥陶纪地层以斜歪，局部褶叠层，千枚理级韧性剪切带发育为特色，石炭纪至二叠纪地层中的构造样式较为简单，板理（轴面劈理）与层理垂直或近垂直，显示的褶皱以开阔、轴面直立为特征，岩层产状较为平缓。中晚侏罗世和早白垩世地层的构造样式较为复杂，板理以平行层理和斜交层理为主，显示的褶皱以紧闭、倒转或倾斜为主。这种差异反映了各构造层在构造变形背景和岩石变形行为的不同。

5. 以现代地层学和沉积学新理论为指导，采用多重地层划分方法，对石炭—二叠纪地层、侏罗纪—白垩纪地层进行了岩石地层、生物地层及年代地层、层序地层等多重地层划分与对比，初步建立了测区地层格架。

6. 生物地层研究方面取得了新进展，通过本次工作，分别在来姑组、洛巴堆组、拉贡塘组、多尼组及边坝组中发现了大量古生物化石，并结合前人在测区内已发现的化石资料的综合研究，初步建立了12个组合（或带），其中腕足2个组合、䗴1个带、菊石3个带、珊瑚3个组合、双壳2个组合、植物1个组合。以上化石组合（或带）为其年代地层划分和沉积环境分析提供了确凿证据。

7. 开展了层序地层研究，初步划分出石炭纪—二叠纪地层5个三级层序，侏罗纪—白垩纪地层6个三级层序。

8. 岩浆岩各项测试分析数据齐全，较系统地研究了侵入岩和火山岩的岩石类型、矿物学、岩石化学和地球化学特征。在此基础上，讨论了岩浆活动规律及其成因类型，进一步探讨了不同构造岩浆带的大地构造环境，形成演化、定位机制的动力学模式及与造山带地质构造演化的成生联系。

9. 根据岩性和接触关系对测区内岩浆岩体进行了解体和年龄测定，其侵入岩体从泥盆纪—古近纪均有出现，并具成片成带的特点，而且岩浆活动明显受构造控制。从北向南分别形成洛庆拉-阿扎贡拉、扎西则及鲁公拉三个复式岩浆带。共圈出中酸性侵入体115个。新测年龄数据30多个。其中在嘉黎县南侧的原早白垩世岩体中解体出多个岩体，其中早二叠世、早侏罗世和晚侏罗世的岩体年龄在嘉黎县一带属首次获得。此外，在洛木获得二长花岗岩体K－Ar年龄45.13±0.45Ma（始新世）。这些岩浆活动时间的确定对研究测区的岩浆活动与构造运动关系提供了较好的证据。

10. 系统总结了测区不同时代区域变质岩系和区域动力变质岩的岩石学、矿物学、岩石化学、岩石地球化学特征，对主要变质岩系的变质温压条件、变质相、变质相系进行了研究归纳。

11. 在甲贡乡发现铅锌矿点1处。

12. 根据光释光测试结果确定了测区河流阶地的时代，T4（边坝县徐卡）年龄为29.4±2.5kaB.P.、T5（边坝县徐卡）年龄为30.8±2.5kaB.P.，均为晚更新世。

13. 根据地面高程和山顶面高程统计结果分析，建立了四级层状地貌结构，即山顶面、主夷平面、盆地面和局部侵蚀面。嘉黎区-向阳日断裂带两侧的主夷平面高程和盆地面高程差异不明显，反映了嘉黎区-向阳日断裂带在高原隆升过程中差异升降较小，但嘉黎-易贡藏布断裂带以南地区的主夷平面高程和盆地面高程略高，且跨度较大，说明嘉黎-易贡藏布断裂带南北两侧有明显差异升降现象。南盘总体隆升高100～150m。而局部侵蚀面高程显示怒江水系区与雅鲁藏布江水系区的高程基本一致，说明两条水系进入研究区的时间和侵蚀强度相当，而以嘉黎-易贡藏布断裂带为界的南侧比北侧的局部侵蚀面高程还低100～150m（与主夷平面和盆地面的高程差异相反），是雅鲁藏布江水系由南向北溯源的反映。盆地面在研究区内相当发育，比主夷平面低500～700m，在山顶海拔高程分布图和地面海拔高程分布图中频率均相当明显，其地貌景观相当于现代高原腹地的内陆盆地景观，虽然盆地面本身高差变化范围较大（700～800m），但其高程不受现代河谷谷底高程影响（现在谷底高程2 000～4 700m，而盆地面均在4 500～5 300m），说明在雅鲁藏布大峡谷地区在峡谷形成以前经历了较长时期的内陆盆地发育阶段。

14. 对嘉黎-易贡藏布断裂带两侧的不同高度的花岗岩中磷灰石进行了裂变径迹测量，其中断裂带北侧的磷灰石裂变径迹年龄较大，反映其抬升作用较慢，而断裂带南侧的磷灰石裂变径迹年龄明显较小，6 个样品中有 5 个样品的磷灰石裂变径迹年龄在 4.0～5.9Ma 之间，仅有一个样品年龄为 8.0Ma。说明嘉黎断裂带南盘有明显抬升作用。此外，断裂带南侧 6 个样品中有 5 个样品的磷灰石裂变径迹年龄在 4.0～5.9Ma 之间，反映研究区在上新世有较强烈的抬升作用，这与钟大赉、丁林等在南迦巴瓦地区研究的青藏运动第一幕 3.4～2.5Ma 的时间略早，而与赵志丹等研究拉萨一些岩体的磷灰石裂变径迹 3.2 ～8.3Ma 相当。反映了冈底斯带高原隆升特点。此外，样品磷灰石裂变径迹年龄与样品高程没有规律，一方面反映当时该地区抬长速率较快，另一方面可能反映当时已有一定地貌反差，并且这种地貌反差被继承性发展到现在。

参考文献

白文吉,胡旭峰,杨经绥,等.山系的形成与板块构造碰撞无关[J].地质论评,1993,39(2):111～116.

陈炳蔚,艾长兴,扎西旺曲.西藏波密察隅地区的几个地质问题.青藏高原地质文集(10)[A].北京:地质出版社,1982.

陈楚震.拉萨-波密分区地层,西藏地层[M].北京:科学出版社,1984.

陈福忠,廖国兴.昌都地区地质基本特征.青藏高原地质文集(12)[A].北京:地质出版社,1983.

成都地质矿产研究所,四川区调队.怒江-澜沧江-金沙江区域地层[M].北京:地质出版社,1992.

程力军,李杰,刘鸿飞,等.冈底斯东段铜多金属成矿带基本特征[J].西藏地质,2001(1):43～53.

从柏林.板块构造与火成岩组合[M].北京:地质出版社,1979.

崔之久,等.夷平面、古岩溶与青藏高原隆升[J].中国科学(D辑),1996,26(4):378～386.

崔之久,高全洲,刘耕年,等.夷平面、古岩溶与青藏高原隆升[J].中国科学(D辑),1996,26(4):378～386.

崔之久,伍永秋,刘耕年.昆仑-黄河运动的发现及其性质[J].科学通报,1997,42(18):1986～1989.

丁林.东喜马拉雅构造结上新世以来快速抬升的裂变径迹证据[J].科学通报,1995,40(16):1497～1501.

董文杰、汤懋苍.青藏高原隆升和夷平过程的数值模型研究[J].中国科学(D辑),1997(27):65～69.

杜光树,冯孝良,陈福忠,等.西藏金矿地质[M].成都:西南交通大学出版社,1993.

杜光伟,徐开锋.藏东“三江”地区地球化学特征及其找矿意义[J].物探与化探,2001,25(6):425～431.

范影年.中国西藏石炭—二叠纪皱纹珊瑚的地理区系.青藏高原地质文集(16)[A].北京:地质出版社,1985.

高全洲,等.青藏高原古岩溶的性质、发育时代和环境特征[J].地理学报,2002,57(3):267～274.

高全洲,等.晚新生代青藏高原岩溶地貌及其演化[J].古地理学报,2001,3(1):85～90.

耿全如,潘桂棠,等.论雅鲁藏布大峡谷地区冈底斯岛弧花岗岩带[J].沉积与特提斯地质,2001, 21(2):16～22.

苟宋海.西藏白垩纪双壳类化石组合特征[J].成都地质学院学报,1986,13(2):76～78.

韩同林.试论“沙西板岩系”.青藏高原地质文集(3)[A].北京:地质出版社,1993.

郝杰,柴育成,李继亮.关于雅鲁藏布江缝合带(东段)的新认识[J].地质科学,1995,30(4):423～431.

鸿烈,郑度.青藏高原形成演化与发展[M].广州:广东科技出版社,1998.

侯增谦,卢记仁,李红阳,等.中国西南特提斯构造演化-幔柱构造控制[J].地球学报,1996,17(4):439～453.

胡承祖.狮泉河-古昌-永珠蛇绿岩带特征及其地质意义[J].成都地质学院学报,1990,17(1):23～30.

胡世雄、王珂.现代地貌学的发展与思考[J].地学前缘,2000,7(suppl.):67～78.

江万,莫宣学,赵崇贺,等.矿物裂变径迹年龄与青藏高原隆升速率研究[J].地质力学学报,1998,4(1):13～18.

康兴成,等.青海都兰地区1835a年轮序列的建立和初步分析[J].科学通报,1997,42(10) :1 089～1 091.

劳雄.班公错-怒江断裂带的形成——二论大陆地壳层波运动[J].地质力学学报,2000,6(1):69～76.

劳雄.雅鲁藏布江断裂带的形成[J].地质力学学报,1995,1(1):53～59.

李光明,潘桂棠,王高明,等.西藏铜矿资源的分布规律与找矿前景初探[J].矿物岩石,22(2):30～34.

李光明,王高明,高大发,等.西藏冈底斯南缘构造格架与成矿系统[J].沉积与特提斯地质,2002,22(2):1～7.

李光明,雍永源.藏北那曲盆地中上侏罗统拉贡塘组浊流沉积特征及微量元素地球化学[J].地球学报,1998,21 (4): 373 ～378.

李吉均,方小敏,等.晚新生代黄河上游地貌演化与青藏高原隆起[J].中国科学,1996,26(4):316～322.

李金高,王全海,陈健坤,等.西藏冈底斯成矿带及其战略地位[J].西藏地质,2002,1(20):69～73.

李璞.西藏东部地区的初步认识[J].科学通报,1955(7):62～67.

李廷栋.青藏高原地质科学研究的新进展[J].地质通报,2002,21(7):370～376.

李廷栋.青藏高原隆升的过程和机制[J].地球学报,1995(1):1～9.

李万春,等.高分辨率古环境指示器——湖泊纹泥研究综述[J].地球科学进展,1999,14(2):172～176.

李祥辉,王成善,吴瑞忠.西藏中部拉萨地块古生代、中生代的超层序研究[J].沉积学报,2002,20(2):179～187.

梁华英.青藏高原西缘斑岩铜矿成岩成矿研究取得新进展[J].矿床地质,2002,2(1):11～12.

林仕良,雍永源.藏东喜马拉雅期A型花岗岩岩石化学特征[J].四川地质学报 1999,19(3).

刘朝基.川西藏东板块构造体系及特提斯地质演化[J].地球学报,1995,16(2):121～134.

刘连友,刘志民,张甲申,等.雅鲁藏布江江当宽谷地区沙源物质与现代沙漠化过程[J].中国沙漠,1997,17(4):377～382.

刘宇平,陈智梁,唐文清,等.青藏高原东部及周边现时地壳运动[J].沉积与特提斯地质,2003,23(4):1～8.

马昌前,杨坤光,唐仲华.花岗岩类岩浆动力学——理论方法及鄂东花岗岩类例析[M].武汉:中国地质大学出版社,1994.

马冠卿.西藏区域地质基本特征[J].中国区域地质,1998 ,1(17):16～24.

莫宣学,等.三江特提斯火山作用与成矿[M].北京:地质出版社,1993.

潘桂棠,陈智梁,李兴振,等.东特提斯地质构造形成演化[M].北京:地质出版社,1997.

潘桂棠,陈智梁,李兴振,等.东特提斯多弧-盆系统演化模式[J].岩相古地理,1996,16(2):52～65.

潘桂棠,等.青藏高原新生代构造演化[M].北京:地质出版社,1990.

潘桂棠,王立全,李兴振,等.青藏高原区域构造格局及其多岛弧盆系的空间配置[J].沉积与特提斯地质,2001,21(3):1～26.

潘桂棠,王培生,徐耀荣,等.青藏高原新生代构造演化——中华人民共和国地质矿产部地质专报五[M].北京:地质出版社,1990.

潘桂棠,徐强,王立全,等.青藏高原多多岛弧盆系格局机制[J].矿物岩石,2001,21(3):186～189.

潘裕生,孔祥儒.青藏高原岩石圈结构演化和动力学[M].广州:广东科技出版社,1998.

潘裕生.青藏高原的形成与隆升[J].地学前缘,1999,6(3):153～163.

彭补拙,杨逸畴.南迦巴瓦峰地区自然地理与自然资源[M].北京:科学出版社,1996.

彭勇民,惠兰,谭富文,等,西藏层序地层研究进展[J].地球学报,2002,23(3): 273～278.

秦大河,等.青藏高原的冰川与生态环境[M].北京:中国藏学出版社,1998.

秦大河.中国西部环境演变评估[M].北京:科学出版社,2002.

曲晓明,候增谦,黄卫,等.冈底斯斑岩铜矿(化)带:西藏第二条"玉龙"铜矿带[J].矿床地质,2001,20(4):355～366.

饶荣标,徐济凡,陈永明,等.青藏高原的三叠系[M].北京:地质出版社,1987.

任金卫,沈军,曹忠权,等.西藏东南部嘉黎断裂新知[J].地震地质,2000 ,22(4):344～350.

任天祥,孙忠军,向运川.念青唐古拉-雅鲁藏布江中段区域地球化学特征及成矿环境[J].矿物岩石地球化学通报,2002,21(2):185～18.

芮宗瑶,侯增谦,曲晓明,等.冈底斯斑岩铜矿成矿时代及青藏高原隆升[J].矿床地质,2003,22(3):217～225.

尚彦军,杨志法,廖秋林,等.雅鲁藏布江大拐弯北段地质灾害分布规律及防治对策[J].中国地质灾害与防治学报,2001,12(4):30～40.

施雅风,李吉均.青藏高原晚新生代隆升与环境变化[M].广州:广东科技出版社,1998.

史晓颖,童金南.藏东洛隆马里海相保罗系及动物群特征[J],地球科学,1985(10):175～186.

史晓颖.西藏东部洛隆马里柳湾组腕足动物群.青藏高原地质文集 18[A].北京:地质出版社,1987.

四川区调队,南京地质古生物研究所.川西藏东地区地层与古生物(1)[M].成都:四川人民出版社,1982.

谭富文,王高明,惠兰,等.藏东地区新生代构造体系与成矿的关系[J].地球学报,2001,22(2):123～128.

汤懋苍,钟大赉,李文华,等.雅鲁藏布江"大峡弯"是地球"热点"的证据[J].中国科学(D辑),1998,28(5):463～468.

童金南.西藏东部洛隆马里侏罗纪双壳类动物群.青藏高原地质文集(18)[A].北京:地质出版社,1987.

王岸,王国灿,向树元.东昆仑东段北坡河流阶地发育及其与构造隆升的关系[J].地球科学—中国地质大学学报,2003,28(6):675～679.

王成善,丁学林.青藏高原隆升研究新进展综述[J]. 地球科学进展,1998,13(6):526～531.

王成善,夏代祥,周详,等.雅鲁藏布江缝合带——喜马拉雅山地质[M].北京:地质出版社,1999.

王二七,陈良忠,陈智梁等.在构造和气候因素制约下的雅鲁藏布江的演化[J].第四纪研究,2002,22(4):365～373.

王富葆,等.吉隆盆地的形成演化、环境变迁与喜马拉雅山隆起[J].中国科学(D辑),1996,26(4): 329～335.

王根厚,周详,曾庆高,等.西藏中部念青唐古拉山链中生代以来构造演化[J].现代地质,1997,11(3):298～304.
王国灿,向树元,John I G等.东昆仑东段巴隆哈图一带中生代的岩石隆升剥露—锆石和磷灰石裂变径迹年代学证据[J].地球科学—中国地质大学学报,2003,28(6):645～652.
王国灿.隆升幅度及隆升速率研究方法综述[J].地质科技情报,1995,14(2):17～22.
王国灿.沉积物源区剥露历史分析的一种新途径—碎屑锆石和磷灰石裂变径迹热年代学[J].地质科技情报,2002,21(4):35～40.
王士峰,伊海生.气候与青藏高原隆升的耦合关系[J].青海地质,1999,8(2):25～30.
吴一民.西藏早白垩世含煤地层及植物群.青藏高原地质文集(16)[A].北京:地质出版社,1985.
吴珍汉,胡道功,刘崎胜,等.西藏当雄地区构造地貌及形成演化过程[J].地球学报,2002,23(5):423～428.
西藏地矿局.西藏自治区区域地质志[M].北京:地质出版社,1993.
西藏岩浆活动和变质作用[M].科学出版社,1981.
向树元,王国灿,邓中林.东昆仑东段新生代高原隆升重大事件的沉积响应[J].地球科学—中国地质大学学报,2003,28(6):615～620.
向树元,王国灿,林启祥,等.东昆仑阿拉克湖地区第四纪水系演化过程及其趋势[J].地质科技情报,2003,22(4):35～40.
向树元,王国灿,林启祥,等.东昆仑北缘都兰县巴隆一带人类活动遗迹的发现及其环境背景.地质通报,2002,21(11):764～767.
向树元,喻建新,王国灿,等.东昆仑阿拉克湖地区近2ka来风成沙沉积的气候变迁记录[J].地球科学—中国地质大学学报,2003,28(6):669～674.
谢云喜,勾永东,冈底斯岩浆弧中段古近纪"双峰式"火山岩的地质特征及其构造意义[J].沉积与特提斯地质 2002,22(2):99～102.
徐强,潘桂棠,许志琴,等.东昆仑地区晚古生代到三叠纪沉积环境和沉积盆地演化[J].特提斯地质,1998(22):76～89.
徐宪.青藏高原地层简表[M].北京:地质出版社,1982.
徐钰林,万晓樵,苟宗海,等.西藏侏罗、白垩、第三纪生物地层[M].武汉:中国地质大学出版社,1989.
杨德明,李才,王天武.西藏冈底斯东段南北向构造特征与成因[J].中国区域地质,2001,20(4):392～397.
杨日红,李才,迟效国,等.西藏永珠-纳木湖蛇绿岩地球化学特征及其构造环境初探[J].现代地质,2003,17(1):14～19.
杨森楠,王家映,张胜业,等.青、川地区大地电磁测深剖面及岩石圈构造特征[J].中国大陆构造论文集.中国地质大学出版社.1992.
杨巍然,简平.构造年代学——当今构造研究的一个新学科[J].地质科技情报,1996,15(4): 39～43.
杨巍然,王国灿,简平.大别造山带构造年代学[M].武汉:中国地质大学出版社,2000.
杨逸畴,李炳元,尹泽生,等.西藏地貌[M].北京:科学出版社,1983.
姚檀栋,杨志红,皇翠兰,等.近2ka来高分辨的连续气候环境变化记录——古里雅冰芯2ka记录初步研究[J].科学通报,1996,41(12):1 103～1 106.
姚小峰,等.玉龙山东麓古红壤的发现及其对青藏高原隆升的指示[J].科学通报,2000, 45(15): 1 671～1 677.
姚正煦,周伏洪,薛典军,等.雅鲁藏布江航磁异常带性质及其意义[J].物探与化探,2001,25(4):241～252.
雍永源.藏东主要岩金矿床类型基本特点及其找矿前景[J].沉积与特提斯地质,2002,22(4):1～9.
于庆文、李长安,等.试论造山带成山运动与环境变化调查方法[J].中国区域地质,1999,18(1):91～95.
袁万明,侯增谦,李胜荣,等.雅鲁藏布江逆冲带活动的裂变径迹定年证据[J].科学通报,2002,47(2):147～150.
袁万明,王世成,李胜荣,等.西藏冈底斯带构造活动的裂变径迹证据[J]. 科学通报,2001,46(20):1 739～1 742.
张进江,季建清,钟大赉,等.东喜马拉雅南迦巴瓦构造结的构造格局及形成过程探讨[J].中国科学(D辑),2003,33(4):373～383.
张旗,李绍华.西藏岩浆活动和变质作用[M].北京:科学出版社,1981.
张旗,杨瑞英.西藏丁青蛇绿岩中玻美安山岩类侵入岩的地球化学特征[J].岩石学报,1987(2):64～75.
张晓亮,江在森,陈兵,等.对青藏东北缘现今块体划分、运动及变形的初步研究[J].大地测量与地球动力学,2002,22(1):63～67.
张宗祜.中国北方晚更新世以来地质环境及未来生存环境变化趋势[J].第四纪研究,2001,21(3):208～217.
赵希涛,朱大岗,严富华,等.西藏纳木错末次间冰期以来的气候变迁与湖面变化[J].第四纪研究,2003,23(1):41～52.

赵政璋,李永铁,叶和飞,等,青藏高原地层—青藏高原石油地质学丛书[M].北京:科学出版社,2001.

赵政璋,李永铁,叶和飞,等.青藏高原大地构造特征及盆地演化[M].北京:科学出版社,2001.

郑来林,耿全如,董翰,等.波密地区帕隆藏布残留蛇绿混杂岩带的发现及其意义[J].沉积与特提斯地质,2003,23(1):27～30.

郑来林,金振民,潘桂棠,等.喜马拉雅山带东、西构造结的地质特征与对比[J].地球科学—中国地质大学学报,2004,29(3):269～277.

郑有业,张华平.西藏冈底斯东段构造演化及铜金多金属成矿潜力分析[J].地质科技情报,2002,21(2):55～60.

钟大赉,丁林.东喜马拉雅构造结变形与运动学研究取得重要进展[J].中国科学基金,1996(1):52～53.

钟大赉,丁林.青藏高原的隆升过程及其机制探讨[J].中国科学(D辑),1996,26(4):289～295.

朱云海,张克信,拜永山.造山带地区花岗岩类构造混杂现象研究——以清水泉地区为例[J].地质科技情报,1999,18(2):11～15.

朱占祥,等.西藏洛隆、丁青地区拉贡塘组与多尼组时代的确定[J].成都地质学院学报,1986,13(4):71～80.

西藏地质勘查局.西藏自治区岩石地质.武汉:中国地质大学出版社,1997.

Coleman M., Hodges K. Evidence for Tibetan Plateau uplift before 14Ma ago from a new minimum age for east－west extension. Nature,1995(374): 49～52.

Gasse F, Fortes J C *et al*. Holocene environmental changes in Bangong Co Basin(West Tibet). Palaeogeogr. Palaeoclimat. Palaeoecol,1996(120): 79～92.

Gasse F M ,Amold J C, Fontes *et al*. A 13 000 year climate record from Western Tibet. Nature,1991(353).

Granger D E *et al*., Spatially averaged long－term erosion rates measured from in sita－produced cosmogenicnnclides in Alluvial sediment. The Journal of Geology, 1996(104):249～257.

Harrison T M, Copeland P, Kidd W S F *et al*. Raising Tibet. Science, 1992(255): 1 663～1 670.

Liu B *et al*. An alurial surface chronology based on cosmogenic 36Cl dating, Ajo Mountains, southern Arizona. Quaternary Research,1996(45):30～37.

Margaret E,Coleman,Kip V H. Contrasting Oligocene and Miocene thermal histories from the hanging wall and footwall of the South Tibetan detachment in the central Himalaya from 40Ar/39Ar thermochronology, Marsyandi Valley, central Nepal. Tectonics, 1998,17(5):726～740.

图版说明及图版

图版Ⅰ

1. 分喙石燕(未定种)*Choristites* sp.
背视,×1,标本号:Hs0849－1。产地及层位:嘉黎县阿扎区,晚石炭世—早二叠世来姑组。
2. 准小石燕(未定种)*Spiriferellina* sp.
背视,×1.2,标本号:Hs0849－1。产地及层位:嘉黎县阿扎区,晚石炭世—早二叠世来姑组。
3. 柏登瓦刚贝(比较种)*Waagenoconcha* cf. *puroloni Davidson*
背视,×1,标本号:Hs1204－2。产地及层位:嘉黎县阿扎区,晚石炭世—早二叠世来姑组。
4. 裂齿蛤(未定种)*Schizodus* sp.
背视,×1,标本号:Hs1204－14。产地及层位:嘉黎县阿扎区,晚石炭世—早二叠世来姑组。
5. 瓦刚贝(未定种)*Waagenoconcha* sp.
背视,×1,标本号:Hs1204－19。产地及层位:嘉黎县阿扎区,晚石炭世—早二叠世来姑组。
6. 石燕(未定种)*Spirifer* sp.
背视,×1.2,标本号:Hs1204－7。产地及层位:嘉黎县阿扎区,晚石炭世—早二叠世来姑组。
7. 准小石燕(未定种)Spiriferellina sp.
背视,×1.2,标本号:Hs1204－21。产地及层位:嘉黎县阿扎区,晚石炭世—早二叠世来姑组。
8. 鱼磷贝(未定种)*Squamularia* sp.
背视,×1.2,标本号:Hs1204－13。产地及层位:嘉黎县阿扎区,晚石炭世—早二叠世来姑组。
9. 膨胀南京䗴 *Nankinella inflata* (*Colani*)
薄片,×100,标本号:Hs0845－1。产地及层位:嘉黎县阿扎区,中二叠世洛巴堆组。
10. 奇壁珊瑚(未定新种)*Allotropiophyllum* sp. nov.
薄片,×1.1,标本号:Hs0849－3。产地及层位:嘉黎县阿扎区,晚石炭世—早二叠世来姑组。
11. 双型贵洲管珊瑚 *Neokueichowpora gemina* (Cooper Reed)
薄片,×1,标本号:Hs1204－11。产地及层位:嘉黎县阿扎区,晚石炭世—中二叠世来姑组。
12. 伊朗珊蝴(未定种)*Iranophyllum* sp.
薄片,×1,标本号:Hs0845－1。产地及层位:嘉黎县阿扎区,中二叠世洛巴堆组。
13. 顶轴珊瑚(未定种)*Lophophyllidium* sp.
薄片,×1.1,标本号:Hs0048－1。产地及层位:嘉黎县阿扎区,中二叠世洛巴堆组。
14. 海绵(*gen*. sp. nov.)
薄片,×1,标本号:Hs0845－2。产地及层位:嘉黎县阿扎区,中二叠世洛巴堆组。
15. 厚壁虫(未定种) *Pachyphloia* sp.
薄片,×50,标本号:Hs0845－2。产地及层位:嘉黎县阿扎区,中二叠世洛巴堆组。

图版Ⅱ

1. 中更新世冰碛物,朱拉区。

2.边坝县洞希浦,晚更新世冰碛物。

3.晚更新世洪冲积物砾石扁平面明显向上游倾斜,边坝县金岭乡徐卡。

4.边坝县金岭乡徐卡第四纪河流剖面(P10)景观。

5.嘉黎县河亚,冰蚀谷地貌和全新世冰水沉积。

6.边坝县金岭乡,现代冰川前端冰水湖终碛堤型冰碛物。

7.洛穷拉斑状二长花岗岩中钾长石斑晶定向排列形成的流面构造,嘉黎县洛庆拉(D0950)。

8.边坝区斑状二长花岗岩中闪长岩质包体,边坝县金岭乡洞希浦(D0890)。

图版Ⅲ(显微照片)

1.P22Bb2-1(+)1.63

石榴二云母斜长片麻岩,细粒鳞片粒状变晶结构,斜长石绢云母化强烈。

2.P23Bb23-1(+)2.60

糜棱岩化蓝晶石石榴石二云母石英片岩,基质为鳞片粒状变晶结构的斑状变晶结构,碎斑(变斑晶)为铁铝榴石(半自形粒状-眼球体状)、蓝晶石(似眼球状)和白云母(眼球体状-长透镜体状),基质为石英、白(绢)云母和黑云母和少量蓝晶石等,片状矿物定向性明显,显示较强的糜棱结构。

3.P22Bb24-1(+)1.63

钾长石透辉石大理岩,细粒粒状变晶结构,主要由透辉石、方解石、微斜长石和斜长石组成,透辉石部分绿帘石化和方解石化。

4.P22Bb10-1(+)1.63

黑云母斜长角闪岩,细粒粒状变晶结构,角闪石的角闪石式解理非常明显。

5.P21Bb20-1(+)2.60

石榴黑云母石英片岩,基质为鳞片粒状变晶结构的斑状变晶结构,变斑晶为钙铁榴石3%,变基质中石英55%、黑云母25%、白(绢)云母10%、绿泥石3~5%,片状矿物定向明显且常发生褶皱弯曲。

6.P21Bb14-3(+)1.63

变质玄武岩,基质为变余拉斑玄武结构的变余斑状结构,原岩斑晶可能为橄榄石(蛇纹石化)、斜长石(绢云母和方解石化)和辉石(蚀变矿物假象),但都已强烈蚀变,基质为斜长石,方解石、黑云母和绢云母等。

7.P8Bb32-2(+)0.65

变质粉砂岩,变余粉砂质结构,粉砂60%、铁质、碳质5%、绢云母绿泥石20%、微粒隐晶石英15%,绢云母定向性不强,但铁碳质呈黑色显微条带,显示密集的板劈理。

8.P8Bb7-1(+)0.65

粉砂质绢云母千枚状板岩,变余粉砂质泥质结构,显微粒状鳞片变晶结构,粉砂15%、绢云母及少量绿泥石60%、霏细变晶石英25%,绢云母定向性极强,形成明显的千枚理构造。

图版Ⅳ(显微照片)

1.P23Bb21-1(+)2.60

中新元古代念青唐古拉岩群中糜棱岩化石榴二云母片岩,基质为鳞片粒状变晶结构的斑状变晶结构,碎斑(变斑晶)为斜长石(眼球体状)、铁铝榴石(半自形粒状)和白云母(眼球体状-长透镜体状),基质为石英、白(绢)云母和黑云母等,片状矿物定向性明显,显示较强的糜棱结构。

2.P23Bb15-1(+)1.63

早泥盆世糜棱岩化角闪黑云花岗闪长岩，中细粒鳞片粒状变晶结构，糜棱结构、变余花岗结构，片麻状构造。

3. P22Bb19－1(＋) 2.60

中新元古代念青唐古拉岩群中糜棱岩化黑云二长片麻岩，鳞片粒状变晶结构、变余花岗结构、弱糜棱结构，原岩为二长花岗岩。

4. Bb0967－1－3(＋)2.60

早二叠世黑云母二长花岗质糜棱岩，变余花岗结构、糜棱结构，碎斑由钾长石、斜长石组成眼球状-透镜体状，碎基由石英及细粒长石、黑云母等组成，长英质显示动态重结晶特征，变形拉长，定向排列，片状矿物呈条带状，形成十分强烈的糜棱面理。石英35%、钾长石30%、斜长石25%、黑云母6%。

5. Bb0975－1－2(＋)2.60

早二叠世糜棱岩化黑云母二长花岗岩，变余花岗结构、糜棱结构，碎斑由钾长石、斜长石组成似眼球状-透镜体状，碎基由石英及细粒钾长石、斜长石、黑云母等组成，长英质略显拉长，但定向不明显，片状矿物呈条带状，形成弱糜棱面理。石英30%、钾长石40%、斜长石20%、黑云母6%。

6. P21Bb22－1(＋)2.60

前奥陶纪雷龙库岩组中石榴黑云母石英片岩，基质为鳞片粒状变晶结构的斑状变晶结构，变斑晶为钙铁榴石3%，变基质中石英55%、黑云母20%、白云母15%、绿泥石3%，片状矿物定向明显。

7. P8Bb31－1(-)0.65

中晚侏罗世拉贡塘组中绢云母千枚状板岩，变余泥质结构、显微鳞片变晶结构，铁质、碳质10%、绢云母80%、微粒隐晶石英10%，绢云母定向性极强，集合呈条带状，形成显微千枚理构造，铁碳质呈黑色显微条带，显示密集的板劈理，板劈理与千枚理基本一致，此外岩石见一组褶劈理，与千枚理近直交，褶劈理间距0.15～0.43mm。

8. P8Bb22－1(＋) 0.65

中晚侏罗世拉贡塘组中细粒长石岩屑石英砂岩，细粒砂状结构，砂屑：石英70%、硅质岩屑10%、泥质岩屑10%、白云母电气石等1%。变质杂基9%，由绢云母、霏细石英、绿泥石等组成。片状矿物定向不明显。

图版Ⅴ

1. 嘉黎区-向阳日断裂景观(D0817)
2. 嘉黎-易贡藏布断裂带中桑卡拉佣组灰岩断夹片(D1533)
3. 嘉黎-易贡藏布断裂带中温泉与钙华(D0842)
4. 中新元古代念青唐古拉岩群中大理岩的层间无根褶皱(P22－6)
5. 早泥盆世片麻状黑云石英闪长岩中眼球状构造(P23－15)
6. 擦曲卡-阿拉日断裂带中断层景观(P4－1)
7. 擦曲卡-阿拉日断裂带中通过岩体段断层景观(D903)
8. 色拉贡巴-汤目断裂断层带(P9)

图版Ⅵ

1. 样品2003－1锆石U－Pb SHRIMP测年颗粒形态结构及$^{207}Pb/^{206}Pb$年龄
2. 样品P23－11锆石U－Pb SHRIMP测年颗粒形态结构及$^{207}Pb/^{206}Pb$年龄
3. 样品0975锆石U－Pb SHRIMP测年颗粒形态结构及$^{207}Pb/^{206}Pb$年龄

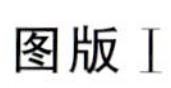

图版Ⅰ

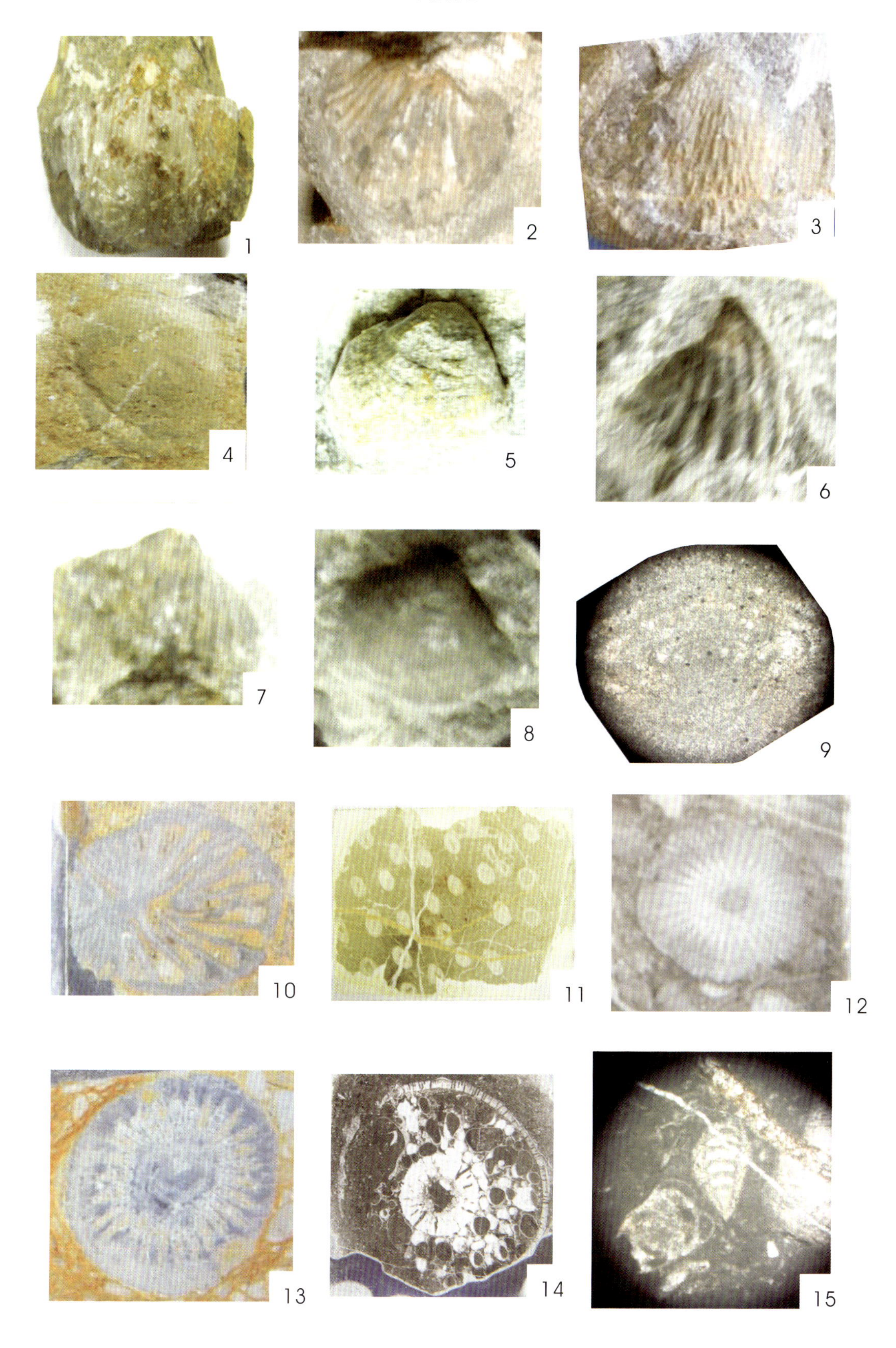

图版Ⅱ

Qp$_2^{gl}$
1
Qp$_3^{gl}$
2
Qp$_3^{Pal}$
3
T$_5$
T$_4$
29.4±2.5ka
OSL
30.8±2.5ka
OSL
Qp$_3^{Pal}$
T$_3$
T$_2$
4
Qh^{gfl}
5
Qh^{gl}
6
K$_1$π η γ
7
K$_2$π η γ
8

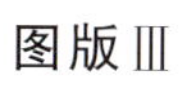
图版Ⅲ

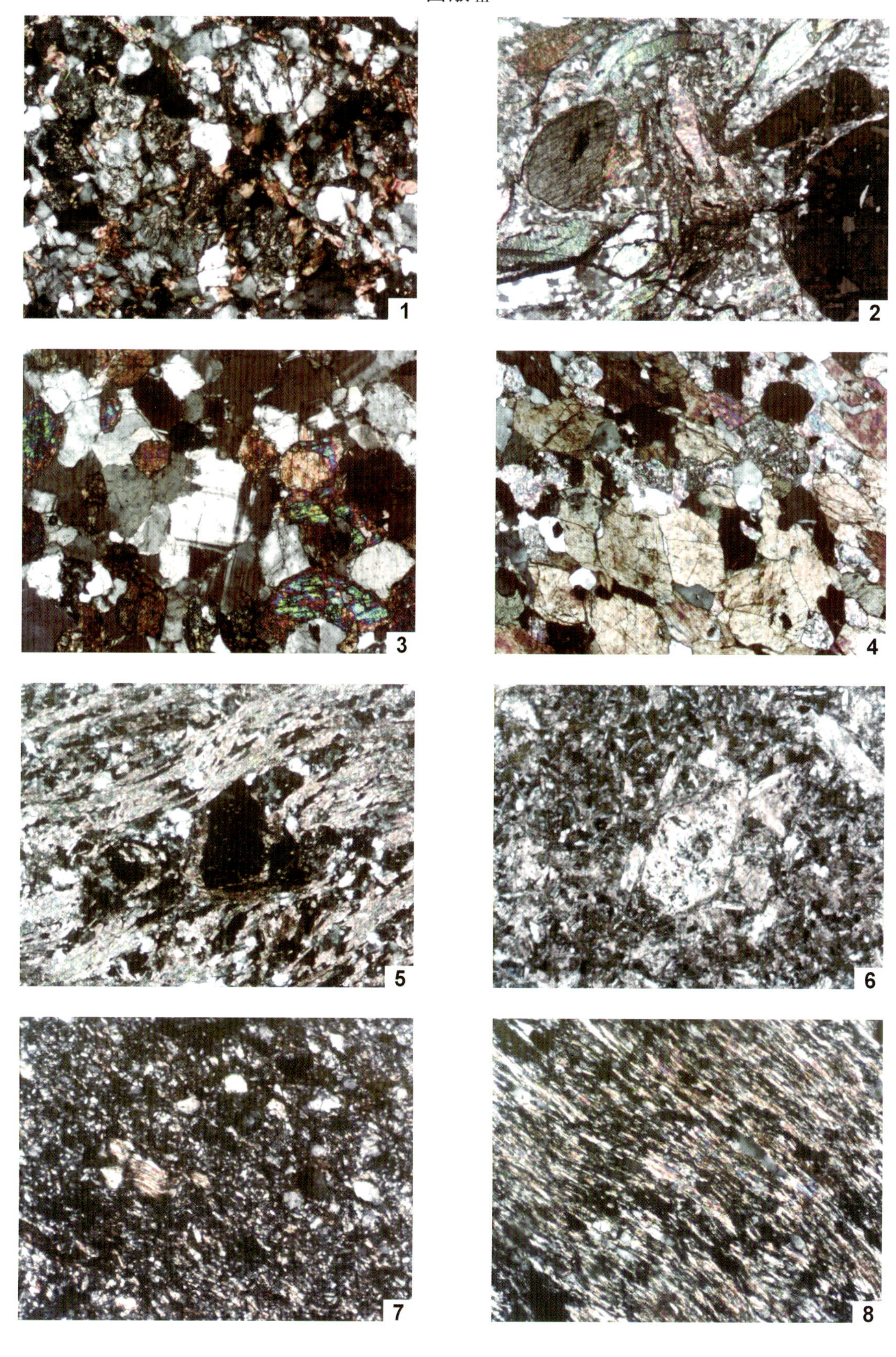
1
2
3
4
5
6
7
8

图版Ⅳ

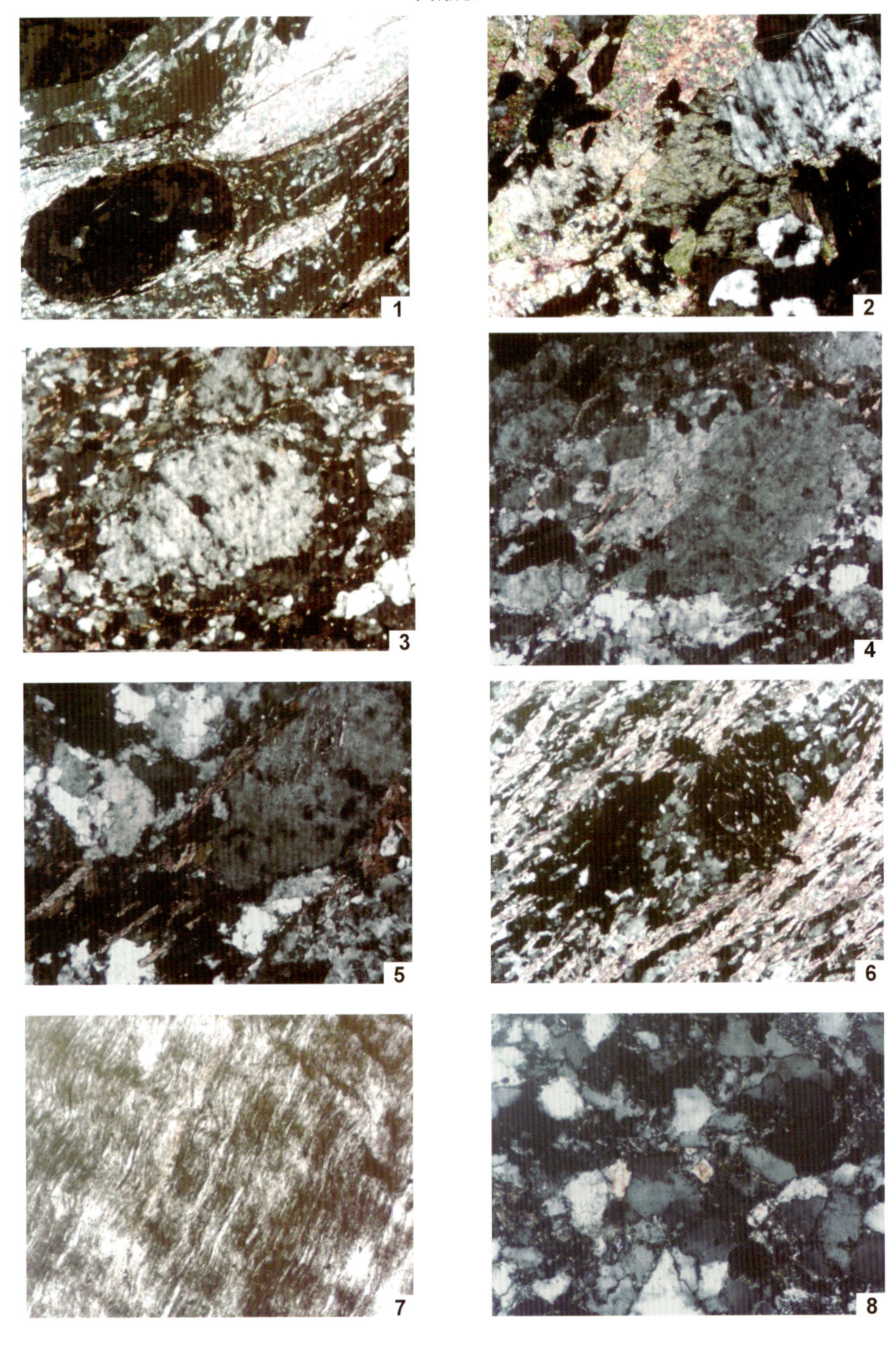

图版Ⅴ

$J_{2-3}l$
C_2P_1l
1
C_2P_1l
J_2s
$J_{2-3}l$
2
J_2s
C_2P_1l
3
$Pt_{2-3}Nq$
4
5cm
$D_1gn\delta o$
5
J_2m
$J_{2-3}l$
6
$K_2\pi\eta\gamma$
$E\eta\gamma$
7
$E\eta\gamma$
8

图版Ⅵ

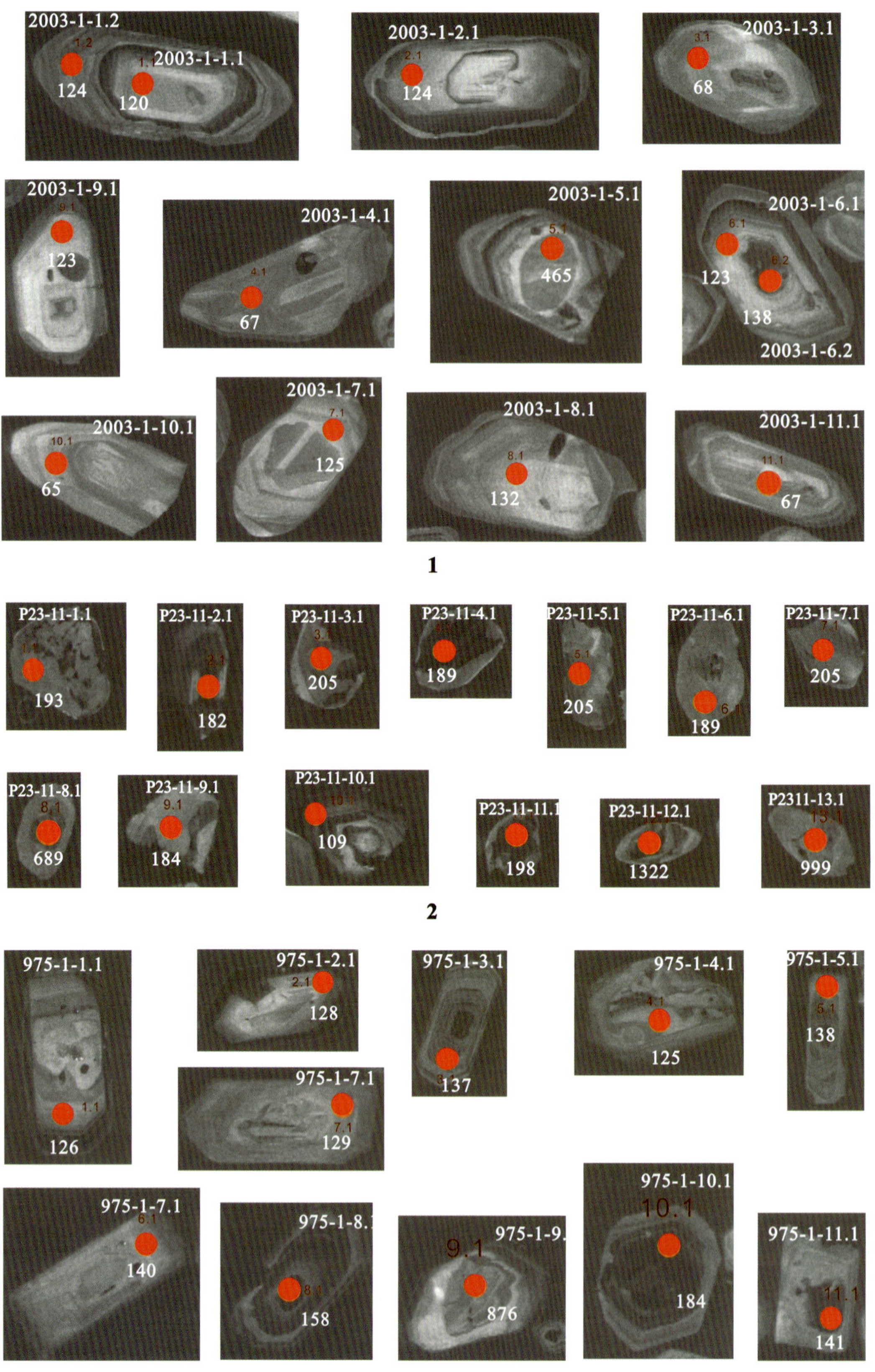

2003-1-1.2
2003-1-1.1
124
120
2003-1-2.1
124
2003-1-3.1
68
2003-1-9.1
123
2003-1-4.1
67
2003-1-5.1
465
2003-1-6.1
123
138
2003-1-6.2
2003-1-10.1
65
2003-1-7.1
125
2003-1-8.1
132
2003-1-11.1
67
1
P23-11-1.1
193
P23-11-2.1
182
P23-11-3.1
205
P23-11-4.1
189
P23-11-5.1
205
P23-11-6.1
189
P23-11-7.1
205
P23-11-8.1
689
P23-11-9.1
184
P23-11-10.1
109
P23-11-11.1
198
P23-11-12.1
1322
P2311-13.1
999
2
975-1-1.1
126
975-1-2.1
128
975-1-3.1
137
975-1-4.1
125
975-1-5.1
138
975-1-7.1
129
975-1-7.1
140
975-1-8.1
158
975-1-9.
876
975-1-10.1
10.1
184
975-1-11.1
141
3